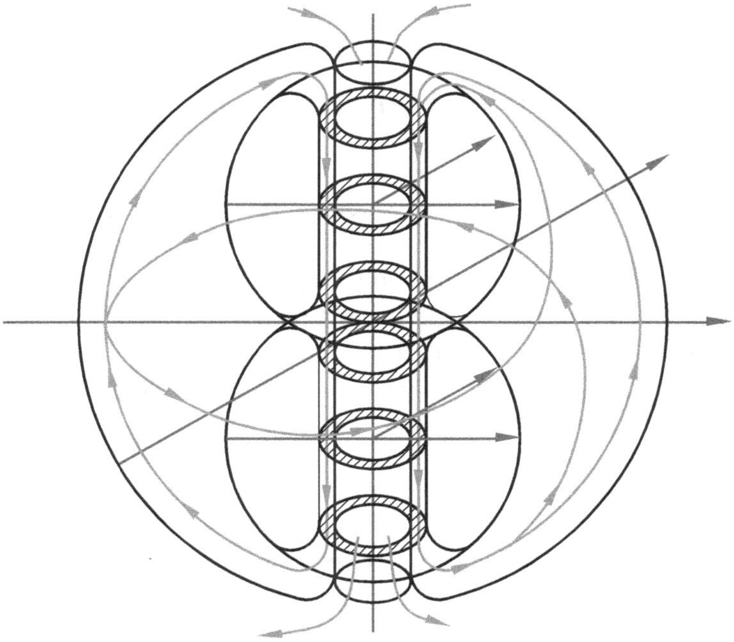

В.И.ЕЛИСЕЕВ

ВВЕДЕНИЕ В МЕТОДЫ ТЕОРИИ ФУНКЦИЙ ПРОСТРАНСТВЕННОГО КОМПЛЕКСНОГО ПЕРЕМЕННОГО

http://www.maths.ru/

Москва, 1990 - 2006 г.

ОГЛАВЛЕНИЕ

	Предисловие	1
	Введение. Глобальные ошибки математического естествознания	9
Глава 1	Расширение поля комплексных чисел О. Коши в пространство	21
1.1	Исследование возможности расширения комплексных чисел Коши в пространство.	22
1.2	Функции пространственного комплексного переменного. Дифференцируемость функций	54
Глава 2	Реализация интегральных теорем О. Коши в комплексном пространстве чисел. 2.1 Связность комплексного пространства. Принципиальная особенность	79
2.2	Реализация интегральных теорем в пространстве	85
2.3	Вычисление криволинейных интегралов	94
2.4	Распространение интегральных теорем на многосвязные области в числовом пространстве	99
2.5	Интегральные теоремы О. Коши в пространстве	102
2.6	Ряды в пространстве. Теорема Абеля. Ряд Тейлора. Ряд Лорана	121
2.7	Изолированные особые точки в пространстве	134
2.8	Вычеты в пространстве. Вычисление интегралов с помощью вычетов	136
Глава 3	Преобразование основных соотношений теории относительности . 3.1 Новая числовая система - новый расчетный аппарат в теоретической физике	151
3.2	Преобразование Лоренца	155
3.3	Энергия в пространстве	161
3.4	Само согласованность взаимодействующих пространств	165
3.5	Относительность времени	166
3.6	Эксперимент Майкельсона-Морли	169
Глава 4	Реализация ТФКПП в теоретической физики. 4.1 Расчет квантовых переходов в атоме водороде	178
4.2	Эфир	186
4.3	Числовое поле ТФКПП в СТО	194
4.4	Замкнутость материального мира	201
4.5	Новая концепция пространства	216
4.6	Энергия связи атомных ядер	235
Глава 5	Электромагнитное и числовое поле ТФКПП	265

ПРЕДИСЛОВИЕ

Теория функций комплексного переменного ТФКП дошла до наших дней почти в том виде, в котором оставил нам ее создатель великий французский математик Огюсте Коши (1789-1857 гг.).

Связность функций на комплексной плоскости наиболее адекватно отражает ту связность, которая существует в реальных физических процессах. Методы ТФКП применяются во всех областях математического естествознания, начиная от макромира и кончая микромиром. Алгебра комплексных чисел отвечает классическим операциям над действительными числами. Поле комплексных чисел получено из поля действительных чисел присоединением лишь одного корня квадратного уравнения, не имеющего решения на действительной оси. С точки зрения современной абстрактной алгебры поле комплексных чисел алгебраически замкнуто, то есть, рассматривая корни многочленов, нельзя получить новых чисел.

Связность пространства, адекватно отражающего связность реального мира, требует создания аппарата комплексной пространственной алгебры с законами действительных и комплексных чисел. Эта связность определит в пространстве те геодезические линии, движение по которым является одним из математических условий, лежащих в основе теории гравитации.

Однако, теорема Фробениуса отрицает возможность расширения поля комплексных чисел с коммутативным законом умножения элементов, то есть умножением, результат которого не зависит от перестановки сомножителей.

До настоящего времени считается невозможным обобщение числа в пространство. Совсем недавно математик Л. С. Понтрягин писал, “что никаких других логических возможностей для построения приемлемых в математике величин, аналогичных действительным и комплексным числам, кроме действительных и комплексных, не существует ".

Кроме того, вполне очевидно, что кроме алгебры действительных и комплексных чисел других числовых алгебр не существует.

Исследователи за 140 лет после О. Коши не справились с основной проблемой математики – расширения поля чисел в N –мерное пространство с соблюдением законов алгебры действительных и комплексных чисел. Поэтому необходимо исследовать причины ,которые остановили ход естественного внутреннего развития математического аппарата.

Попытка расширить поле комплексных чисел натолкнулась на появление новых чисел- объектов, свойство которых до настоящего времени не поддавались исследованию. Эти объекты получили название делителей нуля. Произведение двух чисел равно нулю, если одно из них равно нулю, а второе не равно нулю. Это тривиальный результат. Появились новые числа не равные нулю, дающие в произведении нуль. Исключить появление этих чисел возможно путем отказа от коммутативности умножения. В результате появились алгебры со скалярным, векторным, спинорным и тензорным умножением и т. д. Все это тупиковые варианты как показывает жизнь, которые постепенно обречены на вымирание. Кроме того они просто ошибочны.

В результате точка в пространстве на основе этих алгебр задается как набор значений координат. При этом теряется структура точки. Даже комплексную плоскость О. Коши в настоящее время сводят к заданию значений двух координат на комплексной плоскости Z(x,y).

Появление делителей нуля при росте размерности пространства закономерный результат, который следовал из теории функций О. Коши. Эти объекты связаны с пониманием структуры плоскости, задаваемой алгеброй комплексного числа. О. Коши показал, что на плоскости необходимо рассматривать точку с ее ε-окрестностью. Этот результат и должен был быть использован при построении и переходе в трехмерное пространство, когда к комплексной плоскости необходимо восстановить также комплексную плоскость, свернутую в ε -цилиндр. Тогда новые объекты –делители нуля, которые подчиняются законам классической алгебры, получают свое истолкование как числа с модулем равным корню из нуля и изолированным бесконечным аргументом. Именно, вследствие наличия изолированного направления, заключенного в третьем ε-цилиндре корень из нуля в пространстве для этих чисел не равен тождественно нулю. На действительной оси и в комплексной плоскости корень из нуля равен нулю. В трехмерном пространстве положение меняется. Срабатывает ε-окрестность начала координат. Доказательство основной теоремы алгебры не отрицает появление новых объектов, так как оно проведено без учета их свойств.

Исключение делителей нуля из рассмотрения привело к ограничению в расширении поля комплексных чисел и фактически исключило из рассмотрения математического естествознания изучение структуры пространства. Изучение структуры пространства пошло по тупиковым вариантам алгебр с законами операций, не соответствующих классическим законам чисел.

Основным признаком Декартовых координат и всех других, применяемых в исследованиях физических процессов, является то, что координатные оси имеют начало из одной точки и даже не из ее окрестности. Перенос системы координат из одной точки в другую, поворот осей координат и так далее, описывается около одной точки. Преобразования Галилея, описывающие переход от одной системы координат к другой системе, движущейся относительно первой равномерно и прямолинейно относятся к системам, в которых координатные оси исходят из одной нуль мерной точки.

Расстояние между двумя точками в декартовой системе координат даже для N-мерного пространства (где N-мерное пространство отождествляется с количеством координатных осей, также исходящих из одной точки) определено корнем квадратным из суммы квадратов разностей между этими точками по координатным осям. Эта формула дидуктивно перенесена из трехмерного пространства и также ошибочна.

Г. Гельмгольц показал, что геометрия Евклида основывается на группе движений твердого тела ,когда величина $dS^2 = \sum_{i=1}^{3} dX_i{}^2$ остается неизменной при всех вращения твердой системы около точки $dX_I = 0$.

Однако эту величину нельзя вывести в пространстве Декартовых координат ввиду того, что единичные орты не являются числами (правила алгебраических операций с ними не соответствуют законам алгебры над действительными числами). В результате векторное пространство с заданием точки как набор значений координат (x, y, z) не является числовым пространством

В этом пространстве функции $f(x, y, z)$ определены не числом, а набором чисел по осям координат и фактически являются функциями трех переменных.

В комплексной плоскости О. Коши каждая точка на плоскости задается числом $z = x + iy$, а функция есть функция от одной переменной $f(Z)$.

Это свойство Числа утеряно в современном математическом аппарате теоретической физики.

Расстояние между двумя точками в N-мерном пространстве это корень N-степени из многочлена, представляющего сумму произведений координат в комбинациях дающих N-степень. Система линейных уравнений, применяемая при преобразовании одной системы координат в другую той же размерности с теми же законами алгебры (коммутативного или некоммутативного умножения), имеет определитель как сумму произведений координат, степень которой отвечает размерности пространства. В комплексной плоскости и комплексном пространстве определитель системы равен модулю комплексного числа возведенного для плоскости в квадрат, для пространства в степень рассматриваемого преобразования. Для четырехмерного пространства интервал равен корню четвертой степени из суммы произведений координат, дающих в комбинации четвертую степень. В связи с этим никакими метрическими тензорами нельзя откорректировать интервал принятый в форме дедуктивного переноса его выражения как корня квадратного из многочлена, представляющего сумму квадратов комбинации координат.

Интервал Минковского есть частный случай квадрата расстояния между двумя точками в 4-мерном пространстве –времени. Этот частный случай совпал со скалярным произведением одноименных координат за вычетом координаты по времени. Перенос этой формы интервала как обобщение для рассмотрения интервала в неинерциальных системах отсчета является ошибкой.

Считается, что великий Лоренц, открыв свои знаменитые преобразования, полностью не осознал их значения. Это сделали различными путями Пуанкаре и Эйнштейн.

С позиций комплексного пространства становится очевидным, что Лоренц оставил свои преобразования в координатном выражении только потому, что не нашел необходимого математического аппарата.

Следом за ним Пуанкаре и Минковский открыли нам геометрию пространства- времени, а именно так называемую псевдоевклидову геометрию через интервал, полученный из преобразований Лоренца. Геометрия называется псевдоевклидовой, так как квадрат временного параметра в формуле расстояний между двумя точками входит в формулу со знаком минус. Таким образом, вместо того, чтобы разработать математический аппарат с законами классической алгебры, который одновременно соответствовал бы и преобразованию Лоренца и из которого интервал Минковского вытекал бы как частный случай реального физического расстояния между точками, исследователи пошли по пути подгонки под этот интервал координатных систем, введением метрических тензоров.

Существенным на первый план вышло свойство инвариантности преобразований при переходе от одних координат к другим. При этом инвариантность ,как свойство , становится некорректным к интервалу , который не соответствует реальному пространству и не может быть выведен как расстояние между двумя точками в пространстве точек , заданных как набор значений координат. Свойство инвариантности является существенным только в числовом пространстве. Преобразование Лоренца даются в покоординатном виде. При этом пространство Минковского также не является числовым пространством.

Поэтому инвариантность также не соответствует действительному реальному пространству.

При этом самое существенное из теории О. Коши и преобразований Лоренца было потеряно, Этого не понял ни Минковский, ни Пуанкаре, ни Эйнштейн. Видимо это существенное, что появляется с ростом размерности пространства, а именно отказ от одной исходной точки в начале координатных осей понимал Лоренц и что до настоящего времени не понимает даже наш современник А. А. Логунов. Однако ноль также неисчерпаем, как и бесконечность.

Преобразования Лоренца со всей очевидностью показывают, что координатные оси пространственные и временные исходят из разных точек окрестности начала координат. Не поняв этого Пуанкаре, Минковский, Эйнштейн выбросили из исследований самую существенную часть математического аппарата, которая отвечает за полевую структуру материи. Аппарат, обладающий модулем не равным нулю остался, а та часть которая отвечает за полевую материю, и разложена по осям координат, образуя крутящие моменты была выброшена в исходном состоянии исследований. Эта комплексная особенность пространства обуславливает кривизну пространства. Вследствие этого не удалось теорию довести до логического конца.

Таким образом, выбросив из рассмотрения самую существенную особенность в координатных системах, которая и обуславливает кривизну пространства, разрабатываются теории гравитации ОТО А. Эйнштейна и РТГ А. Логунова, основанные на идеи кривизны пространства-времени.

Физические преобразования Лоренца требовали корректировки пространственно временных координат. Однако этого не произошло и из исследования была выброшена самая существенная часть –исследование формирования структуры с ростом размерности пространства.

ОТО А. Эйнштейна является попыткой скорректировать операционные координаты так, чтобы они более реально отражали физическое пространство и не более того. Что касается структуры пространства самым существенным вкладом в нее ОТО следует считать установление подпространства светового конуса. Однако применяемый математический аппарат привел к ошибочным выводам .Подробно в работе.

Сечение трехмерного пространства плоскостью, проходящей через начало координат, имеет в этом начале ипсилон окрестность нуля. Сечение 4-х мерного пространства 3-х мерным дает в начале координат сферу ипсилон радиуса. Наличие этой сферы и обуславливает искривление плоского пространственно-временного континуума. Эта последовательность логического построения учитывает и преобразования Лоренца и комплексный аппарат Коши. Пространство с любой метрикой псевдоевклидово.

Нельзя рассматривать координатные системы как абстрактное построение. Координатные системы с увеличением размерности должны адекватно отражать структуру материи. Иначе говоря, координатные системы чисел, подчиняющиеся классическим законам алгебры, содержат КОД формирования материи и не являются чем то абстрактным по отношению к ней. Законы классической алгебры более адекватно отражают физические законы и процессы чем все физические теории.

Почти сто лет теоретическая физика работает в пространствах, из которых выброшены самые существенные объекты–делители нуля. Световой конус теории относительности это подпространство делителей нуля, величины которого обладают свойствами делителей нуля: модуль у которых равен корню из нуля, а аргумент определен изолированным направлением.

Интервал теории относительности Минковского показал, что пространственные координатные оси повернуты относительно временных на 90 градусов и имеют начало в разных точках начала координат. При равенстве пространственных и временных координат образуется подпространство делителей нуля –адекватное подпространству светового конуса.

Таким образом, для исследования полевой характеристики материи необходимо соблюдения двух условий: классических законов алгебры чисел, и использование системы координат с комплексной особенностью в ее начале.

Теоретическая физика допустила сразу две ошибки, введя скалярное умножение при выводе формулы интервала.

Опишем, что дает комплексная пространственная алгебра и систему комплексных пространственных координат.

Комплексная плоскость определяет точку с ε-окрестностью. Начало координат не является точкой, а является ε-окрестностью нуля. В связи с этим третья координатная ось не является линией, а является цилиндрической поверхностью радиуса ε. Понятие точки и координатных линий расширяются до понятий ε – сфер и ε-цилиндров. Если две координатные оси представляют цилиндры комплексных точек, то третья координатная ось представляет цилиндр с двойными стенками, между которыми расположены цилиндры, предыдущей размерности. В этом комплексном пространстве модуль комплекса равен интервалу теории относительности Минковского, выведенный из преобразований Лоренца.

Таким образом, интервал теории относительности возникает и получается естественным образом через соблюдение законов классической алгебры и правильного построения системы координат. В таком пространстве нет линий как таковых, а есть спирали намотанные на ε-цилиндры с переменной частотой витка. Ввиду малости ε- эти спирали воспринимаются как линии. В плоскости двух координатных цилиндров точка становится объемным объектом –сферой проколотой изолированными направлениями. Пространство, заключенное внутри этих цилиндров принадлежит пространству другого измерения. Функция определенная в таком пространстве соответствует физической трактовке суперпозиции волн.

В теоретической физике физическое поле описывается одно- или многокомпонентной функцией координат и времени, называемой функцией поля. В качестве переменных берутся величины, которые подчинены законам скалярной, спинорной, векторной и тензорной алгебр.

К полевым переменным теоретическая физика добавила метрический тензор пространства –времени. Теоретическая физика объясняет это определением естественной геометрии физического поля и выбором той или иной системы координат. Таким образом, совершив ошибки в самом начале исследований, делается попытка их исправления с помощью операций, не соответствующих числовым операциям. Не геометрия пространства–времени в данном случае при таком порядке исследований определяет интервал, а интервал через искусственно введенные тензорные величины определяет геометрию пространства-времени. В этом порядке потеряно самое главное–

возможность исследовать структурирование пространства с ростом его размерности. Геометрия должна четко определять как координаты одного измерения вписываются в координаты другого измерения, какую физическую нагрузку несет одно измерение относительно другого.

Для поиска естественной геометрии используются уравнения Гамильтона - Якоби, Фока,

Шредингера. Условия, которые получают из этих уравнений, накладывают на метрический тензор и тем самым утверждают, что получена естественная геометрия. Однако это тоже порочный круг, Условия должны вытекать из интегральных теорем N-мерного пространства, наподобие условиям Коши-Римана в плоскости.

Одним из самых принципиальных моментов расширения поля комплексных чисел О. Коши является отсутствие введения дополнительных аксиом, гипотез и т.д.

Все операции соответствуют законам операций с действительными и комплексными числами в смысле О. Коши.

В РТГ А. Логунов проводит мысль, что математический аппарат для исследования процессов микромира и гравитации должен быть проверен на соответствие с экспериментальными исследованиями на предмет соответствия структуры математического пространства (операционного) и структуры выявленной в процессе экспериментальных исследований.

В принципе такой же позиции придерживался Гейзенберг, когда утверждал, что заряд характеризуется сингулярностью в пространстве моментов.

Надо подчеркнуть, что момент может возникнуть при условии приложения сил к разным точкам пространства, не имеющим пересечения в одной точке.

Комплексное пространство с особенностью в начале координат, как следствие наличия подпространства делителей нуля, отвечает этому условию.

Все это говорит о том, что пространственное поле чисел вводит операционную структуру которая наиболее адекватно соответствует реальному пространству микромира.

Операционная структура комплексного анализа выделяет подпространство делителей нуля с новым понятием о сингулярности аргумента.

Подпространство делителей нуля(адекватно пространству светового конуса) сворачивается в сферических координатах в туннель изолированного сингулярного направления с увеличением размерности всего пространства. Симметрия в образовании сингулярного направления позволяет отождествить полученную структуру с фундаментальными свойствами заряда быть положительным, отрицательным ,нейтральным.

Создатель квантовой теории поля П. А. М. Дирак сингулярность аргумента рассматривал в обосновании магнитного монополя.

В. Гейзенберг считал, что физическая сущность фундаментальных свойств заряда связана с сингулярностью пространства взаимодействия.

Подпространство сингулярных направлений и структура всего комплексного пространства сопоставляется и отождествляется с экспериментально установленными уровнями формирования материи в микромире : лептонно-электронном, барионным, кварковым. Показана связь размерности комплексного пространства с этими уровнями.

А. Логунов создатель РТГ проводит мысль, что реальная структура пространства ,установленная в экспериментальных исследованиях микромира , должна описываться математическим аппаратом и только такой аппарат претендует быть единственным.

Периодическая таблица элементов Д.И. Менделеева отражает реальную структуру пространства на атомном и ядерном уровне .

Исследования структуры N-мерного комплексного пространства, построенного на базе алгебры с классическими операциями чисел, дало полное соответствие с формированием периодической таблицы элементов

Теоретическая ядерная физика разработала ряд моделей атомного ядра, ни в одной из которых не учитывается структура пространства, так как она выброшена из рассмотрения из математического аппарата, и поэтому модели не в состоянии дать возможность рассчитать ключевые моменты ядерной физики. До настоящего времени не выведена формула энергии связи атомных ядер, не завершены теории радиоактивных распадов, механизм альфа распада объясняется просачиванием альфа частицы через кулоновский барьер. Для описания механизма альфа распада применено уравнение Шредингера и результат получился глубоко ошибочным.

Комплексное пространство вскрыло структуру тяжелых ядер. Ядра состоят из двух блоков ,каждый из которых состоит из ядер первой половины периодической таблицы. Появление Лантаноидов связано с началом формирования второго блока в тяжелых ядрах. Устойчивым блоком следует считать блок из 6-ти мезонных зарядов (под зарядом в текущем месте понимается наличие ипсилон туннеля, через который проходит масса обменного кванта), которые удерживают 51-56 протонов и от 70 до 90 нейтронов. Например при взрыве атомного ядра Урана происходит развал одного мезонного заряда, который находится в пространстве другого измерения, чем протоны и нейтроны ядра. Фактически происходит взрыв пространства другого измерения с выделением энергии до 200Мэв. При этом происходит асимметричный распад ядра ; имеем один блок из 6 мезонных зарядов и второй блок из 4 мезонных зарядов, так что имеем экспериментальное соотношение по массам между продуктами деления 3/2. Получен результат, который до настоящего времени представляет трудность ядерной физике.

Альфа-распад тяжелых ядер является следствием возбуждения ядра в результате радиоактивных превращений внутри материнского ядра между блоками-ядрами.

Полевая структура (иначе мезонный заряд, обменный квант и т. д.) имеет размерность более высокую по сравнению с пространством взаимодействующих структур (так же как компонента времени в преобразованиях Лоренца создает более высокую размерность) поэтому взаимодействии есть результат изменения параметров, которые характеризуют пространства разных измерений. Этот вывод позволил получить формулу энергии связи атомных ядер, отвечающую экспериментальным данным.

Обращение к ядерной физике обусловлено наличием большого опубликованного справочного материала.

Введение структуры пространства, разработанной на базе классической алгебры над действительными и комплексными числами, и отвечающей физическим преобразованиям Лоренца, позволило эффективно рассчитать с большой степенью достоверности (почти 99%) с экспериментальными данными расчеты: электронного, позитронного, альфа распада, энергии связи атомных ядер.

ОТО (Общая теория относительности) А. Эйнштейна, РТГ(Релятивистская теория гравитации) Логунова не доведены до логического конца вследствие указанных выше ошибок.

Если допустить, что интервал теории относительности, откорректированный физическими условиями, введенными в РТГ Логуновым, соответствует реальному физическому пространству, то применяя к нему аппарат алгебры комплексного пространства, удается представить его в четырехмерных физических координатах. В этом случае начало координат будет содержать сферическую окрестность нуля, которая будет содержать кроме направлений четырехмерного пространства-времени изолированное направление, не принадлежащее четырехмерному пространству-времени. Пространственные оси координат будут развернуты относительно временных на 90 градусов и имеют разные точки начала в этой сферической окрестности. Эта окрестность есть гравитационный радиус Шварцшильда (как частный случай).

Только в этом случае плоское пространство обладает кривизной, которая максимальна в начале координат и стремится к нулю на бесконечности.

Такое построение определяет как материальную так и полевую форму материи.

Фундаментальная масса 2*10^-5 г. в начале координат создает максимальную кривизну пространства. Фундаментальная длина есть в такой трактовке гравитационный радиус Шварцшильда 1, 6*10^-33см.

При взаимодействии двух фундаментальных масс на расстоянии комптоновской длины протона 0, 2*10^-13 см получаем массу протона 1, 6*10^-24 г.

Таким образом, преодолена та теоретическая брешь, которая образовалась между тяготением и теорией микрочастиц.

Масса микрочастицы равна:

$$m_i c^2 = G m_g^2 / \lambda_i^{kompt},$$

где m_i -масса микрочастицы, С скорость света, G-гравитационная постоянная,

m_g -фундаментальная масса, λ_i^{kompt} - комптоновская длина волны микрочастицы.

ВВЕДЕНИЕ

ГЛОБАЛЬНЫЕ ОШИБКИ МАТЕМАТИЧЕСКОГО ЕСТЕСТВОЗНАНИЯ

Неуклонный прогресс физики к настоящему времени поставил вопрос о совершенствовании математического аппарата так, чтобы его можно было отождествить с реальными процессами в материальном мире . Стало очевидным также, что декарто-векторное и тензорное исчисление не соответствует этой основной линии усовершенствования.

Алгебра векторного и тензорного исчисления (алгебра матриц) не является числовой алгеброй и поэтому теоретическое исследование сложных процессов физического взаимодействия осуществляется в не числовом поле. Эти алгебры не являются результатом внутреннего развития действительных чисел, а опираются на непрерывно вводимые аксиомы и дополнительные определения и операции, тем самым усложняется абстракция и результаты в лучшем случае как частный случай соответствуют реалиям.

Единственной схемой развития математического аппарата теоретической физики является усовершенствование теории функций комплексного переменного О. Коши, которая дошла до нашего времени в том виде, в котором ее оставил великий математик.

Расширение поля комплексных чисел О. Коши в N-мерное пространство с соблюдением законов алгебры действительных и комплексных чисел определяет Числовое поле, которое адекватно реальному.

Создатель квантовой механики П. А. М. Дирак [22] пытался заменить и обосновать не числовую операцию некоммутативного умножения на квантовые условия. Однако в дальнейшем он писал: ”Я бы предложил в качестве идеи, выглядевшей более обнадеживающе для улучшения квантовой механики, взять за основу теорию функций комплексной переменной. Эта область математики исключительно красива, и группа преобразований, с которой она связана, именно группа преобразований комплексной плоскости, это та же группа, что и группа Лоренца, управляющая пространством-временем специальной теории относительности. Мы приходим таким образом к подозрению, что есть какая-то глубокая связь между теорией функций комплексной переменной и пространством-временем специальной теории относительности; разработка этой связи станет трудной целью будущих исследований. ”

П. Дирак в совершенстве знал векторный и тензорный анализ, однако считал, что будущее за теорией комплексной переменной.

В современной теоретической физике операционное поле задается набором значений операционных координат (x, y, z, ct). Такой набор состоит из чисел, но сам не представляет число. Связь между числовыми координатами осуществляется введением дополнительных не числовых величин. Таким образом точка в пространстве не есть число. Тензоры и матрицы также не являются числами, хотя сами образованы из набора чисел.

Под Числом надо понимать математический объект, который подчиняется законам операций алгебры действительных и комплексных чисел.

Задание алгебраического поля как набор значений координат является Грубейшей ошибкой математического естествознания, так как оно не определяет структуру пространства.

Многочисленные эксперименты по столкновению двух элементарных частиц очень высоких энергий показывают, что огромная кинетическая энергия преобразуется при столкновениях в материю, порождая большое число новых элементарных частиц. В настоящее время микрочастицы классифицированы на основе их кварк-глюонного состава. Все это свидетельствует о структуризации материи. В связи с этим математический аппарат должен соответствовать этой структуризации, а накопленный экспериментальный материал дает возможность проверить любое математическое построение на это соответствие.

Теоретическая физика не обладает таким математическим аппаратом.

При задании точки как набор значений координат структура задается по гипотезе Гельмгольца-Римана в виде интервала

$$dS^2 = dx^2 + dy^2 + dz^2 \tag{1}$$

Интервал (1) характеризует геометрию Евклида и основывается на группе движений твердого тела (интервал остается неизменным при всех вращениях твердой системы около выбранных точек).

С математической точки зрения выражение интервала не корректно, так как оно вводится, опираясь на повседневный опыт, а не выводится из законов операций числовой алгебры.

Стало очевидно, что такое поле не может годиться для исследования процессов гравитации и электродинамики.

В связи с этим Пуанкаре и Минковский для набора значений координат (x, y, z, ct) ввели интервал в виде

$$dS^2 = C^2 dt^2 - dx^2 - dy^2 - dz^2 \tag{2}$$

(в дальнейшем ссылки на учебники и расшифровка хрестоматийных формул не производится, чтобы не загружать внимание).

Пространство с таким интервалом получило название псевдоевклидовым. Интервал (2) остается инвариантным в преобразованиях Лоренца, который оставил запись этих преобразований в покоординатном виде $(x, y, z, ct) \Rightarrow (x_1, y_1, z_1, ct_1)$.

Интервал в виде (2) объединил пространство-время в единое целое и стал фундаментальным принципом современной теоретической физики, что является главным содержанием теории относительности.

Однако и это выражение интервала не выводится из каких либо общих математических принципов.

СТО, ОТО А. Эйнштейна, РТГ А. Логунова являются убедительным доказательством несостоятельности математического аппарата описывать операционное поле как набор значений координат, объединенных интервалом (2).

В ОТО и РТГ сделана попытка откорректировать операционные координаты с помощью метрических коэффициентов q_x, q_y, q_z, q_t

$$dS^2 = q_t (Ct)^2 - q_x dx^2 - q_y dy^2 - q_z dz^2 \tag{3}$$

так, чтобы они соответствовали реальным физическим координатам.

Метрические коэффициенты определяются с помощью уравнения Эйнштейна и являются функциями энергии-импульса тензора материи.

Таким образом, ОТО А. Эйнштейна и РТГ А. Логунова попало в капкан грубейшей ошибки математического естествознания. Вначале задали математическое поле как набор значений координат, а затем откорректировали значение этих координат, которые в этом наборе не дают числовое поле.

Эту ситуацию проанализировал П. Дирак [22], делая попытку обосновать переход от нечислового математического аппарата к числовому и результаты сопоставить с наблюдаемыми.

К настоящему времени имеются только две Числовые системы. Это действительные и комплексные числа О. Коши.

Комплексные числа О. Коши есть внутреннее развитие теории действительных чисел и представляют их расширение в плоскость

$$z = x + iy = \rho e^{i\varphi} \tag{4}$$

где $i = \sqrt{-1}$ -базовая единица(мнимая единица) является числом.

В плоскости (z) выполняются все операции и законы алгебры действительных чисел.

Попытка расширения комплексных чисел в пространство натолкнулось на появление новых математических объектов –делителей нуля, свойства которых не удалось проанализировать.

Делители нуля представляют числа, не равные нулю, но в произведении дающих нуль: $a \neq 0, b \neq 0, ab = 0$.

Столкнувшись с этими объектами математика допустила грубейшую глобальную ошибку, введя не коммутативность умножения, то есть $cd = -dc$, что позволило исключить эти объекты из математического аппарата.

В дальнейшем это привело не только к ошибкам в математике, но и к математическому произволу –векторному, тензорному анализу, а также к математическому мусору в виде гиперкомплексных чисел.

П. Дирак не коммутативность умножения пытался увязать с квантовыми скачками и переходами энергии на другие уровни и по существу не вскрыл существо квантовой механики.

Квантовый скачок или переход сопровождается кроме изменения уровня энергии изменением характера взаимодействия и размерности структуры пространства.

В векторном исчислении конструкция $f = x + iy + j\zeta + k\eta$ с базовыми единицами i, j, k не представляет число, так как базовые единицы не подчиняются законам операций над числами, например нет коммутативного умножения $ij = ji$. Поэтому расширение поля комплексных чисел О. Коши достигается снятием этого ограничения с базовых единиц.

Причем расширение достигается без введения дополнительных постулатов и гипотез в теорию О. Коши. Доказано, что извлечение корня квадратного из +1 по законам алгебре комплексных чисел О. Коши приводит дополнительно к двум новым числам $\sqrt{+1} = \sqrt{(-1)(-1)} = \pm ij = \pm ji$.

Если операция извлечения корня выполнена правильно, то не коммутативность умножения должна отсутствовать.

НОВАЯ КОНЦЕПЦИЯ ПРОСТРАНСТВА

Алгебра комплексного пространства приводит к новой концепции пространства.

В результате имеем комплекс

$$\upsilon = (x + iy) + j(\zeta + i\eta) = \rho e^{i\varphi} + jre^{i\phi} = \mathrm{Re}^{iF + j\psi} \tag{5}$$

Комплекс подчиняется обычным операциям над действительными и комплексными числами и представляет Число.

Структура комплекса представляет систему вложенных друг в друга подпространств (можно расширить до бесконечности) разной размерности с очевидной геометрической интерпретацией.

Необходимо подчеркнуть, что модуль R при определенных условиях содержит все частные выражения интервалов (1), (2).

Комплексное пространство $\langle \upsilon \rangle$ содержит подпространство делителей нуля, которое выделяется при следующих условиях $\phi = \varphi \pm \pi / 2, \rho = r$

$$\upsilon = \rho e^{i\varphi}(1 \pm ji) = \rho e^{i\varphi}\left(\sqrt{0}\right)e^{\pm jarktgi} \qquad (6)$$

Теоретическая физика к настоящему времени пришла к выводу, что частица есть сингулярность (именуемая полюсом) поля в пространстве моментов. Этот вывод поддается раскрытию более детально.

Преобразуем выражение (5), учитывая (6)

$$\upsilon = \mathrm{R}e^{i\varphi + j\psi} = \mathrm{R}e^{i(\varphi - \psi)} + j\left(\mathrm{R}e^{i\varphi}\sin\psi\right)\left(\sqrt{0}\right)e^{-jarktgi} \qquad (7)$$

Оба слагаемых отождествляются с материальными свойствами частицы.

Рассмотрим второе слагаемое. Подпространство светового конуса Минковского выделяется при условии равенства интервала нулю

$$dS^2 = C^2dt^2 - dr^2 = 0 \qquad (8)$$

Интервал в подпространстве светового конуса равен нулю.

Это одна из принципиальных ошибок теории относительности. Теория функций комплексного пространственного переменного ТФКПП, построенная на базе алгебры комплексных чисел, доказывает, что интервал нельзя рассматривать без аргументов. Корень из нуля в пространстве не равен нулю автоматически $\sqrt{0} \neq 0$, в следствии наличия сингулярного аргумента $\pm arktgi$.

Окрестность нуля радиуса $\sqrt{0}$ и сингулярный аргумент $arktgi$ создают полюса в пространстве моментов. Поэтому второе слагаемое отождествляется с зарядом

В простейшем случае $\alpha\left(\sqrt{0}\right)e^{\pm jarktgi}$ в дальнейшем обозначим $\alpha e^{\pm ji}$ и отождествим с лептонным зарядом.

Второе слагаемое в (7) показывает, что пространство в сингулярном полюсе разлагается на два не суммируемых подпространства в соответствии с алгеброй делителей нуля $\upsilon_d = j\rho e^{i\varphi} \pm i\rho e^{i\varphi}$.

Фактически в цилиндрических координатах имеем мнимые точки подпространства делителей нуля, как точки не имеющие суммарного радиуса.

Две координаты $j\rho e^{i\varphi}, i\rho e^{i\varphi}$ равны по величине, взаимно перпендикулярны, и имеют в окрестности начала координат разные исходные точки, повернутые относительно друг друга на угол $\pi / 2$.

В сферических координатах эти точки свертываются в цилиндрический туннель по одной из осей в сечении с радиусом $\sqrt{0}$ и сингулярным направлением.

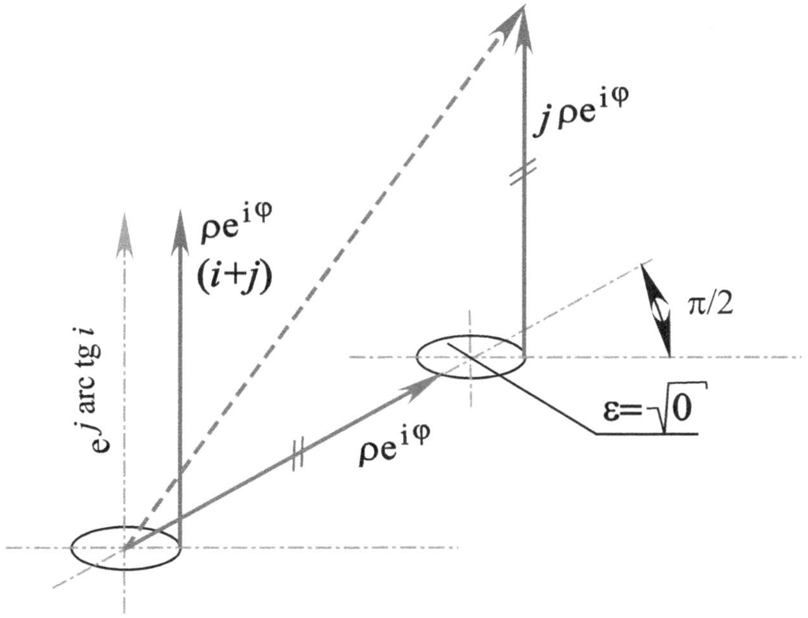

Рис. 1. Делители нуля в целиндрических координатах.

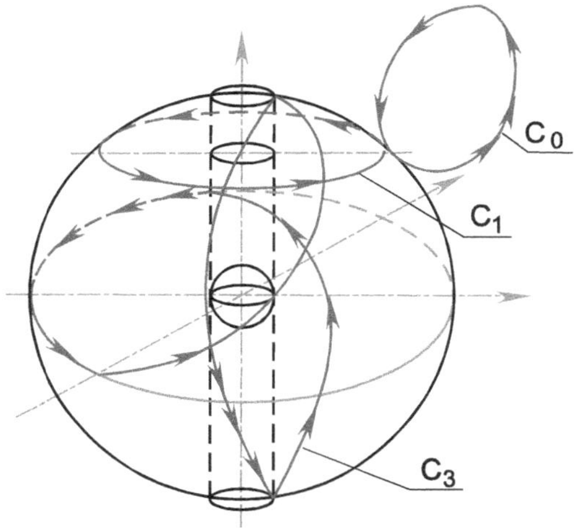

Рис. 2. Связность комплексного пространства. C_0 – стягивается в точку, C_1 – нельзя стянуть в нуль мерную точку. C_3 – простейшая циклическая кривая в пространстве.

Декарто векторные координаты и связанные с ними преобразования Лоренца не дают возможности выразить их в сферических координатах. Световой конус теории относительности имеет нуль мерную точку в своей вершине как начало координат. Это очередная глобальная ошибка специальной теории относительности.

Это очередная ошибка не только физико-математическая но и философская.

СВЯЗНОСТЬ РЕАЛЬНОГО ПРОСТРАНТСТВА

Ноль неисчерпаем, также как неисчерпаема бесконечность!

Из этого следует, что временная ось не пересекается с пространственными осями.

Особенность в начале координат, отсутствие нуль мерных точек приводит к изменению представлений об установившихся геометрических образов и понятий.

Простейшей кривой в пространстве является кривая C_3, натянутая на сферу радиуса R_3 с проколотым ε-туннелем, так что часть кривой проходит по внешней поверхности сферы, а часть по ε-туннелю. При этом аргументы φ, ψ совершают соответственно $4\pi, 2\pi$ оборота.

Сфера с проколотым туннелем напоминает вырожденный тор.

Поверхность S_3, натянутая без точек самопересечения на кривую C_3, изолирует объем тора V_3 из пространства большей по величине размерности.

С этой изоляцией в дальнейшем связывается представление о микрочастицах.

Поверхность S_3 нельзя стянуть в точку, так чтобы она не замыкала объем δV_3.

Это есть принципиальное отличие геометрических построений от построений в векторно – декартовых координатах. В декартовых координатах сфера сжимается в нуль мерную точку. Нуль мерная точка находится в вершине светового конуса теории относительности и релятивистской механики Пуанкаре.

Световой конус теории относительности в комплексных координатах сворачивается в ε-туннель.

Понятие об ε-туннеле есть следствие не только правильного расширения ТФКП в ТФКПП и алгебраических преобразований, но логически обосновывается из построения координат. Ноль, как показал О. Коши, есть выколотая точка $0e^{i\varphi}$, где $0 \le \varphi \le 2\pi$. В связи с этим становится очевидным ошибка Декарта, когда была восстановлена к плоскости линия.

К плоскости более корректно надо восстановить также плоскость, свернутую в трубочку. Сечение этой трубочки имеет радиус равный $\sqrt{0} \ne 0$, в следствии наличия сингулярного аргумента $arktgi$.

Связность пространства декарто-векторных координат доставляется интегральными теоремами Грина, Стокса, Гаусса-Остроградского. Теоремы объединены одной конструктивной идеей: они устанавливают связь между интегралом по границе какого-либо геометрического образа и интегралом, распространенным на этот геометрический образ. Устанавливается связь между функциями $P(x,y,z), Q(x,y,z), R(x,y,z)$, непрерывными со своими частными производными в области и на ее границе в пространстве (x,y,z).

Таким образом, дважды используется не числовое поле: в первом случае как набор значений координат (x,y,z), так и во втором (P,Q,R).

Таким образом, такая связность не соответствует реальному пространству. В декартовом пространстве не выполняется (рвется) интегральная цепочка

$$\oint_\gamma \Rightarrow \oiint_S \Rightarrow / \Rightarrow \oiiint_V$$

Криволинейный интеграл $\oint_\gamma$ имеет подынтегральное выражение как скалярное произведение (P,Q,R) на дифференциал (dx,dy,dz), то есть интеграл не является числовым.

Особую роль играет эта цепочка в электродинамике. Однако кроме не числовых операций в составлении интегралов, в декартовом пространстве нет кривой γ, на которую можно натянуть поверхность S, без точек пересечения, так чтобы замыкался объем V, в котором находится полюс, с которым связано понятие заряда. Таким образом, уравнения Максвела, в основе которых и лежит эта цепочка интегралов, не соответствуют реальному физическому пространству.

НОВАЯ КОНЦЕПЦИЯ ЗАРЯДА.

Фундаментальные свойства заряда быть положительным и отрицательным связано со свойством разложения или синтеза подпространств в пространство или наоборот.

В заряженной частице происходит квантовый скачок, вызванный изменением размерности пространства.

В разложении (7) первый член для этой простейшей размерности комплексного пространства определяет вещество-ядро частицы, второй ее зарядовое поле.

Проведем расширение пространства до $\nu = \mathrm{Re}^{i\varphi + j\psi + k\gamma}$ и произведем выделение зарядов более высокой размерности по той же схеме

$$\nu = \mathrm{Re}^{i\varphi + j\psi + k\gamma} = \mathrm{Re}^{i\varphi + j(\psi+\gamma)} + k\,\mathrm{Re}^{i\varphi + j\psi} \sin\gamma\left(\sqrt{0}\right)e^{+karktgj} \quad (9)$$

Таким образом, второе слагаемое определяет новый заряд, по знаку показателя экспоненты он положителен. Если не раскрывать заряды в первом и коэффициенте второго слагаемого, то можно отождествить эту комбинацию с протоном (протон не имеет лептонного заряда). Однако если произвести выделение лептонного заряда, то получим позитрон

$$\nu = \mathrm{Re}^{i(\varphi-\psi-\gamma)} + j\,\mathrm{Re}^{i\varphi}\sin(\psi+\gamma)\left(\sqrt{0}\right)e^{-jarktgi} \quad (10)$$

$$+k\,\mathrm{Re}^{i(\varphi-\psi)}\sin\gamma\left(\sqrt{0}\right)e^{+karktgj} +$$

$$+k\,\mathrm{Re}^{i\varphi}\sin\psi\sin\gamma\left(\sqrt{0}\right)e^{+karktgj}\left(\sqrt{0}\right)e^{-jarktgi}$$

Введем понятные обозначения, для сокращения записи

$$E^{+} \Rightarrow \nu = a + be^{-ji} + cke^{+kj} + dke^{+kj}e^{-ji} \quad (11)$$

Выражение (11) демонстрирует возможность комплексного пространственного аппарата отождествить возможные варианты зарядовых сопряжений микрочастиц и сами микрочастицы.

В данном случае имеем микрочастицу с электрическим $\left(kce^{+kj}\right)$, лептонным $\left(be^{-ji}\right)$ и смешанным зарядом $\left(kde^{+kj}e^{-ji}\right)$. Ядро частицы $\left(ae^{0}\right)$ представляет действительное число –отождествляем его с γ-квантом. Однако γ-квант можно отождествить и с магнитным полюсом П. Дирака. В этом случае элементарная частица будет обладать и магнитным полюсом и зарядом. Но это в дальнейшем.

Такую связность пространства можно отождествит с позитроном. Соответственно электрон будет представлен в виде

$$E^{-} \Rightarrow \nu = a_1 + b_1e^{+ji} + kc_1e^{-kj} + kd_1e^{-kj}e^{+ji} \quad (12)$$

(изменен знак у лептонного заряда и электрического по сравнению с (11)).

В соответствии с пространственным представлением электрона и позитрона можно проанализировать возможные варианты аннигиляции пространства $\lfloor E^{+} + E^{-} \rfloor$

Исследование структуры пространства позволяет выдвинуть новую концепцию заряда. Фундаментальные свойства заряда быть положительным и отрицательным связано с процессами деления и синтеза пространства на подпространства. Если частица обладает зарядом, то ε-туннели характеризуют непрерывное разложение пространства более высокой размерности на подпространства меньшей по величине размерности (и на оборот). Непрерывный процесс этой генерации подпространств и вызывает напряженность в пространстве, окружающем частицу.

Электродинамика не может считаться завершенной, поскольку взаимодействие частицы с ее собственным полем не трактуется удовлетворительно. В обычной электродинамике электрон рассматривается без полюсов и пространства, в которых рассматривается взаимодействие зарядов никак не связаны со структурой электрона. Кроме того, теоремы связности пространства декарто-векторного не соответствуют реальной действительности. Поэтому формулы (11), (12) и методика их получения оправдывается при построении классификации микрочастиц и расчете их квантовых характеристик

НЬЮТОН и релятивистская механика ПУАНКАРЕ

Рассмотрим несколько соотношений механики Ньютона и релятивистской механики Пуанкаре.

Для электрона на круговой орбите радиуса r, условие динамического равновесия имеет вид $\frac{mV^2}{r} = \frac{e^2}{r^2}$. В этом уравнении величина взаимодействия двух зарядов, оцениваемая соотношением $\frac{e^2}{r^2}$ приравнивается кинетической энергии. Таким образом, полевое взаимодействие реализуемое в подпространстве, приравнивается к кинетической энергии, реализуемой в пространстве. Это не соответствие должно быть обосновано.

Выразим энергию в комплексном виде, разделив пространство на его структурные составляющие

$$F = \frac{e^2}{r^2} + ji\frac{mV^2}{r} = \sqrt{\left(\frac{e^2}{r^2}\right)^2 - \left(\frac{mV^2}{r}\right)^2}\, e^{jarktgi\frac{mV^2 r}{e^2}} \tag{13}$$

Преобразуем формулу

$$F = \frac{e^2}{r^2}\sqrt{1 - \left(\frac{mV^2 r}{e^2}\right)^2}\, e^{jarktgi\frac{mV^2 r}{e^2}}$$

Взаимодействие передается через ε-туннель изолированного направления, поэтому $\frac{mV^2 r}{e^2} = 1$, откуда $V = \sqrt{\frac{e^2}{mr}} = aC$

Условие приобретает вид

$$F = \frac{e^2}{r^2}\left(\sqrt{0}\right)e^{jarktgi} = \frac{e^2}{r^2} + ji\frac{e^2}{r^2} \tag{14}$$

Зависимость показывает, что взаимодействие происходит по линии, на которой происходит разложение силы на две равные, взаимно перпендикулярные и имеющие начало в разных точках окрестности точек этой линии повернутых относительно друг друга на 90 град. Иными словами одна и таже сила действует по двум разным направлениям перемещаясь по орбите электрона. Сила характеризуется зарядом с коэффициентом величины взаимодействия.

Если скорость станет равной С, то будем иметь $\frac{mC^2r}{e^2}=1$, откуда имеем

$r=\frac{e^2}{mC^2}$ -выражение классического радиуса электрона.

Орбита электрона включает в себя движение по ε-туннелю взаимодействия в сечении радиуса равному классическому радиусу электрона.

Согласно этим исследованиям приходим к новой концепции орбиты электрона. Орбита электрона есть граница, которая выделяет область деления пространства на подпространства. На границе происходит квантовый скачек в изменении размерности пространства. Эти изменения и фиксируют спектральные линии. Движение по такой орбите не вызывает излучения, так как орбита фиксирует изолируемость системы строго определенной размерности.

Далее имеем; $\frac{1}{2}m_1V^2=-\frac{1}{2}Gm_1m_2/r$

Средняя кинетическая энергия материальной точки, совершающая пространственно ограниченное движение под действием сил притяжения, подчиняющихся закону обратных квадратов, равна половине ее средней потенциальной энергии с обратным знаком. .

В этом выражении(как и в предыдущем случае) приравниваются две величины, которые фактически находятся в разных подпространствах. Однако выражение это не фиксирует. В связи с этим рассмотрим энергию как структурное образование

$$E=G\frac{m_1m_2}{r}+ji\frac{m_1V^2}{2}=G\frac{m_1m_2}{r}\sqrt{1-\left(\frac{V^2r}{2Gm_2}\right)^2}e^{jarktgi\frac{V^2r}{2Gm_2}} \qquad (15)$$

(или изолированного направления, подпространство заполненного обменным квантом), поэтому примем $\frac{V^2r}{2Gm_2}=1$. Откуда имеем $V=\sqrt{\frac{2Gm_2}{r}}$

Получили выражение для второй космической скорости. Энергия преобразуется к виду

$$E=\frac{Gm_1m_2}{r}\left(\sqrt{0}\right)e^{jarktgi}=\frac{Gm_1m_2}{r}+ji\frac{Gm_1m_2}{r} \qquad (16)$$

Таким образом, движение с космической скоростью идет по траектории, на которой имеем равенство гравитационного взаимодействия в двух перпендикулярных плоскостях. В теоретической физики это геодезические. На самом деле это траектория отделяющая пространства разной размерности друг от друга. Теперь положим $V=C$ и получим $r=\frac{2Gm_2}{C^2}$ (Радиус Шварцшильда как результат решения для сферически –симметричного поля тяготения.

До настоящего времени продолжаются споры о равенстве гравитационной и инертной массы. Это результат сокращения в равенстве массы m_1.

$$G\frac{m_1 m_2}{r^2} = m_1 a \Rightarrow G\frac{m_2}{r^2} = a$$

Сокращение вызывает переход исследований в плоскость ускорений, когда $a = g$ ускорение приравнивается ускорению свободного падения в гравитационном поле тяжелой массы. После сокращения массы m_1 становится неопределенным ее влияние на силу, вызывающую ускорение. Поэтому необходимо ввести в зависимость структуру пространства взаимодействий

$$F = \frac{Gm_1 m_2}{r^2} + jim_1 a = G\frac{m_1 m_2}{r^2}\sqrt{1-\left(\frac{ar^2}{Gm_2}\right)^2}\, e^{jarktgi\frac{ar^2}{Gm_2}} \qquad (17)$$

Структура взаимодействующих пространств требует выделение изолированного направления, через которое происходит взаимодействие

Примем $\frac{ar^2}{Gm_2} = 1$, откуда следует $a = \frac{Gm_2}{r^2}$

При этом выражение (17) преобразуется к виду

$$F = G\frac{m_1 m_2}{r^2}\left(\sqrt{0}\right)e^{jarktgi} = G\frac{m_1 m_2}{r^2} + jiG\frac{m_1 m_2}{r^2} \qquad (18)$$

Тела движутся по геодезической, характеризуемой разложением силы по законам делителей нуля (светового конуса) с ускорением, которое определяется массой тяжелого тела и расстоянием до него. При этом сила зависит от обоих масс тяжелого и пробного тела. В этом вся философия ОТО А. Эйнштейна, которая до настоящего времени не выражена и вызывает лишние споры.

Далее. Принципиальный вопрос о сложении скоростей.

До настоящего времени идут споры $V + C = U_\mu \geq C$, который решается достаточно просто, если вновь учесть, что скорость света принадлежит подпространству обменного кванта и взаимодействия, а линейная скорость V другому пространству, поэтому

$$U_\mu = C + jiV = C\sqrt{1-\left(\frac{V}{C}\right)^2}\, e^{jarktgi\frac{V}{C}} \qquad (19)$$

Ни при каких условиях скорость не может быть выше скорости света.

При равенстве $V = C$ имеем все те же, выше разобранные условия

$$U_\mu = C\left(\sqrt{0}\right)e^{jarktgi} = C + jiC \qquad (20)$$

Замечания для преобразования Галилея координаты $X = x + Vt$. Если скорость V

Становится равной С (V=C), то координата

$$X = Ct + jix = Ct\sqrt{1-\left(\frac{x}{Ct}\right)^2}\, e^{jarktgi\frac{x}{Ct}} \qquad (21)$$

Если $x = Ct$, то имеем все те же выводы

$$X = Ct\left(\sqrt{0}\right)e^{jarktgi} \qquad (22)$$

Координата X становится заряженной, как ипсилон туннель. Координата не линейна.

Преобразования Лоренца записаны по координатно: набор значений координат (x', y', z', ct')по формулам Лоренца переводятся в набор координат

(x, y, z, ct). Оба набора не являются числовыми и следовательно рассматриваются не числовые пространства. В штриховом пространстве и не стриховом остается инвариантным интервал Минковского в виде (2). Интервал соединяет пространство и время в единый континуум и поэтому нельзя рассматривать отдельно значения координат времени и пространства. Кроме того, если интервал будет рассматриваться без аргумента (как это делается в настоящее время в теоретической физике, то это приводит к ошибкам), например в выражении (22) при этом $X = 0$.

В релятивистской механике Пуанкаре энергия и импульс составляют также не числовой набор энергии-импульса.

$$p = \frac{mV}{\sqrt{1 - \frac{V^2}{C^2}}}; \qquad (23)$$

$$E = \frac{mC^2}{\sqrt{1 - \frac{V^2}{C^2}}};$$

$$p_\mu = \left(\frac{E}{C}, p\right)$$

В комплексном пространстве имеем

$$p_\mu = \frac{E}{c} + jip = \frac{E}{c}\sqrt{1 - \left(\frac{pc}{E}\right)^2} e^{jarktgi\frac{pc}{E}}$$

Подставим вместо E, p формулы из (23) получим $p_\mu = mCe^{jarktgi\frac{V}{C}}$

Если $V = C$, то имеем $p_\mu = mCe^{jarktgi}$, а также $p_\mu = \sqrt{\frac{E^2}{c^2} - p^2} e^{jarktgi}$

Эти два выражения и дают полную энергию частицы

$$E = c\sqrt{m^2c^2 + p^2} \qquad (24)$$

Выражение получено из равенства модулей комплексных чисел, при равенстве их аргументов.

К настоящему времени стало ясно, что изменение массы может быть учтено только при введении в исследованиях процессов взаимодействия.

Использование инвариантов является попыткой заменить не числовой математический аппарат и его операционное пространство (набор значений координат) на числовое пространственное поле.

Это привело к исключению из исследований структуры взаимодействующих пространств.

Классическая механика Ньютона, Кулона, Бора представляет числовой срез процессов, протекающих при взаимодействии в комплексном пространстве.

Математика после О. Коши оказалась не способной к созданию числового пространственного комплексного аппарата. Этот кризис продолжается до настоящего времени.

ОТО, СТО и РТГ А. Логунова также являются кризисом математического естествознания, который последовал при переходе от числовых законов механики к не числовым операциям в исследованиях.

ГЛАВА 1. РАСШИРЕНИЕ ПОЛЯ КОМПЛЕКСНЫХ ЧИСЕЛ О.КОШИ В ПРОСТРАНСТВО. ЧИСЛОВОЕ ПРОСТРАНСТВЕННОЕ ПОЛЕ.

Вершиной классического математического анализа является теория функций комплексного переменного (ТФКП), основателем которой является французский математик О. Коши (1789-1857г.).

Теория дошла до нашего времени почти без изменения.

В теории расширение поля вещественных чисел достигнуто введением мнимой единицы I, которая является обозначением корня квадратного из –1, операции не выполнимой в числовом поле вещественных чисел $i = \sqrt{-1}$.

Введение мнимой единицы явилось результатом естественного внутреннего развития теории вещественных чисел. Связь между вещественными координатами X, Y осуществляется через мнимую единицу I, которая является сама числом, то есть подчиняется законам операций обычным законам алгебры действительных чисел. Точка на комплексной плоскости выступает как одно число Z. Точка на плоскости задается одной переменной Z,а точки X,Y как значения координат, вложены в структуру этой точки.

Известно, что каждой точки на плоскости прямоугольных декартовых координат соответствует пара значений координат (X,Y). На комплексной плоскости имеем одну точку, выражаемую числом Z.

В пространстве точка выражается набором трех значений координат (X,Y,Z) и точка не соответствует числу.

Это важное свойство числа удалось реализовать в ТФКПП, которая является внутренним естественным развитием ТФКП О. Коши. Реализация по расширению поля комплексных чисел произведена без введения новых допущений и аксиом.

Математический аппарат ТФКПП принципиально отличается от существующего в современной теоретической физике математического аппарата и является естественным продолжением и расширением ТФКП О. Коши.

Итак, Алгебра О. Коши задает точку на плоскости в виде комплексного числа, выраженного в виде одной переменной Z, Комплекс Z подчиняется законам операций алгебры действительных чисел. Числовые значения координат объединены через мнимую единицу, которая также является числом.

При переходе к декартовому пространству (X,Y,Z) значения координат объединяются через базовые единицы, которые не являются числами (не подчиняются законам операций над действительными числами), и набор значений координат в виде

(x,y,z) не определяет Число. Вследствие этого точки в пространстве не образуют числовое пространственное поле. Таким образом, при переходе к пространству утеряно основное принципиальное свойство операционных координат комплексной плоскости - задавать числовое поле.

Расширение поля комплексных чисел О. Коши проведено без введения дополнительных аксиом и положений, а является естественным и внутренним развитием теории числового поля. Таким образом, к настоящему времени к двум числовым алгебрам -действительной алгебре чисел и комплексной в смысле О. Коши – добавлена алгебра ТФКПП, как их естественное распространение в пространство. Других алгебр, в которых соблюдаются законы операций над действительными числами нет. Расширение является единственно возможным.

Введены основные понятия теории функций пространственного комплексного переменного (ТФПКП): понятие функции, ее производной, интеграла. Показано, что обычные определения классического анализа и теории функций комплексного переменного (ТФКП) переносятся почти без изменения в ТФПКП, но содержание, особенно в критических точках пространства, меняется существенным образом.

Выведены пространственные условия дифференцируемости функции – аналог условий Коши – Римана. Исследована связность пространства и дана теорема – аналог теоремы Коши, как в случае криволинейного интеграла, так и в случае поверхностного.

Особое внимание уделено четырехмерному пространству, содержащему множество, образованное делителями нуля, которое в цилиндрических координатах образует конус-фильтр, состоящий из дискретных точек, а в сферических координатах этот конус сворачивается в цилиндрическую ось с изолированным направлением.

Классические функции анализа приобретают на этом конусе новые свойства, дополняющие понятия этих функций, определенных в плоскости комплексного переменного.

Дана теория рядов Тейлора и Лорана, построена теория вычетов, получена лемма - аналог леммы Жордана в пространстве и дано применение этой леммы к вычислению не поддававшихся ранее вычислению несобственных двойных интегралов.

1.1. ИССЛЕДОВАНИЕ ВОЗМОЖНОСТИ РАСШИРЕНИЯ КОМПЛЕКСНЫХ ЧИСЕЛ О. КОШИ В ПРОСТРАНСТВО.

1.1.1. ЗАКОН ИЗВЛЕЧЕНИЯ КОРНЯ ИЗ ЧИСЛА.

Алгебра плоского комплексного анализа определила закон извлечения корня из числа в виде формулы $Z_{\text{K}} = \sqrt[n]{|\alpha|}e^{\frac{i(\arg\alpha + 2\text{K}\pi)}{n}}$, где α есть комплексное число такое, что $\alpha \neq 0$, $\|a\|$ есть модуль комплекса, $\arg\alpha$ есть аргумент комплекса, K есть целое число $K = 0,1,2,\ldots,n-1$

Рассмотрим простейшее уравнение $z^2 - 1 = 0$.Определим его корни, путем отыскания его корней по заданной формуле, то есть извлечем квадратный корень из +1.

На плоскости комплексного переменного число равное +1 имеет два аргумента arg $\arg\alpha = 0$ и $\arg\alpha = 2\pi$ и определено двумя точками: одна точка на верхнем берегу разреза плоскости Z по прямой $0 \leq x \leq \infty$, другая точка на нижнем берегу разреза. Извлечение квадратного корня из этих точек с разными аргументами дает один и тот же результат ± 1

$$z_{\text{K}} = \sqrt[2]{|1|}e^{i(0+2\text{K}\pi)\frac{1}{2}}, z_{\text{K}=0} = 1, z_{\text{K}=1} = -1$$

$$z_{\text{K}} = \sqrt[2]{|1|}e^{i(2\pi+2\text{K}\pi)\frac{1}{2}}, z_{\text{K}=0} = -1, z_{\text{K}=1} = 1$$

Квадратное уравнение для двух разных точек имеет два одинаковых корня. Две разные точки в плоскости (Z) определяют одно и тоже число +1.

В первом случае извлекается корень из числа комплексной плоскости, лежащей на верхнем берегу разреза. При прибавлении 2π извлекается корень из числа на нижнем берегу разреза.

Во втором случае извлечение происходит из одной точки –числа на комплексной плоскости.

Брать поэтому аргумент равный нулю не корректно.

При построении комплексного пространства эту особенность необходимо учитывать. Рассмотрим решение квадратного уравнения по следующему варианту: $z^2 - (-1)(-1) = 0$. Так, что необходимо исследовать извлечение квадратного корня из произведения (-1)(-1).

$$z_{\mathrm{K}} = \sqrt{|(-1)|}e^{(\pi i + 2\mathrm{K}\pi i)\frac{1}{2}}\sqrt{|(-1)|}e^{(\pi i + 2\mathrm{K}\pi i)\frac{1}{2}} = e^{(\pi i + 2\mathrm{K}\pi i)\frac{1}{2}}e^{(\pi i + 2\mathrm{K}\pi i)\frac{1}{2}},$$

$\mathrm{K} = 0,1$

получим $z_1 = -1; z_2 = -1$.

Единица была представлена как произведение двух отрицательных единиц, которые на плоскости (z) представляют одну точку с аргументом $\arg(-1) = \pi$.Точка находится на верхнем берегу разреза комплексной плоскости (z) по оси $-\infty \geq x \leq 0$. Для получения второго корня в этом случае требуется перемешивание системы отсчета, то есть введение $\mathrm{K}_1 = 0,1$

$\mathrm{K}_2 = 0,1$ Тогда

$$z_{\mathrm{K}} = e^{(\pi i + 2\mathrm{K}_1\pi i)\frac{1}{2}}e^{(\pi i + 2\mathrm{K}_2\pi i)\frac{1}{2}}$$ так, что получаем

$$z_1 = (z_{\mathrm{K}})_{\mathrm{K}_1=0,\mathrm{K}_2=1} = e^{\frac{\pi i}{2}}e^{\frac{\pi i}{2}+\pi i} = +1,$$

$$z_2 = (z_{\mathrm{K}})_{\mathrm{K}_1=1,\mathrm{K}_2=0} = e^{\frac{\pi i}{2}+\pi i}e^{\frac{\pi i}{2}} = +1,$$ и если $\mathrm{K}_1 = \mathrm{K}_2 = 0$, или $\mathrm{K}_1 = \mathrm{K}_2 = 1$ то имеем второй корень равный –1

$$z_1 = (z_{\mathrm{K}})_{\mathrm{K}_1=\mathrm{K}_2=0} = e^{\frac{\pi i}{2}2} = -1,$$

$$z_2 = (z_{\mathrm{K}})_{\mathrm{K}_1=\mathrm{K}_2=1} = e^{(\frac{\pi i}{2}+\pi i)2} = -1.$$

Таким образом, показано, что закон извлечения корня из +1 в комплексной плоскости Z дает два корня ± 1 только в том случае когда системы отсчета перемешаны. В этом случае можно рассмотреть такую систему аргументов в пространстве чисел и их циклическое изменение при которых система отсчета К для обоих аргументов будет одним числом.

Представим

$$z_{\mathrm{K}} = e^{(\pi i + 4k\pi i)\frac{1}{2} + (\pi j + 2k\pi j)\frac{1}{2}}$$, где $\mathrm{K} = 0,1$,а мнимая единица J отличается от мнимой единицы I только обозначением, тогда имеем

$$z_1 = (z_k)_{k=0} = e^{\frac{\pi i}{2}} e^{\frac{\pi j}{2}} = ji$$

$$z_2 = (z_k)_{k=1} = e^{(\frac{\pi i}{2}+2\pi i)} e^{\frac{\pi j}{2}+\pi j} = -ji$$

Таким образом, комплексное число может быть представлено как пространственное с двумя аргументами в виде

$\upsilon = \mathrm{Re}^{i\varphi + j\psi}$ с пространственным изменением аргументов и их циклическим приращением равным $\Gamma_k = (4\pi i + 2\pi j)k$, где k есть целое число.

Извлечение квадратного корня из +1, кроме тривиального решения $\sqrt{1} = \pm 1$, дает пространственное: $\sqrt{1} = \pm ji$, и имеем следующую алгебру мнимых единиц $(ji)^2 = (j)^2 (i)^2 = i^2 j^2 = (-1)(-1) = +1$,

$$ji = ij. \tag{1.1.}$$

1.1.2. РЕШЕНИЕ КВАДРАТНОГО УРАВНЕНИЯ В ПРОСТРАНСТВЕ ЧИСЕЛ.

Расширение поля комплексных чисел считается невозможным. Расширение поля комплексных чисел связывают с выявлением математической операцией над ними, которая не выполнялась бы в этом поле. В связи с отсутствием такой операции поле комплексных чисел определено как замкнутое. В этом заключена логическая ошибка. Ситуация, требующая расширения поля комплексных чисел существует и для этого необходимо вновь вернуться к рассмотрению решения квадратного уравнения. Рассмотрим классический ход решения квадратного уравнения

$\upsilon^2 + 2a\upsilon + b = 0$, где коэффициенты a, b действительные или комплексные. Произведем последовательно операции

$$\upsilon^2 + 2a\upsilon + b + a^2 - a^2 \Rightarrow [(\upsilon + a)^2 - (a^2 - b)] \Rightarrow$$

$$\Rightarrow [(\upsilon + a) - \sqrt{a^2 - b}] \cdot [(\upsilon + a) + \sqrt{a^2 - b}] \Rightarrow$$

$$\Rightarrow (a^2 - b)\left[\frac{\upsilon + a}{\sqrt{a^2 - b}} - 1\right] \cdot \left[\frac{\upsilon + a}{\sqrt{a^2 - b}} + 1\right] = 0.$$

Считаем $a^2 - b \neq 0$. Произведение двух сомножителей XY равно нулю в трех случаях:

$$\begin{aligned} &1)\ X = 0, Y \neq 0 \\ &2)\ X \neq 0, Y = 0 \\ &3)\ X \neq 0, Y \neq 0. \end{aligned} \tag{1.2.}$$

Третий случай определяет произведение делителей нуля. Первые два варианта дают классический случай решения и два корня квадратного уравнения в действительной и комплексной областях

$$\upsilon_{1,2} = -a \pm \sqrt{a^2 - b}.$$

Это тривиальное решение. Исключить из рассмотрения третий случай не оправдано с логической точки зрения. Два сомножителя не равные нулю, в произведении дающих ноль, существуют в пространстве комплексных чисел.

Обозначим

$$\frac{\upsilon + a}{\sqrt{a^2 - b}} = \pm ji$$

где было введено: $i^2 = -1, j^2 = -1, ji = ij, (ji)^2 = +1$.

Подставляя выражение в квадратное уравнение,
получим произведение

$$\Rightarrow (ji - 1)(ji + 1) = (ji)^2 - ji + ji - 1 = 0.$$

Откуда следует, что квадратное уравнение имеет еще два корня в пространственном поле чисел

$$\upsilon_{3,4} = -a \pm ji\sqrt{a^2 - b}.$$

Ввиду того, что $(ji)^2 = 1$ отыскание корней не представляет трудностей. Появление коэффициента ji перед дескрименантом в решении квадратного уравнения определяет разветвление в решении в силу изменения размерности пространства. Квадратный корень имеет разветвление на отрицательное и положительное значение в любой размерности пространства и поэтому корни являются сопряженными. Поэтому квадратное уравнение имеет по меньшей мере четыре корня.

Пример1: Имеем квадратное уравнение

$$\upsilon^2 + 4\upsilon + 3 = 0$$

Корни в действительной области чисел $\upsilon_1 = -1, \upsilon_2 = -3$, уравнение разлагается на два сомножителя

$$\upsilon^2 + 4\upsilon + 3 = (\upsilon + 1)(\upsilon + 3) = 0$$

для этого разложения действует два первых варианта равенства нулю произведения двух множителей.

Корни в комплексном пространстве чисел соответственно равны

$\upsilon_{3,4} = -2 \pm ji\left|\sqrt{1}\right|$, откуда $\upsilon_3 = -2 + ji, \upsilon_4 = -2 - ji$, уравнение разлагается на два сомножителя

$$\upsilon^2 + 4\upsilon + 3 = (\upsilon + 2 - ji)(\upsilon + 2 + ji) = 0$$

для этого варианта корней также действуют два первых варианта равенства нулю произведения двух множителей

Если во второе разложение подставить корни из плоскости –1 или -3 то разложение переходит в произведение делителей нуля (третий вариант равенства нулю произведений двух сомножителей)

$$\upsilon^2 + 4\upsilon + 3 = (-1 + 2 - ji)(-1 + 2 + ji) = (1 - ji)(1 + ji) = 0,$$

где $1 - ji \neq 0, 1 + ji \neq 0$

Аналогичная ситуация получается при подстановке корней из пространства чисел в разложение в действительной области. Корни из пространства одного измерения лежат на изолированной оси пространства другого измерения.

Пример2: Квадратное уравнение $\upsilon^2 - 1 = 0$ имеет четыре корня: $\upsilon = 1, \upsilon = -1$ в действительной области чисел, $\upsilon_3 = ji, \upsilon_4 = -ji$. В пространстве квадратное уравнение разлагается по двум равноценным вариантам

$$\upsilon^2 - 1 = (\upsilon + 1)(\upsilon - 1) = (\upsilon + ji)(\upsilon - ji) = 0 .$$

Подстановка любого корня уравнения из одной области пространства в разложения из другой области пространства дают произведение делителей нуля.

$$\upsilon^2 - 1 = (1 + ji)(1 - ji) = 0 .$$

1.1.3. К ВОПРОСУ ОБ ОСНОВНОЙ ТЕОРЕМЕ АЛГЕБРЫ.

Появление новых корней в квадратном уравнении не противоречит многочисленным формулировкам основной теоремы алгебры, а уточняет их в плане принадлежности многочлена к определенной мерности пространства, способе разложения его на линейные множители и количестве вариантов этих разложений. Основная теорема алгебры относится к числовым полям и многочленам, определенным в них. Пространственная комплексная алгебра относится к числовым полям, поэтому необходима корректировка основной теоремы алгебры. До настоящего времени корректировка не требовалась, так как двумерному комплексному полю не было альтернативы. Многочлен в конечном счете эта функция, а функции всегда определены в каких либо полях, поэтому расширение поля комплексных чисел влечет за собой корректировку основной теоремы. Отыскание новых корней многочлена из условия когда два линейных множителя не равных нулю в произведении дают нуль не противоречит основной теоремы алгебры, а показывает, что многочлен может быть разложен на произведение линейных множителей по целому ряду эквивалентных вариантов.

Пусть задан многочлен n степени

$$Q(\upsilon) = c_n\upsilon^n + c_{n-1}\upsilon^n + \ldots + c_1\upsilon + c_0 ,$$

в котором коэффициенты $c_n, c_{n-1}, \ldots . c_0$ могут быть действительными или комплексными числами. Если многочлен не имеет обычных кратных корней, то он может быть разложен на произведение n линейных множителей

$$Q(\upsilon) = (\upsilon - a_1)(\upsilon - a_2) \cdot \ldots \cdot (\upsilon - a_n)$$

Если многочлен имеет комплексные корни, то к произведению линейных множителей добавляются квадратные многочлены.

Произведение двух линейных множителей дает квадратный трехчлен в общем виде, который в пространстве может иметь эквивалентное разложение на линейные множители, корни в которых определены из условия существования в пространстве делителей нуля. В пространстве для многочлена степени n больше 2 эквивалентных разложений не бесконечное множество, так как к каждому эквивалентному разложению можно применить формулу сочетаний из n по 2

$C_n^2 = \dfrac{n(n-1)}{2}$, причем количество сочетаний от перебора сокращается.

Сочетание определяет количество возможных квадратных многочленов в эквивалентных разложениях, которые можно разложить на новые линейные множители, определенные из условия существования в пространстве делителей нуля. Перебирая в каждом эквивалентном разложении произведение линейных множителей, получаем новое эквивалентное разложение

$(\upsilon - a_i)(\upsilon - a_k) = (\upsilon - \beta_i)(\upsilon - \overline{\beta_i})$, где $\beta_i, \overline{\beta_i}$ -сопряженные корни, определенные из условия существования в пространстве делителей нуля.

Пример 3

Имеем $Q(\upsilon)=\upsilon^3-6\upsilon^2+11\upsilon+6=0$,корни этого многочлена в действительной области

$\upsilon_1=1, \upsilon_2=2, \upsilon_3=3$, поэтому первый вариант разложения имеет вид

$Q(\upsilon)=(\upsilon-1)(\upsilon-2)(\upsilon-3)$, многочлен может быть разложен еще по трем вариантам

$Q(\upsilon)=(\upsilon^2-3\upsilon+2)(\upsilon-3)=0$,квадратный трехчлен имеет два пространственных корня

$\upsilon_4=\frac{3}{2}+ji\frac{1}{2}, \upsilon_5=\frac{3}{2}-ji\frac{1}{2}$ по этому имеем

$$Q(\upsilon)=(\upsilon-\frac{3}{2}-\frac{1}{2}ji)(\upsilon-\frac{3}{2}+\frac{1}{2}ji)(\upsilon-3)=0$$

Далее первый линейный множитель(или второй) в произведении с третьим даст также квадратное уравнение, которое вновь может быть разложено на произведение линейных множителей с новыми корнями.

Второй вариант разложения

$$Q(\upsilon)=(\upsilon^2-4\upsilon+3)(\upsilon-2)=(\upsilon-2-ji)(\upsilon-2+ji)(\upsilon-2)=0,$$

Произведение первого или второго линейного множителя с третьим дадут также квадратный многочлен, решение которых позволит получить еще два эквивалентных разложения. Аналогично обстоит дело и с третьим исходным разложением.

Третий вариант разложения

$$Q(\upsilon)=(\upsilon^2-5\upsilon+6)(\upsilon-1)=(\upsilon-\frac{5}{2}-\frac{1}{2}ji)(\upsilon-\frac{5}{2}+\frac{1}{2}ji)(\upsilon-1)=0$$

Сочетание линейного множителя с другими линейными множителями в любом эквивалентном разложении даст новое квадратное уравнение, решение которого даст новое разложение на линейные множители. Эта цепочка разложений не является бесконечной.

Подстановка любого корня из эквивалентных разложений в другие разложения обращают последние в ноль. В пространстве вычет нуля означает вычет всего подпространства делителей нуля. Вычет нуля означает вычет всего изолированного направления и всех эквивалентных разложений многочлена, которые на этом направлении тождественно равны нулю.

Пример4. Рассмотрим разложение многочлена третей степени на эквивалентные разложения $Q(\upsilon)=(\upsilon-1)(\upsilon+1)(\upsilon-2)$. Одно из эквивалентных разложений имеет вид $Q(\upsilon)=(\upsilon-ji)(\upsilon+ji)(\upsilon-2)$. Далее рассматривая произведение первого множителя в этом разложении с третьим получим квадратное уравнение, решение которого даст новое разложение

$$Q(\upsilon)=\left(\upsilon-\frac{3-ji}{2}\right)\left(\upsilon-\frac{3+ji}{2}\right)(\upsilon+ji)$$

Таким образом, имеем цепочку эквивалентных разложений

$$Q(\upsilon)=(\upsilon-1)(\upsilon+1)(\upsilon-2)=(\upsilon-ji)(\upsilon+ji)(\upsilon-2)=$$

$$=\left(\upsilon-\frac{3-ji}{2}\right)\left(\upsilon-\frac{3+ji}{2}\right)(\upsilon+ji)=\ldots$$

Подстановка любого корня из одного разложения в другое обращает его в ноль по законам комплексной пространственной алгебры.

Каждое эквивалентное разложение имеет n корней в соответствии со степенью многочлена.

Перемешивание линейных множителей из одного эквивалентного разложения с другим недопустимо, ибо приводит к другому многочлену.

Произведение сопряженных делителей нуля определяют ноль в пространстве. При подстановке одного из корней разложения в другое эквивалентное разложение обращает два линейных множителя в произведение делителей нуля общего вида $\upsilon_d \overline{\upsilon_d} = Are^{i\varphi} Are^{i\varphi}(1-ji)(1+ji) = 0.$ При этом эквивалентные разложения вычитаются из пространства вместе с вычетом этого корня.

Многочлен может быть представлен как сумма двух эквивалентных разложений, например

$$Q(\upsilon) = (\upsilon-1)(\upsilon+1)(\upsilon-2) =$$
$$= \frac{1}{2}(\upsilon-1)(\upsilon+1)(\upsilon-2) + \frac{1}{2}(\upsilon-ji)(\upsilon+ji)(\upsilon-2).$$

Это разложение применено в дальнейшем для исследования поведения функций и операций с ними. В дальнейшем можно будет ограничиться одним из эквивалентных разложений.

Решение уравнения $V^n = a$ имеет свои особенности, которые являются следствием изменением двух аргументов в их комбинации совместно с исходными аргументами комплексного числа $a = \rho e^{i\varphi_0 + j\psi_0}$.

Деформация циклической кривой C_3 задается изменением счетчика $K = 0,1,.....n-1$, в выражении циклического изменения аргументов $\Gamma = 4k\pi I + 2k\pi J$

Пространство накладывает жесткое ограничение на варианты разложений. В пространстве для эквивалентных разложений квадратного многочлена область должна включать оба сопряженных корня, определяемых из условия наличия делителей нуля. Если рассматривается многочлен только в верхнем или только нижнем полупространстве, то разложение не имеет эквивалентных разложений.

Функции вида $\frac{P_m(\upsilon)}{Q_n(\upsilon)}$, где в числителе и знаменателе многочлены соответственно степени m и n и $m \prec n$,разлагается на сумму простых дробей вида

$\frac{A}{(\upsilon-a)^r}, \frac{B\upsilon + D}{(\upsilon^2 + p\upsilon + q)^k}$. В пространстве квадратный трехчлен вне зависимости от знака дискриминанта $p^2 - 4q$ может быть разложен на линейные дроби по двум вариантам

$\frac{1}{\upsilon^2 + p\upsilon + q} = \frac{\alpha}{\upsilon - \upsilon_1} - \frac{\beta}{\upsilon - \upsilon_2}$,где υ_1, υ_2 есть корни, могут быть действительными и комплексными в зависимости от видов коэффициентов *p, q* а также

$\frac{1}{\upsilon^2 + p\upsilon + q} = \frac{\eta}{\upsilon - \upsilon_3} - \frac{\lambda}{\upsilon - \upsilon_4}$, где υ_3, υ_4 есть корни в пространстве.

Примечание. Линейный множитель $\upsilon - a = 0$ имеет только один корень а. Если принять

$\upsilon = jia$ то $\upsilon - a = a(ji - 1) \neq 0$. Поэтому дробь

$\frac{1}{\upsilon - a}$ имеет один корень в знаменатели $\upsilon = a$.

Примечание: Квадратное уравнение $\upsilon^2 + p\upsilon + q = 0$ разлагается по двум вариантам (1.2.) в произведение линейных множителей $(\upsilon - \upsilon_1)(\upsilon - \upsilon_2) = (\upsilon - \upsilon_3)(\upsilon - \upsilon_4) = 0$, где $\upsilon_1, \upsilon_2, \upsilon_3, \upsilon_4$ являются корнями квадратного уравнения, определенные по трем вариантам, подстановка любого из них в исходное квадратное уравнение обращает его в ноль.

Таким образом, дробь должна в пространстве раскладываться на две простейшие дроби $\frac{1}{\upsilon^2 + \rho\upsilon + g} = \frac{1}{2}\frac{1}{\upsilon^2 + \rho\upsilon + g} + \frac{1}{2}\frac{1}{\upsilon^2 + \rho\upsilon + g} =$

$$= \frac{1}{2}\frac{1}{(\upsilon - \upsilon_1)(\upsilon - \upsilon_2)} + \frac{1}{2}\frac{1}{(\upsilon - \upsilon_3)(\upsilon - \upsilon_4)}$$

При подстановке корней υ_1 или υ_2 во вторую дробь последняя в знаменателе будет иметь ноль как произведение делителей нуля. При подстановке корней υ_3 или υ_4 в первую дробь в знаменателе также будем иметь ноль как произведение делителей нуля. Других корней квадратное уравнение не имеет. Разложение дроби на сумму двух простейших дробей единственно. Разложение показывает, когда переменная υ равна одному из корней уравнения, стоящего в знаменателе, то обе дроби имеют в знаменателе ноль. Причем вторая дробь имеет ноль как произведение делителей нуля. Поэтому изолирование одного из корней в пространстве Y приводит к изолированию конуса делителей нуля, исходящего из точки, фиксированной этим корнем.

В результате дробь разлагается в пространстве на сумму четырех дробей, что позволяет исключить из рассмотрения в пространстве точек изолированной оси.

$$\frac{1}{\upsilon^2 + p\upsilon + q} = \frac{1}{2}\frac{1}{(\upsilon_1 - \upsilon_2)}\left[\frac{1}{\upsilon - \upsilon_1} - \frac{1}{\upsilon - \upsilon_2}\right] + \frac{1}{2}\frac{1}{(\upsilon_3 - \upsilon_4)}\left[\frac{1}{\upsilon - \upsilon_3} - \frac{1}{\upsilon - \upsilon_4}\right]$$

Если в знаменателе одну из разностей приравнять делителю нуля

$\upsilon - \upsilon_\kappa = re^{i\varphi + j\psi}(1 \pm ji)$ тогда

$\upsilon = \upsilon_k + re^{i\varphi + j\psi}(1 \pm ji)$ и в соответствии с комплексной алгеброй заключаем, что точка υ_k, являющаяся одним из корней уравнения, стоящего в знаменателе, окружена сферой из делителей нуля. В этом случае модуль r изменяется в пределах $\sqrt{0} \leq r \leq \infty$.

В силу свойств делителей нуля $\upsilon \pm \upsilon(1 \pm ji) \neq \upsilon$ последнее соотношение необходимо рассматривать как замену переменных и перенос критической точки в нулевую точку с изолированным направлением.

1.1.4. ПРОСТРАНСТВЕННЫЕ КОМПЛЕКСНЫЕ ЧИСЛА

Учитывая вышесказанное пространственным комплексным числом назовем выражение вида

$$\upsilon = z + j\sigma \qquad (1.3.)$$

где z и σ - комплексные числа вида $x+iy, \xi+i\eta$, а символы i, j - мнимые единицы, таблица умножения которых задается в следующем виде:

$$ii=jj=-1$$
$$ij=ji=k,$$
$$(ij)^2=(ij)^2=k^2=1$$

Таким образом, пространственный комплекс ν можно рассматривать, как векторную сумму двух плоских комплексов

$$\nu = z + j\sigma = (x+iy) + j(\xi + i\eta). \qquad (1.4.)$$

Комплексы z и σ будут являться действительной и мнимой частью пространственного комплекса ν

$$z = \mathrm{Re}\ \nu = \mathrm{Re}\ (z+j\sigma)$$
$$\sigma = \mathrm{Im}\,\nu = \mathrm{Im}\ (z+j\sigma)$$

Числа $x, y\ \xi,\ \eta$ соответственно определяется выражениями:

$$x = \mathrm{Re\ Re}\ \nu, y = \mathrm{Re\ Im}\ \nu$$
$$\xi = \mathrm{Im\ Re}\ \nu, \eta = \mathrm{Im\ Re}\ \nu$$

Если $\sigma = 0$, то комплекс ν плоский и равен z. Если $z = 0$, то комплекс ν пространственно мнимый, $\nu = j\sigma$.

Два пространственных комплексных числа равны, если равны их мнимые и действительные части:

$$z_1 + j\sigma_1 = z_2 + j\sigma_2$$

тогда и только тогда, когда $z_1 = z_2,\ \sigma_1 = \sigma_2$.

Если $\sigma_1 = -\sigma_2$,то комплексное пространственное число ν_2 будет называться пространственно сопряженным числом и обозначаться

$$\overline{z + j\sigma} = z - j\sigma = \bar{\nu}$$

Определим простейшие операции.

1. Сложение. Суммой $\nu_1 + \nu_2$ чисел $\nu_1 = z_1 + j\sigma_1$ и $\nu_2 = z_2 + j\nu_2$ назовем комплексное число $\nu = \nu_1 + \nu_2 = (z_1 + z_2) + j(\sigma_1 + \sigma_2)$.

Разность двух комплексных чисел в пространстве обозначим символом $\nu_1 - \nu_2$. Очевидно $\nu = \nu_1 - \nu_2 = (z_1 - z_2) + j(\sigma_1 - \sigma_2)$

Для пространственных комплексных чисел выполняется перемести тельный и сочетательный законы сложения:

$$\nu_1 + \nu_2 = \nu_2 + \nu_1;$$
$$\nu_1 + (\nu_2 + \nu_3) = (\nu_1 + \nu_2) + \nu_3$$

2. Умножение. Произведением $\nu_1 \nu_2$ пространственных комплексных чисел

$$\nu_1 = z_1 + j\sigma_1,\ \ \nu_2 = z_2 + j\sigma_2$$

называется пространственное комплексное число

$$\nu = \nu_1 \nu_2 = (z_1 z_2 - \sigma_1 \sigma_2) + j(z_1 \sigma_2 + \sigma_1 z_2).$$

Если $\nu_1 = j,\ \nu_2 = j$, то $jj = -1$.

Таким образом, конкретные примеры показывают, что операции сложения и умножения аналогичны операциям в комплексной плоскости до тех пор, пока комплексы z и σ взяты в общем виде.

Очевидно, на этом уровне справедливы законы умножения:

Перемести тельный $\nu_1 \nu_2 = \nu_2 \nu_1$;

Сочетательный $\nu_1(\nu_2 \nu_3) = (\nu_1 \nu_2)\nu_3$;

Распределительный $(\nu_1 + \nu_2)\nu_3 = \nu_1 \nu_3 + \nu_2 \nu_3$.

1.1.5. ГЕОМЕТРИЧЕСКАЯ ИЛЛЮСТРАЦИЯ ПРОСТРАНСТВЕННОГО КОМПЛЕКСНОГО ЧИСЛА

Значительно усилив мощь математического аппарата в инженерных расчетах, теория Коши оставила инженерный аппарат плоским расчетным. Для перехода к описанию пространственных физических процессов и явлений требуется введение в аппарат дополнительных координат, которые не соответствуют определению пространственной точки и окрестности ее, которая заложена в теории Коши. В теоретической физике например, вводят матрицы, которые ближе к программному обеспечению (автоматическому или волевому субъективному перебору данных) чем к математическому аппарату.

Для описания пространственных явлений и процессов исследователи строят свои конкретные физико-математические модели. Инженерный расчет достигает успеха лишь в том случае, когда он проводится с соблюдением законов алгебры обычных чисел.

Сложность физических процессов, например, на уровне атомного ядра и электронных оболочек требует создание эффективной пространственной модели.

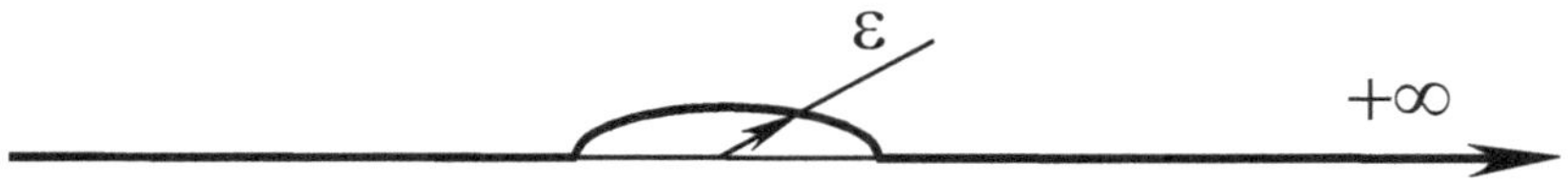

Рис. 1. Ось в комплексном пространстве

Теория Коши в этом плане дает предпосылки для построения такой пространственной модели и она используется в теоретической физике. Теоремы Коши об изолированных точках и вычетах, а также взаимосвязь точек на плоскости комплексных координат дают основание на пересмотр абстрактного понятия точки. Рассмотрим последовательно: линию, плоскость, пространство, опираясь на принятые понятия, но делая свои выводы.

Линия рассматривается как одномерное пространство, как и делают современные исследователи. Однако как только на линии ставится точка ноль, как начало координат, что означает на инженерном языке привязку этой линии к реальному пространству, назвать линию одномерным пространством означает допустить грубейшую ошибку. Переход по линии из $-\infty$ через точку 0 к $+\infty$ нельзя не обогнув 0 по дужке и совершив оборот на угол $\varphi = \pm\pi$.

Можно игнорировать этот факт, называя линию одномерным пространством, но можно утверждать, что линия терпит разрыв в точке начале координат, какой бы минимальный радиус

Дужке $\varepsilon \to 0$ не был, либо это уже не одномерное пространство.

Далее рассматриваем установившееся понятие двумерного (плоского) пространства. Если плоскость рисуется без начала координат, то это понятие не несет физического смысла. Если плоскость привязана к реальному пространству, то в ней фиксируется начало координат. В этом случае логика предыдущих рассуждений вступает в силу. Окрестность нуля не принадлежит этому двумерному миру. Окрестность нуля выколотое двумерное пространство. Определение, ноль имеет неопределенный аргумент $0 = 0e^{i\varphi}$, физически означает, что плоскость проколота лучом, исходящим из другого измерения. Последнее и утверждает, что плоскость несет в себе элемент пространства.

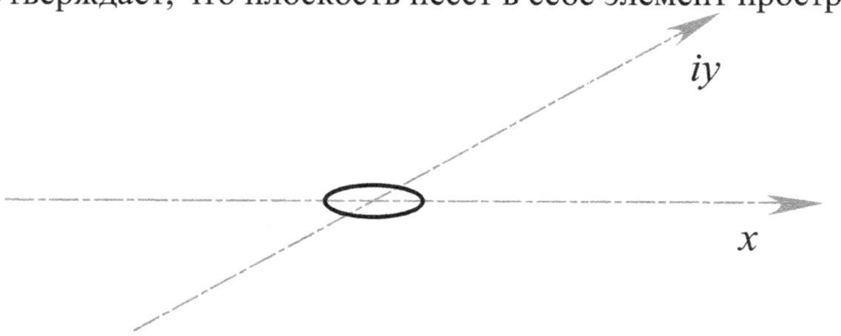

Рис. 2. Комплексная плоскость

Нельзя пройти точку ноль по прямой, не обогнув ее по дужке в его окрестности. Можно радиус дужки устремить к нулю, однако физическая сторона и в этом случае не меняется. Определение нуля как $0 = 0e^{i\varphi}$ в физических расчетах дает возможность игнорировать аргумент в точке ноль, до тех пор как ноль не становится критической точкой. Простейшую кривую на плоскости окружность нельзя стянуть в точку около критической точки.

Продолжая эту логическую цепочку, восстановим к плоскости не линию, как это делает классическая математика, а цилиндрическую трубочку радиуса окрестности нуля. Сфера в таком пространстве является сферой с проколотыми вершинами. Пространство внутри сферы между ее внутренней поверхность и наружной поверхностью цилиндрической оси есть пространство другого измерения, чем пространство вне сферы и внутри изолированной оси.

Простейшей пространственной кривой будет кривая C_3.Кривая характеризуется двумя аргументами φ, ψ и двумя радиусами: R-радиус сферы, r_ε-радиус цилиндрической оси. Двигаясь по кривой C_3 аргумент φ получит приращение 4π, аргумент ψ получит приращение 2π.На кривую C_3 можно натянуть поверхность без точек самопересечения и нельзя сжать без складок в плоскую кривую. Более сложные кривые имеют, выражаясь физическим языком, большее количество намоток по поверхности сферы и цилиндрической оси.

Становится очевидным, почему при извлечении корня из+1 имели два разных корня только при периодичности изменения аргументов 4π перед мнимой единицей I и 2π перед мнимой единицей J. (См. Извлечение корня 1.1.1.)

При такой геометрической интерпретации абстрактное понятие точки, линии, плоскости детализируются: точка есть сфера δ радиуса, линия есть цилиндр ε радиуса, плоскость

Имеет ε толщину.

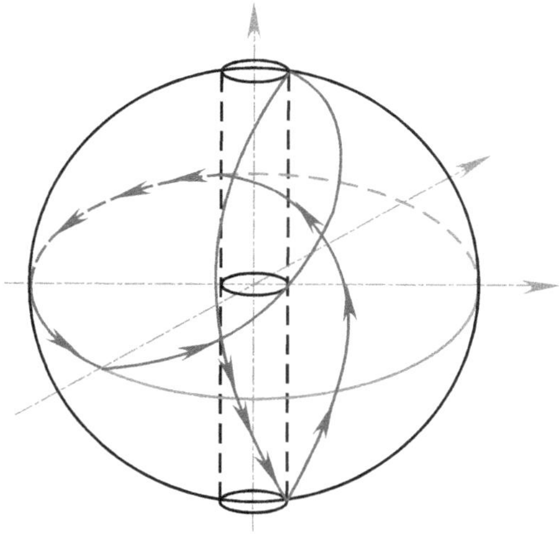

Рис. 3. Комплексное пространство.

Комплексное пространство впервые введено в работах [1], [2], [3], [4]. Оно может быть интерпретировано как в цилиндрических, так и сферических координатах в соответствии с формулами, его определяющими.

Раскроем комплексы z и σ, входящие в формулу (1.3. и 1.4.).

В комплексной плоскости имеем

$$z = \rho e^{i\phi},$$

$$\sigma = re^{i\psi},$$

где ρ, r - модули комплексных чисел z, σ:

$$\sigma = |z|,$$

$$r = |\sigma|;$$

где ϕ, ψ - аргументы комплексных чисел.

При таком обозначении комплексы z, σ определяются через свои полярные радиусы, соответственно равные:

$$|z| = \rho = \sqrt{x^2 + y^2};$$

$$|\sigma| = r = \sqrt{\xi^2 + \eta^2},$$

и аргументы ϕ = arg z, ψ= arg σ, которые определены с точностью до любого слагаемого, кратного 2π:

$$\phi = \arg z = arctg\frac{y}{x} + 2k\pi;$$

$$\psi = \arg\sigma = arctg\frac{\eta}{\xi} + 2k\pi.$$

Следовательно, имеем

$$\nu = z + j\sigma = \rho e^{i\phi} + jre^{i\psi}.$$

Так как единичные векторы i и j (мнимые единицы) связаны в пространстве законом коммутативного умножения $ij=ji$, то комплекс может быть преобразован и к следующему виду:

$$\nu = x + iy + j\xi + ji\eta = (x + i\xi) + j(y + i\eta) = \rho_1 e^{j\phi_1} + ir_1 e^{j\psi_1},$$

где соответственно имеем уже:

$$\rho_1 = |x + j\xi|;$$

$$r_1 = |y + j\eta|;$$

$$\phi_1 = \arg(x + j\xi);$$

$$\psi_1 = \arg(y + j\eta).$$

В дальнейшем будет показано, что в пространстве комплексных чисел нет выделенного направления и обе записи эквивалентны.

Далее, применяя к пространственному комплексу ν формулу Эйлера, получим

$$\nu = \rho e^{i\phi} + jre^{i\psi} = R_1 e^{j\beta}.$$

где R_1 определен как комплексный модуль, равный

$$R_1 = \sqrt{z^2 + \sigma^2};$$

β - комплексный аргумент, равный

$$\beta = \arg\nu = arctg\frac{r}{\rho}e^{i(\psi-\phi)},$$

периодические свойства, которого будут выявлены в дальнейшем.

Преобразуем комплексный модуль по законам комплексной алгебры. Выделение действительного модуля дает выражение

$$\|\nu\| = \|R_1\| = R = \sqrt[4]{\rho^4 + r^4 + 2\rho^2 r^2 \cos 2(\phi - \psi)},$$

а действительного аргумента α - выражение

$$\alpha = \arg R_1 = \frac{1}{2}arctg\frac{\rho^2 \sin 2\phi + r^2 \sin 2\psi}{\rho^2 \cos 2\phi + r^2 \cos 2\psi}.$$

Таким образом, пространственный комплекс записывается в виде

$$\nu = \mathrm{Re}^{i\alpha + j\beta}. \tag{1.5.}$$

где *R*, α - действительные числа; а β - в общем случае комплексное число.

Перейдем к геометрической иллюстрации комплексного пространства.

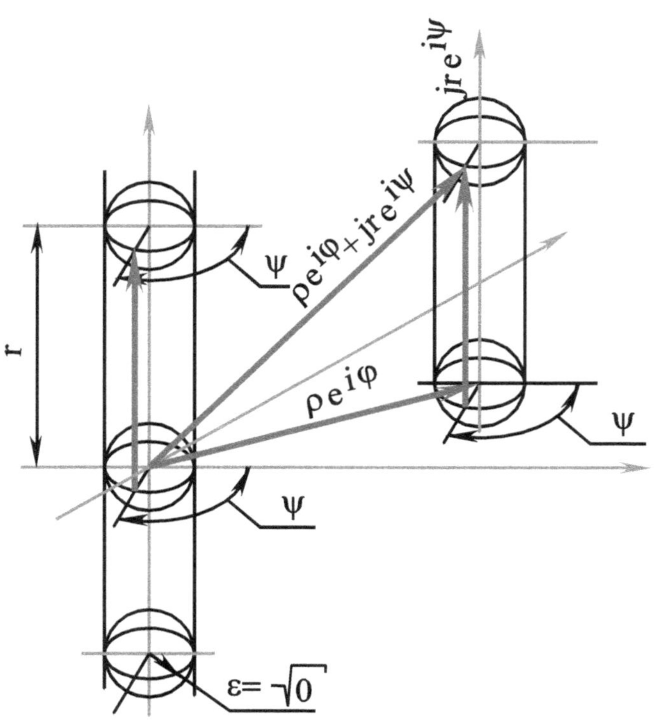

Рис. 4. Построение цилиндрической комплексной системы координат четырехмерного пространства. Сложение мнимых векторов в четырехмерном пространстве Y .

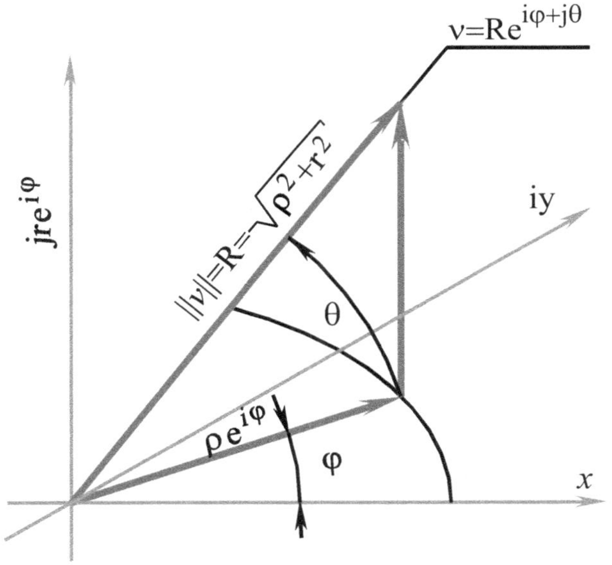

Рис. 5. Построение цилиндрической комплексной системы координат четырехмерного пространства.

В цилиндрических координатах (рис. 4) в соответствии с формулой (1.3.) к плоскости $z=\rho e^{i\phi}$ восстановим из начала координат вектор $j\sigma = jre^{i\psi}$, так что модуль r будет фиксировать расстояние от этой плоскости (z).

При такой интерпретации вектор $j\sigma = jre^{i\psi}$ при изменении

$-\infty \le r \le +\infty$

- и аргумента ψ

$0 \le \arg\sigma \le 2\pi$

опишет цилиндрическую ось, сечение которой будет иметь некоторый строго положительный радиус ε, $\varepsilon>0$, в том числе и сколь угодно малый на любом сечении, параллельном плоскости (z). Таким образом, вектор $j\sigma$ будет идти по образующей, фиксированной углом ψ на этой цилиндрической оси.

Конкретная точка ν в цилиндрических координатах представляет сумму двух векторов: вектора $\rho e^{i\phi}$, лежащего в плоскости (z), и вектора $jre^{j\psi}$, лежащего на цилиндрической оси. В простейшем случае построенное четырехмерное пространство переходит в трехмерное. Это происходит при равенстве аргументов в плоских комплексах z, σ.

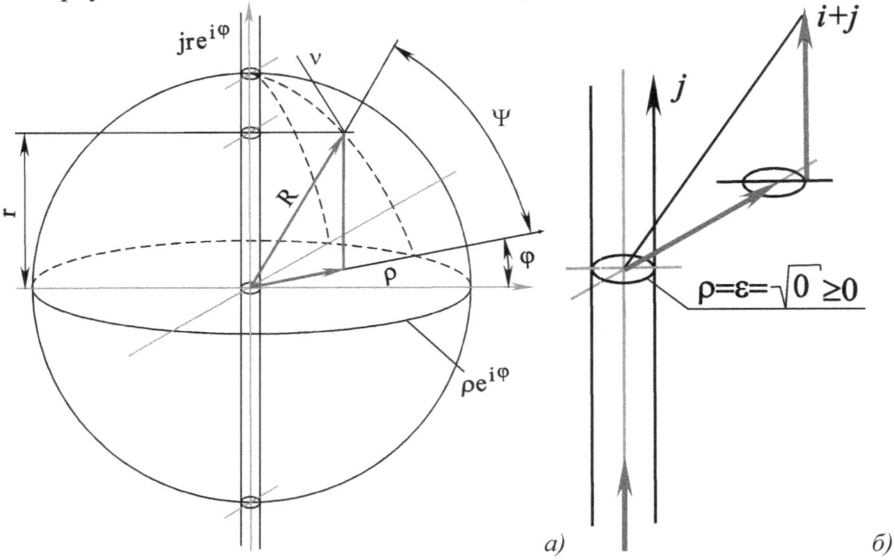

Рис. 6. Построение сферической комплексной системы координат: а- комплексная сферическая система координат трехмерного пространства; б - делители нуля в комплексной системе.

В этом случае все параметры, определяющие точку ν, становятся действительными

$$\nu = \sqrt{\rho^2 + r^2}\, e^{i\phi + ja},$$

где $a = arctg\dfrac{r}{\rho}$ - теперь тоже действительное число.

Изображение такой точки представлено на рис. 6, где угол a обозначен через θ. В этом случае точка определена тремя независимыми переменными r, ρ, ϕ;

$$\nu = \rho e^{i\phi} + jre^{i\phi} = e^{i\phi}(\rho + jr).$$

Образующая, по которой идет вектор $jre^{i\phi}$, фиксирована углом ϕ, равным углу комплекса, лежащего в плоскости (z). Все три вектора лежат в одной плоскости: два составляющих $z=\rho e^{i\phi}$, $\sigma=jre^{i\phi}$ и суммарный вектор ν

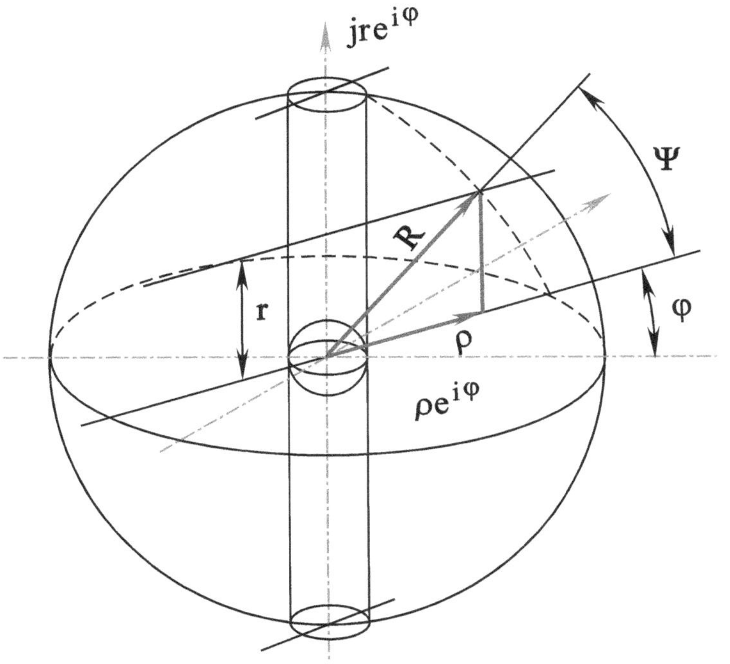

Рис. 7. Сферическая система координат трехмерного пространства: сфера в трехмерном комплексном пространстве.

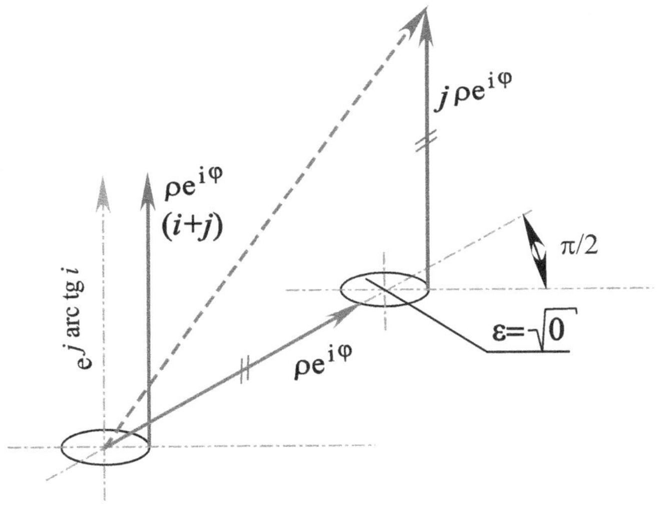

Рис. 8. Сферическая система координат трехмерного пространства: мнимый суммарный радиус-вектор делителей нуля.

При постоянном модуле $\|\nu\| = R$ и изменении аргументов *a*, ϕ в пределах

$$-\pi/2 \le a \le \pi/2,$$

$$0 \le \phi \le 2\pi.$$

суммарный вектор ν опишет сферу с выколотыми вершинами по оси $j\sigma$ (рис. 6, рис. 7.а.). Точка ν в пространстве (ν) фиксирована тремя действительными параметрами *R*, ϕ, *a*.

Формула (1.5.) определяет сферические пространственные комплексные координаты:

$$x = R\cos\phi\cos a;$$

$$y = iR\sin\phi\cos a;$$

$z = j\,\mathrm{Re}^{i\phi}\sin a.$

Третья координата имеет вращение вокруг оси.(Этот вариант не рассматривается в квантовой механике, а вводится другими условиями, чтобы результат соответствовал эксперименту).

1.1.6. ПРОСТРАНСТВО ДЕЛИТЕЛЕЙ НУЛЯ. ГЕОМЕТРИЧЕСКАЯ ИЛЛЮСТРАЦИЯ.

Преобразуем аргумент a комплекса v в формуле (1.5.), Положим

$$a = arctg\left(\frac{r}{\rho}e^{i(\psi-\phi)}\right) = S + i\sigma,$$

тогда (здесь, a - угол)

$$v = \mathrm{Re}^{i\alpha+j\beta} = \mathrm{Re}^{i\alpha+jS+ji\sigma}. \qquad (1.6.)$$

В формуле (1.6.) комплекс v имеет все параметры R, α, S, σ - действительные числа.

Исследуем комплекс (1.6.). Положим

$$v = (x+iy) + j(\xi + i\eta),$$

тогда

$$R = \|v\| = \sqrt[4]{x^4 + y^4 + \xi^4 + \eta^4 + 2x^2y^2 + 2x^2\xi^2 + \times}$$
$$\overline{\times + 2y^2\eta^2 + 2\xi^2\eta^2 - 2x^2\eta^2 - 2y^2\xi^2 + 8xy\xi\eta}$$

Далее, если, $\xi = \eta = 0$, тогда S=σ=0,

$$R = \rho = \sqrt{x^2 + y^2},$$

$$v = \rho e^{i\phi}.$$

Значит, угол ϕ есть угол между проекцией ρ вектора R на плоскость (1, i) и осью i, то есть, имеем обычную комплексную плоскость;

если y=η=0, тогда v=x+$j\xi$,

$$\phi = 0, \sigma = 0, R = R_z = \sqrt{x^2 + \xi^2}, v = \mathrm{Re}^{jS},$$

откуда следует, что угол S есть угол между проекцией R_2 вектора R на плоскость (1, j) и осью 1;

пусть y=ξ=0, тогда

$$v = x + ji\eta = \sqrt{x^2 - \eta^2}\,e^{jarctg\left(\frac{i\eta}{\xi}\right)};$$

и согласно (6) будем иметь ϕ=0, S=0,

$$R = R_3 = \|v\|,$$

$$v = R_3 e^{ji\sigma}.$$

Значит, σ - угол между проекцией R_3 вектора R на плоскость (1, ij) и осью 1. Формула (1.6.) показывает, что пространственный модуль является действительной величиной. Кроме того, выполняется соотношение

$$\left\|\rho e^{i\phi} + jre^{i\psi}\right\| \le \left\|\rho e^{i\phi} + jre^{i\phi}\right\| \qquad (1.7.)$$

или

$$\sqrt[4]{\rho^4 + r^4 + 2\rho^2 r^2 \cos 2(\phi - \psi)} \le \sqrt{\rho^2 + r^2}.$$

Следовательно, элементы пространства, у которых аргументы ϕ, ψ в комплексах Z, σ не равны $\phi \neq \psi$, будут внутренними элементами пространства, у которых $\phi = \psi$.

В цилиндрических координатах пространство (ν) является пространством выколотых ε - цилиндров, восстановленных к плоскости (z). Каждая точка пространства имеет в качестве окрестности окружность радиуса $\varepsilon > 0$, которая лежит в плоскости, параллельной плоскости (z), рис. 4, 6.

Если $\arg z = \arg \sigma$, то окружность вырождается в точку, так же, как вырождается в точку радиус центральной оси $\varepsilon \to 0$.

Комплексное пространство (ν) содержит подпространство делителей нуля. Делители нуля выделяются из пространства при соблюдении двух условий, когда

$$\|\sigma\| = \|z\|, \arg z \pm \arg \sigma = \pm \frac{\pi}{2}. \tag{1.8.}$$

Единичный элемент делителя нуля изображен на рис. 6, на рис. 8 приведен комплексный делитель нуля. На рис. 7 показано пространственное расположение множества элементов делителей нуля. При условии (1.8.) комплекс выразится в виде

$$\nu = \rho e^{i\phi} \pm jire^{i\phi} = \rho e^{i\phi}(1 \pm ji) = j\rho e^{i\phi}(-j \pm j) = j\rho e^{i\phi}(-j \pm i) = \ldots$$

Составляющий вектор $j\rho e^{i\phi}$ (аппликата) идет по образующей, которая фиксирована на цилиндрической оси углом ϕ, и повернут относительно комплекса, лежащего в плоскости (z) на π/2. Модули составляющих комплексов равны по величине $r=\rho$ (рис. 8).

Множество элементов делителей нуля образуют в пространстве в цилиндрических координатах конус дискретных точек.

Конус элементов $\rho e^{i\phi}(i \pm j)$ делит пространство на две части, причем этот конус можно рассматривать как поворот поверхности конуса, у которого $r=\rho$, относительно другой поверхности этого же конуса - на π/2. В результате образуется двойная граница. Двойная граница не изолирует обе части друг от друга.

Из одной части пространства можно пройти в другую часть по непрерывным кривым или прямым типа y_1, C_1, C_2 на которых не соблюдаются условия (1.8.). Двойная граница конуса может быть пройдена в окрестности точек, которые создают эту двойную границу:

либо в окрестности точки

$$\nu = \rho e^{i\phi} = ji(\rho + \varepsilon)e^{i\phi},$$

либо в окрестности точки

$$\nu = \rho e^{i\phi + i\varepsilon} + je^{i\phi}.$$

Конус в сферических координатах сворачивается в цилиндрическую ось радиуса $\sqrt{0}$, равного корню из нуля. Эта ось содержит в себе изолированное направление ±arc tg i, согласно формулам (1.5.), (1.8.).

$$\nu_{д} = \rho e^{i\phi}\left(i \pm j\right) = \sqrt{0}\rho e^{i\phi} e^{\pm jarctg(i)}. \qquad (1.9.)$$

Формула (1.9) определяет все элементы делителей нуля в сферических координатах.

При коммутативном умножении векторов $ij=ji$ имели очевидное равенство

$$\left(i + j\right)\left(i - j\right) = ii + ji - ji = -1 + ji - ij + 1 = 0. \qquad (1.10.)$$

В этом равенстве нет неопределенности. Однако до настоящего времени открыт вопрос о равенстве произведения двух чисел нулю, если ни один из них не равен нулю. В пространстве чисел имеем

$$i + j \neq 0, i - j \neq 0,$$

однако

$$\left(i + j\right)\left(i - j\right) = 0.$$

Преобразуем сумму и разность единичных векторов по формуле (1.9.). Делители нуля не равны тождественно нулю и их запись по формуле (1.9.) не эквивалентна неопределенному выражению:

$$\nu_{Д} = \rho e^{i\phi}\left(i + j\right) = \sqrt{0}\rho e^{i\phi} e^{-jarctg(i)} \neq 0;$$

$$\nu_{Д} = \rho e^{i\phi}\left(i - j\right) = \sqrt{0}\rho e^{i\phi} e^{+jarctg(i)} \neq 0.$$

Модули делителей нуля равны корню из нуля, также не равному тождественно нулю ввиду наличия в комплексе изолированного направления аргумента

$$\left\|\nu_{Д}\right\| = \sqrt{0};$$

$$\arg \nu_{Д} = \pm arctg(i).$$

В действительном и плоском комплексном пространстве корень из нуля тождественно равен нулю. В пространстве вследствие наличия изолированного направления, выражаемого через функцию arctg в изолированной точке i, корень из нуля не равен тождественно нулю. Если корень из нуля приравнять к нулю, то в этом случае будет нарушены операция преобразования комплекса при переходе от цилиндрических координат к сферическим координатам.

Комплексная алгебра расшифровывает очевидное равенство (1.10.) и не требует накладывания на единичные векторы i, j и их произведения дополнительных ограничений, как это выполнено в алгебре векторного исчисления

$$\left(i + j\right)\left(i - j\right) = \sqrt{0}e^{-jarctg(i)}\sqrt{0}e^{+jarctg(i)} = \sqrt{0}\sqrt{0}e^{0} = 0. \qquad (1.11.)$$

Порядок нуля сохраняется, неопределенность отсутствует. Алгебра не требует ограничений, отличных от обычных операций над действительными числами.

Векторное исчисление не привело к созданию аппарата наподобие аппарата комплексных чисел и на их основе теории аналитических функций.

По существу, вскрыто свойство делителей нуля. Делители нуля - это числа, представляющие сумму двух комплексов плоских областей z, σ в пространстве (ν). Комплексы z и σ имеют равные модули $|z| = |\sigma|$, $\arg z - \arg \sigma = \pi/2$ и аргументы, отличающиеся друг от друга на $\pi/2$. В цилиндрических координатах элементы делителей нуля имеют равный корню из нуля модуль.

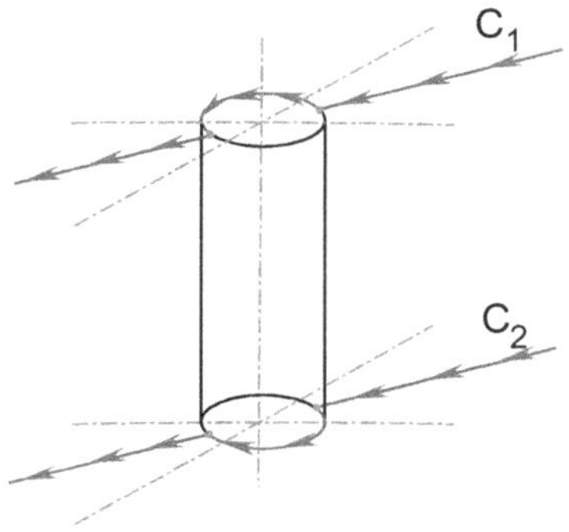

Рис.9.. Прохождение цилиндрической комплексной оси по прямым, расположенным на разных уровнях от начало координат

На рис. 8 суммарный комплекс изображен пунктиром. Суммарный комплекс $\nu_д$ разлагается на два не суммируемых вектора, имеющих равные модули и разные точки приложения в окрестности изолированной оси, повернутые относительно друг друга на $\pi/2$. Векторы взаимно перпендикулярны, приложены в разных точках окрестности нуля, равны по величине. Вследствие этого суммарный вектор практически заменяется крутящим моментом (в инженерной терминологии).

Таким образом, комплексное пространство имеет третью ось, также комплексную плоскость, свернутую, а цилиндрическую поверхность радиуса корня из нуля. Эта ось заключает в себе изолированное направление $\pm\text{arctg}\ i$. Пространство внутри этой цилиндрической оси принадлежит пространству другого измерения. Пройти эту ось по прямой нельзя (рис. 9, прямая C_2). Вдали от начала координат огибать эту ось необходимо по прямой C_1 с криволинейным участком, огибающим цилиндрическую ось радиуса корня из нуля.

1.1.7. ОПЕРАЦИЯ ДЕЛЕНИЯ В КОМПЛЕКСНОМ ПРОСТРАНСТВЕ

Наличие в пространстве (ν) изолированного направления, как было показано, обусловливает появление в пространстве новых объектов - делителей нуля. Остановимся на свойствах этих объектов.

Делители нуля обладают свойством нуля, для которого в действительной и комплексной областях справедливо равенство

$$a \cdot 0 = b \cdot 0 = 0, \qquad (1.12.)$$

где a и b могут быть и пространственными числами ν. Равенство (1.12.) сократить на нуль нельзя, Для делителей нуля есть аналогичное равенство, которое будет дано ниже, поэтому на них сокращать нельзя так же, как сокращать (1.12.) на нуль. Сокращение есть операция деления, поэтому делить на элементы делителей нуля нельзя так же, как делить на нуль. Следует отличать логический термин “делить нельзя” или “разделить невозможно”. Термин “делить нельзя” это условие алгебраического запрета на операцию. Термин “разделить невозможно” это тупик алгебраического построения, который возникает вследствие неправильного логического построения алгебраических операций.

Покажем наличие в пространстве (ν) свойства делителей нуля, аналогичного свойству (1.12.) для нуля. Рассмотрим произведение числа (ν) на делители нуля $\nu_д$:

$$\nu\nu_{Д} = (x + iy + j\xi + ji\eta)(i + j) = [(x - y) + i(y - \xi)](i + j);$$
$$\nu\nu_{Д} = (x + iy + j\xi + ji\eta)(i - j) = [(x + \eta) - i(\xi - y)](i - j). \quad (1.13.)$$

Выражение (1.13.) получено на основе коммутативного умножения элементов. По смыслу выражение (1.13.) эквивалентно выражению (1.12.). Делить на элементы $\nu_д = i \pm j$ нельзя так же, как и делить на пуль. Однако, как и нуль, делители нуля имеют обратные элементы

$$\frac{1}{\nu_{Д}} = \sqrt{\infty} e^{\pm jarctg(i)}.$$

Второе свойство нуля

$$a + 0 = a$$

для делителей нуля не выполняется

$$\nu + \nu_{Д} = \nu + i \pm j \neq \nu$$

Таким образом, в пространстве (ν) есть объекты, которые обладают как свойством нуля (1.11.), так и свойством обычных элементов. Обратным элементом для нуля является бесконечность

$$\frac{1}{0} \sim \infty,$$

для делителей нуля обратными элементами являются бесконечные делители

$$\frac{1}{i \pm j} = \sqrt{\infty} e^{\mp jarctg(i)}.$$

Необходимо отметить, что ноль в пространстве представим в виде

$$0 \sim 0 e^{i\phi + jS + ji\sigma},$$

где ϕ, S, σ могут быть любыми числами и даже изолированным направлением.

Определим операцию деления как решение системы линейных уравнений, получаемых в пространстве комплексных чисел.

Обозначим:

$$\nu = a + ib + jc + jid;$$
$$\nu' = a' + ib' + jc' + jid'; \quad (1.14.)$$
$$\lambda = x + iy + j\xi + ji\eta.$$

Элемент λ считаем неизвестным, его надо получить из решения системы

$$\lambda\upsilon = \upsilon' \ (1.14)$$

Раскрывая соотношение (1.14.), получим систему четырех линейных уравнений с четырьмя неизвестными:

$$ax - by - a\xi + d\eta = a;$$
$$bx + ay - d\xi - c\eta = b'; \quad (1.15.)$$
$$cx - dy + a\xi - b\eta = c';$$
$$dx + cy + b\xi + a\eta = d'.$$

Система (1.15.) получена на основе отделения действительных и мнимых частей в комплексном произведении $\upsilon\lambda$ и комплексе ν':

$$\operatorname{Re}\operatorname{Re}(\nu\lambda) = \operatorname{Re}\operatorname{Re}\nu' = a';$$
$$\operatorname{Re}\operatorname{Im}(\nu\lambda) = \operatorname{Re}\operatorname{Im}\nu' = b';$$
$$\operatorname{Im}\operatorname{Re}(\nu\lambda) = \operatorname{Im}\operatorname{Re}\nu' = c';$$
$$\operatorname{Im}\operatorname{Im}(\nu\lambda) = \operatorname{Im}\operatorname{Im}\nu' = d'.$$

Система имеет решение, когда ее определитель не равен нулю. Определитель системы (1.15.) оказался равным модулю комплекса $\|\nu\|$, возведенному в четвертую степень. Опуская элементарные выкладки, запишем как факт

$$\begin{vmatrix} a & -b & -c & d \\ b & a & -d & -c \\ c & -d & a & -b \\ d & c & b & a \end{vmatrix} = \|\nu\|^4.$$

Следовательно, система (1.14.) не имеет решения, когда выражение (1.15.) равно нулю. Для комплексного пространства (ν) определитель (1.15.) равен нулю в двух случаях:

$\|\nu\| = 0$, что возможно при a=0, b=0, c=0, d=0;

$\|\nu\| = \sqrt{0}$, когда $\nu \in \nu_д$ и комплекс является делителем нуля.

Во втором случае, даже если $\nu' \in \nu_д$, делить нельзя, так как вступает в силу соотношение (1.13.).

Таким образом, исследования решения системы линейных уравнений с четырьмя неизвестными, построенной на базе алгебры с коммутативным умножением, показали, что операция деления выполнима в комплексном пространстве, как в обычном действительном и плоском комплексном пространстве.

Пространственная комплексная алгебра (ν) относится к алгебре с делением, к алгебре кольца класса вычетов [6] так же, как комплексная алгебра (z) если считать нуль за идеал. В пространстве (ν) вычет нуля эквивалентен вычету всех элементов делителей нуля $\nu_д$. Это следует из выражения (1.13.).

Итак, доказано, что в пространстве (ν) за вычетом нуля и элементов делителей нуля возможно проведение операций, аналогичных операциям над действительными и комплексными (z) числами.

Алгебра обладает свойством нормированной алгебры: норма произведения равна произведению норм

$$\|\nu_1\nu_2\| = \|\nu_1\| \cdot \|\nu_2\|.$$

Алгебра делителей нуля не требует введения ограничений на проведение операций с этими объектами, также как и введение новых. Необходимо иметь только ввиду, что делители нуля обладают как свойствами обычных чисел, так и свойством нуля. Например, произведем умножение

$$\upsilon\upsilon_d = \operatorname{Re}^{i\varphi+j\psi}\,\rho e^{i\varphi_1}(1 \pm ji) = \operatorname{Re}^{i\varphi+j\psi}\,\rho\sqrt{0}e^{i\varphi_1 \pm jarctgi} =$$
$$= R\rho\sqrt{0}e^{i\varphi+i\varphi_1+j\psi \pm jarctgi}$$

Но известно соотношение $arctgz + arctgz_1 = arctg\dfrac{z \pm z_1}{1 - z_1 z}$,

поэтому $\psi \pm artgi = arctg\dfrac{\frac{r}{\rho}e^{i(\psi-\varphi)} \pm i}{1 \pm \frac{r}{\rho}e^{i(\psi-\varphi)}i} =$

$$= arctg\frac{\frac{r}{\rho}e^{i(\psi-\varphi)} \pm i}{-i(i \pm \frac{r}{\rho}e^{i(\psi-\varphi)})} = arctgi, \tag{1.16.}$$

сложение изолированного аргумента с любам неизолированным дает изолированный, поэтому произведение элемента пространства на делитель нуля дает делитель нуля.

$\upsilon\upsilon_d = \mathrm{Re}^{i(\varphi+\varphi_1)}\rho(1 \pm ji)$

Возведение в степень делителей нуля дает следующую таблицу значений

$(i \pm j)^0 = 1$, перенесено из действительного анализа,

$(i \pm j)^1 = i \pm j$

$(i \pm j)^2 = 2i(i \pm j)$

$(i \pm j)^3 = -4(i \pm j)$

$(i \pm j)^4 = -8i(i \pm j)$

…

$$(i \pm j)^n = (2i)^{n-1}(i \pm j) \tag{1.17.}$$

Рассмотрим соотношение $(i \pm j)^2 = 2i(i \pm j)$. Сократить это равенство на делитель нуля нельзя, так как в этом случае делить нуля становится равным обычному числу, возводя которое в степень не дает исходное равенство.

$(i \pm j)^2 = \pm 2i(i \pm j) \Rightarrow (i \pm j)(i \pm j \pm 2i) = 0$.

Равенство выполняется только при произведении делителей нуля. $i \pm j \neq 0, i \pm j \neq \pm 2i$.

Если имеем в двух частях равенства делители нуля, возведенные в степень выше единицы, то сократить на делитель нуля в степени, чтобы в результате в одной из частей равенства осталась степень не меньше единицы возможно. Например, имеем

$(i \pm j)^5 = -8i(i \pm j)^2 \Rightarrow (i \pm j)^4 = -8i(i \pm j)$.

Извлечение корня из делителей нуля дает делитель нуля

$(i \pm j)^2 = 2i(i \pm j) \Rightarrow (i \pm j) = \sqrt{2i}\sqrt{(i \pm j)} \Rightarrow \sqrt{(i \pm j)} = \dfrac{(i \pm j)}{\sqrt{2i}}$.

В конечном счете ноль также является делителем нуля. В пространстве Y при такой интерпретации нуля область нуля как делителя нуля расширяется и является неотъемлемой частью пространства, как ноль на плоскости и прямой. Если обычные числа имеют своим продолжением в плоскости и пространстве числа, которые подчиняются обычным алгебраическим операциям, то ноль как делитель имеет расширение как пространство делителей нуля.

Ноль на плоскости есть $0 = 0e^{i\varphi}$, ноль в пространстве есть $0 = 0e^{i\varphi + j\psi}$, где ψ может быть и

$\pm\, arctgi$.

Общий вид делителей нуля

$$\upsilon_d = \mathrm{Re}^{i\varphi + j\psi}(i \pm j), \qquad (1.18.)$$

где $\psi \neq \pm arctgi$.

Это выражение показывает, что любая точка в пространстве Y окружена сферой из делителей нуля.

Таким образом, выходим на пространственное Числовое поле, определяемое комплексной пространственной алгеброй.

1.1.8. ЗАМКНУТОСТЬ ПРОСТРАНСТВЕННОЙ КОМПЛЕКСНОЙ АЛГЕБРЫ

Выявленная закономерность может быть реализована в пространстве любого числа измерений.

$$\nu = z + j\sigma \qquad (1.19),(1.20)$$

$$f = (z + j\sigma) + k(z_1 + j\sigma_1) = \nu + k\nu_1$$

$$g = f + k1 f_1$$

....

1.1.9 ТЕОРЕМА О РАСШИРЕНИИ ПОЛЯ КОМПЛЕКСНЫХ ЧИСЕЛ О. КОШИ. ИССЛЕДОВАНИЕ НЕОБХОДИМЫХ И ДОСТАТОЧНЫХ УСЛОВИЙ РАСШИРЕНИЯ ПОЛЯ КОМПЛЕКСНЫХ ЧИСЕЛ.

Новая система чисел. Обоснование введения мнимых единиц и их взаимосвязь.

ТЕОРЕМА

Пространственное поле чисел представляется комплексом

$$\upsilon = x + iy + j\zeta + ji\eta = x + iy + j(\zeta + i\eta),$$

где I,J –мнимые единицы (отличаются только обозначением) являются корнями уравнения $x^2 + 1 = 0$,

произведение мнимых единиц обладает свойством коммутативности $ij = ji$ и является решением уравнения $x^2 - 1 = 0$, а

$(i + j)(i - j) = 0$ сумма и разность мнимых единиц в произведении дают ноль.

ДОКАЗАТЕЛЬСТВО

Доказательство включает три основных положения: необходимость введения мнимой единицы J, которая отличается от мнимой единицы I только обозначением и является также решением квадратного уравнения $X^2 + 1 = 0$; обосновать наличие нетривиального решения квадратного уравнения $X^2 - 1 = 0$

в виде произведения мнимых единиц и коммутативность этого произведения $ji = ij$; исследование свойств делителей нуля и показ, что алгебраические операции над делителями нуля подчиняются законам алгебры действительных чисел.

Расширение поля действительных чисел происходит за счет присоединения к ним мнимой единицы I, которая не лежит на действительной оси и является решением квадратного уравнения

$X^2 + 1 = 0$, так что имеем $X_{1,2} = \pm\sqrt{-1} = \pm I$

При этом квадратное уравнение разлагается на линейные множители

$$X^2 + 1 = (X - I)(X + I) = 0$$

Если X равен одному из корней, то один из множителей равен нулю. Это тривиальный результат. Любое другое значение X не дает решение.

Однако до сих пор

Остается нерассмотренный вариант равенства нулю двух множителей не равных нулю

$$X - I \neq 0$$
$$X + I \neq 0,$$

а в произведении дающих нуль. В этом случае имеем два несовместных уравнения (одновременно не выполняются выражения), например

$$X - I = 0$$
$$X - I \neq 0$$

Это условие диктует введение второй мнимой единицы.

Поэтому вводится мнимая единица J, которая не лежит в действительных областях чисел X,Y и также как мнимая единица I является решением квадратного уравнения $X^2 + 1 = 0$,

$$X_{3,4} = \pm\sqrt{-1} = \pm J.$$

Таким образом, квадратное уравнение разлагается на линейные множители не равные нулю, но в произведении дающие ноль

$$X^2 + 1 = (J - I)(J + I) = 0$$

Сомножители являются делителями нуля. Для того, чтобы пространственное число образовывало поле чисел необходимо также доказать, что делители нуля подчиняются законам алгебры действительных и комплексных чисел в смысле Коши.

Мнимые числа одновременно являются решением квадратного уравнения, как его корни, так и дают равенство его нулю при разложении на линейные множители, представляющие сумму и разность этих чисел. Таким образом, третье условие равенства нулю двух множителей, одновременно не равных нулю, а также наличие корня квадратного уравнения одновременно с этим условием обосновывает введение второй мнимой единицы.

Докажем второе положение. Во первых:

Действительные числа и мнимые единицы, которые также являются числами, подчиняются закону коммутативного умножения, так как в противном случае не будет выполняться третье условие равенства нулю двух множителей одновременно не равных нулю. Поэтому $JI = IJ$.

Можно записать

$$X^2 + 1 = -I(JI+1)I(-JI+1) = 1\left[1-(JI)^2\right] = 1 \cdot 0 = 0$$

Четвертая единица $K = JI = IJ$ делает алгебраическую систему замкнутой, не требуется введения новых мнимых единиц. При этом имеем $K^2 = (ji)^2 = (ij)^2 = 1$.

Квадратное уравнение $X^2 - 1 = 0$ должно иметь решение, как в действительной области чисел, так и в пространстве. В плоском комплексном пространстве корень из +1 записывается в виде

$\sqrt[n]{1} = \cos\dfrac{2k\pi}{n} + i\sin\dfrac{2k\pi}{n}, k = 0,1,2,......,n-1$ Эта формула справедлива при условии, когда отсчет корней начинается от аргумента равного нулю. В тривиальном случае принимается любое число в нулевой степени равно единице, так что $e^0 = A^0 = 1$. Этот вариант извлечения корня требует уточнения.

ИЗВЛЕЧЕНИЕ КОРНЯ КВАДРАТНОГО ИЗ +1.

Рассмотрим уравнение в комплексной плоскости $Z^n = a$, где $a \neq 0$ - комплексное число.

Пусть $a = \rho e^{i\theta}, Z = re^{i\varphi}$, тогда имеем равенство $r^n e^{in\varphi} = \rho e^{i\theta}$, следовательно, учитывая периодичность аргумента θ , будем иметь

$$r^n = \rho$$
$$n\varphi = \theta + 2k\pi$$

откуда следует $r = \sqrt[n]{\rho}$ и аргумент $\varphi_k = (\theta + 2k\pi)/n$

и $Z_k = \sqrt[n]{\rho}e^{(\theta+2k\pi)i/n}$, где $k = 0,\pm1,\pm2,.....n-1$ Уравнение имеет n различных корней.

При $a = +1, n = 2$ имеем

$$Z_{1,2} = e^{\frac{(\theta+2k\pi)i}{n}}, k = 0,1$$

В тривиальном случае $\theta = 0$ имеем два корня $Z_1 = 1, Z_2 = e^{\pi i} = -1$. Таким образом, единица и ее корни лежат на действительной оси. Так что формула извлечения корня в комплексной области не вполне согласована для этого случая.

В связи с этим рассмотрим вариант, когда единица представлена произведением сомножителей $a = 1 = e^{\pi i} \cdot e^{-\pi i}$

Равенство аргумента нулю также соблюдено $\theta = i\pi - \pi i = 0$

В этом случае по формуле извлечения корня будем иметь

$$Z_{k=0} = e^{i\pi/2} \cdot e^{-i\pi/2} = i(-i) = +1$$

$$Z_{k=1} = e^{i\pi/2+\pi i} \cdot e^{-i\pi/2+\pi i} = (-i)i = +1$$

Таким образом, вместо двух корней имеем один. Чтобы получить два разных корня, необходимо при извлечении корня в одном из сомножителей взять $k = 0$, в другом $k = 1$. Тогда

$$Z = (e^{i\pi/2+\pi i})_{k=1} \cdot (e^{-i\pi/2})_{k=0} = (-i) \cdot (-i) = -1$$

Но эта операция равносильна введению новой мнимой единицы $j^2 = -1$

В этом случае $a = 1 = e^{\pi i} \cdot e^{\pi j} = (-1) \cdot (-1) = 1$

Извлечение корня выводит в пространство чисел.

$$Z_{k=0} = \sqrt{e^{\pi i+\pi j}} = e^{\pi i/2} \cdot e^{\pi j/2} = ij$$

$$Z_{k=1} = \sqrt{e^{(\pi i+4k\pi i)+(\pi j+2k\pi j)}} = e^{i\pi/2+2\pi i} \cdot e^{\pi j/2+\pi j} = i(-j) = -ij$$

Таким образом, извлечение корня в пространстве дает два корня $Z_{3,4} = \pm ji$

От принятого порядка обозначения мнимых единиц результат не зависит, что и обосновывает коммутативность произведения мнимых единиц.

При этом аргумент состоит из суммы двух аргументов $\theta = \varphi i + \gamma j$. Циклическая периодичность этого аргумента соответствует прибавлению к нему комплекса

$$\vartheta_k = 4\pi ik + 2\pi jk,$$

Таким образом, доказаны два основных положения. Рассмотрим третье положение.

ИССЛЕДОВАНИЕ РЕАЛИЗАЦИИ ОСНОВНОЙ ТЕОРЕМЫ АЛГЕБРЫ.

Рассмотрим многочлен второй степени (квадратный трехчлен) с действительными коэффициентами

$$Q(x) = x^2 + px + q$$

дискриминант этого многочлена равен $D = p^2 - 4q$

Возможны три варианта: 1) $D < 0$, корни многочлена комплексные

$$\alpha_1 = -\frac{p}{2} + i\sqrt{q - \frac{p^2}{4}} \quad \gamma_3 = -\frac{p}{2} + j\sqrt{q - \frac{p^2}{4}}$$

$$\alpha_2 = -\frac{p}{2} - i\sqrt{q - \frac{p^2}{4}} \quad \gamma_4 = -\frac{p}{2} - j\sqrt{q - \frac{p^2}{4}}$$

Корни многочлена с действительными коэффициентами принадлежат комплексной плоскости $[Z]$ и комплексной плоскости $[\sigma]$. В этом случае имеем эквивалентные разложения

$$Q_2(x) = x^2 + px + q = (x - \alpha_1)(x - \alpha_2) = (x - \gamma_3)(x - \gamma_4) = 0$$

Корни α_1, α_2 первого разложения на множители являются корнями второго разложения на множители

$$Q_2(x) = (\alpha_1 - \gamma_3)(\alpha_1 - \gamma_4) = (q - \frac{p^2}{4})(j - i)(j + i) = 0$$

Аналогично корни γ_1, γ_2 второго разложения являются корнями первого разложения, так как тоже приводят к произведению делителей нуля.

2). $D > 0$, корни действительные

$$\alpha_1 = -\frac{p}{2} + \sqrt{\frac{p^2}{4} - q}$$

$$\alpha_2 = -\frac{p}{2} - \sqrt{\frac{p^2}{4} - q}$$

корни принадлежат действительной области чисел.

3) $D > 0$, корни пространственные

$$\beta_3 = -\frac{p}{2} + ji\sqrt{\frac{p^2}{4} - q}$$

$$\beta_4 = -\frac{p}{2} - ji\sqrt{\frac{p^2}{4} - q}$$

Квадратный трехчлен разлагается на два равноценных варианта

$$Q_2(x) = x^2 + px + q = (x - \alpha_1)(x - \alpha_2) = (x - \beta_3)(x - \beta_4) = 0$$

Если любой из корней первого разложения (действительные корни) подставить во второе выражение, будем иметь

$$(\alpha_1 - \beta_3)(\alpha_1 - \beta_4) = \sqrt{\frac{p^2}{4} - q}(ji - 1)(1 + ji)\sqrt{\frac{p^2}{4} - q} = (q - \frac{p^2}{4})(1 - ji)(1 + ji) = 0$$

Аналогичный результат будем иметь и при подстановке β_3 или β_4 в первое разложение

$$(\beta_3 - \alpha_1)(\beta_3 - \alpha_2) = 0$$

Таким образом, действительные корни α_1, α_2, а также пространственные β_3, β_4

Удовлетворяют обоим вариантам разложения. Разложения равноценны.

Если не фиксировать к какой области принадлежит дискриминант, то необходимо рассмотреть произведение линейных множителей типа $(x-\alpha_1)(x-\gamma_3)=0$ В этом случае коэффициенты квадратного трехчлена будут пространственно комплексные.

$$(x-\alpha_1)(x-\gamma_3)=x^2-x(\alpha_1+\gamma_3)+\alpha_1\gamma_3=0$$

Корни этого квадратного трехчлена выразятся

$$X_{3,4}=\frac{\alpha_1+\gamma_3}{2}\pm ji\sqrt{\frac{(\alpha_1+\gamma_3)^2}{4}-\alpha_1\gamma_3}$$

Квадратное уравнение будет иметь второе равноценное разложение

$$Q_2(x)=(x-\alpha_1)(x-\gamma_3)=(x-x_3)(x-x_4)=0$$

Перестановка корней из одного разложения в другое приводит к произведению делителей нуля.

Например

$$(\alpha_1-\frac{\alpha_1+\gamma_3}{2}-ji\sqrt{\frac{(\alpha_1+\gamma_3)^2}{4}-\alpha_1\gamma_3})(\alpha_1-\frac{\alpha_1+\gamma_3}{2}+ji\sqrt{\frac{(\alpha_1+\gamma_3)^2}{4}-\alpha_1\gamma_3})=$$
$$=\frac{(\alpha_1-\gamma_3)^2}{4}-\frac{(\alpha_1+\gamma_3)^2}{4}+\alpha_1\gamma_3=0$$

Преобразования показывают, наличие двух равноценных разложений не зависит от того к какой области чисел принадлежит дискриминант.

Основная теорема алгебры доказывает: Всякий многочлен степени $n\geq 1$ с действительными или комплексными коэффициентами имеет по крайней мере один корень.

При этом многочлен $Q_n(x)$ будет иметь разложение вида

$$Q_n(x)=c_n(x-a_1)^{\alpha 1}...(x-a_k)^{\alpha k}(x^2+p_1x+q_1)^{\beta 1}...(x^2+p_sx+q_s)^{\beta s}$$

где $\sum_{m=1}^{k}\alpha_m+2\sum_{j=1}^{s}\beta_j$

числа $c_n, a_1,....,a_k, p_1,....p_s, q_1,....q_s$ являются действительными.

В пространстве чисел $[\upsilon]$, как было показано выше, квадратный трехчлен может быть разложен по двум равноценным вариантам. Произведение двух линейных множителей представляет квадратный трехчлен, который также может быть разложен по двум вариантам.

Любой корень обращает в ноль эти многочисленные варианты разложения многочлена, так как всегда будет равен нулю один из множителей, либо произведение двух линейных множителей как произведение делителей нуля.

Ноль определен в тривиальном случае как начало координат в любом пространстве. Кроме того пространство чисел определяет ноль как произведение делителей нуля, принадлежащих пространству изолированной оси.

Нахождение корня многочлена из условия равенства нулю одного из линейных множителей его разложения, либо из условия равенства нулю произведения двух линейных множителей не имеет значения. Варианты равноценны.

Открытый и исследованный вариант расширения комплексных чисел является единственно возможным логическим построением величин, удовлетворяющих тем требованиям, которые естественно предъявить к числам.

Числа, включая делители нуля, подчиняются законам операций действительных и комплексных чисел. Выполнение операции сложения и вычитания естественно не вызывает сомнения.

Рассмотрим выполнения операции умножения и деления.

Целесообразно рассмотреть эти операции, когда числа представлены в виде

$$\upsilon_1 = R_1 e^{i\varphi_1 + j\psi_1}$$

$$\upsilon_2 = R_2 e^{i\varphi 2 + j\psi_2}$$

Произведение $\upsilon = \upsilon_1 \upsilon_2 = R_1 R_2 e^{i(\varphi_1 + \varphi_2) + j(\varphi_1 + \varphi_2)}$ (при умножении модули перемножаются, аргументы складываются).

Деление $\upsilon = \dfrac{\upsilon_1}{\upsilon_2} = \dfrac{R_1}{R_2} e^{i(\varphi_1 - \varphi_2) + j(\psi_1 - \psi_2)}$ (модули делятся, аргументы вычитаются).

Делить на делители нуля нельзя, так же как делить на нуль. Необходимо различать терминологию: "делить нельзя" и "разделить нельзя". Алгебра без деления имеет элементы на которые разделить нельзя.

Для делителей нуля формально имеем $\dfrac{1}{1 + ji} = \dfrac{1}{\sqrt{0} e^{jarktgi}} = \infty(1 - ji)$ - бесконечный делитель.

делитель нуля представим в общем виде $\upsilon_d = \mathrm{Re}^{i\varphi + + j\psi}(1 \pm ji)$, из которого следует что для него выполняются все алгебраические операции, свойственные комплексным числам.

Например. $$\begin{aligned} Ln\upsilon_d &= \ln R + i\varphi + j\psi + \ln(1 \pm ji) = \\ &= \ln R + i\varphi + j\psi + \ln\sqrt{0} \pm jarktgi \end{aligned}$$

Так как, не нарушая законов операций комплексного анализа можно записать

$jarktgi = -\frac{ji}{2}\ln\frac{-1-1}{-1+1} = -ji\ln\infty$, то имеем $Ln\upsilon_d = \ln R + i\varphi + i\psi + \frac{1}{2}(-\infty) \pm \frac{1}{2}ji\infty = \infty(1 \mp ji)$. Логарифм делителя нуля равен бесконечному делителю. С точностью до коэффициентов выполняются законы операций действительного и комплексного поля чисел.

В связи с этим пространство комплексных чисел есть поле чисел даже при наличии делителей нуля.

Комплексное пространственное число имеет двойную сопряженность

$$\overline{\upsilon} = \mathrm{Re}^{i\varphi - j\psi}$$
(вместо скобки надо понимать двойную черту)
$$\hat{\upsilon} = \mathrm{Re}^{-i\varphi - j\psi}$$

Теорема доказана.

Разработанный вариант алгебры является коммутативным Числовым кольцом (однако это термины не совместимы), так как согласно Алгебре Б.Л.ван дер Варден $[6]$, все элементы этой алгебры подчиняются законам обычных действительных и комплексных чисел:

Законы сложения:

Закон ассоциативности: $a + (b + c) = (a + d) + c$

Закон коммутативности: $a + b = b + a$

Разрешимости уравнения: $a + x = b$ для всех a, b

Законы умножения:

Закон ассоциативности: $a \cdot bc = ab \cdot c$

Закон коммутативности: $a \cdot b = b \cdot a$

Законы дистрибутивности: $$a \cdot (b + c) = a \cdot b + a \cdot c$$ $$(b + c) \cdot a = b \cdot a + c \cdot a$$

Эти законы выполняются для всех элементов алгебры, в том числе и делителей нуля.

Уравнения $\begin{matrix} ax = b \\ ya = b \end{matrix}$ разрешимы при $a \neq 0, a \neq \upsilon_d$, где υ_d-делитель нуля. Поэтому кольцо является телом. Однако установленные свойства делителей нуля позволяют заключить о наличии в теле делителей нуля.

В алгебре доказывается, что если $a \cdot b = 0, a \neq 0$, то умножая на a^{-1} получим $b = 0$.Это неверно, ибо если $a = \upsilon_d$, то $0 \cdot (\upsilon_d)^{-1} = \overline{\upsilon}_d \approx b$

Разработанная алгебраическая система обладает свойством бесконечного расширения полей. Причем каждое расширение является алгебраически замкнутым, ибо любой многочлен в конкретном N –мерном поле разлагается на линейные множители, или каждый отличный от константы многочлен из поля обладает хоть одним корнем, т.е. хоть одним линейным множителем.

Необходимо подчеркнуть особое важное свойство числового поля, которое не отмечается в исследованиях современных алгебр. Функции, определенные в поле числовых алгебр, являются функциями одного переменного.

1.2. ФУНКЦИИ ПРОСТРАНСТВЕННОГО КОМПЛЕКСНОГО ПЕРЕМЕННОГО

Основные понятия теории функций комплексного пространственного переменного: понятие функции, ее предела, производной, понятие аналитической функции, переносятся почти без изменения из теории функций комплексного переменного (z). В частности, определения заимствованы из [7]. В связи с этим излишнее повторение понятий и представлений не делается, а обращается внимание на те особенности, которые корректируют установившиеся понятия (без их в общем коренном изменении) в пространстве.

В пространстве (Y) так же, как и в плоскости (z), центральное место занимает теорема Коши - Римана. Реализация условий этой теоремы на элементарных функциях, определенных в пространстве (ν), а также теорем Коши составляет содержание этого раздела.

1.2.1. ДИФФЕРЕНЦИРУЕМОСТЬ ФУНКЦИЙ

Задать функцию в пространстве (Y) означает задать закон, по которому каждой точке ν из рассматриваемой области G пространства (Y) ставится в соответствие точка ω из пространства (Y).

Функция

$\omega = f(\nu)$,

где

$$\nu = x + iy + j\xi + ji\eta,$$

$$\omega = U + iV + jP + jiR.$$

Следовательно, задание функции ω равносильно заданию от четырех действительных переменных:

$$U = U(x, y, \xi, \eta) = \operatorname{Re}\operatorname{Re}\omega(\nu);$$

$$V = V(x, y, \xi, \eta) = \operatorname{Re}\operatorname{Im}\omega(\nu);$$

$$P = P(x, y, \xi, \eta) = \operatorname{Im}\operatorname{Re}\omega(\nu);$$

$$R = R(x, y, \xi, \eta) = \operatorname{Im}\operatorname{Im}\omega(\nu).$$

В отличие от записи функций в декартовой системе координат состоит в том,что перемнннные x, y, ξ, η совместно с числами I,j дают число и точку в пространстве ν. Соответственно функции U, V, P, R также определяют числовую функцию.

Определение предела и непрерывности функций полностью совпадает с теми, которые даются в плоском случае [7].

Естественно пространственную комплексную функцию рассматривать как функцию от двух комплексных переменных (z). Так что, если

$$\nu = \rho e^{i\phi} + jre^{i\psi} = z + j\sigma,$$

то функцию целесообразно записать в виде

$$f(\nu) = W(z,\sigma) + jT(z,\sigma),$$

где соответственно будут выполняться соотношения:

$$W(z,\sigma) = \operatorname{Re} f(\nu);$$

$$T(z,\sigma) = \operatorname{Im}(\nu).$$

В комплексном пространстве предел функции *f(ν)* при $\nu \to \nu_0$ существует, если

$$\lim_{\substack{z\to\sigma_0\\ \sigma\to\sigma_0}} W(z,\sigma) = W_0;$$

$$\lim_{\substack{z\to\sigma_0\\ \sigma\to\sigma_0}} T(z,\sigma) = T_0;$$

и, следовательно,

$$\lim_{v\to v_0} f(v) = W_0 + jT_0 = f(v_0).$$

Остается в силе главное условие комплексного анализа (z) о независимости предела от способа приближения точки $v \to v_0$. Если предел существует, то при любом способе приближения $v \to v_0$ функция $f(v)$ будет приближаться к $f(v_0)$. Если функция определена и в точке ν_0, то она называется непрерывной в точке ν_0.

На все эти определения не оказывает влияние особенность комплексного пространства, обусловленная наличием конуса дискретных точек делителей нуля.

Функция $f(v)$, определенная в некоторой точке окрестности точки ν, дифференцируема в этой точке, если существует предел

$$\lim_{h\to 0} \frac{f(v+h) - f(v)}{h} = f'(v). \tag{1.21.}$$

Этот предел является производной функции, определенной в пространстве (ν).

Условия дифференцируемости функции $f(v)$ в терминах комплексных функций W и T будут давать:

<u>ТЕОРЕМА 1</u>. Пусть функция $f(v)=W(z, \sigma)+jT(z, \sigma)$ определена в точке ν и некоторой окрестности ее, причем в этой точке функции T, W дифференцируемы в смысле комплексного переменного (z) и их частные производные непрерывны

$$\frac{\partial W}{\partial z}, \frac{\partial W}{\partial \sigma}, \frac{\partial T}{\partial z}, \frac{\partial T}{\partial \sigma},$$

тогда для дифференцируемости функции в точке ν необходимо и достаточно, чтобы в этой точке имели место равенства:

$$\frac{\partial W}{\partial z} = \frac{\partial T}{\partial \sigma}; \qquad \frac{\partial T}{\partial z} = -\frac{\partial W}{\partial \sigma}. \tag{1.22.}$$

Эти условия являются аналогом условий Коши - Римана.

Проведем доказательство условий (1.22.). Пусть существует производная

$$f'(v) = \lim_{h\to 0} \frac{f(v+h) - f(v)}{h}.$$

Воспользуемся независимостью предела от способа стремления h к нулю.

А. Пусть точка $v+h$ стремится к точке v по комплексной оси $z=x+iy$. Тогда получим

$$f'(v) = \lim_{S\to 0} \frac{W(z+S,\sigma) - W(z,\sigma)}{S} +$$

$$+ j \lim_{S\to 0} \frac{T(z+S,\sigma) - T(z,\sigma)}{S} = \frac{\partial W}{\partial z} + j\frac{\partial T}{\partial z}.$$

Б. Найдем тот же предел в предложении, что точка $v+h$ стремится к ν по комплексной оси $j\sigma$, то есть что $t\to 0$ и $h=jt$, где $t = \xi + i\eta$. Получим

$$f'(v) = \lim_{t\to 0} \frac{W(z,\sigma+t) - W(z,\sigma+t)}{it}$$

$$+ j \lim_{t\to 0} \frac{T(z,\sigma+t) - T(z,\sigma)}{jt} = -j\frac{\partial W}{\partial \sigma} + \frac{\partial T}{\partial \sigma}.$$

Таким образом, имеем выражение для производной в двух видах

$$f'(v) = \frac{\partial W}{\partial z} + j\frac{\partial T}{\partial z} = -j\frac{\partial W}{\partial \sigma} + \frac{\partial T}{\partial \sigma}.$$

Комплексы в пространстве равны когда равны попарно составляющие их комплексы. Откуда и вытекают соотношения (1.22.).

Теорема может быть написана и в действительных переменных $x,\ y,\ \xi, \eta$. Однако этот вариант наиболее прост в изложении и более интересен вариант, когда комплексы представимы в цилиндрических трехмерных а). и четырехмерных координатах. Напомним эти выражения:

а) $v = \rho e^{i\phi} + jre^{i\phi}$;

б) $v = \rho e^{i\phi} + jre^{i\psi}$.

Произведем вывод необходимых условий в координатах а).

Функция $f(v)$ записывается в виде

$$f(v) = W(\rho e^{i\phi}, re^{i\phi}) + jT(\rho e^{i\phi}, re^{i\phi}).$$

Приращение переменной, ν при переходе к точке $v+h$ выразим как дифференциал вектора v

$$h = dv = d\rho e^{i\phi} + ie^{i\phi}\rho d\phi + jre^{i\phi} id\phi + jdre^{i\phi} =$$

$$= d\rho e^{i\phi} + jdre^{i\phi} + ie^{i\phi}(\rho + jr)d\phi.$$

Раскроем предел (1.21.) для трех специальных случаев стремления $h\to 0$:

$$d\rho \to 0, dr = d\phi = 0;$$

$$dr \to 0, dr = d\phi = 0;$$

$$d\phi \to 0, dr = d\rho = 0.$$

Первый случай соответствует пути по радиусу ρ при постоянном угле ϕ к постоянной аппликате по оси $j\sigma$; второй - пути по образующей цилиндрической оси $i\sigma$; третий - пространственной кривой, на которой изменяется только угол ϕ.

Для первого случая ϕ=const, r = const, имеем

$$f'(v) = \lim_{\Delta\rho\to 0} \frac{W\left[(\rho+\Delta\rho)e^{i\phi}, re^{i\phi}\right] - W\left[\left(\rho e^{i\phi}, re^{i\phi}\right)\right]}{\Delta\rho e^{i\phi}} +$$

$$+ j \lim_{\Delta\rho\to 0} \frac{T\left[(\rho+\Delta\rho)e^{i\phi}, re^{i\phi}\right] - T\left[\left(\rho e^{i\phi}, re^{i\phi}\right)\right]}{\Delta\rho e^{i\phi}} =$$

$$= e^{-i\phi}\frac{\partial W}{\partial \rho} + je^{-i\phi}\frac{\partial T}{\partial \rho}. \qquad (1.23.)$$

Для второго случая, ρ=const, ϕ=const, имеем

$$f'(v) = \lim_{\Delta r\to 0} \frac{W\left[\rho e^{i\phi}, (r+\Delta r)e^{i\phi}\right] - W\left[\left(\rho e^{i\phi}, re^{i\phi}\right)\right]}{j\Delta r e^{i\phi}} +$$

$$+ j \lim_{\Delta z\to 0} \frac{T\left[\rho e^{i\phi}, (r+\Delta r)e^{i\phi}\right] - T\left[\left(\rho e^{i\phi}, re^{i\phi}\right)\right]}{j\Delta r e^{i\phi}} =$$

$$= -je^{-i\phi}\frac{\partial W}{\partial r} + e^{-i\phi}\frac{\partial T}{\partial r}. \qquad (1.24.)$$

Для третьего случая, ρ = const, r = const, имеем

$$f'(v) = \lim_{\Delta\phi\to 0} \frac{W\left[\rho e^{i\phi} + i\rho e^{i\phi}\Delta\phi, re^{i\phi} + ire^{i\phi}\Delta\phi\right] - W\left(\rho e^{i\phi}, re^{i\phi}\right)}{i\Delta\phi(\rho e^{i\phi} + jre^{i\phi})} +$$

$$+ \lim_{\Delta\phi\to 0} j\frac{T\left[\rho e^{i\phi} + i\rho e^{i\phi}\Delta\phi, re^{i\phi} + \Delta\phi\right] - T\left[\rho e^{i\phi}, re^{i\phi}\right]}{\Delta\rho e^{i\phi}} +$$

$$+ \frac{e^{-i\phi}}{i(\rho + jr)}\left(\frac{\partial W}{\partial \phi} + j\frac{\partial T}{\partial \phi}\right) =$$

$$= -ie^{-i\phi}\frac{\rho\frac{\partial W}{\partial \phi} + r\frac{\partial T}{\partial \phi}.}{\rho^2 + r^2} + jie^{-i\phi}\frac{r\frac{\partial W}{\partial \phi} - \rho\frac{\partial T}{\partial \phi}.}{\rho^2 + r^2}. \qquad (1.25.)$$

Выражения (1.23.), (1.24.), (1.25.) дают значения производной от пространственной комплексной функции $f(v)$ в цилиндрических координатах и необходимые условия ее существования

$$f'(v) = e^{-i\phi}\frac{\partial W}{\partial \rho} + je^{-i\phi}\frac{\partial T}{\partial \rho} = -je^{-i\phi}\frac{\partial W}{\partial r} + e^{-i\phi}\frac{\partial T}{\partial r} =$$

$$= -ie^{-i\phi}\frac{\rho\frac{\partial W}{\partial \phi} + r\frac{\partial T}{\partial \phi}.}{\rho^2 + r^2} + jie^{-i\phi}\frac{\frac{\partial W}{\partial \phi} - \rho\frac{\partial T}{\partial \phi}.}{\rho^2 + r^2} \qquad (1.26.)$$

Приравнивая действительные и комплексные части, получим необходимые условия дифференцирования функции:

$$\frac{\partial W}{\partial \rho} = \frac{\partial T}{\partial r} = -i\frac{\partial}{\partial \phi} - \frac{\rho W + rT}{\rho^2 + r^2};$$

$$\frac{\partial T}{\partial \rho} = -\frac{\partial W}{\partial r} = i\frac{\partial}{\partial \phi}\frac{rW - \rho T}{\rho^2 + r^2}. \qquad (1.27.)$$

Если функция f определена в четырехмерном пространстве, то необходимые условия ее дифференцирования записываются в виде:

$$e^{-i\phi}\frac{\partial W}{\partial\rho}=e^{-i\phi}\frac{\partial T}{\partial r}=-\frac{1}{\rho}ie^{-i\phi}\frac{\partial W}{\partial\phi}=-\frac{i}{r}\frac{\partial T}{\partial\psi}e^{-i\psi};$$

$$e^{-i\phi}\frac{\partial T}{\partial\rho}=-e^{-i\psi}\frac{\partial W}{\partial r}=-\frac{i}{r}\frac{\partial T}{\partial\phi}e^{-i\phi}=\frac{i}{r}e^{-i\psi}\frac{\partial W}{\partial\psi}. \quad (1.28.)$$

Производная

$$f'(v)=e^{-i\phi}\frac{\partial W}{\partial\rho}+je^{-i\phi}\frac{\partial T}{\partial\rho}=e^{-i\psi}\frac{\partial T}{\partial r}-je^{-i\psi}\frac{\partial W}{\partial r}=$$

$$=-\frac{1}{\rho}ie^{-i\phi}\frac{\partial W}{\partial\phi}-j\frac{i}{\rho}\frac{\partial T}{\partial\phi}e^{i\phi}=\ldots \quad (1.29.)$$

Методика вывода выражений (1.28.), (1.29.) аналогична предыдущей.

Условия (1.22.), (1.27.), (1.28.) являются необходимыми условиями существования производной от функции, определенной в комплексном пространстве. Достаточные условия доказываются как и в обычной (z) плоскости (как в двумерном случае).

Замечание. Предел, определяющий наличие производной, необходимо оценить в критических особых точках пространства - в элементах делителей нуля.

Если точка $v+h$ стремится к точке v по изолированному направлению

$$h=\Delta\rho e^{i\phi}(i\pm j),$$

Предел существует при рассмотрении выражения как единого символа и при $\Delta\rho\to 0$. Предел существует только при $\Delta\rho\to 0$, так как $(i\pm j)$ постоянная. Поэтому необходимо рассматривать $\Delta\rho e^{i\phi}(i\pm j)$ как единый символ.

$$\lim_{\Delta\rho\to 0}\frac{f\left[v+\Delta\rho e^{i\phi}(i\pm j)\right]-f(v)}{\Delta\rho e^{i\phi}(i+j)}. \quad (1.30.)$$

В обычной комплексной плоскости (z) при рассмотрении предела естественно выбрасывается Δz=0. В пространстве вычет приращения h=0 влечет за собой и вычет элементов делителей нуля $\Delta\rho e^{i\phi}(i\pm j)$.

Однако в пространстве (Y) более правильным будет производная по изолированному направлению.

Каждая точка υ_0 комплексного пространства Y является исходной точкой изолированного направления $\upsilon=\upsilon_0+z(1\pm ji)$. Геометрически это означает, что к точке υ_0 прибавляется точка, не имеющая суммарного радиуса. Если выражение записать в виде $\upsilon-\upsilon_0=z(1\pm ji)$, то получаем перенос изолированного направления в точку υ_0. Для изолированного направления переменная z является модулем этого направления, остается в силе предельный переход

$$\lim_{z\to 0}(\upsilon-\upsilon_0)=0,\ \lim_{z\to\infty}(\upsilon-\upsilon_0)=\infty(1\pm ji).$$

Для определения производной от функции $f(\upsilon)$ в изолированном направлении, приращение переменной необходимо рассматривать как единый символ $\Delta\upsilon = \Delta\upsilon(1\pm ji)$. Приращение функции выразится в виде $\Delta f = f[\upsilon_0 + \Delta\upsilon(1\pm ji)] - f(\upsilon_0)$, так что производная выразится как предел

$$f'(\upsilon_0) = \lim_{\Delta\upsilon\to 0}\frac{f[\upsilon_0 + \Delta\upsilon(1\pm ji)] - f(\upsilon_0)}{\Delta\upsilon(1\pm ji)},$$ или

$$\lim_{\Delta\upsilon\to 0}\frac{\Delta f}{\Delta\upsilon(1\pm ji)} = f'(\upsilon_0).$$

Приращение функции по изолированному направлению можно представить в виде

$$\Delta f = f[\upsilon_0 + \Delta\upsilon(1\pm ji)] - f(\upsilon_0) =$$

$$\frac{\partial f}{\partial\upsilon_0}\Delta\upsilon(1\pm ji) + \frac{1}{2}\frac{\partial^2 f}{\partial^2\upsilon_0}\Delta^2(1\pm ji)^2 + \ldots.. + 0(\Delta\upsilon(1\pm ji))$$

Так , что ограничиваясь первым членом в разложении в ряд будем иметь $\lim_{\Delta\upsilon\to 0}\dfrac{\dfrac{\partial f}{\partial\upsilon_0}\Delta\upsilon(1+ji)}{\Delta\upsilon(1+ji)} = f'(\upsilon_0)$

Последнее соотношение означает, что для любого $\varepsilon \succ 0$ существует $\delta = \delta(\varepsilon) \succ 0$ такое, что неравенство $\left\|\dfrac{\Delta f}{\Delta\upsilon(1\pm ji)} - f'(\upsilon_0)\right\| \prec \varepsilon$ имеет место, если $\sqrt{0} \prec \|\Delta\upsilon(1\pm ji)\| \prec \delta$

В этом случае $\Delta f = f'(\upsilon_0)\Delta\upsilon(1\pm ji) + 0(\Delta\upsilon(1\pm ji))_{\Delta\upsilon\to 0}$, где $0(\Delta\upsilon(1\pm ji))$ есть величина более высокого порядка малости, чем $\Delta\upsilon$. Справедливо и обратное утверждение

$\Delta f = A\Delta\upsilon(1\pm ji) + 0(\Delta\upsilon(1\pm ji))$, где А- есть комплексная постоянная, не зависящая от $\Delta\upsilon$. В этом случае функция $f(\upsilon)$ дифференцируема в точке υ_0 и $A = f'(\upsilon_0)$

1.2.2. ЭЛЕМЕНТАРНЫЕ ФУНКЦИИ

Рассмотрим классические функции анализа и распространим их определение в комплексное пространство.

Функции сохраняют свойства действительного и комплексного анализа и приобретают новые свойства, которые представляют интерес для практических приложений.

Наличие в пространстве выколотой оси по-новому ставит вопрос о циклических свойствах функций.

В действительной и комплексной плоскости простейшей циклической кривой является окружность, центр которой находится в начале координат или изолированной точке.

В комплексном пространстве циклическую кривую необходимо определить. Но для этого необходимо сформулировать критерии, которые определяют характер пространственной кривой. В связи с этим исследование многозначности функций произведем после установления интегральных теорем. Остановимся на аппарате комплексного пространства:

а.) определение функций, выделение в них комплексных и действительных чисел;

б) аналитичность;

с) таблица производных;

д) поведение функций в особых точках.

А. Функции $\omega = \nu^n$ и $\omega = \sqrt[n]{\nu}$ где n - любое целое положительное число, определены во всем пространстве (Y).

Функция ν^n в пространстве (ν) за вычетом ε -туннеля дискретных точек представима в следующих выражениях:

$$\mathrm{Re}^{iF+j\theta} = r^n e^{in\phi+jn\psi}, \tag{1.31.}$$

откуда

$$R = r^n, F = n\phi, \theta = n\psi,$$

где величина ψ и соответственно θ могут быть комплексными.

Можно воспользоваться формулой (1.6), тогда

$$\mathrm{Re}^{iF+j\theta+jiS} = r^n e^{in\phi+jn\psi+jin\sigma}$$

и соотношения запишутся в виде:

$$R = r^n, F = n\phi, \theta = n\psi, S = n\sigma, \tag{1.32.}$$

где все параметры действительны.

Соотношения (1.31.), (1.32.) показывают, что отображение, осуществляемое функцией ν^n, сводится к повороту всех углов ϕ, ψ, σ на угол (n-1) argν и растяжению радиуса вектора $\|\nu\| = r$ в r^{n-1} раз.

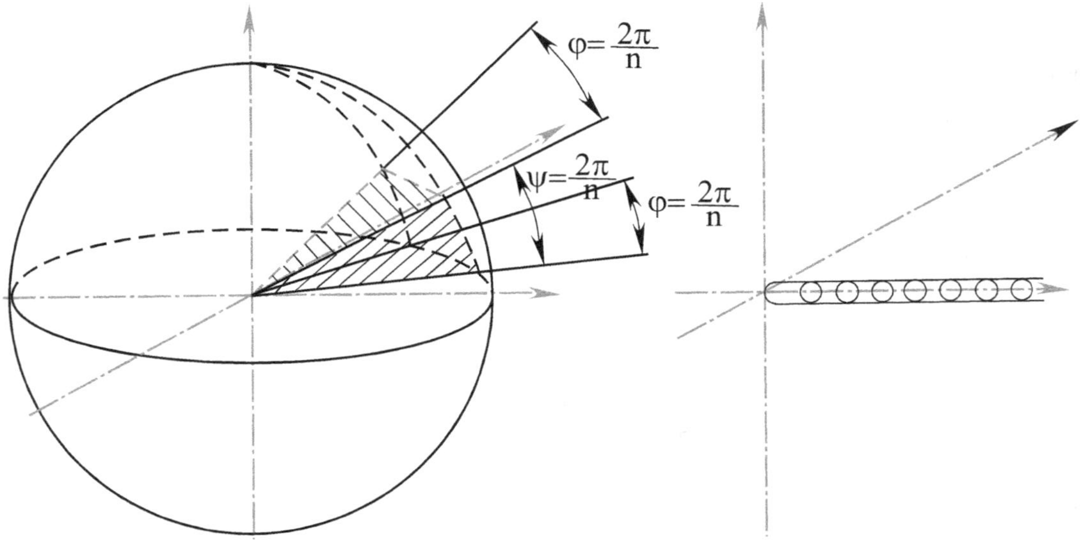

Рис. 10. Отображение пространственного сектора в полное пространство

В трехмерном пространстве можно записать

$$\mathrm{Re}^{iF+j\theta} = r^n e^{in\phi+jn\psi}.$$

$$R = r^n, F = n\phi, \theta = n\psi.$$

Полученные соотношения не отличаются от формул (1.31.) с той лишь оговоркой, что ψ и θ - действительные числа. В этом случае поверхность пространственного сектора на сфере r радиуса, ограниченная условиями

$$0 < \phi \le \frac{2\pi}{n},$$

$$0 < \psi \le \frac{2\pi}{n},$$

отображается на поверхность сферы радиуса, в r^{n-1} раз большего, и охватывает всю поверхность сферы (рис. 10).

Для однозначного отображения выкалывается ось, действительная в положительном направлении.

Докажем, что функция v^n аналитична в пространстве (ν). Раскроем предел (1.21.)

$$\lim_{h\to 0} \frac{(v+h)^n - v^n}{h} = \lim_{h\to 0} \frac{hv^{n-1}h + h^2()}{h} = nv^{n-1}$$

Таким образом, для любого ν существует предел и функция аналитична. Проверим условия дифференцирования функции на ее частном виде v^2.

В цилиндрических координатах трехмерного пространства имеем

$$f(v) = v^2 = (\rho e^{i\phi} + jre^{i\phi})^2 = (\rho^2 - r^2)e^{2i\phi} + j2r\rho e^{2i\phi},$$

откуда

$$W\left(\rho e^{i\phi}, re^{i\phi}\right) = \mathrm{Re}\left(v^2\right) = \rho^2 e^{2i\phi} - r^2 e^{2i\phi};$$

$$R\left(\rho e^{i\phi}, re^{i\phi}\right) = \mathrm{Im}\left(v^2\right) = 2\rho re^{2i\phi}.$$

Проверяем условия дифференцирования в форме (1.26.):

$$e^{-i\phi}\frac{\partial W}{\partial \rho} = e^{-i\phi}\frac{\partial R}{\partial r} = 2\rho e^{-i\phi} = -ie^{-i\phi}\frac{\partial}{\partial \phi}\frac{\rho W + rR}{\rho^2 + r^2} =$$

$$= -ie^{-i\phi}\frac{\rho\rho^2 2ie^{2i\phi} - r^2\rho 2ie^{2i\phi}}{\rho^2 + r^2} + \left(-ie^{-i\phi}\right)\frac{r2\rho r2ie^{2i\phi}}{\rho^2 + r^2} =$$

$$= e^{i\phi}\frac{2\rho}{\rho^2 + r^2}\left(\rho^2 + r^2\right) = 2\rho e^{i\phi};$$

$$e^{-i\phi}\frac{\partial R}{\partial \rho} = -e^{-i\phi}\frac{\partial W}{\partial r} = ie^{-i\phi}\frac{\partial}{\partial \phi}\frac{rW - \rho R}{\rho^2 + r^2} = 2re^{i\phi}.$$

Определяем производную

$$f'(v) = \left(v^2\right) = -je^{-i\phi}\frac{\partial W}{\partial r} + e^{-i\phi}\frac{\partial K}{\partial r} = 2v.$$

Таким образом, табличная производная осталась без изменения.

В цилиндрических координатах четырехмерного пространства проверяем условия дифференцируемости в формах (1.28.), (1.29.):

$$f(v) = v^2 = \rho^2 e^{2i\phi} - r^2 e^{2i\psi} + j2\rho re^{i(\psi+\phi)}.$$

Отделение комплексных частей дает:

$$W\left(\rho e^{i\phi}, re^{i\psi}\right) = \operatorname{Re} f(v) = \rho^2 e^{2i\phi} - r^2 e^{2i\psi};$$

$$R\left(\rho e^{i\phi}, re^{i\psi}\right) = \operatorname{Im} f(v) = 2\rho r e^{i(\phi+\psi)}.$$

В соответствии с условиями (1.28.), (1.29.) имеем:

$$e^{-i\phi}\frac{\partial W}{\partial \rho} = \frac{\partial R}{\partial r}e^{-i\psi} = -\frac{1}{\rho}ie^{-i\phi}\frac{\partial W}{\partial \phi} = -i\frac{1}{r}\frac{\partial W}{\partial \psi}e^{-i\psi} = 2\rho e^{i\phi};$$

$$e^{-i\phi}\frac{\partial R}{\partial \rho} = -\frac{\partial W}{\partial r}e^{-i\psi} = \frac{1}{\rho}i\frac{\partial R}{\partial \phi}e^{-i\phi} = \frac{1}{r}i\frac{\partial W}{\partial \psi}e^{-i\psi} = 2re^{+i\psi}.$$

Определяем производную:

$$f'(v) = e^{-i\phi}\frac{\partial W}{\partial \rho} + je^{-i\phi}\frac{\partial R}{\partial \rho} = 2\rho e^{i\phi} + 2jre^{i\psi} = 2v.$$

Таким образом, табличная производная осталась в силе.

Функция v^n определена на выколотой оси, то есть в дискретных точках делителей нуля

$$f(v) = f(i+j) = (i+j)^n = (2i)^{n-1}(i+j).$$

Если

$$v_{\text{Д}} = \rho e^{i\phi}(i+j).$$

то

$$v_{\text{Д}}^{\text{n}} = \rho^n e^{2in\phi}(2i)^{n-1}(i+j).$$

По-прежнему имеем

$$\left\| v_{\text{Д}}^{\text{n}} \right\| = \sqrt{0}, \arg v_{\text{Д}} = -arctg(i).$$

Функция $\sqrt[n]{v}$ является обратной функции v^n.

Если

$$\omega = R \cdot e^{iF + j\theta},$$

$$v = re^{i\psi + j\psi},$$

то

$$R \cdot e^{iF + j\theta} = r^{\frac{1}{n}} e^{i\frac{\phi}{n} + j\frac{\psi}{n}}.$$

Соотношения, определяющие отображения, имеет вид:

$$R = \sqrt[n]{r},$$

$$F = \frac{\phi}{n},$$

$$\theta = \frac{\psi}{n}.$$

Однако для этих отображений необходимо определить периодичность изменения аргументов ϕ, ψ. На этом остановимся после интегральных теорем.

Для однозначных ветвей для функции $\sqrt[n]{v}$ существует табличная производная

$$\frac{\partial \sqrt[n]{v}}{\partial v} = \frac{1}{n} v^{\frac{1}{n}-1}. \tag{1.33.}$$

Функция $\sqrt[n]{v}$ определена и в делителях нуля. Формально можно провести операции

$$\sqrt[n]{v_{Д}} = \sqrt[n]{\rho e^{i\phi}(i+j)} = \rho^{\frac{1}{n}} e^{i\frac{\phi}{n}} \cdot 0^{\frac{1}{2n}} \cdot e^{-\frac{1}{n} jarctg(i)} =$$

$$= \rho^{\frac{1}{n}} e^{i\frac{\phi}{n}} \sqrt[n]{\sqrt{0} \cdot e^{-jarctg(i)}}.$$

При операциях с такими комплексами необходимо следить за порядком нуля н коэффициентом перед изолированным аргументом.

B. Функция $\omega = \dfrac{1}{v}$.

В трехмерном пространстве цилиндрической системы координат запишем

$$\omega = \frac{1}{v} = \frac{1}{\rho e^{i\phi} + jre^{i\phi}} = e^{-i\phi} \frac{1}{\rho + jr} =$$

$$= e^{-i\phi} \frac{\rho}{\rho^2 + r^2} - je^{-i\phi} \frac{r}{\rho^2 + r^2}.$$

Выделение комплексных частей дает:

$$W\left(\rho e^{i\phi}, re^{i\phi}\right) = \operatorname{Re}\omega = e^{-i\phi} \frac{\rho}{\rho^2 + r^2};$$

$$R\left(\rho e^{i\phi}, re^{i\phi}\right) = \operatorname{Im}\omega = e^{-i\phi} \frac{r}{\rho^2 + r^2}.$$

Проверяем условия дифференцируемости функции в форме (1.27.):

$$e^{-i\phi} \frac{\partial W}{\partial \rho} = e^{-2i\phi} \frac{r^2 - \rho^2}{\left(\rho^2 + r^2\right)^2} = e^{-i\phi} \frac{\partial R}{\partial r} =$$

$$= -ie^{-i\phi} \frac{\partial}{\partial \phi} \frac{\rho W + rR}{\rho^2 + r^2} =$$

$$= -ie^{-i\phi} \frac{-ie^{-i\phi} \dfrac{\rho}{\rho^2 + r^2} \rho + ie^{-i\phi} r \dfrac{\rho}{\rho^2 + r^2}}{\left(\rho^2 + r^2\right)^2} =$$

$$= e^{-2i\phi} \frac{r^2 - \rho^2}{\left(\rho^2 + r^2\right)^2};$$

$$e^{-i\phi}\frac{\partial R}{\partial \rho} = -ie^{-i\phi}\frac{\partial W}{\partial r} = e^{-2i\phi}\frac{2\rho r}{\left(\rho^2 + r^2\right)^2} = ie^{-i\phi}\frac{\partial}{\partial \phi}\frac{rW - \rho R}{\rho^2 - r^2} =$$

$$= -ie^{-i\phi}\frac{\left(-ie^{-ri\phi}r\rho - r\rho ie^{-i\phi}\right)}{\left(\rho^2 + r^2\right)^2} = e^{-2i\phi}\frac{2r\rho}{\left(\rho^2 + r^2\right)^2}.$$

Необходимые условия выполняются. Определим производную функции

$$\frac{\partial}{\partial v}\left(\frac{1}{v}\right) = e^{-i\phi}\frac{\partial W}{\partial \rho} + je^{-i\phi}\frac{\partial R}{\partial \rho} =$$

$$= e^{-2i\phi}\frac{r^2 - \rho^2}{\left(\rho^2 + r^2\right)^2} + je^{-2i\phi}\frac{2\rho r}{\left(\rho^2 + r^2\right)^2} =$$

$$= e^{-2i\phi}\frac{(r + j\rho)^2}{\left(\rho^2 + r^2\right)^2} = e^{-2i\phi}\frac{[j(-jr + \rho)]^2}{\left(\rho^2 + r^2\right)^2} =$$

$$= -e^{-2i\phi}\frac{\left(\sqrt{\rho^2 + r^2}\right)^2}{\left(\rho^2 + r^2\right)^2}e^{-2j\,arctg\left(\frac{r}{\rho}\right)} =$$

$$= -e^{-2i\phi - 2j\psi}\frac{1}{\rho^2 + r^2} = -\frac{1}{v^2}.$$

Таким образом, и для этой функции остается без изменения вид табличной производной

$$\frac{\partial}{\partial v}\left(\frac{1}{v}\right) = -\frac{1}{v^2}.$$

Определим функцию $\frac{1}{v}$ в пространстве четырех переменных в цилиндрических координатах

$$\omega = \frac{1}{v} = \frac{1}{\rho e^{i\phi} + jre^{i\psi}} = \frac{\rho e^{i\phi}}{\rho^2 e^{2i\phi} + r^2 e^{2i\psi}} - j\frac{re}{\rho^2 e^{2i\phi} + r^2 e^{2i\psi}}.$$

Выделение комплексных частей дает:

$$W\left(\rho e^{i\phi}, re^{i\psi}\right) = \operatorname{Re}\omega = \frac{\rho e^{i\phi}}{\rho^2 e^{2i\phi} + r^2 e^{2i\psi}};$$

$$R\left(\rho e^{i\phi}, re^{i\psi}\right) = \operatorname{Im}\omega = -\frac{re^{i\psi}}{\rho^2 e^{2i\phi} + r^2 e^{2i\psi}}.$$

Нетрудно проверить, что комплексные части *W, R* удовлетворяют условиям дифференцирования в формах (1.28.), (1.29.). Не останавливаясь на элементарных выкладках, определим производную в этом пространстве

$$\frac{\partial}{\partial v}\left(\frac{1}{v}\right)=e^{-i\phi}\frac{\partial W}{\partial \rho}+je^{-i\phi}\frac{\partial R}{\partial \rho}=$$

$$=-\frac{\rho^2 e^{2i\phi}-r^2 e^{2i\psi}}{\rho^2 e^{2i\phi}+r^2 e^{2i\psi}}+j\frac{2r\rho e^{i\psi+i\phi}}{\rho^2 e^{2i\phi}+r^2 e^{2i\psi}}=$$

$$=\frac{-\rho^2 e^{2i\phi}+2jr\rho e^{i\psi+i\phi}+r^2 e^{2i\psi}}{\rho^2 e^{2i\phi}+r^2 e^{2i\psi}}=$$

$$=-\frac{\left(\sqrt{\rho^2 e^{2i\phi}+r^2 e^{2i\psi}}\right)^2}{\left(\rho^2 e^{2i\phi}+r^2 e^{2i\psi}\right)^2}e^{-2jarctg\left(\frac{r}{\rho}\right)e^{i(\psi+\phi)}}=-\frac{1}{v^2}.$$

Таким образом, вид производной от функции $\frac{1}{v}$, определенной в четырехмерном пространстве, соответствует табличному виду производной от функции, определенной как в плоскости комплексного переменного (z), так и действительной области

$$\frac{\partial}{\partial v_1}\left(\frac{1}{v}\right)=-\frac{1}{v^2}. \tag{1.34.}$$

Функция $\frac{1}{v}$ в особых точках пространства не определена так же, как она не определена в точке О. Вычет нулевой точки соответствует вычету всех элементов делителей нуля, расположенных на цилиндрической выколотой оси.

C. Интерес представляет рассмотрение самого элемента пространства (ν). Если

$v=\rho e^{i\phi}+jre^{i\phi}$, то $\operatorname{Re}v=\rho e^{i\phi}, \operatorname{Im}v=re^{i\phi}$.

Условия дифференцируемости в форме (1.23.) легко проверяются. Производная от функции

$$\frac{\partial}{\partial v}(v)=e^{-i\phi}\frac{\partial W}{\partial \rho}+je^{-i\phi}\frac{\partial R}{\partial \rho}=e^{-i\phi}e^{+i\phi}+0=1. \tag{1.35.}$$

В пространстве четырех переменных элемент выражается в виде

$v=\rho e^{i\phi}+jre^{i\psi}, \operatorname{Re}v=\rho e^{i\phi}, \operatorname{Im}v=re^{i\psi}$.

Для него выполняются условия дифференцирования в формах (1.28.), (1.29.). Производная рассчитывается по формуле

$$\frac{\partial}{\partial v}(v)=e^{-i\phi}\frac{\partial W}{\partial \rho}+je^{-i\phi}\frac{\partial R}{\partial \rho}=e^{-i\phi}e^{+i\phi}+j\cdot 0=1.$$

D. Экспоненциальная функция e^{ν} определена во всем пространстве (ν), включая элементы делителей нуля и им эквивалентные числа. Нигде функция не обращается нуль

$$\|\omega\|=\left\|e^{i\pm j}\right\|=\left\|e^i\cos 1\pm je^i\sin 1\right\|=\left\|e^i\right\|\cdot\sqrt{\cos^2 1+\sin^2 1}=1.$$

Модуль комплекса равен 1.

Рассмотрим также функцию от элементов делителей нуля

$$e^{\rho e^{i\phi(i+j)}} = e^{\rho e^{i\phi} i + j\rho e^{i\phi}} = e^{\rho e^{i\phi} i} \cos\left(\rho e^{i\phi}\right) + j e^{\rho e^{i\phi} i} \sin\left(\rho e^{i\phi}\right)$$

$$\left|\rho e^{\rho e^{i\phi}(i+j)}\right| = e^{\rho e^{i\phi} i} = e^{i\rho\cos\phi - \rho\sin\phi} \left|e^{\rho e^{i\phi} i}\right| = e^{-\rho\sin\phi}$$

Окончательно $\left\|e^{\rho e^{i\phi}(i+j)}\right\| = e^{-\rho\sin\phi}$

$$\|\omega\| = \left\|e^{\rho} e^{i\phi(j+j)}\right\| = \left\|e^{i\rho e^{i\phi}} + j\rho e^{i\phi}\right\| = \left\|e^{\rho e^{i\phi}} + j^{\frac{\pi}{2}}\right\| = \left\|e^{-\rho\sin\phi}\right\| = e^{-\rho\sin\phi}.$$

Определим комплексные части функции при условии, что элемент ν определен в трехмерном комплексном пространстве цилиндрических координат:

$$W\left(\rho e^{i\phi}, re^{i\phi}\right) = \operatorname{Re}\omega = e^{\rho e^{i\phi}} = \cos\left(re^{i\phi}\right);$$

$$R\left(\rho e^{i\phi}, re^{i\phi}\right) = \operatorname{Im}\omega = e^{\rho e^{i\phi}} = \sin\left(re^{i\phi}\right).$$

Для проверки необходимых условий дифференцируемости в форме (1.27.) определим шесть производных:

$$\frac{\partial W}{\partial \rho} = e^{\rho e^{i\phi}} e^{i\phi} \cos\left(re^{i\phi}\right);$$

$$\frac{\partial W}{\partial r} = -e^{\rho e^{i\phi}} e^{i\phi} \sin\left(re^{i\phi}\right);$$

$$\frac{\partial W}{\partial \phi} = e^{\rho e^{i\phi}} e^{i\phi} i \cos\left(re^{i\phi}\right) - re^{i\phi} i \sin\left(re^{i\phi}\right) e^{\rho e^{i\phi}};$$

$$\frac{\partial R}{\partial \rho} = e^{\rho e^{i\phi}} e^{i\phi} \sin\left(re^{i\phi}\right);$$

$$\frac{\partial R}{\partial r} = e^{\rho e^{i\phi}} e^{i\phi} \cos\left(re^{i\phi}\right);$$

$$\frac{\partial R}{\partial \phi} = e^{\rho e^{i\phi}} \rho e^{i\phi} i \sin\left(re^{i\phi}\right) + e^{\rho e^{i\phi}} rie^{i\phi} i \cos\left(re^{i\phi}\right).$$

Сравнение этих производных в соответствии с условиями (1.27.) показывает справедливость последних. Функция является аналитической.

Определим производную от этой функции

$$\frac{\partial e^{\nu}}{\partial \nu} = e^{-i\phi} \frac{\partial W}{\partial \rho} + je^{-i\phi} \frac{\partial R}{\partial \rho} = e^{-i\phi} e^{\rho e^{i\phi}} \cos\left(re^{i\phi}\right) + je^{-i\phi} e^{\rho e^{i\phi}} \sin\left(re^{i\phi}\right) =$$

$$= e^{\rho e^{i\phi}} \left[\cos\left(re^{i\phi}\right) + j\sin\left(re^{i\phi}\right)\right] = e^{\rho e^{i\phi} + jre^{i\phi}} = e^{\nu}.$$

Таким образом, табличная производная для экспоненциальной функции осталась в силе

$$\frac{\partial e^{\nu}}{\partial \nu} = e^{\nu} \tag{1.36.}$$

Аналогично обстоит дело и в четырехмерном пространстве.

Е. Рассмотрим логарифмическую функцию ln(ν).

Проведем операции в трехмерном пространстве.

Если

$$v = \rho e^{i\phi} + jre^{i\phi},$$

то

$$\ln v = \ln\left(R \cdot e^{iF + j\theta}\right) = \ln R + iF + j\theta;$$

$$\operatorname{Re}(\ln v) = \ln\sqrt{\rho^2 + r^2} + i\phi;$$

$$\operatorname{Im}(\ln v) = arctg\left(\frac{r}{\rho}\right).$$

Проверяем необходимые условия дифференцирования функции в форме (1.27.):

$$-e^{-i\phi}\frac{\partial W}{\partial \rho} = e^{-i\phi}\frac{\partial R}{\partial r} = e^{-i\phi}\frac{\rho}{\rho^2 + r^2} =$$

$$= -je^{-i\phi}\frac{\rho i + r0}{\rho^2 + r^2} = -ie^{-i\phi}\frac{\partial}{\partial \phi}\frac{rR + \rho W}{\rho^2 + r^2};$$

$$e^{-i\phi}\frac{\partial R}{\partial \rho} = -e^{-i\phi}\frac{r}{\rho^2 + r^2} = -e^{-i\phi}\frac{\partial W}{\partial r} =$$

$$= -e^{-i\phi}\frac{r}{\rho^2 + r^2} = ie^{-i\phi}\frac{r\frac{\partial W}{\partial \phi} - \frac{\partial R}{\partial \phi}}{\rho^2 + r^2} =$$

$$= ie^{-i\phi}\frac{ri}{\rho^2 + r^2} = -e^{-i\phi}\frac{r}{\rho^2 + r^2};$$

Необходимые условия дифференцирования выполняются.

Определим производную

$$\frac{\partial}{\partial v}(\ln v) = e^{-i\phi}\frac{\partial W}{\partial \rho} + je^{-i\phi}\frac{\partial R}{\partial \rho} = e^{-i\phi}\frac{\rho}{\rho^2 + r^2} - je^{-i\phi}\frac{r}{\rho^2 + r^2} =$$

$$= \frac{\rho - jr}{\rho^2 + r^2}e^{-i\phi} = e^{-i\phi - j\psi}\frac{\sqrt{\rho^2 + r^2}}{\rho^2 + r^2} = e^{-i\phi - j\psi}\frac{1}{\sqrt{\rho^2 + r^2}} = \frac{1}{v}.$$

Таким образом,

$$\frac{\partial}{\partial v}(\ln v) = \frac{1}{v}. \tag{1.37.}$$

Проведем операции в четырехмерном пространстве

$$v = \rho e^{i\phi} + jre^{i\psi} .$$

Выделение комплексных частей дает выражения:

$$W\left(\rho e^{i\phi}, re^{i\psi}\right) = \mathrm{Re}(\ln v) = \ln\sqrt{\rho^2 e^{2i\phi} + r^2 e^{2i\psi}};$$

$$R\left(\rho e^{i\phi}, re^{i\psi}\right) = \mathrm{Im}(\ln v) = arctg\left(\frac{r}{\rho}\right) e^{i(\psi-\phi)};$$

Следовательно, для доказательства необходимых условий дифференцирования в формах (1.28.), (1.29.) вычислим восемь производных от функций W и R по переменным ρ, r, ϕ, ψ и сопоставим:

$$\frac{\partial W}{\partial \rho} = \frac{1}{2}\frac{2\rho e^{2i\phi}}{\rho^2 e^{2i\phi} + r^2 e^{2i\psi}};$$

$$\frac{\partial W}{\partial r} = \frac{re^{2i\psi}}{\rho^2 e^{2i\phi} + r^2 e^{2i\psi}};$$

$$\frac{\partial W}{\partial \phi} = \frac{i\rho^2 e^{2i\phi}}{\rho^2 e^{2i\phi} + r^2 e^{2i\psi}};$$

$$\frac{\partial W}{\partial \psi} = \frac{ir^2 e^{2i\psi}}{\rho^2 e^{2i\psi} + r^2 e^{2i\psi}};$$

$$\frac{\partial R}{\partial \rho} = -\frac{1}{1+\frac{r^2}{\rho^2}\frac{e^{2i\psi}}{e^{2i\phi}}}\frac{\partial}{\partial \rho}\left(\frac{re^{i\psi}}{\rho e^{i\phi}}\right) = \frac{re^{i\phi}e^{i\psi}}{\rho^2 e^{2i\phi} + r^2 e^{2i\psi}};$$

$$\frac{\partial R}{\partial r} = \frac{\rho e^{i\phi}e^{i\psi}}{\rho^2 e^{2i\phi} + r^2 e^{2i\psi}};$$

$$\frac{\partial R}{\partial \phi} = \frac{i\rho re^{i\phi}e^{i\psi}}{\rho^2 e^{2i\phi} + r^2 e^{2i\psi}};$$

$$\frac{\partial R}{\partial \psi} = \frac{i\rho re^{i\phi}e^{i\psi}}{\rho^2 e^{2i\phi} + r^2 e^{2i\psi}};$$

Легко проверяется, что необходимые условия для дифференцирования функции в пространстве выполняются.

Определим производную в четырехмерном пространстве

$$\frac{\partial \ln v}{\partial v} = e^{-i\phi}\frac{\partial W}{\partial \rho} + je^{-i\phi}\frac{\partial R}{\partial \rho} =$$

$$= \frac{\rho e^{-i\phi}}{\rho^2 e^{2i\phi} + r^2 e^{2i\psi}} - j\frac{re^{i\psi}}{\rho^2 e^{2i\phi} + r^2 e^{2i\psi}} =$$

$$=\frac{\sqrt{\rho^2 e^{2i\phi}+r^2 e^{2i\psi}}\, e^{-jarctg\left(\frac{r}{\rho}\right)e^{i\psi-i\phi}}}{\rho^2 e^{2i\phi}+r^2 e^{2i\psi}}=\frac{1}{v}.$$

Таким образом, и в четырехмерном пространстве табличная производная осталась в сипе

$$\frac{\partial}{\partial v}(\ln v)=\frac{1}{v}. \qquad (1.38.)$$

Рассмотрим логарифмическую функцию, определенную на выколотой оси делителей нуля

$$\ln[\rho e^{i\phi}(i\pm j)]=\ln\rho+i\phi+\ln(i\pm j)=\ln\rho+i\phi+\ln\sqrt{0}\pm jarctg(i).$$

F. Элементарные тригонометрические функции. Определим функции sin(ν) и cos(ν) через экспоненциальные функции e^{v}:

$$e^{jv}=\cos v+j\sin v;$$

$$e^{-jv}=\cos v-j\sin v.$$

Оба выражения являются распространением формул (z) -плоскости в пространство (ν). Складывая и вычитая выражения друг с другом, получим

$$\sin v=\frac{e^{jv}-e^{-jv}}{2j};$$

$$\cos v=\frac{e^{jv}+e^{-jv}}{2}.$$

Так как табличная производная от экспоненциальной функции осталась без изменения (1.34.), то легко определяются производные от sin(ν) и cos(ν):

$$\frac{\partial(\sin v)}{\partial v}=\cos v;$$

$$\frac{\partial(\cos v)}{\partial v}=-\sin v; \qquad (1.39.)$$

Вид табличных производных остался без изменения. Остаются в силе и тригонометрические зависимости:

$$\sin^2 v+\cos^2 v=1;$$

$$\sin 2v=2\sin v\cos v,\ldots$$

G. Тригонометрические и гиперболические функции в пространстве Y.

В плоскости комплексного переменного z тригонометрические функции определяются через функции sin(z), cos(z), которые выражены формулами $\sin z=\frac{e^{iz}-e^{-iz}}{2i}, \cos z=\frac{e^{iz}+e^{-iz}}{2}$, которые являются следствием формулы Эйлера. Мнимая единица j отличается от мнимой единицы i только обозначением. В пространстве Y эта единица фиксирует третье координатное направление. Алгебра этой единицы совпадает с алгеброй мнимой единицы i. Поэтому в силе остаются и формулы

$\sin z = \dfrac{e^{jz} - e^{-jz}}{2j}, \cos z = \dfrac{e^{jz} + e^{-jz}}{2}$. Далее формулы распространяются в пространство Y.

$\sin \upsilon = \dfrac{e^{j\upsilon} - e^{-j\upsilon}}{2j}, \cos \upsilon = \dfrac{e^{j\upsilon} + e^{-j\upsilon}}{2}$. При переходе от υ к $j\upsilon$ получаем гиперболические функции в пространстве Y.

$$sh\upsilon = \frac{e^{\upsilon} - e^{-\upsilon}}{2}, ch\upsilon = \frac{e^{\upsilon} + e^{-\upsilon}}{2}$$

$$th\upsilon = \frac{e^{\upsilon} - e^{-\upsilon}}{e^{\upsilon} + e^{-\upsilon}}, cth\upsilon = \frac{e^{\upsilon} + e^{-\upsilon}}{e^{\upsilon} - e^{-\upsilon}}$$

Гиперболические функции выражаются через тригонометрические

$$sh\upsilon = -j\sin j\upsilon, ch\upsilon = \cos j\upsilon$$

$$th\upsilon = -jtgj\upsilon, cth\upsilon = jcthj\upsilon$$

Особенность этих формул заключается в том, что они представляют функции от двух комплексных переменных z, σ, в силу комплексности переменной υ. Это позволяет получить ряд зависимостей. Например

$$sh\upsilon = sh(z + j\sigma) = \frac{e^{z+j\sigma} - e^{-z-j\sigma}}{2} =$$

$$\frac{1}{2}\left(e^{z}\cos\sigma + je^{z}\sin\sigma - e^{-z}\cos\sigma + je^{-z}\sin\sigma\right) =$$

$$= \frac{1}{2}\left[\left(e^{z} - e^{-z}\right)\cos\sigma + j\sin\sigma\left(e^{z} + e^{-z}\right)\right] = shz\cos\sigma + j\sin\sigma chz\ .$$

Аналогичные преобразования дают

$ch\upsilon = chz\cos\sigma - jshz\sin\sigma$. Определим первый модуль $sh\upsilon$

$$|sh\upsilon| = \sqrt{sh^2 z\cos^2\sigma + \sin^2\sigma ch^2 z} =$$

$$\sqrt{sh^2 z\cos^2\sigma + ch^2 z - \cos^2\sigma ch^2 z} =$$

$= \sqrt{\cos^2\sigma(sh^2 z - ch^2 z) + ch^2 z} = \sqrt{ch^2 z - \cos^2\sigma}$, так как известно соотношение в комплексной плоскости $ch^2 z - sh^2 z = 1$

Комплексный аргумент будет равен

$$\arg_2 sh\upsilon = arctg\frac{\sin\sigma chz}{\cos\sigma cthz} = arctg(tg\sigma cthz)$$

Можно продолжить выделение модуля от четырех переменных

$\|sh\upsilon\| = \left|\sqrt{ch^2 z - \cos^2\sigma}\right|$, однако ввиду громоздкости и элементарности выкладок в настоящий момент это не представляет интереса.

Исследуем поведение функций sinν и cosν в особых точках пространства на множестве элементов делителей нуля. Рассмотрим функцию sin(i±j) как функцию от суммы двух углов i и j

$$\sin(i \pm j) = \sin i\cos j \pm \cos i\sin j =$$

$$=\frac{e^{-1}-e^{+1}}{2i}\frac{e^{-1}+e^{+1}}{2}\pm\frac{e^{-1}-e^{+1}}{2i}\frac{e^{-1}+e^{+1}}{2}=\frac{e^{-2}-e^{+2}}{4ij}(i\pm j).$$

Расшифруем полученный результат. Функция принадлежит элементам делителей нуля:

$$\sin(i\pm j)\neq 0;$$

$$\|\sin(i\pm j)\|=\sqrt{0};$$

$$\arg(\sin(i\pm j))=\pm arctg(i).$$

Квадрат $\sin(i\pm j)$, равный

$$\sin^2(i\pm j)=\frac{\left(e^{-2}-e^{+2}\right)^2}{16}(-2+2ij),$$

также принадлежит элементам делителей нуля.

Рассмотрим функцию косинус от делителя нуля

$$\cos(i+j)=\cos i\cos j-\sin i\sin j$$

последовательно заменяя на гиперболические функции получим

$$\cos i\cos j=\frac{e^{-1}+e^{+1}}{2}\frac{e^{-1}+e^{+1}}{2}=\frac{e^{-2}+2+e^{+2}}{4}$$

$$\sin i\sin j=\frac{e^{-1}-e^{+1}}{2i}\frac{e^{-1}-e^{+1}}{2j}=\frac{e^{-2}-2+e^{+2}}{4ji}$$

следовательно $\cos(i+j)=\dfrac{e^{-2}+2+e^{+2}}{4}-\dfrac{e^{-2}-2+e^{+2}}{4ji}$

$$\cos^2(i+j)=\frac{e^{-4}+e^{+4}}{8}+\frac{6}{8}-\frac{e^{-4}+e^{+4}-2}{8ji}$$

Сложение квадратов тригонометрических функций синуса и косинуса от делителей нуля получим $\cos^2(i+j)+\sin^2(i+j)=1$

Определим аналогично функцию $\cos(i\pm j)$:

$$\cos(i\pm j)=\frac{ij\left(e^{-1}+e^{+1}\right)^2-\left(e^{-1}-e^{+1}\right)}{4ij};$$

$$\cos^2(i\pm j)=\frac{\left(e^{-1}+e^{+1}\right)^4-2ij\left(e^{-2}-e^{+2}\right)^2+\left(e^{-1}-e^{+1}\right)^4}{16}.$$

Таким образом, функция cosv, определенная на элементах делителей нуля, не принадлежит этим элементам. Модуль комплекса $\cos(i\pm j)$ не равен нулю и не равен 1

$$\|\cos(i\pm j)\|=\frac{1}{4}\sqrt{\left(e^{-1}+e^{+1}\right)^4+\left(e^{-1}-e^{+1}\right)^4};$$

$$\arg\cos(i\pm j)\neq arctg(i).$$

Таким образом, функции sinv и cosv - основные тригонометрические функции, приобрели в пространстве новые свойства, сохранив прежние, присущие им в z-плоскости и на действительной оси без изменения.

Основное тригонометрическое равенство осталось без изменения и на выколотой оси

$$\cos^2(i \pm j) + \sin^2(i \pm j) =$$

$$= \frac{\left(e^{-1} + e^{+1}\right)^4 - 2ij\left(e^{-2} - e^{+2}\right)^2 + \left(e^{-1} - e^{+1}\right)^4}{16} +$$

$$+ \frac{\left(e^{-2} - e^{+2}\right)^2(-2 + 2ij)}{16} =$$

$$= \frac{2e^{-4} + 12 + 2e^{4} - 2ij\left(e^{-4} - 2 + e^{4}\right)}{16} -$$

$$- \frac{\left(e^{-4} - 2 + e^{+4}\right)2 - 2ij\left(e^{-4} - 2 + e^{4}\right)}{16} = \frac{12 + 4}{16} = 1.$$

Итак,

$$\cos^2(i \pm j) + \sin^2(i \pm j) = 1.$$

Соотношение доказывает соблюдение всех числовых соотношений на выколотой оси.

Новые свойства функций sinv и cosv определяют и новые свойства остальных тригонометрических функций. Например,

$$\|tg(i + j)\| = \sqrt{0};$$

$$\arg tg(i + j) = arctg(i).$$

Н. Функция $\arg \upsilon$

Исследуем поведение элемента пространства υ,представив его в сферических координатах

Если имеем $\upsilon = \rho e^{i\varphi} + jre^{i\psi}$, то переходя к сферическим координатам получим

$$\upsilon = \mathrm{R} e^{iF + j\Psi}, \text{где}$$

$$R = \sqrt[4]{\rho^4 + r^4 + 2\rho^2 r^2 \cos 2(\psi - \varphi)},$$

$$F = \frac{1}{2} arctg \frac{\rho^2 \sin 2\varphi + r^2 \sin 2\psi}{\rho^2 \cos 2\varphi + r^2 \cos 2\psi}, \qquad (1.40.)$$

$$\Psi = arctg \frac{r}{\rho} e^{i(\psi - \varphi)}.$$

Точка υ в пространстве определена модулем R и двумя аргументами F, Ψ или четырьмя независимыми переменными ρ, φ, r, ψ. Однозначное определение точки в пространстве требует равенства четырех независимых переменных: $\upsilon_0 = \upsilon_1$ когда $\rho_0 = \rho_1, \varphi_0 = \varphi_1, r_0 = r_1, \psi_0 = \psi_1$.

Функцию $Ln\upsilon = LnR + iF + j\Psi$ можно рассматривать как функцию двух комплексов

$$\alpha = LnR + iF,$$

$$\beta = \Psi$$

В этом случае функции $\alpha = \alpha(z,\sigma), \beta = \beta(z,\sigma)$ где $\alpha = Ln\sqrt{z^2+\sigma^2}, \beta = arctg\dfrac{\sigma}{z}.$

Комплекс υ представляется в полярных комплексных координатах $\upsilon = z + j\sigma$, где

$z = R\cos\beta,$

$\sigma = R\sin\beta.$

Аргумент β комплексный, а тригонометрические функции $\cos\beta = \dfrac{z}{\sqrt{z^2+\sigma^2}}, \sin\beta = \dfrac{\sigma}{\sqrt{z^2+\sigma^2}}$ также будут комплексными.

Выведем формулу приращения комплексного аргумента на кривой γ. Определим дифференцеалы $dz, d\sigma$

$dz = \cos\beta dR - R\sin\beta d\beta$

$d\sigma = \sin\beta dR + R\cos\beta d\beta$

так, что будем иметь $Rd\beta = -\sin\beta dz + \cos\beta d\sigma$, а с учетом тригонометрических функций получим $d\beta = d\arg\upsilon = \dfrac{-\sigma dz + zd\sigma}{z^2+\sigma^2}.$

Рассмотрим интеграл $\int\limits_\gamma d\arg\upsilon.$ Интеграл определяет разность значений аргумента между конечной и начальными точками на кривой γ.

$$\Delta_\gamma \arg\upsilon = \int\limits_\gamma \frac{-\sigma dz + zd\sigma}{z^2+\sigma^2}.$$

В пространстве знаменатель подъинтегральной функции имеет две особенности : 1) $z = 0, \sigma = 0$, что равносильно точки с $\rho = 0, r = 0$,фиксирующей начало координат ;

2) $\rho^2 e^{2i\varphi} + r^2 e^{2i\psi} = 0$, раскрывая это соотношение между модулями комплексов и аргументами получим ,что соотношение выполняется при равенстве $\rho = r, \psi - \varphi = \dfrac{\pi}{2}$.

Полученные соотношения определяют изолированную ось в пространстве .Таким образом , выбрасывая из рассмотрения начало координат необходимо учитывать изолированную ось делителей нуля как особенность в пространстве Область Д за вычетом этих особенностей является односвязной областью и для каждой кривой γ_1, γ имеет место равенство

$$\int\limits_{\gamma_1} \mathrm{P}dz + Qd\sigma = \int\limits_\gamma \mathrm{P}dz + Qd\sigma$$

где $\mathrm{P}(z,\sigma) = -\dfrac{\sigma}{z^2+\sigma^2}, Q(z,\sigma) = \dfrac{z}{z^2+\sigma^2}$

и выполняется равенство $\dfrac{d\mathrm{P}}{d\sigma} = \dfrac{dQ}{dz}$

Таким образом , если кривые γ, γ_1 выходят из одной точки и приходят в одну точку ,оставаясь

В области определения, то имеет место равенство $\Delta_\gamma \arg \upsilon = \Delta_{\gamma_1} \arg \upsilon$.Кривые γ, γ_1 можно непрерывно деформировать в пространстве .В комплексном пространстве аргументы

F, Ψ имеют комплексную периодичность $4\pi i + 2\pi j$, так что комплекс ν имеет вид

$\upsilon = \mathrm{Re}^{iF + j\Psi + 4k\pi i + 2k\pi j}$, где к=0,1,2,….есть целое. Эта периодичность следует из закона извлечения квадратного корня из+1 в пространстве чисел и пространственной кривой C_3.

Рассмотрим комплексный аргумент Ψ как комплексную функцию в плоскости $z = \tau e^{i\delta}$, где для удобства введены обозначения $\tau = \dfrac{r}{\rho}, \delta = \psi - \varphi$. Функция Ψ является аналитической функцией в расширенной плоскости z с выколотыми точками $\pm i$,которые являются логарифмическими точками ветвления .

$$\Psi = arctg \frac{r}{\rho} e^{i(\psi - \varphi)} = \frac{1}{2i} Ln \frac{1 + i\frac{r}{\rho} e^{i(\psi-\varphi)}}{1 - i\frac{r}{\rho} e^{i(\psi-\varphi)}}.$$

Условия выделения изолированной оси или иначе говоря конуса делителей нуля выражаемые равенством

$r = \rho, \psi - \varphi = \pm\dfrac{\pi}{2}$ показывают, что в пространстве имеется логарифмическая ось ветвления. Произведем выделение действительной и мнимой части комплекса $\Psi = \eta + is$. Преобразуя Ln

по законам комплексной алгебры Z получим

$$s = \frac{1}{2} Ln \sqrt{\frac{1 - 2\frac{r}{\rho}\sin\delta + \left(\frac{r}{\rho}\right)^2}{1 + 2\frac{r}{\rho}\sin\delta + \left(\frac{r}{\rho}\right)^2}}$$

$\sigma = \dfrac{1}{2} arctg \dfrac{2\frac{r}{\rho}\cos\delta}{1 - \left(\frac{r}{\rho}\right)^2}$ представляет сумму аргументов числителя и знаменателя

Комплексный аргумент имеет вид

$$\psi = \sigma + is = \frac{1}{2} arctg \frac{2\frac{r}{\rho}\cos\delta}{1-\left(\frac{r}{\rho}\right)^2} + \frac{i}{2} Ln \sqrt{\frac{1-2\frac{r}{\rho}\sin\delta + \left(\frac{r}{\rho}\right)^2}{1+2\frac{r}{\rho}\sin\delta + \left(\frac{r}{\rho}\right)^2}} \quad (1.41.)$$

При обходе цилиндрической оси комплексный аргумент имеет приращение только по действительной части. Мнимая часть представляет однозначную логарифмическую функцию, приращение которой дает нуль. В вершинах пространственной сферы при $\rho = 0$ при любом r.

δ и любом r имеем $dLn\sqrt{\frac{r^2}{r^2}} = 0$. Действительная часть в вершинах сферы равна

$$\sigma_{\rho\to\sqrt{0}} = \frac{1}{2} arctg \frac{2\frac{r}{\rho}\cos\delta}{1-\left(\frac{r}{\rho}\right)^2} \Rightarrow \frac{1}{2} arctg 0 = \frac{1}{2}(\pm\pi) \quad (1.42.)$$

При условиях выделения изолированной оси $r = \rho, \psi - \varphi = \pm\frac{\pi}{2}$ имеем

$$\sigma = \frac{1}{2} arctg \frac{\pm 2\cdot 1}{1-1} = \frac{1}{2}\left(\pm\frac{\pi}{2}\right) = \pm\frac{\pi}{4}$$

$$s = \frac{1}{2}\ln\sqrt{\frac{1\mp 2+1}{1\pm 2+1}} = \mp\infty$$

Рассмотрим значение параметров σ, s в особых точках пространства:

1) Если $\rho = \sqrt{0}$, то при любом δ имеем $\sigma = arctg\frac{2\rho r\cos\delta}{\rho^2 - r^2} = \frac{1}{2} arctg 0 = \pm\frac{\pi}{2}$ $\quad s = \frac{1}{2}\ln\sqrt{\frac{r^2}{r^2}} = 0$. В этом случае аргумент $\psi = \pm\frac{\pi}{2}$ и комплекс $\upsilon = e^{\pm\frac{\pi}{2}j} re^{i\varphi_1} = \pm jre^{i\varphi_1}$. Если принять $\rho = \sqrt{0} = 0$, то $\sigma = 0$, комплекс $\upsilon = re^{i\varphi_1}$.

2) Если $\delta = \pm\frac{\pi}{2}, \rho \neq r$, то и в этом случае берем $\sigma = \frac{1}{2} arctg 0 = \pm\frac{\pi}{2}, s = \frac{i}{2} Ln\frac{\rho \pm r}{\rho \mp r}$, аргумент ψ в этом случае состоит из действительной и комплексной частей $\psi = \pm\frac{\pi}{2} + is$.

3) Если $\delta = \pm\dfrac{\pi}{2}, \rho = r$ то действительная часть аргумента ψ становится неопределенной, так как мнимая часть равна мнимой бесконечности $\pm\infty\dfrac{i}{2}$. Последнее означает, что $\psi = \pm arctgi$. Эта величина также определяет комплексную бесконечность. В пространстве Y при этих условиях можно рассматривать аргумент ψ, выражаемый равноценными значениями $\psi = \pm ji\infty = \pm jiarctg\dfrac{\pi}{2} = \pm jarctgi$. Таким образом, доказано, что изолированная ось определена направлением $\pm arctg\dfrac{\pi}{2}$.

4) Если $\rho = \sqrt{0}, \delta = \dfrac{\pi}{2}$, то $\sigma = \pm\dfrac{\pi}{2}, s = 0$, аргумент $\psi = \pm\dfrac{\pi}{2}$.

Свойство введенного пространства раскрываются при анализе интегрального представления функции $arctg\upsilon$. Функция при действительном переменном x допускает интегральное представление $arctgx = \int\limits_0^x \dfrac{dt}{1+t^2}$.

Переходя к пространству Y ,выразим функцию через логарифм

$$\int\limits_o^\upsilon \frac{d\xi}{1+\xi^2} = \frac{1}{2}\int\limits_0^\upsilon \frac{1}{1-i\xi}d\xi + \frac{1}{2}\int\limits_0^\upsilon \frac{1}{1+i\xi}d\xi = \frac{1}{2i}\ln\frac{1+i\upsilon}{1-i\upsilon}.$$

Следовательно $arctg\upsilon = \dfrac{1}{2i}\ln\dfrac{1+i\upsilon}{1-i\upsilon}$ и функция аналитична в пространстве с выколотыми точками $\pm i$.

Аналогичные выкладки дают и для точек $\pm j$. Так , что $arctg\upsilon = \dfrac{1}{2j}\ln\dfrac{1+j\upsilon}{1-j\upsilon}$. Функция в пространстве имеет еще две выколотые точки $\pm j$.

Функция $\left(1+\mathrm{Z}^2\right)^{-1}$ регулярна во всей комплексной плоскости Z с выколотыми точками $\pm i$

Функция $arctg\mathrm{Z} = \int\limits_0^{\mathrm{Z}} \dfrac{d\xi}{1+\xi^2}$ аналитична в комплексной плоскости с выколотыми точками $\pm i$

Функция $\left(1+\upsilon^2\right)^{-1}$ регулярна во всем пространстве Y за исключением четырех точек $\upsilon = \pm i, \upsilon = \pm j$. Поэтому целесообразно разложить дробь на четыре простейшие дроби

$$\frac{1}{1+\xi^2} = \frac{1}{4}\left(\frac{1}{1-i\xi} + \frac{1}{1+i\xi} + \frac{1}{1+j\xi} + \frac{1}{1-j\xi}\right).$$

При таком разложении каждая дробь не регулярна в одном из полюсов . Делители нуля также исключаются из рассмотрения , так как подстановка нерегулярной точки в другие дроби невозможно ибо в этом случае дробь не принадлежит разложению исходной дроби .

Точки $\pm ji$ не являются корнями знаменателя исходной дроби.

Функцию $arctg\upsilon$ в пространстве Y следовательно можно записать в виде

$$arctg\upsilon = \frac{1}{4}\int_0^{\upsilon}\left(\frac{1}{1-i\xi}+\frac{1}{1+i\xi}+\frac{1}{1+j\xi}+\frac{1}{1-j\xi}\right)d\xi =$$

$$= \frac{1}{4i}\ln\frac{1+i\xi}{1-i\xi}+\frac{1}{4j}\ln\frac{1+j\xi}{1-j\xi}$$

Таким образом, функция $arctg\upsilon$ в пространстве Y выражается суммой логарифмов.

Таблица производных элементарных функций классического анализа, определенных в комплексном пространстве

Сведем формулы (1.29.) – (1.35.) . в таблицу:

$$\begin{aligned}
&f(v) = v, \frac{\partial}{\partial v} v = 1;\\
&\omega = v^2, \frac{\partial}{\partial v} v^2 = 2v;\\
&\omega = v^n, \frac{\partial}{\partial v} v^n = nv^{n-1};\\
&\omega = \frac{1}{v}, \frac{\partial}{\partial v}\left(\frac{1}{v}\right) = -\frac{1}{v^2};\\
&\omega = \ln v, \frac{\partial}{\partial v}(\ln v) = \frac{1}{v};\\
&\omega = e^v, \frac{\partial}{\partial v}\left(e^v\right) = e^v
\end{aligned} \qquad (1.43.)$$

и так далее.

Из таблицы видно, что классические функции анализа, определенные в комплексном пространстве, имеют таблицу производных, которая по виду формул ничем не отличается от таблицы производных этих функций, определенных в z плоскости и на действительной оси.

ЛИТЕРАТУРА

1. В.И. Елисеев, А. С. Фохт. Математическая модель энергии связи атома. - Киев, 1983, - 60с. (Препринт/АН УССР, Ин-т математики, 83,25).
2. В.И. Елисеев, А. С. Фохт. Математическая теория энергии связи атома. - Киев, 1983, 60с. (Препринт/АН УССР, Ин-т математики: 83.24).
3. В.И. Елисеев, А. С. Фохт. Методы теории функций пространственного комплексного переменного: - Киев, 1984, 57с. (Препринт/АН УССР, Ин-т математики: 84.61).
4. В.И. Елисеев, А.С.Фохт. Математический расчет модели сложного структурного образования. - Киев, 1984, 61с. (Препринт/АН УССР. Ин-т математики: 84.62).

5. Понтрягин Л.С. Обобщение чисел, - М.: Наука, 1986.-120с (Б-ка "Квант". Вып. 54).
6. Б. Л. ван дер Варден. Алгебра - М.: Наука, 1979, 624с.
7. М. А. Лаврентьев и Б. В. Шабат. Методы теорий функций комплексного переменного. - М.: Наука,1965, 716с.
8. Л. А. Логунов. Лекции по теории относительности и гравитации. Современный анализ проблемы. - М.: Наука, 1987, 272с.
9. Л. Д. Ландау и Е. М. Лифшиц. Краткий курс теоретической физики. Книга 1. Механика. Электродинамика, - М.: Наука,. 1969, 272с.
10. К.Н. Мухин. Экспериментальная ядерная физика Том 1. Физика атомного ядра. - М.: Энергоатомиздат, 1983, в16с.
11. Г. Фрауэнфельдер, Э. Хенли. Субатомная физика. - М.: Мир, 1979, 736с.
12. Ю. М. Широков, Н. П. Юдин. Ядерная физика. - М.: Наука, 1980, 728с.
13. М. А. Блохин, И.Г. Швейцер. Рентгеноспектральный справочник. - М.: Наука, 1982, 376с.
14. В.И. Елисеев. Введение в Методы теории функций пространственного комплексного переменного. Издательство НИАТ, МОСКВА , 1990 год. 189 стр.
15. Л.Д. Ландау, Е.М. Лифшиц. ТЕОРИЯ ПОЛЯ. Теоретическая физика. Том 2.Москва. Из-во НАУКА. 1983 год. 510 стр.
16. В.Б. Берестецкий. Е.М. Лифшиц, Л. П. Питаевский. Квантовая электродинамика. Теоретическая физика. Том 4. Москва Из-во НАУКА.1989 год. 725 стр.
17. Э. Фихман. Квантовая физика. Берклеевский курс Физики. Том 4. Москва. Изд-во НАУКА. 1977 год. 415 стр.
18. Я.Б. Зельдович, И. Д. Новиков. Теория тяготения и эволюция звезд. Москва. Изд-во НАУКА. 1971 год. 485 стр.
19. Энергия разрыва химических связей. Потенциалы ионизации и сродство к электрону. Академия наук СССР .Москва. Изд-во НАУКА .1974 год. 351 стр.
20. Таблицы физических величин. Справочник под редакцией академика И.К. Кикоина. Москва. АТОМИЗДАТ .1976год. 1005 стр.
21. П. А. М. Дирак." К созданию квантовой теории поля." М." Наука". Главная редакция физико-математической литературы. 1990 г.

ГЛАВА 2. РЕАЛИЗАЦИЯ ИНТЕГРАЛЬНЫХ ТЕОРЕМ О.КОШИ В КОМПЛЕКСНОМ ПРОСТРАНСТВЕ ЧИСЕЛ.

2.1 СВЯЗНОСТЬ КОМПЛЕКСНОГО ПРОСТРАНСТВА. ПРИНЦИПИАЛЬНЫЕ ОСОБЕННОСТИ.

Пространственные комплексные координаты, введенные в исследование, по-новому определили точку в пространстве , связность, непрерывность этого пространства.

Комплексная ось $jre^{i\phi}$ является естественным продолжением в построении системы комплексных координат, ибо к плоскости (z) восстановлена плоскость, только свернутая в цилиндрическую поверхность с радиусом корня из нуля. При построении комплексной плоскости (z) оси x и y топологически равноценны и выступают как обозначения, которые можно переставить. Продолжая этот принцип к плоскости (z), была восстановлена также плоскость (σ), свернутая в цилиндр, на поверхности которого остаются в силе все метрические соотношения, заданные на плоскости: сумма углов треугольника по прежнему равна 180 град., равными остаются расстояния между вершинами и величина площади. Гауссова кривизна цилиндра равна нулю. В этом смысле декартова система координат становится совершенно непригодной из-за того, что третья ось не несет топологии плоскости, к которой она восстановлена.

На внешней поверхности выколотой оси $j\sigma$ можно получить все точки плоскости (z). В цилиндрических координатах, каждая точка ν имеет окрестность γ_r, с радиусом $\varepsilon_r \sim \sqrt{0}$, которая расположена от плоскости (z) на расстоянии r. (см. рис. 4, 5, 6, 7). Поверхность выколотой оси $j\sigma$ содержит точки, у которых угол $\beta = \pm\dfrac{\pi}{2}$. Тогда согласно формуле (1.5.)(раздел1.15) можно записать

$$v = R \cdot e^{i\alpha + j\pi/2} = R \cdot e^{i\alpha}\cos\left(\frac{\pi}{2}\right) + jR \cdot e^{i\alpha}\sin\left(\frac{\pi}{2}\right) = jR \cdot e^{i\alpha}.$$

Поэтому изолированное направление $\pm j$ arctg(i) следует считать заключенным внутри этой выколотой оси, а бесконечное множество делителей нуля $\nu_д$ образует внутреннюю поверхность выколотой оси. Все это бесконечное множество, расположенное на конусе с мнимой поверхностью в цилиндрической системе координат, собирается в выколотую ось в сферических координатах. Мнимый конус-фильтр состоит из окрестностей точек γ_r, поверхность которых повернута относительно поверхности обычных точек ν на π/2 согласно условию (1.8.)(раздел1.15).

Точка делителей нуля в цилиндрических координатах имеет место (рис. 8), однако в нее нельзя провести радиус-вектор, поэтому поверхность, образованную множеством этих точек, считаем мнимой. Эта поверхность образована множеством не суммируемых, взаимно перпендикулярных векторов с равными по величине модулями и имеющих начало в равных точках окрестности нуля $\varepsilon_r \sim \sqrt{0}$, повернутых одна относительно другой на угол π/2.

Из классического анализа известно, что для получения взаимно однозначного отображения необходимо из пространства координат исключить некоторую область: в простейшем случае это нуль, в сферических координатах это линия, в комплексной z - плоскости это окрестность нуля.

$$x = R\cos\phi\cos\psi;$$
$$y = iR\cos\psi\sin\phi;$$
$$\sigma = jR\cdot e^{i\phi}\sin\psi.$$

Якобиан отображения пространства ν в пространство ν(R, ϕ, ψ) будет равен

$$\frac{\partial(x,y,\sigma)}{\partial(R,\phi,\psi)} = jiR^2e^{i\phi}\cos\psi.$$

Формула показывает, что якобиан равен нулю в следующих случаях:

$$R = 0;\ \psi = \pm\frac{\pi}{2};\ R = \sqrt{0}.$$

Первый случай тривиален, второй рассмотрен выше и указывает на исключение из рассмотрения поверхности выколотой оси. Третий случай говорит о том, что если из пространства (ν) выбросить выколотую ось радиуса $\varepsilon_r \sim \sqrt{0}$, то вследствие наличия в якобиане квадрата радиуса на пространства одновременно выбрасывается все множество делителей нуля $\nu_д$, которые характеризуются углами ψ, равными изолированному направлению arctg *i*.

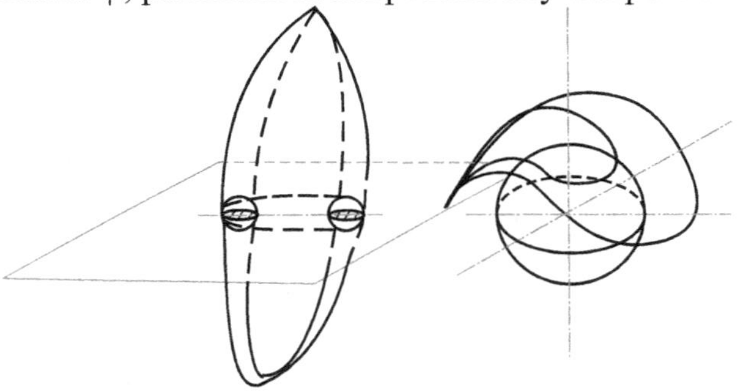

Рис. 11. Поры в пространстве.

Исключение из пространства выколотой оси равносильно исключению нуля в z-плоскости. Наличие в пространстве (ν) выколотой оси ставит по-новому вопрос о связности пространства кривых и поверхностей в нем.

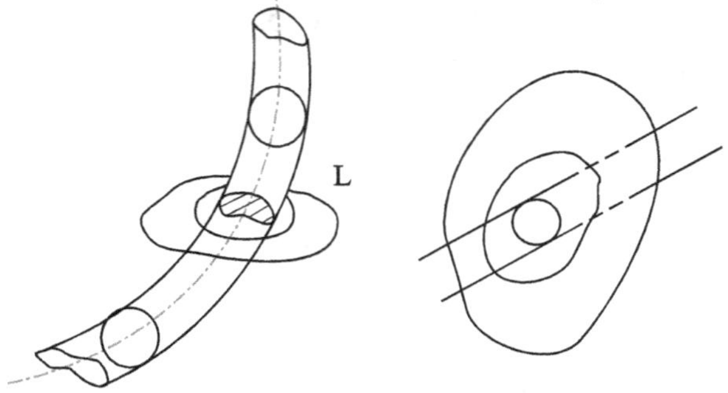

Рис. 12. Кривая L, не стягиваемая в точку

Для реализации интегральных теорем Коши необходимо рассмотреть вопрос об односвязности поверхности, которая натягивается на циклическую пространственную кривую. В комплексном пространстве решающее значение имеет характер кривой и ее расположение относительно выколотой оси. Реализация естественно зависит и от подынтегральной функции.

В классическом анализе связность пространства определяется теоремами Стокса и Остроградского. В z-плоскости реализована только теорема Стокса. Для применения теоремы Стокса требуется, чтобы Контур и поверхность, которая натянута на этот контур, целиком лежали в области, где выполнены соответствующие условия. Теорема Остроградского остается в силе и для объема с порами (рис. 11). Под термином "пора" понимается ограниченная область, целиком лежащая в рассматриваемой области и исключенная из рассмотрения.

В связном пространстве контур стягивается в точку непрерывным образом, причем и сама точка принадлежит рассматриваемой области. В односвязном, двухсвязном и многосвязных пространствах контур z не может быть стянут в точку непрерывным образом, как это показано на рис. 12, 13, не пересекая при этом границы области. Это примеры общего логического плана.

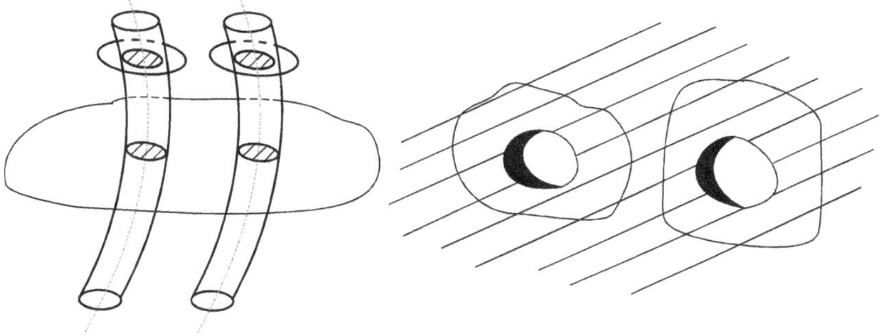

Рис. 13. Пример многосвязного пространства

В комплексном пространстве выколотая ось, стянутая из точек мнимой поверхности конуса выступает как бесконечная трубка радиуса $\sqrt{0}$, заключающая в себе пространство другого измерения, а ее поверхность является границей раздела пространств разной по величине размерности (рис. 14). Трубка приходит из бесконечности и уходит в бесконечность.

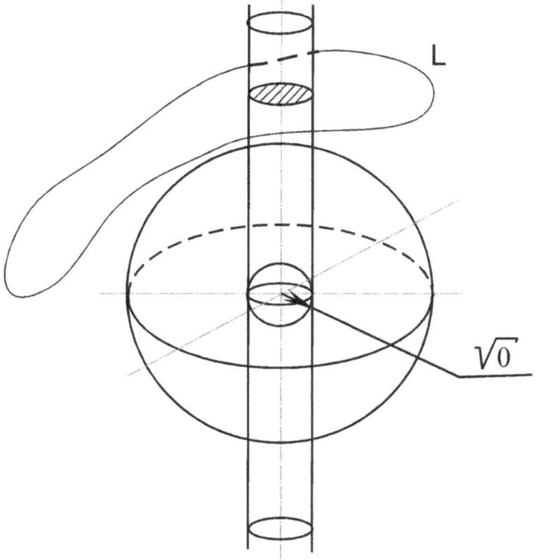

Рис. 14. Изолированная ось в комплексном пространстве, обуславливающая его связность.

Кривые C_0, C_1, C_2 (рис. 15), охватывающие выколотую ось, нельзя стянуть в точку радиуса ноль, так как ноль в пространстве имеет окрестность радиуса корня из нуля.

Кривую C_0 можно стянуть в точку, так как она не охватывает выколотую ось (рис. 16).

Кривая C_1, лежит в плоскости, параллельной плоскости (z), и стягивается в окружность радиуса $\sqrt{0}$.

Кривая C_3 является простейшей пространственной кривой, на которую можно натянуть непрерывным образом без точек самопересечения поверхность так, чтобы внутри содержался объем.

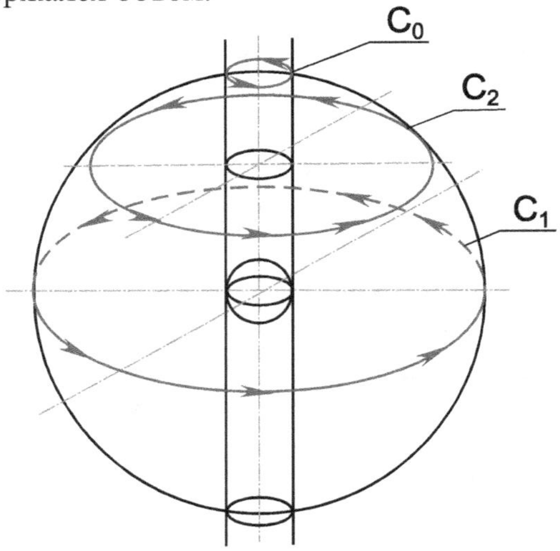

Рис. 15. Кривые C_0, C_1, C_2,нельзя стянуть в точку из-за наличия в комплексном пространстве изолированного направления.

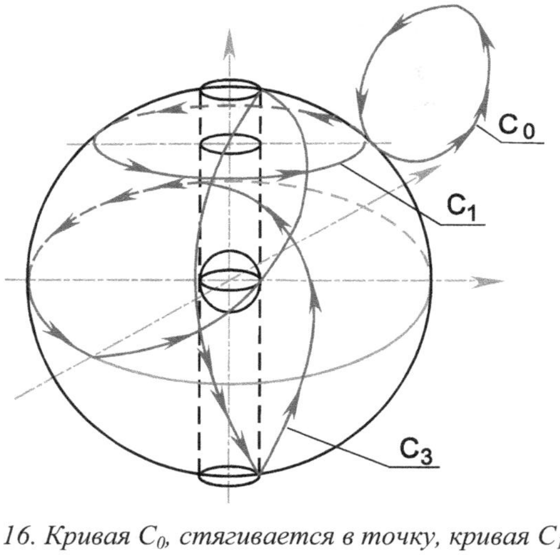

Рис. 16. Кривая C_0, стягивается в точку, кривая C_1, не стягивается в точку, и кривая C_3 - простейшая циклическая кривая в пространстве.

Простейшей комплексной кривой в z-плоскости является окружность. Натянуть на окружность поверхность так, чтобы в ней был заключен объем, не представляется возможным.

Контур C_3 является простейшим пространственным контуром, он состоит из кривой, идущей по внешней поверхности сферы, и кривой, идущей по внешней поверхности выколотой оси.

Пространство (ν) может быть сжато в комплексную плоскость с выколотыми осями по z, $j\sigma$ Замкнутая кривая C_4 будет обходить выколотые оси по полуокружностям.

Кривая С состоит из двух окружностей, лежащих во взаимно перпендикулярных плоскостях (см. рис. 17).

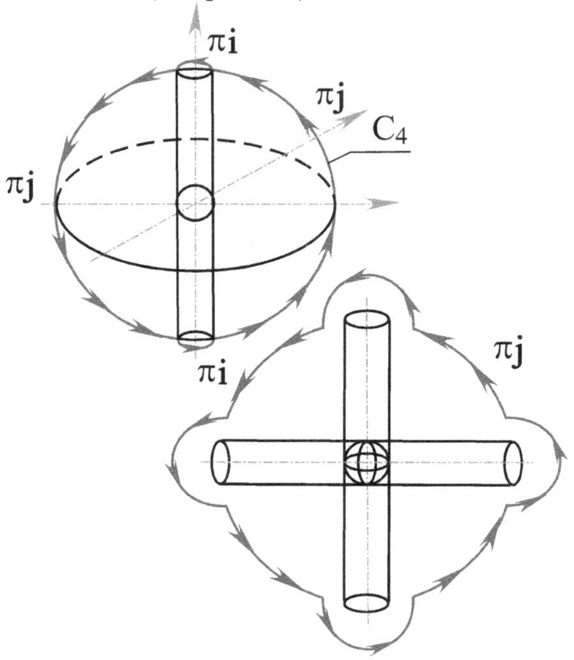

Рис. 17. Пространственная кривая C_4, охватывающая две изолированные оси. Внутренний контур кривой C_3 можно деформировать так, что он пойдет по внутренней поверхности сферы, при этом образуется оболочка толщиной δ (рис. 17).

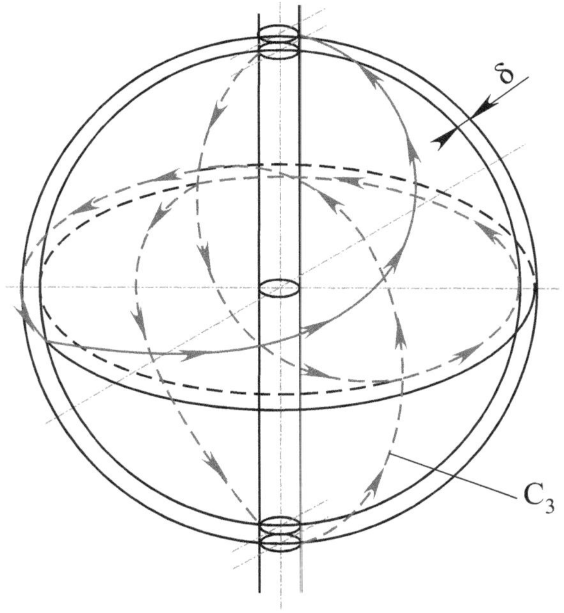

Рис. 18. Деформация простейшей пространственной кривой C_3 с выделением поверхностного слоя δ.

Оболочку можно увеличить до толщины S, как это показано на рис. 18. В этом случае пространство будет заключено между двумя сферическими поверхностями, соединенными между собой цилиндрической поверхностью выколотой оси. Иными словами, в любом случае простейшей поверхностью становится тороидальная поверхность.

Дадим определение кривой C_3 в пространстве (ν), которую назовем главной простой кривой в пространстве.

<u>Определение</u>. Простой кривой в пространстве трех (четырех измерений будем называть кривую C_3 (рис. 16) которая получается деформацией из плоской кривой длины $2\pi R_0$, путем натягивания ее на сферу с выколотым ε-туннелем, так, что часть кривой, равная $2R_\varepsilon$, проходит через ε-туннель, а остальная часть, равная $2\pi R_0 - 2R_\varepsilon$, проходит по поверхности сферы так, что сфера при фиксированном R_0 имеет наибольший радиус. При этом точка ν, проходящая один раз замкнутую кривую C_3, делает в ε-туннеле и по поверхности сферы в исчислении по углу ϕ два полных оборота 4π, а по углу ψ один оборот 2π.

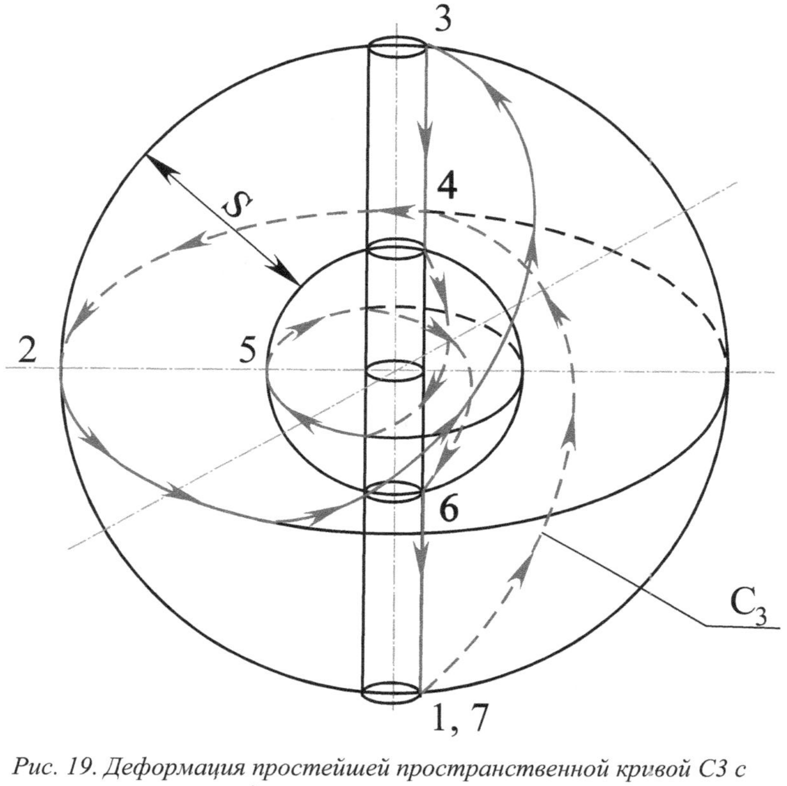

Рис. 19. Деформация простейшей пространственной кривой С3 с выделением шарового слоя S.

Если двигаться по кривой C_0 (рис. 16), то из точки вернемся в ту же точку без изменения аргументов.

Кривые C_0, C_1, C_2 (рис. 15) лежат в плоскости, параллельной z-плоскости, поэтому для них ψ=const и при обходе изменяется только аргумент ϕ, добавляя к своему значению за один оборот. 2π.

Движение по кривой C_3 (рис. 16) дает приращение аргументов $\Delta\psi = 2\pi$, $\Delta\phi = 4\pi$. В общем случае, кривая C_i может иметь различные исчисления по аргументам ϕ, ψ в зависимости от того, как она проходит выколотую ось.

2.2. РЕАЛИЗАЦИЯ ИНТЕГРАЛЬНЫХ ТЕОРЕМ В ЧИСЛОВОМ ПРОСТРАНСТВЕ.

Исследования условий непрерывного перехода от криволинейного интеграла к поверхностному и далее к объемному. Интегралы Грина,Стокса,Остроградского.

Определение интеграла вдоль кривой C в комплексном пространстве по виду ничем не отличается от определения интеграла в действительной и комплексной областях.

$$\lim_{n\to\infty}\sum_{k=0}^{n} f(\xi_k)(\upsilon_{k+1}-\upsilon_k)=\int_C f(\upsilon)d\upsilon,$$

где $\upsilon_0 = a, \upsilon_1 \ldots \upsilon_{n+1} = b$ - точки, разбивающие C на n участков, a и б есть концы C, ξ_k - произвольная точка, лежащая на участке $[\upsilon_k, \upsilon_{k+1}]$ кривой C. Предел предполагает

$\max\|\upsilon_{k+1}-\upsilon_k\|\to 0$ При доказательстве существования интеграла в комплексной плоскости Z предел сводили к двум интегралам от действительных функций. В пространстве предел достаточно свести к интегралам от комплексных функций. В самом деле

$$f(\upsilon) = Q(z,\sigma) + jR(z,\sigma)$$

$$\upsilon_k = z_k + j\sigma_k, z_{k+1} - z_k = \Delta z_k, \sigma_{k+1} - \sigma_k = \Delta\sigma_k$$

$\xi_k = \zeta_k + i\eta_k$. Обозначим также $Q(\zeta_k,\eta_k) = Q_k$, $R(\zeta_k,\eta_k) = R_k$. Подставляя в интегральную сумму получим

$$\sum_{k=0}^{n} f(\xi_k)(\upsilon_{k+1}-\upsilon_k) = \sum_{k=0}^{n}[Q_k\Delta z_k - R_k\Delta\sigma_k] + j\sum_{k=0}^{n}[Q_k\Delta\sigma_k + R_k\Delta z_k]$$

Переходя к пределам получим

$$\int_C f(\upsilon)d\upsilon = \int_C Qdz - Rd\sigma + j\int_C Rdz + Qd\sigma$$

Существование интеграла в комплексном пространстве сводится к существованию двух комплексных интегралов

$$\int_\gamma f(\upsilon)d\upsilon = \int_\gamma (Q(z,\sigma) + jR(z,\sigma))(dz + jd\sigma) = \int_\gamma Q(z,\sigma)dz - R(z,\sigma)d\sigma +$$

$$+ j\int_\gamma Q(z,\sigma)d\sigma + R(z,\sigma)dz$$

Функции $Q(z,\sigma), R(z,\sigma)$ определены на пространственной кривой γ и интеграл зависит как от этих функций так и от кривой. В свою очередь интегралы сводятся к четырем интегралам от действительных переменных. Введем обозначения

$$U(x,y,\zeta,\eta) = \operatorname{Re}el Q(z,\sigma) = \operatorname{Re}el Q((x+iy),(\zeta+i\eta))$$

$$V(x,y,\zeta,\eta) = \operatorname{Im} Q(z,\sigma) = \operatorname{Im} Q((x+iy),(\zeta+i\eta))$$

$$P(x,y,\zeta,\eta) = \operatorname{Re}el R(z,\sigma) = \operatorname{Re}el R((x+iy),(\zeta+i\eta))$$

$$\Phi(x,y,\zeta,\eta) = \operatorname{Im} R(z,\sigma) = \operatorname{Im} R((x+iy),(\zeta+i\eta))$$

а также имеем $dz = dx + idy$

$d\sigma = d\zeta + id\eta$. Подставляя в интеграл и отделяя все интегралы с мнимыми коэффициентами получим

$$\int_\gamma f(\upsilon)d\upsilon = \int_\gamma Udx - Vdy - Pd\zeta + \Phi d\eta +$$
$$+ i\int_\gamma Vdx + Udy - \Phi d\zeta - Pd\eta +$$
$$+ j\int_\gamma Pdx - \Phi dy + Ud\zeta - Vd\eta +$$
$$+ ji\int_\gamma \Phi dx + Pdy + Vd\zeta + Ud\eta .$$

Существование криволинейного интеграла свелось к существованию и определению криволинейных интегралов от функций четырех действительных переменных. Для исследования этих интегралов необходимо обратиться к теоремам Стокса, Грина, Остроградского. Теоремы написаны для декартового векторного пространства. С точки зрения структуры теоремы объеденены одной конструктивной идеей: они устанавливают интегральную связь между интегралом по границе какого либо геометрического образа с интегралом, распространенным на этот геометрический образ. Подъинтегральные выражения представляют дифференциалы и частные производные от функций действительных переменных ,поэтому формулы могут быть распростроненны на любое векторное пространство.Математическая техника не меняется ,меняется только способ получения этих подъинтегральных выражений , вид которых зависит от координатной системы.

Рассмотрим формулу Грина. Пусть функции от двух действительных переменных $U(x,y), V(x,y)$ и их частные производные $\frac{\partial U}{\partial y}, \frac{\partial V}{\partial x}$ непрерывны в простой области G. Тогда справедливо равенство

$\int_\gamma Udx + Vdy = \oiint_G \left(\frac{\partial V}{\partial x} - \frac{\partial U}{\partial y} \right) dxdy$, где криволинейный интеграл берется по границе γ области G в положительном направлении., так что формула Грина связывает интеграл по границе области с интегралом по самой области. Важнейшим условием в определении интеграла является свойство области G. Введено определение. Область G на плоскости называется односвязной, если для любого замкнутого контура, лежащего в этой области, ограниченная им часть плоскости целиком принадлежат области G. Для таких областей независимость криволинейного интеграла от пути интегрирования определяется следующими условиями :

1.Для любого замкнутого контура γ, расположенного в области G, справедливо равенство

$$\oint_\gamma Udx + Vdy = 0.$$

2. Для любых двух точек A,B в области G криволинейный интеграл $\int_{AB} Udx + Vdy$ не зависит от кривых γ ,расположенных в этой области.

3. Выражение $Udx+Vdy$ является полным дифференциалом функции F(x,y), существующей в области G, такой, что $dF = Udx+Vdy$. При этом для любой кривой γ из области G имеет место равенство

$$\int_{AB} Udx+Vdy = F(A)-F(B)$$

Все три условия эквивалентны равенству $\frac{\partial U}{\partial y}=\frac{\partial V}{\partial x}$, выполняемому в области G.

Существенным для формулы Грина является односвязность области. Если область содержит поры, то криволинейный интеграл по одному направлению и границе области переходит в интеграл по границе поры с изменением направления интегрирования .В этом случае двойной интеграл изменяет знак на противоположный.

В пространстве трех действительных переменных имеет место формула Стокса, сформулированная следуюуй теоремой :

Пусть гладкая проектируемая ориентируемая поверхность Ф ограничена кусочно-гладким контуром γ и расположена внутри области G, в которой функции U(x,y,z),V(x,y,z),P(x,y,z)

Имеют непрерывные частные производные первого порядка. Тогда справедлива формула

$$\oint_{\gamma} Udx+Vdy+Pdz =$$

$$=\oiint_{G}\left(\frac{\partial P}{\partial y}-\frac{\partial V}{\partial z}\right)dydz+\left(\frac{\partial U}{\partial z}-\frac{\partial P}{\partial x}\right)dxdz+\left(\frac{\partial V}{\partial x}-\frac{\partial U}{\partial y}\right)dxdy,$$

где контур γ обходится в положительном направлении. При $\int_{\gamma} Pdz = 0$ получается формула Грина. В пространстве x,y,z вводится понятие поверхностно односвязной области G, такой, что

для любого контура γ, лежащего в G найдется поверхность, ограниченная этим контуром.

В векторном пространстве, где оси координат имеют начало как нульмерную точку, нельзя указать пространственную кривую,на которую можно натянуть поверхность без точек самопересечения, так чтобы при стягивании поверхности и стягивая кривую получить замыкание объема.

Однако считается что это сделать возможно и поэтому для теоремы Стокса тело, огрниченное двумя концентрическими сферическими поверхностями будет поверхностно односвязным , а тор нет.

Последнее ограничение на теорему приводит к тому, что если интегралы берутся для этого случая, то по крайней мере одно из слогаемых в подъинтегральном выражении двойного интеграла должно изменить знак на противоположный.

С точки зрения комплексного пространства кривая γ должна соответствовать пространственной кривой C_3.На все другие кривые в пространстве нельзя натянуть поверхность без точек самопересечения, так чтобы она содержала внутри себя объем.

Наличие в комплексном пространстве сингулярного направления в виде третьей комплексной оси и требует в интеграле Стокса изменения знака перед слогаемым с проекционной площадкой dxdy. Это условие не оказывает влияние на следующие три условия.

Независимость криволинейного интеграла от пути интегрирования доставляется также тремя условиями:

1) если выполняется равенство $\oint_{\gamma} Udx + Vdy + Pdz = 0$;

2) если выполняется условие $\oint_{\gamma} Udx + Vdy + Pdz = \oint_{\gamma 1} Udx + Vdy + Pdz$;

3) если выражение Udx+Vdy+Pdz является полным дифференциалом некоторой функции F(x,y,z), определенной в области G

$dF = Udx + Vdy + Pdz$, так что

$$\int_{AB} Udx + Vdy + Pdz = F(A) - F(B)$$

Все три условия заменяются тремя равенствами

$$\frac{\partial P}{\partial y} = \frac{\partial V}{\partial z}, \frac{\partial U}{\partial z} = \frac{\partial P}{\partial x}, \frac{\partial V}{\partial x} = \frac{\partial U}{\partial y}$$

Поверхность Ф в формуле Грина расположена на одной проекционной площадке. Сочетание двух независимых переменных (X,Y) дают одну проекционную площадку.

Поверхность Ф в формуле Стокса имеет три проекционные площадки. Сочетание из трех по два равно трем.

Интеграл Стокса выведен исходя из условий ,что проекционные площадки направлены в одну сторону относительно поверхности.

Далее имеем формулу Остроградского.

$$\iiint_V \left(\frac{\partial P}{\partial x} + \frac{\partial Q}{\partial y} + \frac{\partial R}{\partial z}\right) dxdydz = \oiint_S Pdydz + Qdzdx + Rdxdy$$

На интеграл накладываются условия односвязности. Область в которой реализуется эта интегральная зависимость должна быть пространственно односвязной,то есть чтобы в ней отсутствовали “дыры “, хотя бы точечные и тело имело бы границу из одной поверхности. В этом случае тор будет односвязным телом, а полая сфера нет.

Для интеграла Стокса все наоборот. Однако для интеграла Стокса для полой сферы нельзя указать пространственную кривую ,на которую можно натянуть поверхность без точек самопересечения.

В физических приложениях формулы Грина, Стокса , Остроградского являются основой для описания процессов в скалярных и векторных полях.

Эти формулы позволили сформулировать следующие теоремы.

Теорема о роторе.

Если векторная функция F(r) однозначна и имеет непрерывные частные производные всюду в конечной поверхностно-однозначной области V,и если лежащая в области V поверхность S , односвязна,регулярна и ограничена регулярной замкнутой кривой C , то $\oiint_S ds \bullet .[\Delta \times F(r)] = \oint_C dr \bullet F(r)$

Это хорошо известная формула из векторных полей означает,что криволинейный интеграл от F® по замкнутому контуру C равен потоку ротора $\Delta \times F$ через поверхность,натянутую на контур C.

Или $\oint\limits_C adr = \oiint\limits_S rotadS^+$,где a=(P,Q,R)

Для этих формул существенным является, что ориентация вектора площадки dS должна быть согласована с ориентацией контура C.

Кроме того следует еще раз указать, что в декартовом векторном пространстве нет пространственной кривой C , на которую можно натянуть поверхность ,которая замкнула бы объем.

Формула Остроградского в векторной записи имеет вид

$$\oiiint\limits_V divadxdydz = \oiint\limits_S adS$$

и соблюдаются все перечисленные условия для формулы Остроградского.

Все те замечания которые были высказаны в область определения этих формул позволяют утверждать, что в декартовом векторном пространстве цепочка непрерывного перехода $\oint\limits_C = \oiint\limits_S = \oiiint\limits_V$ неосуществима.

Двойная векторная операция $divrota = 0$,является не свойством поля ,а его вырождением. Эту операцию надо рассматривать как тождество 0=0,которое ничего не дает.Запишем эту операцию в координатном виде

$$\frac{\partial}{\partial x}\left(\frac{\partial R}{\partial y}-\frac{\partial Q}{\partial z}\right)+\frac{\partial}{\partial y}\left(\frac{\partial P}{\partial z}-\frac{\partial R}{\partial x}\right)+\frac{\partial}{\partial z}\left(\frac{\partial Q}{\partial x}-\frac{\partial P}{\partial y}\right)=0$$

Считается ,что это определяет соленоидальное поле.

В силу независимости дифференцирования функций от порядка дифференцирования левая часть полностью сокращается.

Соленоидальные векторные поля характеризуются равенством нулю потока через поверхность ,которая замыкает область.

$$\oiint\limits_S adS = 0$$

В декартовых векторных координатах точка в пространстве определяется набором значений координат и не представляет структуру ,которой сопоставляется число. Под числом понимается объект ,который подчиняется законам алгебры с действительными числами. Значения функции $a(P,Q,R)$ также не соответствует числовому. Оси координат исходят из одной нульмерной точки. В пространстве нет замкнутой пространственной кривой ,на которую можно натянуть поверхность без точек самопересечения и замкнуть объем, при этом если стягивать в пределе кривую и поверхность то объем не будет равен нулю. Векторное пространство не соответствует реальному физическому пространству.

Если учесть выше перечисленные замечания ,то связность векторного пространства через оператор divrota должна определяться непрерывностью цепочки интегральных преобразований, При этом может быть установленным вариант когда выполняется и это тождественное соотношение. Интегральные теоремы дают много возможных вариантов взаимосвязи структуры пространств и соотношение divrota=0 выделяет из них ограниченную часть.

Согласно возможной интегральной цепочки перехода рассмотрим связь пространств различной размерной структурности , чтобы определить метод исследования с помощью интегральных зависимостей комплексное пространство.

При заданных условиях для существования перехода от криволинейного интеграла к поверхностному (самое главное односвязность поверхности) получим:

$$\oint_C Pdx + Qdy + Rdz = \oiint_S \pm\left(\frac{\partial Q}{\partial x} - \frac{\partial P}{\partial y}\right)dxdy \pm \left(\frac{\partial R}{\partial y} - \frac{\partial Q}{\partial z}\right)dydz \pm \left(\frac{\partial P}{\partial z} - \frac{\partial R}{\partial x}\right)dzdx$$

Формула учитывает возможность неодносвязности пространства,так как один из слогаемых в скобках может быть взят с противоположным знаком.

В дальнейшем будем изменение знака контролировать при слогаемом с площадкой dxdy.

На двойной интеграл нет ограничений,чтобы рассмотреть его в виде повторного

$$\oiint_S = \oint_C\oint_C\left[\left(\frac{\partial P}{\partial y} - \frac{\partial Q}{\partial x}\right)dx + \left(\frac{\partial R}{\partial y} - \frac{\partial Q}{\partial z}\right)dz\right]dy + \left[\left(\frac{\partial P}{\partial y} - \frac{\partial Q}{\partial x}\right)dy + \left(\frac{\partial P}{\partial z} - \frac{\partial R}{\partial x}\right)dz\right]dx +$$

$$+\left[\left(\frac{\partial R}{\partial y} - \frac{\partial Q}{\partial z}\right)dy + \left(\frac{\partial P}{\partial z} - \frac{\partial R}{\partial x}\right)dx\right]dz$$

Нет ограничений для перехода криволинейного интеграла по формуле Грина к поверхностному(речь идет о квадратных скобках).

$$\oiint_S = \oint_C\oiint_{S1}\left[\left(\frac{\partial}{\partial z}\left(\frac{\partial P}{\partial y} - \frac{\partial Q}{\partial x}\right) - \frac{\partial}{\partial x}\left(\frac{\partial R}{\partial y} - \frac{\partial Q}{\partial z}\right)\right)\right]dxdydz +$$

$$+\left[\frac{\partial}{\partial z}\left(\frac{\partial P}{\partial y} - \frac{\partial Q}{\partial x}\right) - \frac{\partial}{\partial y}\left(\frac{\partial P}{\partial z} - \frac{\partial R}{\partial x}\right)\right]dxdydz +$$

$$+\left[\frac{\partial}{\partial x}\left(\frac{\partial R}{\partial y} - \frac{\partial Q}{\partial z}\right) - \frac{\partial}{\partial y}\left(\frac{\partial P}{\partial z} - \frac{\partial R}{\partial x}\right)\right]dxdydz$$

Конкретная ветка дает результат

$$\oiint_S = \oiiint_V\left[\frac{\partial}{\partial z}\left(\frac{\partial P}{\partial y} - \frac{\partial Q}{\partial x}\right) - \frac{\partial}{\partial y}\left(\frac{\partial P}{\partial z} - \frac{\partial R}{\partial x}\right)\right]dxdzdy$$

Таким образом ,произведен переход от криволинейного интеграла к поверхностному ,в котором поворот нормали к площадки dxdy в противоположную сторону обуславливает для этого случая неодносвязность поверхности. Переход к объемному интегралу не определяет дивергенцую от ротора тождественно равной нулю $divrota(P,Q,R) \neq 0$

Это один из вариантов связности. Введение неодносвязности по другим направлениям приводит к симметричным выражениям.

Если в переходе к тройному интегралу произвести поворот нормалей к площадкам dzdx в двух пространственных роторах и один поворот к площадке dzdy, то в результате получим выражение для односвязных поверхностей и объемов , так Что $divrota(P,Q,R)=0$ является частным случаем возможных вариантов.

Становится очевидным, что применение интегральных теорем для односвязных областей приводит к обрыву цепочки $\oint_C \Rightarrow \oiint_S \Rightarrow / \Rightarrow \oiiint_V$

Двойная операция векторного анализа приводит к вырождению пространства , так как подъинтегральное выражение в тройном интеграле тождественно равно нулю.

Интегральная цепочка преобразований для неодносвязных областей определяет выражение дивергенции в виде ротора в плоскости dzdy сформированного из проекций роторов на площадки dydx.,dzdx (в данном конкретном случаи). Варианты выражений для дивергенции определяются ориентацией векторов площадок dxdy,dzdx,dydz и согласованием с ориентацией контура С.

Полученные выводы реализуем при исследовании этих теорем в комплексном пространстве с учетом его геометрических особенностей.

Пространственный комплексный интеграл сначала свели к двум комплексным интегралам, каждый из которых определен на комплексной плоскости (z,σ).Функции $Q(z,\sigma),R(z,\sigma)$

имеют частные производные $\dfrac{\partial Q}{\partial z},\dfrac{\partial Q}{\partial \sigma},\dfrac{\partial R}{\partial z},\dfrac{\partial R}{\partial \sigma}$.

В комплексном пространстве можно определить область G, ограниченную кривой С с соблюдением всех условий теоремы и формулы Грина. Применяя формулу Грина к криволинейному интегралу, выраженному в пространственных комплексах (z,σ) получим

Два интеграла

$$\oint_\gamma Qdz - Rd\sigma = \oiint_G \left(\frac{\partial Q}{\partial \sigma}+\frac{\partial R}{\partial z}\right)dzd\sigma$$

$$\oint_\gamma Rdz + Qd\sigma = \oiint_G \left(\frac{\partial R}{\partial \sigma}-\frac{\partial Q}{\partial z}\right)dzd\sigma$$

Как следствие получаем условие независимости криволинейного интеграла в пространстве в комплексном виде

$$\frac{\partial Q}{\partial \sigma}+\frac{\partial R}{\partial z}=0,\frac{\partial R}{\partial \sigma}-\frac{\partial Q}{\partial z}=0$$

Эти условия были исследованы при исследовании комплексного аргумента. Раскрывая частные производные по законам комплексного анализа, получим систему необходимых условий в действительных функциях от четырех действительных переменных. Из первого условия,

приравнивая действительные и мнимые части в равенстве, получим

$$\frac{\partial U}{\partial \zeta}=\frac{\partial V}{\partial \eta}=-\frac{\partial P}{\partial x}=-\frac{\partial \Phi}{\partial y},\frac{\partial V}{\partial \zeta}=-\frac{\partial U}{\partial \eta}=-\frac{\partial \Phi}{\partial x}=\frac{\partial P}{\partial y}$$

Из второго соотношения получим следующую систему равенств

$$\frac{\partial P}{\partial \zeta}=\frac{\partial Q}{\partial \eta}=-\frac{\partial U}{\partial x}=-\frac{\partial V}{\partial y},\frac{\partial Q}{\partial \zeta}=-\frac{\partial P}{\partial \eta}=-\frac{\partial V}{\partial x}=\frac{\partial U}{\partial y}$$

Таким образом, из комплексных соотношений получены необходимые условия независимости криволинейного интеграла от пути в пространстве в действительных выражениях. Покажем, что эти соотношения имеют место в пространстве. Координатное пространство от четырех независимых переменных будет иметь шесть проекционных площадок $dxdy, d\zeta dx, dxd\eta, dyd\zeta, d\eta dy, d\eta d\zeta$. К каждому из интегралов применим формулу Грина и Стокса получим:

$$\int_\gamma Udx - Vdy - Pd\zeta + \Phi d\eta =$$

$$= \oiint_G \left(\frac{\partial U}{\partial y} + \frac{\partial V}{\partial x}\right)dxdy + \left(\frac{\partial U}{\partial \zeta} + \frac{\partial P}{\partial x}\right)dxd\zeta +$$

$$+ \left(\frac{\partial U}{\partial \eta} - \frac{\partial \Phi}{\partial x}\right)dxd\eta + \left(-\frac{\partial V}{\partial \zeta} + \frac{\partial P}{\partial y}\right)dyd\zeta +$$

$$+ \left(-\frac{\partial V}{\partial \eta} - \frac{\partial \Phi}{\partial y}\right)dyd\eta + \left(-\frac{\partial P}{\partial \eta} - \frac{\partial \Phi}{\partial \zeta}\right)d\eta d\zeta$$

$$\int_\gamma Vdx + Udy - \Phi d\zeta - Pd\eta =$$

$$= \oiint_G \left(\frac{\partial V}{\partial y} - \frac{\partial U}{\partial x}\right)dxdy + \left(\frac{\partial V}{\partial \zeta} + \frac{\partial \Phi}{\partial x}\right)dxd\zeta +$$

$$+ \left(\frac{\partial V}{\partial \eta} + \frac{\partial P}{\partial x}\right)dxd\eta + \left(\frac{\partial U}{\partial \zeta} + \frac{\partial \Phi}{\partial y}\right)dyd\zeta +$$

$$+ \left(\frac{\partial U}{\partial \eta} + \frac{\partial P}{\partial y}\right)dyd\eta + \left(-\frac{\partial \Phi}{\partial \eta} + \frac{\partial P}{\partial \zeta}\right)d\eta d\zeta$$

$$\int_\gamma Pdx - \Phi dy + Ud\zeta - Vd\eta =$$

$$= \oiint_G \left(\frac{\partial P}{\partial y} + \frac{\partial P}{\partial \zeta}\right)dyd\zeta + \left(\frac{\partial P}{\partial \zeta} - \frac{\partial U}{\partial x}\right)dxd\zeta +$$

$$+ \left(\frac{\partial P}{\partial \eta} + \frac{\partial V}{\partial x}\right)dxd\eta + \left(-\frac{\partial \Phi}{\partial \zeta} - \frac{\partial U}{\partial y}\right)dyd\zeta +$$

$$+ \left(-\frac{\partial \Phi}{\partial \eta} - \frac{\partial V}{\partial y}\right)dyd\eta + \left(\frac{\partial U}{\partial \eta} + \frac{\partial V}{\partial \zeta}\right)d\eta \partial\zeta$$

$$\int_\gamma \Phi dx + Pdy + Vd\zeta + Ud\eta =$$

$$= \oiint_G \left(\frac{\partial \Phi}{\partial y} - \frac{\partial P}{\partial x}\right)dxdy + \left(\frac{\partial P}{\partial \zeta} - \frac{\partial U}{\partial x}\right)dxd\zeta +$$

$$+ \left(\frac{\partial \Phi}{\partial \eta} - \frac{\partial U}{\partial x}\right)dxd\eta + \left(\frac{\partial P}{\partial \eta} - \frac{\partial U}{\partial y}\right)dyd\eta +$$

$$+\left(\frac{\partial P}{\partial \zeta}-\frac{\partial V}{\partial y}\right)dyd\zeta+\left(\frac{\partial V}{\partial \eta}-\frac{\partial U}{\partial \zeta}\right)d\eta d\zeta$$

Независимость каждого криволинейного интеграла от пути в комплексном пространстве зависит от равенства нулю 24-х соотношений между частными производными, стоящими в подъинтегралных скобках по каждой проекционной площадки поверхности G в пространстве.

Все 24-ре соотношения соответствуют равенствам, выведенным из условия независимости пространственного криволинейного интеграла, выраженного через комплексные независимые

Z,σ. Подъинтегральные соотношения получены циклической перестановкой частных производных по проекционным площадкам дедуктивным распространением формул Стокса и Грина в четырехмерное действительное пространство. Таким образом, фактически обоснована формула Грина и Стокса в четырехмерном действительном пространстве.

Соблюдая принятые правила циклической перестановки частных производных одни и теже при переходе от двойного интеграла к тройному и далее проведем преобразования только для первого интеграла ,чтобы не загромождать смысл исследований однообразными выкладками.

Комбинирую последовательно двухмерные площадки с дифференциалами $dx, dy, d\xi, d\eta$, получим четыре интеграла

$$\oiint_S \Rightarrow \oiint_S [Pdy+Qd\xi+Rd\eta]dx+[Pdx-Wd\xi+Gd\eta]dy+ \quad +$$

$$+[Qdx-Wdy+Fd\eta]d\xi+[Rdx+Gdy+Fd\xi]d\eta$$

Для сокращения записи введены обозначения

$$P=\frac{\partial U}{\partial y}+\frac{\partial V}{\partial x}, Q=\frac{\partial U}{\partial \xi}+\frac{\partial P}{\partial x}, R=\frac{\partial U}{\partial \eta}-\frac{\partial \Phi}{\partial x},$$

$$W=-\frac{\partial V}{\partial \xi}+\frac{\partial P}{\partial y}, G=-\frac{\partial V}{\partial \eta}-\frac{\partial \Phi}{\partial y}, F=-\frac{\partial P}{\partial \eta}-\frac{\partial \Phi}{\partial \xi}$$

В квадратных скобках стоят выражения ,которые можно исследовать с позиций полных дифференциалов, как проекций некоторого дифференциала числовой функции (ее действительной части) на координатные оси в пространстве. Если выражения представляют полные дифференциалы, то интеграл по поверхности не зависит от формы поверхности и от одной поверхности можно передти к другой ,которая замыкает “пору” внутри объема.

Будем рассматривать двойной интеграл как повторный и использую формулу Стокса преобразуем интеграл к объемному

$$\oiint_S \Rightarrow \oint_C \oint_C \Rightarrow \oiiint_V Adxdyd\xi+Bdxdyd\eta+Cdyd\eta d\xi+Ddxd\xi d\eta$$

где введены обозначения

$$A=\frac{\partial P}{\partial \xi}+\frac{\partial W}{\partial x}, B=\frac{\partial P}{\partial \eta}-\frac{\partial G}{\partial x},$$

$$C=-\frac{\partial W}{\partial \eta}-\frac{\partial F}{\partial y}, D=\frac{\partial Q}{\partial \eta}-\frac{\partial F}{\partial x}$$

Тройной интеграл переведем в четырехмерный по схеме

$$\oiiint_V \Rightarrow \oiint_S \oint_C \Rightarrow \oiint\oiint\left[\left(\frac{\partial A}{\partial \eta}-\frac{\partial D}{\partial y}\right)+\left(\frac{\partial B}{\partial \xi}-\frac{\partial C}{\partial x}\right)\right][dV_4]$$

Аналогичный результат может быть получен и для других трех оставшихся интегралов. Естественно, что применяя другую циклическую перестановку в получении подъинтегральных выражений при переходе от одного интеграла к другому ,можно получить другое окончательное выражение.

Как было показано, изменение циклической перестановки при выводе интегралов равносильно переходу к исследованию неодносвязности пространства в другом направлении.

Окончательное выражение можно рассматривать как дивергенцию , состоящую из суммы двух роторов реализуемых на площадках $dyd\eta, dxd\xi$. Последние роторы образованы соотношениями функций на проекционных площадках $d\xi dx, d\eta dx, d\eta dy$. Таким образом, описывается структура вложенных друг в друга проекций вихрей.

2.3. ВЫЧИСЛЕНИЕ КРИВОЛИНЕЙНЫХ ИНТЕГРАЛОВ В ПРОСТРАНСТВЕ.

Условия независимости криволинейного интеграла в пространстве от пути С интегрирования аналитической функции $f(\upsilon)$ позволяют интеграл $\int_C f(\upsilon)d\upsilon$ записать через интеграл

$\int_{\upsilon_0}^{\upsilon} f(\upsilon)d\upsilon$,где υ_0, υ- концы кривой С.В пространстве справедлива теорема о первообразной функции для интеграла. Следуя законам действительного и комплексного анализа Z, разберем теорему о первообразной функции. Если функция

$F(\upsilon) = \int_{\upsilon_0}^{\upsilon} f(\upsilon)d\upsilon$,имеет производную равную $F^{/}(\upsilon) = f(\upsilon)$ для всех точек области Д пространства, то функция $F(\upsilon)$ будет первообразной функцией $f(\upsilon)$.Докажем, что интеграл

$\int_{\upsilon_0}^{\upsilon} f(\upsilon)d\upsilon$, рассматриваемый от своего верхнего предела, также является аналитической функцией в Д пространства Y , причем

$$F^{/}(\upsilon) = \frac{d}{d\upsilon}\int_{\upsilon_0}^{\upsilon} f(\xi)d\xi = f(\upsilon)$$

Определение производной в пространстве не изменено, поэтому для направлений с исключением изолированного, которое рассмотрим отдельно, будем иметь

$$F^{/}(\upsilon) = \lim_{\hbar\to 0}\frac{F(\upsilon+\hbar)-F(\upsilon)}{\hbar} =$$

$$= \lim_{\hbar\to 0}\frac{1}{\hbar}\left[\int_{\upsilon_0}^{\upsilon+\hbar} f(\xi)d\xi - \int_{\upsilon_0}^{\upsilon} f(\xi)d\xi\right] = \lim_{\hbar\to 0}\frac{1}{\hbar}\int_{\upsilon}^{\upsilon+\hbar} f(\xi)d\xi$$

В силу непрерывности $f(\upsilon)$ в точке υ произведем замену $f(\xi) = f(\upsilon) + \eta(\xi)$, где $\eta(\xi)\to 0$ при $\xi\to\upsilon$, тогда $F^{/}(\upsilon) = \lim_{\hbar\to 0}\frac{1}{\hbar}\int_{\upsilon}^{\upsilon+\hbar} f(\upsilon)d\xi + \lim_{\hbar\to 0}\frac{1}{\hbar}\int_{\upsilon}^{\upsilon+\hbar}\eta(\xi)d\xi$

Первый предел равен

$$\lim_{\hbar\to 0}\frac{1}{\hbar}\int_{\upsilon}^{\upsilon+\hbar} f(\upsilon)d\xi = \lim_{\hbar\to 0}\frac{1}{\hbar}f(\upsilon)\int_{\upsilon}^{\upsilon+\hbar} d\xi = f(\upsilon)$$

Если $\hbar\to 0$ по изолированному направлению $\hbar = \hbar(1\pm ji)\to 0$, то

$$\lim_{\hbar(1\pm ji)\to 0}\frac{1}{\hbar(1\pm ji)}\int_{\upsilon}^{\upsilon+\hbar(1\pm ji)} f(\upsilon)d\xi = \lim_{\hbar(1\pm ji)}\frac{1}{\hbar(1\pm ji)}f(\upsilon)\int_{\upsilon}^{\upsilon+\hbar(1\pm ji)} d\xi = f(\upsilon)$$

В первом случае $\int_{\upsilon}^{\upsilon+\hbar} d\xi = \hbar$, во втором случае $\int_{\upsilon}^{\upsilon+\hbar(1\pm ji)} d\xi = \hbar(1\pm ji)$

Второй предел запишем, используя свойство интеграла в виде

$$\left\|\int_{\upsilon}^{\upsilon+\hbar}\eta(\xi)d\xi\right\| \le \max\|\eta(\xi)\|\cdot\|\hbar\|$$

$$\left\|\int_{\upsilon}^{\upsilon+\hbar(1\pm JI)}\eta(\xi)d\xi\right\| \le \max\|\eta(\xi)\|\cdot\hbar(1\pm ji)$$ для изолированного направления.

Таким образом $F^{/}(\upsilon) = f(\upsilon)$, что и требовалось доказать. Все классические функции анализа, имеющие табличные производные, определены в пространстве и имеют первообразную, так что

$$\int_{\upsilon_0}^{\upsilon} f(\xi)d\xi = F(\upsilon) - F(\upsilon_0)$$

В пространстве Y справедливо следующее утверждение: Интеграл от аналитической функции

$f(\upsilon)$ в односвязной области G вдоль любого замкнутого контура C, лежащего в G, равен нулю. $\oint_C f(\upsilon)d\upsilon = 0$.

Основные свойства интегралов в действительной и комплексной области остаются в силе и в пространстве.

$\int_C [af(\upsilon) + bg(\upsilon)]d\upsilon = a\int_C f(\upsilon)d\upsilon + b\int_C g(\upsilon)d\upsilon$, где a, b –любые действительные и комплексные постоянные.

$\int_{C_1+C_2} f(\upsilon)d\upsilon = \int_{C_1} f(\upsilon)d\upsilon + \int_{C_2} f(\upsilon)d\upsilon$, где C_1, C_2-определяют кривую $C_1 + C_2$

$\int_C f(\upsilon)d\upsilon = \int_{C^-} f(\upsilon)d\upsilon$, где C^- кривая, проходимая в противоположном направлении кривой С. В силе остается еще одно свойство интеграла : Пусть $M = \max\|f(\upsilon)\|$ на кривой С и L длина С, и $L = L(1 \pm ji)$ длина кривой по изолированному направлению, тогда

$$\left\|\int_C f(\upsilon)d\upsilon\right\| \leq \int_C \|f(\upsilon)\| \cdot d\upsilon \leq ML, \text{или } ML(1 \pm ji).$$

Это свойство вытекает из определения интеграла

$\left\|\sum_{k=0}^{n} f(\xi_k)\Delta\upsilon_k\right\| \leq \sum_{k=0}^{n}\|f(\xi_k)\| \cdot \|\Delta\upsilon_k\| \leq M\sum_{k=0}^{n}\|\Delta\upsilon_k\|$, где $\sum_{k=0}^{n}\|\Delta\upsilon_k\|$ есть длина ломаной $\xi_0 \dots \xi_n$, вписанной в кривую С, так что в пределе при $\Delta\upsilon_k \to 0$ получаем L, а по изолированному направлению $L(1 \pm ji)$. Откуда и вытекает свойство.

Пример5 .

Вычислить криволинейный интеграл по кривой С от точки $\upsilon_0 = 0$ до точки $\upsilon_1 = \sqrt{3} + i + j + ji\sqrt{3}$ от функции $f(\upsilon) = \upsilon$

Ввиду того, что функция υ аналитична в пространстве можно воспользоваться теоремой о первообразной и вычислить интеграл вне зависимости от кривой С :

$$J = \int_0^{\sqrt{3}+i+j+ji\sqrt{3}} \upsilon d\upsilon = \left.\frac{\upsilon^2}{2}\right|_0^{\sqrt{3}+i+j+ji\sqrt{3}} = \frac{\left[\left(\sqrt{3}+i\right)+j\left(1+i\sqrt{3}\right)\right]^2}{2} =$$

$$= \frac{3+2\sqrt{3}i-1-1-2\sqrt{3}i+3}{2} + 2j\frac{\left(\sqrt{3}+i\right)\left(1+\sqrt{3}i\right)}{2} =$$

$$= 2 + j\left(\sqrt{3}+i+3i-\sqrt{3}\right) = 2 + 4ji$$

Рассмотрим решение в пространственных комплексных координатах z, σ .В этом случае точка

υ_1 может быть представлена двумя точками пространственной комплексной плоскости

$z = \sqrt{3} + i, \sigma = 1 + \sqrt{3}i$.Интеграл распадается на два криволинейных интеграла

$$J = J_1 + jJ_2 = \int_0^{\upsilon_1} f(\upsilon)d\upsilon = \int_\gamma (z + j\sigma)(dz + jd\sigma) =$$

$$= \int_{\gamma_1} zdz - \sigma d\sigma + j\int_{\gamma_2} \sigma dz + zd\sigma$$

Рассмотрим для примера путь $\gamma = \gamma_1 + \gamma_2$, где γ представляет путь γ_1 по оси z от нуля до точки $z = \sqrt{3} + i$, плюс γ_2 представляет путь по вертикальной прямой, параллельной оси σ, так что переменная σ меняется от 0 до $\sigma = 1 + i\sqrt{3}$. На линии 0---z имеем $\sigma = 0, d\sigma = 0$

$$J_1 = \int_0^{\sqrt{3}+i} zdz = \left.\frac{z^2}{2}\right|_0^{\sqrt{3}+i} = \frac{(\sqrt{3}+i)^2}{2} = \frac{3+2i\sqrt{3}-1}{2} = 1+i\sqrt{3}$$

Интеграл $J_2 = 0$ в этом случае.

На линии z---- σ имеем $z = const, dz = 0$, $z = \sqrt{3}+i$.

$$J_1 = \int_0^{1+i\sqrt{3}} -\sigma d\sigma = -\left.\frac{\sigma^2}{2}\right|_0^{1+i\sqrt{3}} = -\frac{(1+i\sqrt{3})^2}{2} = 1-i\sqrt{3}$$

$$J_2 = \int_0^{1+i\sqrt{3}} \sigma dz + zd\sigma = \int_0^{1+i\sqrt{3}} zd\sigma = z\sigma\Big|_0^{1+i\sqrt{3}} =$$

$$= (\sqrt{3}+i)(1+i\sqrt{3}) = \sqrt{3}+i+3i-\sqrt{3} = 4i$$

Следовательно по пути γ_2 интеграл $J = 1-\sqrt{3}i + 4ji$

Окончательно получим

$$J = 1+i\sqrt{3}+1-i\sqrt{3}+4ji = 2+4ji$$

Таким образом, получен предыдущий результат. Криволинейный интеграл не зависит от пути интегрирования.

Вычислим тот же интеграл в цилиндрических пространственных координатах

$$\upsilon = \rho e^{i\varphi} + jre^{i\psi}$$

В этих координатах $z = \sqrt{3}+i = 2e^{i\frac{\pi}{6}}$, откуда имеем : $\rho = 2, \varphi = \dfrac{\pi}{6}$

$\sigma = 1+i\sqrt{3} = 2e^{i\frac{\pi}{3}}$, следовательно $r = 2, \psi = \dfrac{\pi}{3}$

Согласно вышеизложенной теории интеграл также распадется на два интеграла $J = \int_\gamma f(\upsilon)d\upsilon = J_1 + J_2$, где

$$J_1 = \int_{\gamma 1} \rho e^{2i\varphi} d\rho + i\rho^2 e^{2i\varphi} d\varphi - re^{2i\psi} dr - r^2 e^{2i\psi} d\psi$$

$$J_2 = \int_{\gamma 2} re^{i(\varphi+\psi)} d\rho + ir\rho e^{i(\varphi+\psi)} d\varphi + \rho e^{i(\varphi+\psi)} dr + i\rho re^{i(\varphi+\psi)} d\psi$$

Интегрирование произведем по сумме простейших кривых в пространстве, чтобы на каждой из них изменялся один параметр из четырех рис 20.

$$J_1 = \int_0^2 \rho d\rho + \int_0^{\frac{\pi}{6}} i(\rho^2)_{\rho=2} e^{2i\varphi} d\varphi = 2 + 2e^{2i\varphi}\Big|_0^{\frac{\pi}{6}} = 2+2e^{i\frac{\pi}{3}} - 2 = 2e^{i\frac{\pi}{3}}$$

$$J_2 = 0$$

$$J = -\int_0^2 re^{2i\psi} dr + j\int_0^2 \rho e^{i\varphi} dre^{i\psi} = -2+4je^{i\frac{\pi}{6}}$$

$$J = -\int_0^{\frac{\pi}{3}} re^{i\psi} ie^{i\psi} r d\psi + j\int_0^{\frac{\pi}{3}} \rho e^{i\varphi} ire^{i\psi} d\psi = -2e^{\frac{2\pi i}{3}} + 2 + j2e^{\frac{i\pi}{6}} \int_0^{\frac{\pi}{3}} ire^{i\psi} d\psi =$$

$$-2e^{\frac{2\pi i}{3}} + 2 + 4je^{i\left(\frac{\pi}{6}+\frac{\pi}{3}\right)} - 4je^{i\frac{\pi}{6}}$$

Произведем суммирование полученных результатов

$$J = J_{0--2--3} + J_{1--3} + J_{3--5} = 2e^{i\frac{\pi}{3}} - 2 + 4je^{i\frac{\pi}{6}} - 2e^{\frac{2}{3}\pi i} + 2 + 4ji - 4je^{i\frac{\pi}{6}} =$$

$$= 2e^{i\frac{\pi}{3}} - 2e^{i\frac{2}{3}\pi} + 4ji = 2 + 4ji.$$

Результат соответствует ранее вычисленному. В цилиндрических координатах когда комплексы, составляющие элемент пространства имеют разные углы $\varphi \neq \psi$ поворот около изолированной оси одного комплекса z, относительно другого можно охарактеризовать появлением контура типа 1—2—3—4 (Рис. 20). Контур интегрирования 1—3—4 или контур 1—2—4 может быть заменен кривой 1—4, находящейся на цилиндрической поверхности, выделенной контуром 1—2—3—4. Отрезок контура 4—5 в этом случае характеризуется следующими параметрами $\rho = const, r = const, \varphi = const, \delta = \psi - \varphi.$ Это находится в строгом соответствии с представлением комплекса в виде.

$\upsilon = e^{i\varphi}(\rho + jre^{i(\psi-\varphi)})$. Комплекс, стоящий в скобках $\rho + jre^{i\delta}$,состоит из отрезка ρ,идущего по действительной оси и криволинейного отрезка, находящегося на цилиндрической аппликате радиуса $\sqrt{0}$ и имеющего начало в точке ρ,которая имеет угол равный нулю, и точки $re^{i\delta}$,которая находится на высоте r и закручена по этой цилиндрической аппликате на угол δ. Этот комплекс повернут как одно целое на угол φ.

Каждая точка z на плоскости Z в пространстве Y представима как окружность радиуса $\sqrt{0}$ на расстоянии ρ от начала координат. На этой ε окружности точка фиксируется дополнительно углом φ. В координатах x, iy, $j\sigma$ точка имеет свое отображение. Точка 2 (Рис. 20) имеет свой аналог точку 2’. Поэтому путь интегрирования в пространстве непрерывен 1—2’—3—4—5.

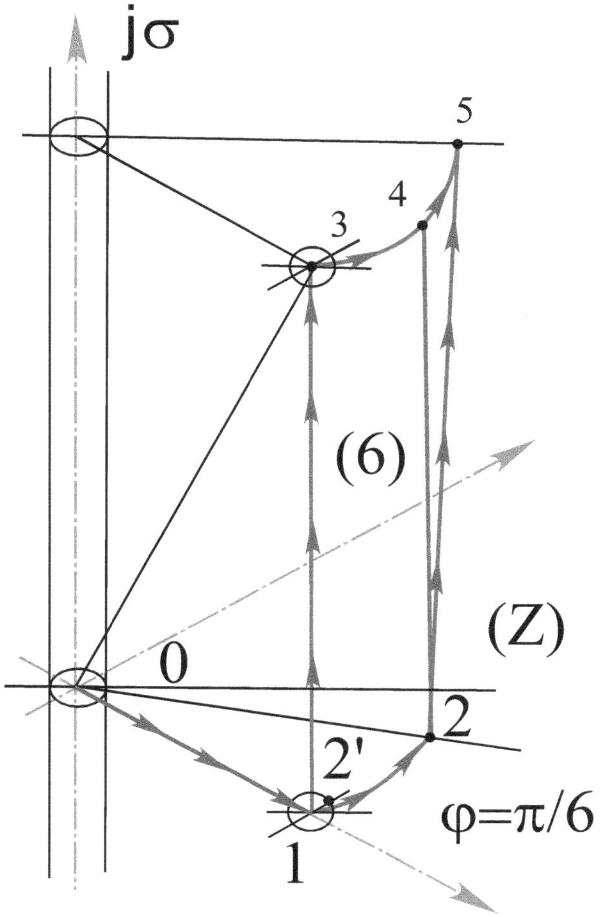

Рис. 20. Независимость криволинейного интеграла от пути в пространстве.

Вычисление криволинейного интеграла в пространстве следует проводить в два этапа :

1. в плоскости Z, приняв $\sigma = 0$;
2. в плоскости σ, приняв $z = const$.

2.4. РАСПРОСТРОНЕНИЕ ИНТЕГРАЛЬНЫХ ТЕОРЕМ НА МНОГОСВЯЗНЫЕ ОБЛАСТИ В ЧИСЛОВОМ ПРОСТРАНСТВЕ.

Если функция $f(\upsilon)$ определена в области G пространства Y и ее конструкция имеет особенность в этой области, то теорема о равенстве нулю криволинейного интеграла по замкнутому контуру неверна. Так функция $f(\upsilon) = \dfrac{1}{\upsilon}$ в комплексной плоскости аналитична всюду в кольце $0 \prec |z| \prec 2$. В пространстве функция аналитична в сфере $\sqrt{0} \prec \|\upsilon\| \prec 2$

То есть в области сферы с удаленной из нее областью изолированной оси радиуса $\varepsilon = \sqrt{0}$ и изолированным направлением $\pm arctgi$.В сферических координатах

$\xi = \mathrm{R}e^{i\varphi + j\psi}$.

Составим логарифмическую функцию $Ln\upsilon = \int\limits_1^{\upsilon}\frac{d\xi}{\xi}$, где интеграл будем брать по кривой C_3.

Имеем $d\xi = e^{i\varphi+j\psi}dR + ie^{i\varphi+j\psi}Rd\varphi + je^{i\varphi+j\psi}Rd\psi$, где $R = \|\xi\|$, тогда интеграл будет равен $Ln\upsilon = \int\limits_{\gamma}\frac{e^{i\varphi+j\psi}dR + ie^{i\varphi+j\psi}Rd\varphi + je^{i\varphi+j\psi}Rd\psi}{\mathrm{Re}^{i\varphi+j\psi}} =$

$= \int\limits_{C_3}\frac{dR}{R} + i\int\limits_{C_3}d\varphi + j\int\limits_{C_3}d\psi = \ln\|\upsilon\| + i\Delta_{C_3}\arg_1\upsilon + j\Delta_{C_3}\arg_2\upsilon$, где

$\Delta_{C_3}\arg_1\upsilon$ -- приращение аргумента φ вдоль кривой C_3,.

$\Delta_{C_3}\arg_2\upsilon$ --приращение аргумента ψ вдоль кривой C_3.

Многозначный характер логарифмической функции в пространстве определяется двумя аргументами. Итак

$Ln\upsilon = \ln\|\upsilon\| + i\Delta_{C_3}\varphi + j\Delta_{C_3}\psi$. Для замкнутой кривой C_3

$Ln\upsilon = \ln\upsilon + 4\pi i + 2\pi j$.

Обобщением предыдущего интеграла служит $J_n = \oint\limits_{C_\rho}(\upsilon - a)^n d\upsilon$, где C_ρ -пространственная кривая типа C_3 около точки *a*, так что $(\upsilon - a) = \rho$, $\rho \succ \sqrt{0}$. Уравнение кривой C_ρ запишется в виде $\upsilon - a = \rho e^{i\varphi+j\psi}$, так что изолированная ось перенесена в точку *a*. Тогда

$d\upsilon = i\rho e^{i\varphi+j\psi}d\varphi + j\rho e^{i\varphi+j\psi}d\psi$. При n=-1 интеграл равен

$$J = \oint\limits_{C_\rho}\frac{1}{\rho}e^{-i\varphi-j\psi}\rho e^{i\varphi+j\psi}(id\varphi + jd\psi) = \int\limits_0^{4\pi}id\varphi + \int\limits_0^{2\pi}jd\psi = 4\pi i + 2\pi j$$

При $n \neq -1$ получаем $J = \int\limits_{C_\rho}\rho^{n+1}ie^{i(n+1)\varphi+j(n+1)\psi}d\varphi + \rho^{n+1}je^{i(n+1)\varphi+j(n+1)\psi}d\psi$. В интеграле можно произвести отделение комплексных частей, однако не нарушая общего подхода в изложении, будем рассматривать мнимые числа i, j как обыкновенные постоянные. В этом случае к интегралу можно применить формулу Грина.

Выведем аналог интегральной теоремы Коши в пространстве Y.

Теорема. Пусть функция $f(\upsilon)$ дифференцируема в односвязной области G пространства Y и пусть кривая C_3 замкнута, лежит в G и ориентирована против часовой стрелки. Тогда для любой точки υ, лежащей внутри поверхности S, натянутой без точек самопересечения на кривую C_3, справедлива формула

$$f(\upsilon) = \frac{1}{4\pi i + 2\pi j}\oint\limits_{\gamma \cong C_3}\frac{f(\xi)d\xi}{\xi - \upsilon}$$

Доказательство. Функция $\frac{f(\xi)}{\xi-\upsilon}$ дифференцируема по ξ в области G с выколотой точкой υ.

Область G в пространстве Y это область ограниченная поверхностью S, натянутой на кривую

γ без точек самопересечения. В любом пространстве кривая должна проходить через ε туннель, так как в противном случае она при стягивании в δ сферу выродится в точку не содержащую область G пространства. Через точку υ проведем ε туннель и окружим ее кривой γ_ρ типа кривой C_3, так чтобы она целиком лежала в области G вместе с поверхностью S_ρ, натянутой на эту кривую. В этом случае изолированная ось будет проходить через точку υ и δ сферу, радиус которой $\geq\sqrt{0}$. То есть зададим $\|\xi-\upsilon\|=\rho\geq\sqrt{0}$ и границу γ_ρ. Тогда согласно интегральным теоремам будем иметь

$$J=\frac{1}{4\pi i+2\pi j}\oint_{C_3}\frac{f(\xi)d\xi}{\xi-\upsilon}=\frac{1}{4\pi i+2\pi j}\oint_{\gamma_\rho}\frac{f(\xi)d\xi}{\xi-\upsilon}=$$

$$=\frac{1}{4\pi i+2\pi i}\oint_{\gamma_\rho}\frac{f(\xi)-f(\upsilon)+f(\upsilon)}{\xi-\upsilon}d\xi=$$

$$=J_1+\frac{f(\upsilon)}{4\pi i+2\pi j}\oint_{\gamma_\rho}\frac{d\xi}{\xi-\upsilon}=J_1+f(\upsilon).$$ Где остается доказать, что

$$J_1=\frac{1}{4\pi i+2\pi j}\oint_{\gamma_\rho}\frac{f(\xi)-f(\upsilon)}{\xi-\upsilon}d\xi=0.$$ Для доказательства воспользуемся оценкой модуля этого интеграла.

Функция $f(\xi)$ непрерывна в точке υ, поэтому найдется соотношение $\|f(\xi)-f(\upsilon)\|<\varepsilon$, при $\|\xi-\upsilon\|<\delta$, где $\delta=\delta(\varepsilon)>\sqrt{0}$, а $\varepsilon>\sqrt{0}$, в том числе и по изолированному направлению $\|f(\xi)-f(\upsilon)\|<\varepsilon(1\pm ji)$, при $\|\xi-\upsilon\|<\delta(1\pm ji)$, где $\delta=\delta(\xi)>\sqrt{0}$, а

$\varepsilon>\sqrt{0}$. Следовательно

$$\|J_1\|\leq\frac{1}{2\sqrt{3}\pi}\oint_{\gamma_\rho}\frac{\|f(\xi)-f(\upsilon)\|}{\|\xi-\upsilon\|}\|d\xi\|<\frac{1}{2\sqrt{3}\pi}\frac{\varepsilon}{\rho}\oint_{\gamma_\rho}\|d\xi\|.$$

Интеграл $\oint_{\gamma_\rho}\|d\xi\|=2\sqrt{3}\pi\rho$, а для изолированного направления $\oint_{\gamma_\rho}\|d\xi\|=2\sqrt{3}\pi\rho(1\pm ji)$, но

В этом случае $\|\xi-\upsilon\|<\rho(1\pm ji)$. Вследствие этого во всех возможных вариантах интеграл имеет одну оценку $\|J_1\|<\varepsilon$. Поэтому при стремлении $\varepsilon\to0$ и в том случае когда $\varepsilon\to0$, как коэффициент при делителях нуля, интеграл равен нулю. Формула доказана.

Если область G заключена между двумя поверхностями S, S_1, натянутыми на эквидистантные

Пространственные кривые γ, γ_1, то для точек этой области справедлива формула

$$f(\upsilon) = \frac{1}{4\pi i + 2\pi j} \oint_{\gamma} \frac{f(\xi)}{\xi - \upsilon} d\xi - \frac{1}{4\pi i + 2\pi j} \oint_{\gamma 1} \frac{f(\xi)}{\xi - \upsilon} d\xi$$

Интегрирование по кривым γ, γ_1 идет в противоположных направлениях.

Если точка υ лежит вне замкнутой поверхности S, то подынтегральная функция аналитична всюду и интеграл равен нулю. Итак

$$\frac{1}{4\pi i + 2\pi j} \oint_{\gamma} \frac{f(\xi)}{\xi - \upsilon} d\xi = \begin{cases} f(\upsilon), \upsilon \in G \\ 0, \upsilon \notin G \end{cases}.$$

2.5. ИНТЕГРЛЬНЫЕ ТЕОРЕМЫ О. КОШИ В ПРОСТРАНСТВЕ.

Теорема 1 Если функция $f(\nu)$ имеет производную в односвязной области G комплексного пространства (ν), то для всех кривых, лежащих в этой области и имеющих общие концы, интеграл $\int_C f(\nu)d\nu$ имеет одно и то же значение.

Доказательство. Определение интеграла переносятся без изменений из z-плоскости.

Рассмотрим интегральную теорему 1 в пространстве по кривой C_3 и ее модификациям, как главной пространственной кривой, которая лежит в односвязной области G пространства (ν), так как поверхность сферы и поверхность выколотой оси принадлежат одной области G с одним пространственным измерением.

Рассмотрим комплексное пространство в цилиндрических координатах

$$\nu = \rho e^{i\phi} + jre^{i\psi}.$$

Дифференциал элемента ν равен

$$d\nu = e^{i\phi}d\rho + je^{i\psi}dr + ie^{i\phi}\rho d\phi + jire^{i\psi}d\psi.$$

Функция $f(\nu)$ распадается на сумму двух комплексных частей

$$f(\nu) = W\left(\rho e^{i\phi}, re^{i\psi}\right) + jR\left(\rho e^{i\phi}, re^{i\psi}\right)$$

Составим интеграл $l = \int_C f(\nu)d\nu$.

Разобьем его на два комплексных интеграла

$$l = l_1 + jl_2$$

где

$$l_1 = \oint_C We^{i\phi}d\rho - iW\rho e^{i\phi}d\phi - R \cdot e^{i\psi}dr - iRre^{i\psi}d\psi; \tag{1.44.}$$

$$l_2 = \oint_C We^{i\psi}dr + ie^{i\psi}Wrd\psi - R \cdot e^{i\phi}d\rho - iR\rho e^{i\phi}d\phi. \tag{1.45.}$$

В интегралах l_1 и l_2 сделаем переход по формуле Стокса к поверхностным интегралам. Условий, которые ограничивали бы применение формулы Стокса к составленному интегралу, в пространстве нет. Четырехмерное пространство имеет шесть проекционных площадок, которые до настоящего времени не удалось установить. В комплексном пространстве эти площадки удалось выявить.

Итак, имеем:

$$
\begin{aligned}
l_1 = \iint_{\sigma} & \left(\frac{\partial}{\partial \phi} W e^{i\phi} - \frac{\partial}{\partial \rho} i W \rho e^{i\phi} \right) d\rho d\phi + \\
& + \left(\frac{\partial}{\partial r} W e^{i\phi} - \frac{\partial}{\partial \rho} R \cdot e^{i\psi} \right) d\rho dr + \\
& + \left(\frac{\partial}{\partial \psi} W e^{i\phi} - \frac{\partial}{\partial \rho} i R \cdot e^{i\psi} r \right) d\psi d\rho + \\
& + \left(\frac{\partial}{\partial r} i W \rho e^{i\phi} - \frac{\partial}{\partial \phi} R \cdot e^{i\psi} \right) dr d\phi + \\
& + \left(\frac{\partial}{\partial \psi} i W \rho e^{i\phi} - \frac{\partial}{\partial \phi} R \cdot e^{i\psi} r \right) d\psi d\phi + \\
& + \left(- \frac{\partial}{\partial \psi} R \cdot e^{i\psi} + \frac{\partial}{\partial r} i R \cdot e^{i\psi} r \right) dr d\psi;
\end{aligned}
\qquad (1.46.)
$$

$$
\begin{aligned}
l_2 = \iint_{\sigma} & \left(\frac{\partial}{\partial \psi} W e^{i\psi} - \frac{\partial}{\partial r} W r \right) dr d\psi + \\
& + \left(\frac{\partial}{\partial \rho} W e^{i\phi} - \frac{\partial}{\partial r} R \cdot e^{i\phi} \right) d\rho dr + \\
& + \left(\frac{\partial}{\partial \phi} W e^{i\psi} - \frac{\partial}{\partial r} i \rho e^{i\phi} R \right) d\phi dr + \\
& + \left(\frac{\partial}{\partial \rho} i e^{i\psi} r W - \frac{\partial}{\partial \psi} e^{i\phi} R \right) d\rho d\psi + \\
& + \left(\frac{\partial}{\partial \phi} W i e^{i\psi} r - \frac{\partial}{\partial \psi} i \rho e^{i\phi} R \right) d\psi d\phi + \\
& + \left(\frac{\partial}{\partial \phi} R \cdot e^{i\phi} r - \frac{\partial}{\partial \rho} i e^{i\phi} \rho R \right) d\phi d\rho.
\end{aligned}
\qquad (1.47.)
$$

Рассмотрим вариант цилиндрических координат в трехмерном пространстве.

Если

$$v = \rho e^{i\phi} + j r e^{i\phi},$$

то

$$f(v) = W(\rho e^{i\phi}, r e^{i\phi}) + jR(\rho e^{i\phi}, r e^{i\phi}).$$

Составим интеграл $l = \oint_{C_i} f(v)dv$ и рассмотрим его реализацию на различных кривых C_i в пространстве.

А. На кривых C_0, C_1, C_2 (рис. 15) контур лежит в плоскости, параллельной z-плоскости, поэтому у него

$$r = const; \phi = \text{var}; \rho = \text{var}.$$

Определим дифференциал

$$dv = i\rho e^{i\phi} d\phi + e^{i\phi} d\rho + jire^{i\phi} d\phi.$$

Составим интеграл •

$$l = \oint_{C_0} (W + jR)(i\rho e^{i\phi} d\phi + e^{i\phi} d\rho + jire^{i\phi} d\phi) = l_1 + jl_2 =$$

$$= \oint_{C_0} Wi\rho e^{i\phi} d\phi + We^{i\phi} d\rho - Rire^{i\phi} d\phi +$$

$$+ j \oint_{C_0} Ri\rho e^{i\phi} d\phi + R \cdot e^{i\phi} d\rho + iWre^{i\phi} d\phi.$$

Последовательно рассматриваем оба интеграла l_1, l_2:

$$l_1 = \oint_{C_0} Wi\rho e^{i\phi} d\phi + We^{i\phi} d\rho - Rire^{i\phi} d\phi =$$

$$= \iint_{\sigma} \left(\frac{\partial We^{i\phi}}{\partial \phi} - \frac{\partial}{\partial \rho} \left(W\rho e^{i\phi} i - Rire^{i\phi} \right) \right) d\phi d\rho =$$

$$= \iint_{\sigma} \left(\frac{\partial W}{\partial \phi} e^{i\phi} + ie^{i\phi} W - \frac{\partial W}{\partial \rho} ie^{i\phi} \rho - We^{i\phi} i + \frac{\partial R}{\partial \rho} ire^{i\phi} \right) d\rho d\phi =$$

$$= \iint_{\sigma} \left(\frac{\partial W}{\partial \rho} e^{i\phi} - \frac{\partial W}{\partial \rho} \rho ie^{i\phi} + \frac{\partial R}{\partial \rho} ire^{i\phi} \right) d\phi d\rho;$$

$$l_2 = \oint_{C_0} \left(Ri\rho e^{i\phi} - iWre^{i\phi} \right) d\phi + R \cdot e^{i\phi} d\rho =$$

$$= \iint_{\sigma} \left(\frac{\partial R}{\partial \phi} e^{i\phi} + ie^{i\phi} R - \frac{\partial R}{\partial \rho} i\rho e^{i\phi} - R \cdot e^{i\phi} i - i \frac{\partial W}{\partial \rho} re^{i\phi} \right) d\rho d\phi =$$

$$= \iint_{\sigma} \left(\frac{\partial R}{\partial \phi} e^{i\phi} + \frac{\partial R}{\partial \rho} i\rho e^{i\phi} - i \frac{\partial W}{\partial \rho} re^{i\phi} \right) d\rho d\phi.$$

Криволинейный интеграл сведен к поверхностному по области σ.

Если подынтегральные функции

$$P_1 = \frac{\partial W}{\partial \phi} - \rho i \frac{\partial W}{\partial \rho} + \frac{\partial R}{\partial \rho} ir; \quad (1.48.)$$

$$P_2 = \frac{\partial R}{\partial \phi} - \rho i \frac{\partial R}{\partial \rho} + ir \frac{\partial W}{\partial \rho}; \quad (1.49.)$$

оказываются равными нулю, то контур C_0 можно последовательно стянуть в контур C, охватывающий цилиндрическую ось.

B. Рассмотрим интеграл по контуру C_5, лежащему на цилиндрической поверхности $\rho = const$ (рис. 21).

Имеем дифференциал $dv = \rho i e^{i\phi} d\phi + jire^{i\phi} d\phi + jdre^{i\phi}$. Составим интеграл и по формуле Грина перейдем к поверхностному интегралу.

Имеем

$$l = \oint_{C_5} f(v)dv = \oint_{C_5} (W + jR)(\rho i e^{i\phi} d\phi + jire^{i\phi} d\phi + jdre^{i\phi}) = l_1 + jl_2 =$$

$$= \oint_{C_5} W\rho i e^{i\phi} d\phi + jre^{i\phi} Rd\phi - e^{i\phi} Rdr +$$

$$+ j \oint_{C_5} \rho i e^{i\phi} Rd\phi + irWe^{i\phi} d\phi + We^{i\phi} Rdr.$$

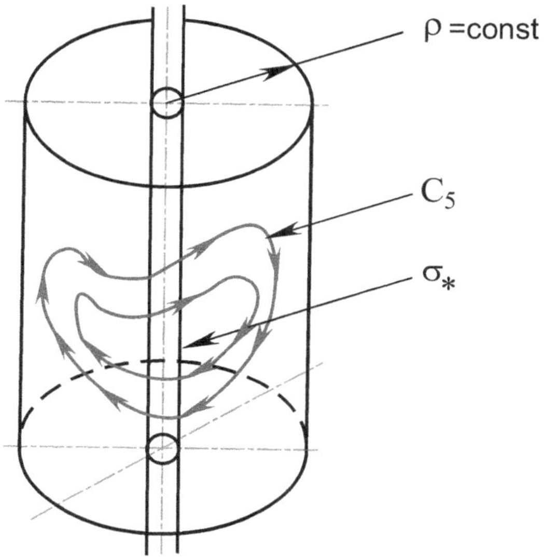

Рис. 21. Кривая C_5 и поверхность σ, лежащие на цилиндрической поверхности.

Рассмотрим последовательно каждый из полученных интегралов:

$$l_1 = \oint_{C_5} (\rho i e^{i\phi} W - ire^{i\phi} R)d\phi - e^{i\phi} Rdr =$$

$$= \iint_{\sigma} \left(-e^{i\phi} \frac{\partial R}{\partial \phi} - ie^{i\phi} R - \rho i e^{i\phi} \frac{\partial W}{\partial r} + ire^{i\phi} \frac{\partial R}{\partial r} + ie^{i\phi} R \right) d\phi dr =$$

$$= \iint_{\sigma} \left(-e^{i\phi} \frac{\partial R}{\partial \phi} - i\rho e^{i\phi} \frac{\partial W}{\partial r} + ire^{i\phi} \frac{\partial R}{\partial r} \right) d\phi dr = \iint_{\sigma} P_3 d\phi dr;$$

$$l_2 = \oint_{C_5} (i\rho e^{i\phi} R + ire^{i\phi} W)d\phi + e^{i\phi} Wdr =$$

$$= \iint_{\sigma} \left(e^{i\phi} \frac{\partial W}{\partial \phi} + ie^{i\phi} W - i\rho e^{i\phi} \frac{\partial R}{\partial r} - ire^{i\phi} \frac{\partial W}{\partial r} - ie^{i\phi} W \right) drd\phi =$$

$$= \iint_{\sigma}\left(e^{i\phi}\frac{\partial W}{\partial \phi} - i\rho e^{i\phi}\frac{\partial R}{\partial r} - ire^{i\phi}\frac{\partial W}{\partial r}\right) d\phi dr = \iint_{\sigma} P_4 d\phi dr.$$

где за P_3 и P_4 обозначены:

$$P_3 = \left(-\frac{\partial R}{\partial \phi} - i\rho\frac{\partial W}{\partial r} + ir\frac{\partial R}{\partial r}\right) e^{i\phi}; \qquad (1.50.)$$

$$P_4 = e^{i\phi}\frac{\partial W}{\partial \phi} - i\rho e^{i\phi}\frac{\partial R}{\partial r} - ire^{i\phi}\frac{\partial W}{\partial r}. \qquad (1.51.)$$

Эти операторы получаются из необходимых условий дифференцирования функций, данных в форме (1.27.). Поэтому интеграл равен нулю.

С. Третий случай: контур С находится на поверхности $\phi = const$. В этом случае дифференциал

$$dv = d\rho e^{i\phi} + jdre^{i\phi};$$

интеграл

$$l = \oint_{C}(W + jR)\left(d\rho e^{i\phi} + jdre^{i\phi}\right) = l_1 + jl_2 =$$

$$= \iint_{\sigma}\left(-e^{i\phi}\frac{\partial R}{\partial \rho} - e^{i\phi}\frac{\partial W}{\partial r}\right) d\rho dr + j\iint_{\sigma}\left(e^{i\phi}\frac{\partial R}{\partial r} - e^{i\phi}\frac{\partial W}{\partial \rho}\right) drd\rho.$$

Подынтегральные выражения и в этом случае соответствуют необходимым условиям дифференцирования функций в форме (1.28.), Интеграл не зависит от формы пространственной кривой.

Д. Четвертый случай обобщает все предыдущие. Возьмем интеграл по простейшей пространственной кривой C_3.

Дифференциал

$$dv = d\rho e^{i\phi} + ie^{i\phi}\rho d\phi + je^{i\phi}dr + ije^{i\phi}rd\phi.$$

составим интеграл

$$l = \oint_{C_3}(W + jR)\left(d\rho e^{i\phi} + i\rho e^{i\phi}d\phi + je^{i\phi}dr + jie^{i\phi}rd\phi\right) = l_1 + jl_2 =$$

$$= \oint_{C}(We^{i\phi}d\rho + i\rho e^{i\phi}Wd\phi - e^{i\phi}Rdr - ie^{i\phi}rRd\phi) +$$

$$+ j\oint_{C} e^{i\phi}Rd\rho + i\rho e^{i\phi}Rd\phi + e^{i\phi}Wdr + ie^{i\phi}rWd\phi.$$

Рассмотрим поочередно полученные интегралы l_1 и l_2.

$$l_1 = \oint_{C_3} e^{i\phi}Wd\rho - e^{i\phi}Rdr(i\rho e^{i\phi}W - ire^{i\phi}R)d\phi =$$

$$= \iint_{\sigma}\left(-e^{i\phi}\frac{\partial R}{\partial \phi} - e^{i\phi}\frac{\partial W}{\partial r}\right) d\rho dr +$$

$$+ \left(i\rho e^{i\phi}\frac{\partial W}{\partial r} - ire^{i\phi}\frac{\partial R}{\partial r} - ie^{i\phi}R + ie^{i\phi}R + e^{i\phi}\frac{\partial R}{\partial \phi}\right) d\phi dr +$$

$$+\left(ie^{i\phi}W + e^{i\phi}\frac{\partial W}{\partial \phi} - ie^{i\phi}W - i\rho e^{i\phi}\frac{\partial W}{\partial \rho} + ire^{i\phi}\frac{\partial R}{\partial \rho}\right)d\phi d\rho;$$

$$l_2 = \oint_{C_3} e^{i\phi}Rd\rho + i\rho e^{i\phi}Rd\phi + e^{i\phi}Wdr + ie^{i\phi}rWd\phi =$$

$$= \iint_{\sigma}\left(e^{i\phi}\frac{\partial W}{\partial \rho} - e^{i\phi}\frac{\partial R}{\partial r}\right)d\rho dr +$$

$$+\left(i\rho e^{i\phi}\frac{\partial R}{\partial r} + ie^{i\phi}W + ire^{i\phi}\frac{\partial W}{\partial r} - ie^{i\phi}W - e^{i\phi}\frac{\partial W}{\partial \phi}\right)drd\phi +$$

$$+\left(e^{i\phi}\frac{\partial R}{\partial \phi} + ie^{i\phi}R - ie^{i\phi}R - i\rho e^{i\phi}\frac{\partial R}{\partial \rho} - ire^{i\phi}\frac{\partial W}{\partial \rho}\right)d\phi d\rho.$$

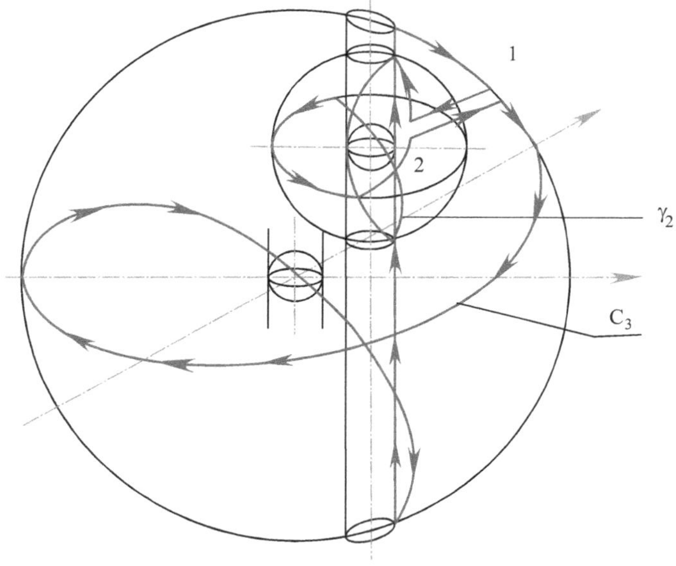

Рис. 22. Перенос изолированного направления в особую точку

Первый интеграл содержит в подынтегральных выражениях операторы P_2, P_1, которые вытекают из необходимых условий дифференцирования функций в форме (1.28) и само условие (1.28.). Второй содержит операторы P_4, P_3, и условие (1.28.) также вытекающие из условий (1.23.). В связи с этим и для общего случая справедливо утверждение: кривую C_3 можно стянуть в геометрически подобную кривую γ_r около изолированной точки (рис. 22).

Общий случай показывает, что поверхностные интегралы l_1, l_2 по формуле Остроградского при общих условиях ее применения могут быть переведены в объемные интегралы.

В этом случае поверхность должна без точек самопересечения натянута на кривую C_3. Эта поверхность должна содержать объем и образовывать тело. В конкретном случае это тор, или сфера с выколотым ε-туннелем.

Имеем

$$l_1 = \iiint_V \left[\frac{\partial}{\partial\phi}\left(-e^{i\phi}\frac{\partial R}{\partial\rho} - e^{i\phi}\frac{\partial W}{\partial r} \right) + \frac{\partial}{\partial\rho}\left(i\rho e^{i\phi}\frac{\partial W}{\partial r} - ire^{i\phi}\frac{\partial R}{\partial r} + e^{i\phi}\frac{\partial R}{\partial\phi} \right) + \right.$$

$$\left. + \frac{\partial}{\partial r}\left(e^{i\phi}\frac{\partial W}{\partial\phi} - i\rho e^{i\phi}\frac{\partial W}{\partial\rho} + ire^{i\phi}\frac{\partial R}{\partial\rho} \right) \right] =$$

$$= \iiint_V \left[-e^{i\phi}\frac{\partial^2 R}{\partial\phi\partial\rho} - ie^{i\phi}\frac{\partial R}{\partial\rho} - ie^{i\phi}\frac{\partial^2 W}{\partial r\partial\phi} - ie^{i\phi}\frac{\partial W}{\partial r} + \right.$$

$$+ ie^{i\phi}\frac{\partial W}{\partial r} + i\rho e^{i\phi}\frac{\partial^2 W}{\partial r\partial\rho} - ire^{i\phi}\frac{\partial^2 R}{\partial\rho\partial r} + e^{i\phi}\frac{\partial^2 R}{\partial\phi\partial\rho} +$$

$$\left. + e^{i\phi}\frac{\partial^2 W}{\partial\phi\partial r} - i\rho e^{i\phi}\frac{\partial^2 W}{\partial\rho\partial r} + ie^{i\phi}\frac{\partial R}{\partial\rho} + ire^{i\phi}\frac{\partial^2 R}{\partial\rho\partial r} \right] d\rho d\phi dr =$$

$$= \iiint_V 0 d\rho d\phi dr = 0;$$

$$l_2 = \iiint_V \left[\frac{\partial}{\partial\phi}\left(e^{i\phi}\frac{\partial W}{\partial\rho} - e^{i\phi}\frac{\partial R}{\partial r} \right) + \frac{\partial}{\partial\rho}\left(i\rho e^{i\phi}\frac{\partial R}{\partial r} + ire^{i\phi}\frac{\partial W}{\partial r} - e^{i\phi}\frac{\partial W}{\partial\phi} \right) + \right.$$

$$\left. + \frac{\partial}{\partial r}\left(e^{i\phi}\frac{\partial R}{\partial\phi} - i\rho e^{i\phi}\frac{\partial R}{\partial\rho} - ire^{i\phi}\frac{\partial W}{\partial\rho} \right) \right] d\rho d\phi dr =$$

$$= \iiint_V \left[ie^{i\phi}\frac{\partial W}{\partial\rho} + e^{i\phi}\frac{\partial^2 W}{\partial\rho\partial\phi} - ie^{i\phi}\frac{\partial R}{\partial r} - e^{i\phi}\frac{\partial^2 R}{\partial r d\phi} + \right.$$

$$+ ie^{i\phi}\frac{\partial R}{\partial r} + i\rho e^{i\phi}\frac{\partial^2 R}{\partial r\partial\rho} + ire^{i\phi}\frac{\partial^2 W}{\partial r\partial\rho} - e^{i\phi}\frac{\partial^2 W}{\partial\phi\partial\rho} +$$

$$\left. + e^{i\phi}\frac{\partial^2 R}{\partial\phi\partial r} - i\rho\frac{\partial^2 R}{\partial r\partial\rho} - ie^{i\phi}\frac{\partial W}{\partial\rho} - ire^{i\phi}\frac{\partial^2 W}{\partial\rho\partial r} \right] d\rho d\phi dr =$$

$$= \iiint_V 0 \cdot dv = 0;$$

На языке векторных полей последние выкладки утверждают, что пространственное комплексное поле является безвихревым и соленоидальным.

Если в пространстве (v) задана вектор-функция $\bar{a}$, то имеем следующую последовательность реализации векторных теорем:

$$\oint_{C_3} \bar{a} d\bar{r} = \iint_{\sigma^*} rot\bar{a} d\bar{\sigma} = \iiint_V \text{divrot}\bar{a} dv = 0$$

или как в классическом анализе

$$\text{divrot}\,\bar{a} = 0.$$

и комплексное пространство потенциально.Однако следуя предыдущим исследованиям ,проведенным выше пространство в этой записи просто вырождено.Тройной интеграл тождественно равен нулю.Его просто нет.

В результате исследований криволинейного интеграла получены:

Теорема 2. Пусть C_3 - замкнутый (в геометрическом смысле) контур в пространстве (ν) и такой, что существует гладкая поверхность, натянутая на него, и функция, стоящая под знаком интеграла, в каждой точке имеет производную. Тогда интеграл $\oint\limits_{C_3} f(v)dv$ равен нулю.

Теорема 3. Пусть функция $f(\nu)$ дифференцируема в односвязной области G пространства (ν) и пусть простая замкнутая кривая C_3 лежит в G и ориентируема в положительном направлении.

Тогда для любой точки ν_0, лежащей внутри области, охватываемой поверхностью, натянутой на кривую C_3 справедлива формула

$$f(v_0) = \frac{1}{4\pi i + 2\pi j} \oint\limits_{C_3} \frac{f(\xi)d\xi}{\xi - v_0} \qquad (1.52.)$$

Доказательство. На замкнутую кривую C_3 для дифференцируемых функций наложены условия равенства

$$\oint\limits_{C_3} f(v)dv = \oint\limits_{\gamma} f(v)dv$$

где контур γ_r охватывается контуром C_3 (рис. 22)

Функция $f(\xi)$ аналитична в пространстве (ν) в области G с выколотым ε - туннелем, проходящим через точку ν_0. В пространстве для этой функции происходит перенос ε - туннеля из начала координат так, чтобы он проходил через точку ν_0. Иными словами, чтобы знаменатель

$$\xi - v_0 = \rho e^{i\phi + j\psi}(i \pm j)$$

был равен делителям нуля. В классическом активе обычно знаменатель приравнивался. нулю $\xi - v_0 = 0$.

Выберем контур γ_r так, чтобы он охватывался контуром C_3, как показано на рис. 22. В этом случае можно положить $\|\xi - v_0\| = R$, а интеграл записать в следующем виде:

$$J = \frac{1}{4\pi i + 2\pi j} \oint\limits_{\gamma_r} \frac{f(\xi)d\xi}{\xi - v_0} = \frac{1}{4\pi i + 2\pi j} \oint\limits_{C_R} \frac{f(\xi)d\xi}{\xi - v_0} =$$

$$\frac{1}{4\pi i + 2\pi j} \oint\limits_{C_R} \frac{f(\xi) - f(v_0) + f(v_0)}{\xi - v_0} d\xi =$$

$$= \frac{1}{4\pi i + 2\pi j} \oint\limits_{C_R} \frac{f(\xi) - f(v_0)}{\xi - v_0} d\xi + \frac{f(v_0)}{4\pi i + 2\pi j} \oint\limits_{C_R} \frac{d\xi}{\xi - v_0} = J_1 + f(v_0)J_2.$$

Рассмотрим интегралы J_2 и J_1:

$$J_2 = \frac{1}{4\pi i + 2\pi j} \int\limits_{C_R} \frac{d\xi}{\xi - v_0} = \frac{1}{4\pi i + 2\pi j} \int\limits_{C_R} \frac{R \cdot e^{i\phi + j\psi}(id\phi + jd\psi)}{R \cdot e^{i\phi + j\psi}} =$$

$$= \frac{1}{4\pi i + 2\pi j} \left[i \int\limits_0^{4\pi} d\phi + j \int\limits_0^{2\pi} d\psi \right] = 1.$$

в силу непрерывности функции $f(\psi)$ в точке ν_0 для любого $\varepsilon>0$ найдется такое $\delta = \delta(\varepsilon)$, что неравенство

$$\left\| f(\xi) - f(v_0) \right\| < \varepsilon .$$

выполняется, как только $\left\| \xi - v_0 \right\| < \delta$. Следовательно, как только $R < \delta$, будет выполняться оценка

$$\left\| l_1 \right\| < \frac{1}{2\sqrt{3}\pi} \oint_{C_R} \frac{\left\| f(\xi) - f(v_0) \right\|}{\left\| \xi - v_0 \right\|} \left\| d\xi \right\| < \frac{1}{2\sqrt{3}\pi} \frac{\varepsilon}{R} \oint_{C_R} \left\| d\xi \right\| \leq \varepsilon.$$

Учитывая, что J_1 не зависит от R, получаем, что $J_1=0$, то есть $J=f(\nu)$. Формула доказана. Полученный результат можно написать

$$f(v_0) = \frac{1}{4\pi i + 2\pi j} \oint \frac{f(\xi) d\xi}{\xi - v_0} = \begin{bmatrix} f(v_0), & v_0, & G \\ 0, & v_0, & G \end{bmatrix} \qquad (1.53.)$$

Если знаменатель подынтегральной функции прировнять делителям нуля, то есть

$$\xi - \upsilon_0 = re^{i\varphi + j\psi}(i \pm j) = \lambda(i \pm j)$$

$$d\xi = d\lambda(i \pm j)$$

В этом случае к интегралу применима формула Коши и предыдущий результат остается в силе

$$f(\upsilon_0) = \frac{1}{4\pi i + 2\pi j} \oint_{\gamma} \frac{f(\upsilon_0 + \lambda(i \pm j)) d\lambda(i \pm j)}{\lambda(i \pm j)} =$$

$$= \frac{1}{4\pi i + 2\pi j} \oint_{\gamma} \frac{f(\upsilon_0 + \lambda(i \pm j))}{\lambda} d\lambda$$

Перенос начала координат в изолированную точку, сопровождается переносом изолированной оси в эту точку.

<u>Пример 6.</u> Рассмотрим интеграл $\oint_{C_3} \frac{1}{v} dv$ в пространстве (Y) за вычетом изолированной оси. Считаем $\sqrt{0} \leq \left\| v \right\| \leq R$, где R - сколь угодно большое число.

Для функции $\frac{1}{v}$ сферы радиуса нуль и радиуса корня из нуля, а также выколотая ось дискретных точек являются полюсами функции. Функция на поверхности вырожденного тора является функцией аналитической. В силу интегральных теорем 1, 2, 3 любой путь, замкнутый в пространстве, можно деформировать так, что он будет идти по простейшей кривой C_3, так что

$$\Gamma = \oint_{C_3} f(v) dv = \oint_{C_3} \frac{1}{e^{i\phi + j\psi}} e^{i\phi + j\psi} (id\phi + jd\psi) = 4\pi i + 2\pi j.$$

При расчете этого интеграла принято, что кривая C_3 лежит на внутренней и внешней поверхностях сферы радиуса R (рис. 16), то есть проход по внутренней поверхности заменяет проход по ε - туннелю. Тот отрезок прямой, который идет по ε - туннелю, соединяя две оболочки, можно сделать сколь угодно малым вместе с толщиной оболочки δ. Эту добавку к интегралу можно также сделать сколь угодно малой, поэтому она не учитывается.

Величину $\Gamma=4\pi i+2\pi j$ назовем главной циклической постоянной в пространстве (ν). Естественно можно указать путь (рис. 16), когда величина Γ будет равна $2\pi j+2\pi i$ и циклическая постоянная будет принадлежать делителям нуля.

Если рассматривать путь от 1 до (ν), который состоит из кривой C_4 и кривой C_3, то интеграл будет равен

$$\int_1^{\nu}\frac{\partial\nu}{\nu}=\int_{1\,C_4}^{\nu}\frac{\partial\nu}{\nu}+4k_1\pi i+2k_2\pi j,$$

где k_1 и k_2 - целые числа, показывающие, сколько раз и в каком направлении проходится поверхность сферы и выколотой оси (рис. 23). C_4 - путь от 1 до любой точки ν; C - любой путь, охватывающий сферу и путь от 1 до ν.

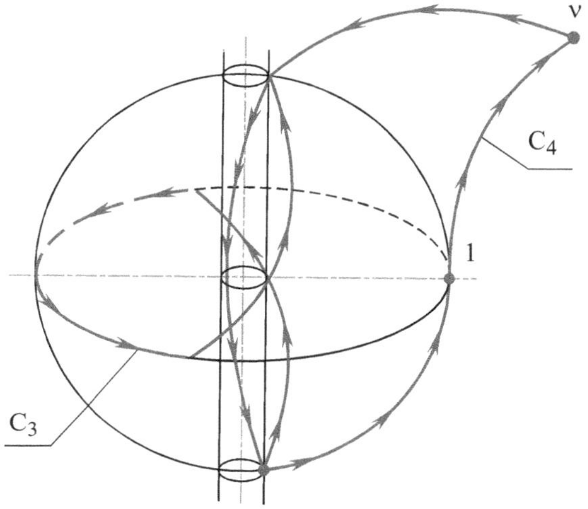

Рис. 23. Путь C_4 от точки 1 до точки ν, включающий простейшую кривую C_3.

Таким образом, от интеграла пришли к многозначности логарифмической функции

$$\mathrm{Ln}\,\nu=\int_{1\,C}^{\nu}\frac{d\nu}{\nu}=\int_{1\,C_4}^{\nu}\frac{d\nu}{\nu}+4k\pi i+2k_1\pi j=$$

$$=\ln\nu\Big|_1^{\nu'}+4k\pi i+2k_1\pi j=\ln\nu+2k\pi i+2k_1\pi j, \qquad (1.54.)$$

Кривые C_0 не содержащие внутри себя выколотой оси в пространстве (ν), функцией $\ln\nu$ при каждом обходе их точкой ν сдвигаются в пространстве U, V, W, давая кривые C_0, C_{01}, C_{03}. Сдвиг определяется величиной $\Gamma=2\pi ki+2k_1\pi j$.

Если кривая в пространстве разомкнута, то она и в координатах U, V, W будет разомкнута и иметь различные ветви. Эти ветви будут однозначными ветвями многозначной функции . На этих ветвях функция $\ln\nu$ обладает производной. Если кривая будет охватывать ось, то ветви функции не отделяются друг от друга. Выколотая ось является осью разветвления функции.

Рассмотрим в пространстве поверхность, которая охватывает объем, и сформулируем условия существования поверхностного интеграла.

Разобьем произвольную поверхность в пространстве на элементарные площадки dσ, образованные пересечением кривых C_*, C^*. Сетку из кривых определим, анализируя дифференциалы.

Рассмотрим

$$dv\big|_{\phi=const} = d\rho e^{i\phi} + jdre^{i\phi}$$

и

$$dv\big|_{\substack{\rho=const\\ r=const}} = i\rho e^{i\phi}d\phi + jire^{i\phi}d\phi$$

Элемент площадки dσ* образуется пересечением

$$d\sigma^* = dv\big|_{\phi^*} dv\big|_{\rho}.$$

Имеем

$$d\sigma^* = dve^{2i\phi}d\phi d\rho - ie^{2i\phi}rd\phi dr + jire^{2i\phi}d\phi d\rho + ji\rho e^{2i\phi}d\phi dr.$$

Поверхность dσ состоит из четырех поверхностей

$$d\sigma^* = d\sigma_1 - d\sigma_2 + d\sigma_3 + d\sigma_4.$$

На рис. 24 дана геометрическая взаимосвязь площадок.

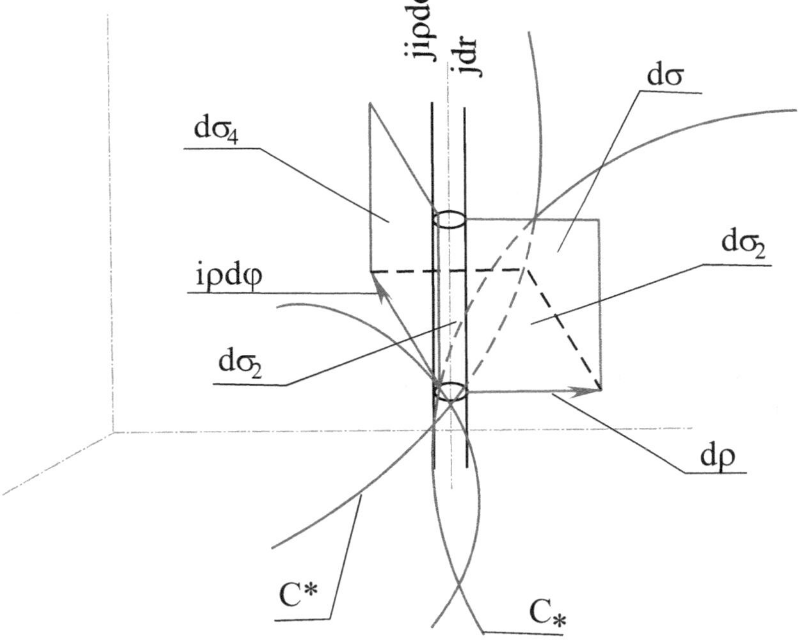

Рис. 24. Расположение элементарных площадок в комплексном пространстве.

Элемент dσ* состоит из суммы проекционных площадок, одна из которых $d\sigma_2$ взята с отрицательным знаком, так как согласно геометрической интерпретации (рис. 24) эта площадка дважды входит в элемент: один раз в площадку. $d\sigma_4$ и один раз в площадку $d\sigma_3$.

Определим поверхностный интеграл

$$\iint\limits_S f(v)d\sigma^* =$$

$$= \iint_S (U + jV)\left(i\rho e^{2i\phi} d\phi d\rho - ire^{2i\phi} d\phi dr + jire^{2i\phi} d\phi d\rho + ji\rho e^{2i\phi} d\phi dr\right) =$$

$$= \iint_S \left(i\rho e^{2i\phi} U d\phi d\rho - ire^{2i\phi} U d\phi dr + ire^{2i\phi} V d\phi d\rho - i\rho e^{2i\phi} V d\phi dr\right) +$$

$$+ j\iint_S \left(i\rho e^{2i\phi} V d\phi d\rho - ire^{2i\phi} V d\phi dr + ire^{2i\phi} U d\phi d\rho + i\rho e^{2i\phi} U d\phi dr\right) =$$

$$= JJ_1 + jJJ_2.$$

рассмотрим последовательно интегралы JJ_1 и JJ_2:

$$JJ_1 = \iint_S ie^{2i\phi} d\phi (U\rho d\rho - Urdr - Vrd\rho - V\rho dr);$$

$$JJ_2 = \iint_S ie^{2i\phi} d\phi (V\rho d\rho - Vrdr + Urd\rho + U\rho dr).$$

Преобразуем интегралы ll_1 и ll_2 в повторные интегралы по сеткам C^*, C_*:

$$JJ_1 = \iint_{C*} ie^{2i\phi} d\phi \int_{C*} (U\rho - Vr) d\rho - (Ur + V\rho) dr;$$

$$JJ_2 = \iint_{C*} ie^{2i\phi} d\phi \int_{C*} (V\rho + Ur) d\rho - (Vr - U\rho) dr.$$

Криволинейные интегралы по C_* сведем к поверхностным, применив формулу Грина:

$$JJ_1 = \int_{C*} (U\rho - Vr) d\rho - (Ur + V\rho) dr =$$

$$= \iint_{\sigma*} \left[\frac{\partial}{\partial r}(U\rho - Vr) + \frac{\partial}{\partial \rho}(Ur + V\rho)\right] d\rho dr =$$

$$= \iint_{\sigma*} \left(\frac{\partial U}{\partial r}\rho - \frac{\partial V}{\partial r} r - V + \frac{\partial U}{\partial \rho} r + \frac{\partial V}{\partial \rho}\rho + V\right) d\rho dr =$$

$$= \iint_{\sigma*} \left[\left(\frac{\partial U}{\partial r} + \frac{\partial V}{\partial \rho}\right) - r\left(\frac{\partial V}{\partial r} - \frac{\partial U}{\partial \rho}\right)\right] dr d\rho;$$

$$J_2 = \iint_{\sigma*} \left[\frac{\partial}{\partial r}(U\rho + Ur) + \frac{\partial}{\partial \rho}(Vr - U\rho)\right] d\rho dr =$$

$$= \iint_{\sigma*} \left[\frac{\partial V}{\partial r}\rho + \frac{\partial U}{\partial r} r + U + \frac{\partial V}{\partial \rho} r - \frac{\partial U}{\partial \rho}\rho - U\right] d\rho dr =$$

$$= \iint_{\sigma*} \left[\rho\left(\frac{\partial V}{\partial r} - \frac{\partial U}{\partial \rho}\right) + r\left(\frac{\partial U}{\partial r} + \frac{\partial V}{\partial \rho}\right)\right] d\rho dr$$

В результате преобразований имеем

$$JJ_1 = \iint_{\sigma} f(v)d\sigma = \oint_{C^*} ie^{2i\phi} \iiint_{\sigma^*}\left[\rho\left(\frac{\partial U}{\partial r}+\frac{\partial V}{\partial \rho}\right)-r\left(\frac{\partial V}{\partial r}-\frac{\partial U}{\partial \rho}\right)\right]d\rho dr +$$

$$+ j \oint_{C^*} ie^{2i\phi} \iiint_{\sigma^*}\left[\rho\left(\frac{\partial V}{\partial r}-\frac{\partial U}{\partial \rho}\right)+r\left(\frac{\partial U}{\partial r}+\frac{\partial V}{\partial \rho}\right)\right]d\rho dr =$$

$$= \iiint_{V}\left[i\rho e^{2i\phi}\left(\frac{\partial U}{\partial r}+\frac{\partial V}{\partial \rho}\right)-ire^{2i\phi}\left(\frac{\partial V}{\partial r}-\frac{\partial U}{\partial \rho}\right)\right]d\rho dr d\phi +$$

$$= j\iiint_{V}\left[i\rho e^{2i\phi}\left(\frac{\partial V}{\partial r}-\frac{\partial U}{\partial \rho}\right)+ire^{2i\phi}\left(\frac{\partial U}{\partial r}-\frac{\partial V}{\partial \rho}\right)\right]d\rho dr d\phi .$$

Подынтегральное выражение преобразуется к следующему виду объемного интеграла

$$J = \iiint_{V}\left[\left(\frac{\partial U}{\partial r}+\frac{\partial V}{\partial \rho}\right)+j\left(\frac{\partial V}{\partial r}-\frac{\partial U}{\partial \rho}\right)\right]d\rho dr\left(i\rho e^{2i\phi}d\phi + jire^{2i\phi}d\phi\right).$$

Подынтегральное выражение этого интеграла было получено на контуре $\phi = \text{const}$ при исследовании криволинейного интеграла, когда по формуле Грина делался переход к поверхностному интегралу, поэтому

$$JJ = \iint_{S} f(v)d\sigma = \int_{C*}\left(\int_{C^*}(U + jV)\left(d\rho e^{i\phi} + jdre^{i\phi}\right)\left(i\rho e^{i\phi}d\phi + jire^{i\phi}d\phi\right)\right) =$$

$$= \int_{C*}\left(\int_{C^*} f(v)dv_1\right)dv_2 . \tag{1.55.}$$

В итоге поверхностный интеграл по элементарной площадке $d\sigma^*$ свели к двукратному интегрированию сначала по кривой С*, а затем по кривой C_*.

Вследствие этого, если кривая является замкнутой кривой C_3, то поверхностный интеграл не зависит от формы поверхности, которая натянута в пространстве на эту кривую.

От поверхности натянутой на кривую C_3 (рис. 22), можно непрерывным образом перейти к поверхности γ_r, натянутой на кривую γ_r, окружающую изолированную точку ν_0.

Этот вывод сформулируем как Следствие 1. Если функция $g(\upsilon)$ дифференцируема в односвязном пространстве Д, то двойной интеграл от $g(\upsilon)$ не зависит от формы поверхности интегрирования. Если поверхности $S_\gamma, S_{\gamma 1}$ касаются друг друга в двух точках по изолированному направлению, либо в других двух точках, то

$$\oiint_{S_\gamma} g(\upsilon)d\sigma = \oiint_{S_{\gamma 1}} g(\upsilon)d\sigma .$$

Это соотношение справедливо и для не односвязных областей. Справедлива в пространстве и следующая теорема.

Если Д –ограниченная односвязная область с кусочно-гладкой поверхностью $S\gamma$ и функция $g(\upsilon)$ дифференцируема в области Д и непрерывна вплоть до ее границы, тогда

$$\oiint_{S_\gamma} g(\upsilon)d\sigma = 0.$$

Пример.7. $\iint = \oiint_{S\gamma} (\upsilon - a)^n d\sigma$,где n- целое число, S_γ-поверхность сферы $\|\upsilon - a\| = R \geq \sqrt{0}$. Точка поверхности S_γ записывается в виде $\upsilon = a + \mathrm{Re}^{i\varphi + j\psi}$, где $0 \leq \varphi \leq 2\pi, -\frac{\pi}{2} \leq \psi \leq \frac{\pi}{2}$. Тогда

$$d\upsilon_\varphi = i\,\mathrm{Re}^{i\varphi + j\psi}\,d\varphi,$$

$$d\upsilon_\psi = j\,\mathrm{Re}^{i\varphi + j\psi}\,d\psi$$

Откуда $d\sigma = d\upsilon_\varphi d\upsilon_\psi = jiR^2 e^{2i\varphi + 2j\psi} d\varphi d\psi$. Интеграл приобретает вид

$$\iint = jiR^{n+2} \int_0^{2\pi} \int_{-\frac{\pi}{2}}^{+\frac{\pi}{2}} e^{i(n+2)\varphi + j(n+2)\psi} d\varphi d\psi.$$ Проанализируем полученное выражение интеграла.

При $n = -2$ имеем $\iint = ji2\pi \cdot \pi = 2\pi^2 ji$

При $n \neq -2$, последовательно вычислим интеграл

$$\iint = jiR^{n+2} \int_0^{2\pi} e^{i(n+2)\varphi} d\varphi \int_{-\frac{\pi}{2}}^{\frac{\pi}{2}} e^{j(n+2)\psi} d\psi =$$

$$= ji\frac{R^{n+2}}{(n+2)(n+2)} e^{i(n+2\varphi)}\Bigg|_0^{+\frac{\pi}{2}} e^{j(n+2)\psi}\Bigg|_{-\frac{\pi}{2}}^{+\frac{\pi}{2}} =$$

$$= ji\frac{R^{n+2}}{(n+2)^2}\left(e^{i(n+2)2\pi} - e^0\right)\left(e^{j(n+2)\frac{\pi}{2}} - e^{-j(n+2)\frac{\pi}{2}}\right) = 0,$$ так как

$e^{i(n+2)2\pi} - e^0 = 0$ при n- четных и нечетных положительных и отрицательных ,

$e^{j(n+2)\frac{\pi}{2}} - e^{-j(n+2)\frac{\pi}{2}} = 0$ при n-четных и $n = 0$,

$e^{j(n+2)\frac{\pi}{2}} - e^{-j(n+2)\frac{\pi}{2}} = \pm 2j$ при n-нечетных и отрицательных.

$\iint = 0.$

Пример.8. Вычислить интеграл $\oiint\limits_{S_\gamma} e^{\upsilon} d\sigma$.

Проведем подстановку аналогичную предыдущему примеру получим :

$$\oiint\limits_{S_\gamma} e^{\rho e^{i\varphi+j\psi}} ji\rho^2 e^{2i\varphi+2j\psi} d\varphi d\psi = \oiint\limits_{S_\gamma} jie^{\upsilon}\upsilon^2 d\varphi d\psi$$

В комплексном пространстве функции e^{υ}, υ^2 есть функции одной переменной υ, поэтому целесообразно экспоненциальную функцию разложить в ряд ,который сходится для любого υ.

В результате подынтегральная функция приобретает вид

$e^{\upsilon}\upsilon^2 = \upsilon^2 + \upsilon^3 + \frac{\upsilon^4}{2!} + \frac{\upsilon^5}{3!} + \ldots$ и возвращаясь к переменной $\upsilon = re^{i\varphi + j\psi}$ получим следующий ряд

$$e^{\upsilon}\upsilon^2 = r^2 e^{2i\varphi+2j\psi} + r^3 e^{3i\varphi+3j\psi} + \frac{r^4 e^{4i\varphi+4j\psi}}{2!} + \ldots$$

Подставляя в исходный интеграл, получим

$$\oiint\limits_{S_\gamma} e^{\upsilon} d\sigma = \int\limits_0^{2\pi} \int\limits_{-\frac{\pi}{2}}^{\frac{\pi}{2}} ji\left(r^2 e^{2i\varphi+2j\psi} + r^3 e^{3i\varphi+3j\psi} + \frac{r^4 e^{4i\varphi+4j\psi}}{2!} + \ldots \right) d\varphi d\psi = 0$$

Интеграл равен нулю, так как каждый член сходящегося ряда при интегрировании дает ноль.

<u>Теорема 4.</u> Пусть функция $f(\nu)$ дифференцируема в односвязной области G пространства (ν) и пусть имеется гладкая поверхность σ. Тогда для любой точки ν_0, лежащей внутри объема G, заключенного внутри замкнутой (геометрически) поверхности, имеет место формула

$$f(\nu_0) = \frac{1}{4\pi^2 ij} \iint\limits_{\sigma} \frac{f(\xi) d\sigma}{(\xi - \nu_0)^2}, \qquad (1.56.)$$

где $d\sigma$ - дифференциал упомянутой поверхности.

Доказательство начнем со следующего замечания. Если около точки ν_0 построена шаровая поверхность (в нашем случае сфера с проколотыми вершинами)

$$\|\xi - \nu_0\| = R,$$

то в этом случае

$$d\sigma = d\xi_\phi d\xi_\psi = R^2 e^{2i\phi+2j\psi} ijd\phi d\psi,$$

а

$$\xi - \nu_0 = R \cdot e^{i\phi+j\psi}.$$

Поэтому

$$\iint\limits_{\sigma_R} \frac{d\sigma}{(\xi - \nu_0)^2} = ij \int\limits_0^{2\pi} \int\limits_{-\frac{\pi}{2}}^{+\frac{\pi}{2}} d\phi d\psi = 2\pi^2 ij. \qquad (1.57.)$$

Далее в соответствии с заключением предыдущего параграфа о независимости интеграла от формы поверхности делаем заключение $\oiint_{\sigma_R} \frac{f(\xi)}{(\xi-\upsilon_0)^2} d\sigma = \oiint_{\sigma_r} \frac{f(\xi)}{(\xi-\upsilon_0)^2} d\sigma$, где радиус r можно сделать сколь угодно малым - δ.

$$\frac{1}{2\pi^2 ji} \oiint_{\sigma_R} \frac{f(\xi)}{(\xi-\upsilon_0)^2} d\sigma - f(\upsilon_0) = \frac{1}{2\pi^2 ji} \oiint_{\sigma_r} \frac{1}{(\xi-\upsilon_0)^2} (f(\xi) - f(\upsilon_0)) d\sigma.$$

Обозначим интеграл в правой части за $\iint$ и докажем, что он равен нулю .Обозначим

$$\xi - \upsilon_0 = \delta e^{i\varphi + j\psi}$$

$d\xi_\varphi d\xi_\psi = ji\delta^2 e^{2i\varphi+2j\psi} d\varphi d\psi$,тогда интеграл равен

$$\iint = \frac{1}{2\pi^2 ji} \oiint_{\sigma_r} \frac{f\left(\upsilon_0 + \delta e^{i\varphi+j\psi}\right) - f(\upsilon_0)}{\delta^2 e^{2i\varphi+2j\psi}} ji\delta^2 e^{2i\varphi+2j\psi} d\varphi d\psi =$$

$$= \frac{1}{2\pi^2} \oiint_{\sigma_r} \left[f\left(\upsilon_0 + \delta e^{i\varphi+j\psi}\right) - f(\upsilon_o) \right] d\varphi d\psi$$

Величина δ характеризует радиус поверхности сферы σ_r и может быть взята сколь угодно малой $\delta(\varepsilon)$. Приращение функции в точке υ_0 может в свою очередь стать равным ε. Так, что

Приращение функции по модулю равно

$\left\| f\left(\upsilon_0 + \delta(\varepsilon) e^{i\varphi+j\psi}\right) - f(\upsilon_0) \right\| = \varepsilon$ следовательно интеграл

$$\oiint \le \frac{1}{2\pi^2} 2\pi^2 \varepsilon . \iint \le \varepsilon.$$

Левая часть равенства не зависит r, правая часть равна нулю, поэтому приходим к результату:

$\frac{1}{2\pi^2 ji} \oiint_{\sigma_R} \frac{f(\xi)}{(\xi-\upsilon_0)^2} d\sigma = f(\upsilon_0), \upsilon_0 \in \Omega$, и равен 0 , если $\upsilon_0 \notin \Omega$, где Ω -область заключенная внутри поверхности σ_R.

Рассматривая $\Delta\upsilon = \delta(\varepsilon) e^{i\varphi+j\psi}$ как приращение переменной в точке υ_0, приращение функции

Δf можно представить в виде ряда

$\Delta f = \frac{\partial f}{\partial \upsilon_0} \Delta\upsilon_0 + \frac{1}{2} \frac{\partial^2 f}{\partial^2 \upsilon_0} \Delta\upsilon^2{}_0 + \ldots 0\left(\delta^2\right)$, так как функция регулярна во всем пространстве Y, в том числе и точки υ_0. Это приращение может быть сколь угодно малым ε при $r = \delta[\varepsilon] \to 0$.

Наличие изолированного направления не ограничивает общности рассуждений и подтверждает конечный результат формулы.

Если приращение переменной υ

идет по изолированному направлению $\xi - \upsilon_0 = \delta(\varepsilon) e^{i\varphi+j\psi}(1+ji)$,

$(\xi - \upsilon_0)^2 = \delta(\varepsilon)^2 e^{2i\varphi + 2j\psi}(1 + ji)^2$, то

$$\Delta f = (1 + ji)\left[\frac{\partial f}{\partial \upsilon_0}\delta(\varepsilon)e^{i\varphi + j\psi} + \frac{\partial^2 f}{\partial^2 \upsilon_0}\delta^2(\varepsilon)e^{2i\varphi + 2j\psi} + \ldots\right] \le \varepsilon$$

Вывод теоремы Коши в пространстве необходимо рассмотреть с разных позиций, которые диктуются геометрией и алгеброй комплексного пространства.

В классическом виде ноль это выражение вида $0 = 0e^{i\varphi + j\psi}$, где φ, ψ могут быть как действительными, так и комплексными. Но в пространстве ноль представим как произведение делителей нуля $0 = e^{i\varphi + j\psi}(1 + ji)(1 - ji)$. В последнем случае ноль заменен произведение делителей нуля с противоположными направлениями. Если в первом случае ноль окружен

Сферой с изменением аргументов в пределах $0 \le \varphi \le 2\pi, -\frac{\pi}{2} \le \psi \le \frac{\pi}{2}$, то во втором случае

Поверхность сферы рассматривается из двух полусфер. Верхняя полусфера определена делителем нуля в верхнем полупространстве с изменением аргументов

$0 \le \varphi \le 2\pi, 0 \le \psi \le \frac{\pi}{2}$, полусфера в нижнем полупространстве определена делителем нуля с

отрицательным изолированным направлением и изменением аргументов

$$0 \le \varphi \le 2\pi, -\frac{\pi}{2} \le \psi \le 0.$$

Функция $\frac{1}{\upsilon^2}$ не регулярна в точке $\upsilon = 0$. Поэтому рассмотрим выражение нуля в пространстве

По второму варианту. В силу делимости нуля дробь $\frac{1}{\upsilon^2(1 + ji)(1 - ji)}$ можно разложить

На две простейшие дроби

$$\frac{1}{\upsilon^2(1 + ji)(1 - ji)} = \frac{1}{\upsilon^2}\left[\frac{1}{2(1 + ji)} + \frac{1}{2(1 - ji)}\right].$$

Составим поверхностный интеграл от правой части равенства

$\iint = \iint_{\sigma_1}\frac{d\sigma_1}{\upsilon^2(1 + ji)^2} + \iint_{\sigma_2}\frac{d\sigma_2}{\upsilon^2(1 - ji)^2}$, где использовано свойство делителей нуля

$$(1 \pm ji)^2 = 2(1 \pm ji).$$

В первом интеграле поверхность σ_1 есть верхняя полусфера, точки на которой определяются

В виде $\upsilon = \upsilon_0(1 + ji) = re^{i\varphi + j\psi}(1 + ji)$. Элемент поверхности равен

$d\sigma_1 = jir^2 e^{2i\varphi+2j\psi}(1+ji)^2 d\varphi d\psi,$ где аргументы изменяются в пределах

$$0 \le \varphi \le 2\pi, 0 \le \psi \le \frac{\pi}{2}.$$

Во втором интеграле поверхность σ_2 есть нижняя полусфера, точки на которой определяются

В виде $\upsilon = \upsilon_0(1-ji) = re^{i\varphi+j\psi}(1-ji).$ Элемент поверхности равен

$d\sigma_2 = jir^2 e^{2i\varphi+2j\psi}(1-ji)^2 d\varphi d\psi,$ где аргументы изменяются в пределах

$$0 \le \varphi \le 2\pi, -\frac{\pi}{2} \le \psi \le 0.$$

Подставим выражения в интегралы

$$\iint = ji\int_0^{2\pi}\int_0^{\frac{\pi}{2}} \frac{r^2 e^{2i\varphi+2j\psi}(1+ji)^2 d\varphi d\psi}{r^2 e^{2i\varphi+2j\psi}(1+ji)^2} + ji\int_0^{2\pi}\int_{-\frac{\pi}{2}}^{0} \frac{r^2 e^{2i\varphi+2j\psi}(1-ji)^2 d\varphi d\psi}{r^2 e^{2i\varphi+2j\psi}(1-ji)^2} =$$

$$= ji\int_0^{2\pi}\int_0^{\frac{\pi}{2}} d\varphi d\psi + ji\int_0^{2\pi}\int_{-\frac{\pi}{2}}^{0} d\varphi d\psi = 2\pi^2 ji.$$

Оба интеграла могут быть объединены в один интеграл

$$\iint = ji\int_0^{2\pi} \frac{r^2 e^{2i\varphi+2j\psi}(1+ji)^2(1-ji)^2}{r^2 e^{2i\varphi+2j\psi}(1+ji)^2(1-ji)^2} d\varphi \left[\int_0^{\frac{\pi}{2}} d\psi + \int_{-\frac{\pi}{2}}^{0} d\psi\right] =$$

$$= ji\int_0^{2\pi}\int_{-\frac{\pi}{2}}^{+\frac{\pi}{2}} d\varphi d\psi = 2\pi^2 ji.$$

Таким образом, критическая точка ноль представлена как произведение делителей нуля. Интеграл $\iint = \int_0^{2\pi}\int_{-\frac{\pi}{2}}^{+\frac{\pi}{2}} \frac{d\sigma}{\upsilon^2}$ в пространстве распадается на сумму трех интегралов

$$\iint = \frac{1}{2}\int_0^{2\pi}\int_{-\frac{\pi}{2}}^{+\frac{\pi}{2}} \frac{d\sigma}{\upsilon^2} + \frac{1}{2}\int_0^{2\pi}\int_0^{+\frac{\pi}{2}} \frac{d\sigma}{\upsilon^2(1+ji)^2} + \frac{1}{2}\int_0^{2\pi}\int_{-\frac{\pi}{2}}^{0} \frac{d\sigma}{\upsilon^2(1-ji)^2} = 2\pi^2 ji.$$

Итак, классический интеграл в пространстве Y представлен в виде суммы трех интегралов.

Первый интеграл рассматривает ноль как критическую точку в его классическом виде.

Два вторых интеграла рассматривают ноль, как критическую точку в пространстве представленную произведением делителей нуля. В этом случае вычисления проводятся по поверхностям верхней и нижней полусфер, окружающих в пространстве классическую

Нулевую точку. Если вычислять интеграл только по верхней полусфере, то получим

$$\iint = \frac{1}{2}\int_0^{2\pi}\int_0^{+\frac{\pi}{2}}\frac{d\sigma}{\upsilon^2} + \frac{1}{2}\int_0^{2\pi}\int_0^{+\frac{\pi}{2}}\frac{d\sigma}{\upsilon^2(1+ji)^2} = \pi^2 ji.$$

Если вычислять интеграл по нижней полусфере около точки ноль, то получим

$$\iint = \frac{1}{2}\int_0^{2\pi}\int_{-\frac{\pi}{2}}^{0}\frac{d\sigma}{\upsilon^2} + \frac{1}{2}\int_0^{2\pi}\int_{-\frac{\pi}{2}}^{0}\frac{d\sigma}{\upsilon^2(1-ji)^2} = -\pi^2 ji.$$

<u>Теорема 5.</u> (о среднем). Пусть функция дифференцируема внутри шара $\|\xi - v_0\| < R$ и непрерывна вплоть до его границы. Тогда значение этой функции в центре шара равно среднеарифметическому ее значению по поверхности, то есть

$$f(v_0) = \frac{1}{2\pi^2 ji}\int_0^{2\pi}\int_{-\frac{\pi}{2}}^{+\frac{\pi}{2}} f\left(v_0 + R\cdot e^{i\phi + j\psi}\right)d\phi d\psi.$$

$$f(v_0) = \frac{1}{2\pi^2 ij}\iint_{\sigma R}\frac{f(\xi)d\sigma}{(\xi - v_0)^2} = \frac{1}{2\pi^2 ji}\int_0^{2\pi}\int_{-\frac{\pi}{2}}^{+\frac{\pi}{2}} f\left(v_0 + R\cdot e^{i\phi + j\psi}\right)d\phi d\psi.$$

что требовалось доказать.

В подынтегральных выражениях (1.44.), (1.45.) содержатся необходимые условия дифференцирования функции в формах (1.28.), (1.29.). Таким образом, если входящая под знак интеграла функция имеет производную в каждой точке поверхности σ четырехмерного пространства (ν), то оба интеграла равны нулю.

Для аналитических функций в пространстве операторы (1.46.), (1.47.) равны нулю, так как они легко получаются из условий (1.27.), необходимых для дифференцирования функций.

<u>Доказательство.</u> Положим $\xi = v_0 + R\cdot e^{i\phi + j\psi}$ и подставим в интеграл (1.56)

Формулы (1.52.), (1.56) допускают дифференцирование слева и справа (под знаком интеграла) по переменной. При этом равенство сохраняется и таким образом получается формула n -производной рассматриваемой функции $f^n(v_0)$ как через одномерный, так и двойной интегралы. Заодно доказывается и существование производной.

2.6. РЯДЫ В ПРОСТРАНСТВЕ.ТЕОРЕМА АБЕЛЯ. РЯД ТЕЙЛОРА. РЯД ЛОРАНА.

Если степенной ряд $\sum_{0}^{\infty} C_n(\upsilon - a)^n$ сходится в точке υ_0, то он сходится и в любой точке υ, расположенной ближе к центру a, чем υ_0, причем в любой сфере $\|(\upsilon - a)\| \le k\|(\upsilon_0 - a)\|$, где $0 \prec k \le 1$, сходимость ряда равномерна.

Понятие области сферы в пространстве Y неразрывно связано с простейшей замкнутой кривой $C_3; \gamma_R \equiv C_3$. Под областью G сферы понимается область пространства, находящейся внутри замкнутой поверхности S_R, натянутой без точек самопересечения на кривую γ_R, то есть эта область определяется как $0 < \sqrt{0} < \|(\upsilon - a)\| < R$ и представляет область сферы с выколотой изолированной осью, проходящей через точку a. Предположим υ_0 произвольная точка области G и представим n –ый член ряда в виде

$C_n(\upsilon - a)^n = C_n(\upsilon_0 - a)^n \left(\frac{\upsilon - a}{\upsilon_0 - a} \right)^n$ В силу сходимости в точке υ_0 член $C_n(\upsilon - a)^n$ ограничен по модулю $\|C_n(\upsilon_0 - a)^n\| \le M$ и стремится к нулю. Кроме того

$\left\| \frac{(\upsilon - a)}{(\upsilon_0 - a)} \right\| \le k$ и следовательно для всех n имеем $\|C_n(\upsilon - a)^n\| \le Mk^n, 0 < k < 1$.Откуда вытекает равномерная сходимость на сфере $\|(\upsilon - a)\| \le k\|(\upsilon_0 - a)\|$. Так как, K может быть сколь угодно близким к 1, то имеем $\|(\upsilon - a)\| < \|(\upsilon_0 - a)\|$.Из теоремы Абеля, перенесенной в пространство Y следует, что областью сходимости степенного ряда $\sum_{0}^{\infty} C_n(\upsilon - a)^n$ является сфера с центром в точке a радиуса R, равного радиусу сходимости ряда.

Радиус сходимости определяется по формуле $\frac{1}{R} = \lim_{n\to\infty} \sqrt[n]{\|C_n\|}$. Следовательно ряд будет сходиться в области сферы $\|(\upsilon - a)\| < R$ в пространстве Y . Это верхняя граница сходимости.

Нижняя граница сходимости определяется как $\|(\upsilon - a)\| = 0$. Для изолированного направления

Область сходимости будет определяться как $\|(\upsilon - a)(1 \pm ji)\| \le R(1 \pm ji)$. Радиус сходимости становится коэффициентом перед делителем нуля. Нижняя граница $\|(\upsilon - a)\| = \sqrt{0}$.

При разложении функции в ряд по степеням $(\upsilon - a)$, происходит перенос изолированной оси в точку a. Этот перенос и определяет область G сходимости ряда

$$0 < \lim_{\|z_\rho\| \to 0} z_\rho (1 \pm ji) < \|(\upsilon - a)\| < \lim_{\|z_\rho\| \to \infty} z_R (1 \pm ji) < R$$

Справедливо следующее утверждение: Однозначная аналитическая функция $f(\upsilon)$ в области G разлагается в окрестности точки a в степенной ряд Тейлора

$f(\upsilon) = \sum_0^\infty C_n (\upsilon - \upsilon_0)^n$, где коэффициенты ряда C_n определяются формулами

$C_n = \dfrac{1}{n!} f^n(\upsilon_0)$ или

$C_n = \dfrac{1}{4\pi i + 2\pi j} \oint_\gamma \dfrac{f(\xi)}{(\xi - \upsilon_0)^{n+1}} d\xi$, кривая γ натянута на сферу радиуса $R_1 \prec R$, которая имеет центром точку a и целиком лежит в окрестности этой точки. Радиус сферы сходимости определяется расстоянием от точки υ_0 до ближайшей особой точки функции $f(\upsilon)$ в пространстве Y, либо до ближайшей особой точки, расположенной на изолированной оси. Остаются в пространстве Y справедливыми следующие разложения элементарных функций классического анализа

в точке $\upsilon = 0$.

$$e^\upsilon = \sum_0^\infty \frac{\upsilon^n}{n!},$$

$$\sin \upsilon = \sum_0^\infty \frac{(-1)^n \upsilon^{2n+1}}{(2n+1)!},$$

$$\cos \upsilon = \sum_0^\infty \frac{(-1)^n \upsilon^{2n}}{2n!}, \qquad (1.58.)$$

$$sh \upsilon = \sum_0^\infty \frac{\upsilon^{2n+1}}{(2n+1)!}$$

$$ch \upsilon = \sum_0^\infty \frac{\upsilon^{2n}}{2n!}$$

Эти соотношения имеют место во всем комплексном пространстве Y и имеют место на множестве делителей нуля. Непосредственным вычислением производных получим разложение в точке $\upsilon_0 = 0$

$$Ln(1+\upsilon) = \upsilon - \frac{\upsilon^2}{2} + \frac{\upsilon^3}{3} + \cdots + (-1)^{n-1} \frac{\upsilon^n}{n}$$

$$(1+\upsilon)^n = 1 + \alpha\upsilon + \frac{\alpha(\alpha-1)}{2!}\upsilon^2 + \qquad (1.59.)$$

$$\cdots + \frac{\alpha(\alpha-1)\cdots(\alpha+n-1)}{n!}\upsilon^n$$

,в частности при $n = -1$,получим

$\frac{1}{1+\upsilon} = 1 - \upsilon + \upsilon^3 - \cdots + (-1)^n \upsilon^n$.Радиус сходимости этих функций равен 1. Ближайшей особой точкой служат $\upsilon_0 = -1$. Функции $e^{\upsilon}, \sin\upsilon, \cos\upsilon, sh\upsilon, ch\upsilon$ и др., представленные сходящимся степенным рядом во всем пространстве Y , будут называться целыми функциями.

Сумма, разность и произведение целых функций дают целые функции. Это свойство широко используется при разложении в степенные ряды.

Рассмотрим ряд примеров. Функция e^{υ} представляется степенным рядом $\sum_0^{\infty} \frac{\upsilon^n}{n!}$,сходящимся во всем пространстве Y .Рассмотрим сходимость ряда на конусе делителей нуля (или на изолированной оси). Определим $\upsilon = \rho e^{i\varphi + j\psi}(1 \pm ji)$ и воспользуемся формулой возведения делителей нуля в целую степень n, согласно таблице $(1 \pm ji)^n = (2i)^{n-1}(1 \pm ji)$

Подставим данные соотношения в исходный ряд

$$e^{\upsilon(1\pm ji)} = \sum_0^{\infty} \frac{\upsilon^n (1 \pm ji)^n}{n!} = 1 + \frac{\upsilon(1 \pm ji)}{1!} + \frac{\upsilon^2 (1 \pm ji)^2}{2!} + \cdots + \frac{\upsilon^n (1 \pm ji)^n}{n!} =$$

$= 1 + (1 \pm ji)\sum_{n=1}^{\infty} \frac{(2i)^{n-1}\upsilon^n}{n!}$. Коэффициент $C_n = \frac{(2i)^{n-1}}{n!}$ определяет радиус сходимости ряда по изолированной оси и определяет расстояние от нуля до особой точки на этой оси.

$$R = \lim_{n\to\infty} \frac{\left\|(2i)^{n-1}\right\|(n+1)!}{\left\|(2i)^n\right\| n!} = \left(\frac{n+1}{n}\right)_{n\to\infty} = \infty.$$

Таким образом, в области определяемой делителями нуля, ряд также имеет бесконечный радиус сходимости. Если $f(0) = C_0 = 1$, то имеем $\lim_{\upsilon\to 0} e^{\upsilon(1\pm ji)} = C_0 = 1$, так как

$\lim_{\upsilon=0}(1 \pm ji)\sum_1^{\infty} \frac{(2i)^{n-1}\upsilon^n}{n!} \equiv 0$, естественно, что в этих выражениях υ рассматривается без делителей нуля.

Далее имеем $e^{\upsilon(1+ji)} = e^{\upsilon}\cos i\upsilon + je^{\upsilon}\sin i\upsilon$

$e^{\upsilon(1-ji)} = e^{\upsilon}\cos i\upsilon - je^{\upsilon}\sin i\upsilon$ Складывая и вычитая эти два равенства получим $\frac{e^{\upsilon(1+ji)} + e^{\upsilon(1-ji)}}{2} = e^{\upsilon}\cos i\upsilon = e^{\upsilon}\left(\frac{e^{\upsilon} + e^{-\upsilon}}{2}\right) = \frac{1}{2} + \frac{e^{2\upsilon}}{2}$

$$\frac{e^{\upsilon(1+ji)} - e^{\upsilon(1-ji)}}{2j} = e^{\upsilon}\sin i\upsilon = e^{\upsilon}\left(\frac{e^{-\upsilon} - e^{\upsilon}}{2i}\right) = -\frac{1}{2}i + \frac{e^{2\upsilon}}{2}i$$

Учитывая, что функция $e^{2\upsilon}=\sum_0^\infty \frac{2^n\upsilon^n}{n!}$ получим $e^{\upsilon}\cos i\upsilon=\frac{1}{2}+\sum_0^\infty \frac{2^n\upsilon^n}{n!}=1+\sum_1^\infty \frac{2^{n-1}\upsilon^n}{n!}$

Таким образом, получено выражение для первой комплексной части при разложении функции

$e^{\upsilon(1+ji)}=1+(1+ji)\sum_1^\infty \frac{2^{n-1}\upsilon^n}{n!}=1+\sum_1^\infty \frac{2^{n-1}\upsilon^n}{n!}+ji\sum_1^\infty \frac{2^{n-1}\upsilon^n}{n!}$ в ряд по изолированному направлению. Вторая комплексная часть получается аналогичным образом

$$je^{\upsilon}\sin i\upsilon=-ij\left(\frac{1}{2}\right)+ji\frac{1}{2}\sum_0^\infty \frac{2^n\upsilon^n}{n!}=ji\sum_1^\infty \frac{2^{n-1}\upsilon^n}{n!}$$

В комплексной плоскости Z разложение функции $f(z)$ в окрестности точки a представляется рядом Тейлора $f(z)=\sum_0^\infty C_n(z-a)^n$ в круге сходимости радиуса R (то есть для всех точек этого круга). Центр окружности Г круга сходимости находится в точке a. Эта окружность проходит через особую точку ξ функции $f(z)$, ближайшую к точке a. Коэффициенты ряда C_n вычисляются по формуле $C_n=\frac{1}{2\pi i}\oint_\Gamma \frac{f(z)dz}{(z-a)^{n+1}}=\frac{f^n(a)}{n!}$, где n =0,1,2, ….В пространстве Y круг сходимости радиуса R заменяется на сферу сходимости радиуса R, так что для всех υ в сфере сходимости имеем $f(\upsilon)=\sum_0^\infty C_n(\upsilon-a)^n$ Однако необходимо подчеркнуть еще раз, в сфере сходимости из точки a исходит изолированное направление, которое записывается в виде делителей нуля $\upsilon=a+\rho e^{i\varphi+j\psi}(1\pm ji)$, где в этом случае параметры ρ,φ,ψ не содержат условий, приводящих к делителям нуля. Точка a может быть любой из пространства Y. В этом случае подставляя υ в ряд будем иметь $f(\upsilon)=\sum_0^\infty C_n\upsilon^n(1\pm ji)^n=(1\pm ji)\sum_0^\infty C_n(2i)^{n-1}\upsilon^n$ Радиус сходимости этого ряда определяется из соотношения $R_d=\lim_{n\to\infty}\left\|\frac{2^{n-1}C_n}{2^nC_{n+1}}\right\|=\lim_{n\to\infty}\left\|\frac{C_n}{2C_{n+1}}\right\|$. В пределах этого радиуса точка υ определяется параметрами не дающими изолированного направления. Радиус сходимости по изолированному направлению сокращен в два раза по отношению к обычному радиусу. Ряд сходится для всех точек начиная от окрестности точки $\upsilon=a+\varepsilon e^{i\varphi+j\psi}(1\pm ji)$ до точки

$$\upsilon=a+R_de^{i\varphi+j\psi}(1\pm ji).$$

При разложении в ряд Тейлора функции $f(\upsilon)$ по изолированному направлению, целесообразно разложение производить отдельно первой и второй комплексных частей.

$f(\upsilon) = \operatorname{Re} elf(\upsilon_d) + jJmf(\upsilon_d)$. Рассмотрим ряд характерных примеров.

Пример10. Рассмотрим разложение логарифмической функции на конусе делителей нуля.

$$Ln(1+\upsilon) = \upsilon - \frac{\upsilon^2}{2} + \frac{\upsilon^3}{3} - \frac{\upsilon^4}{4} + \frac{\upsilon^5}{5} - \cdots = \sum_1^\infty \frac{\upsilon^n}{n}(-1)^{n-1}$$

Известно, что ряд сходится в области сферы радиуса $\|\upsilon\| < 1$, за вычетом изолированного направления. Исследуем поведение ряда в делителях нуля. Обозначим $\upsilon = \upsilon_d = \upsilon(1 \pm ji)$. Раскроем левую часть $Ln(1+\upsilon \pm ji\upsilon) = Ln\sqrt{(1+z)^2 - z^2} + jarctg\frac{zi}{1+z} =$

$= \frac{1}{2}\ln(1+2z) + jarctg\frac{zi}{1+z}$. Замена переменных υ на z сделана на основании свойства изолированного аргумента. Подставим $\upsilon_d = z(1 \pm ji)$ в правую часть получим

$$\ln(1+z \pm jiz) = z(1 \pm ji) - \frac{z^2}{2}(1 \pm ji)^2 + \frac{z^3(1 \pm ji)^3}{3} + \cdots\cdots =$$

$= (1+ji)\left\{z - z^2 + \frac{2^2 z^3}{3} - \frac{2^3 z^4}{4} + \cdots\cdots\right.$ Если $z \neq 0$, ряд сходится и имеет радиус сходимости равный $R = \lim_{n\to\infty}\frac{2^{n-1}(n+1)}{2^n n} = \frac{1}{2}$. Приравнивая комплексные части с левой и правой стороны получим

$$\frac{1}{2}\ln(1+2z) = \left\{z - \frac{z^2 2}{2} + \frac{z^3 2^3}{3} - \cdots\right.$$

$$arctg\frac{iz}{1+z} = i\left\{z - \frac{z^2 2}{2} + \frac{z^3 2^3}{3} - \cdots\right.$$

Таким образом, чтобы не было противоречий в разложении исходной функции как единого пространственного комплекса необходимо доказать, что вторая комплексная часть в левой стороне равна первой, а именно в комплексной плоскости имеем

$$arctg\frac{iz}{1+z} = \frac{1}{2i}\ln\frac{1+i\frac{iz}{1+z}}{1-i\frac{iz}{1+z}} = \frac{1}{2i}\ln\frac{1}{1+2z} = -\frac{1}{2i}\ln(1+2z) = i\frac{1}{2}\ln(1+2z)$$

, что и требовалось доказать. Одновременно получено следующее соотношение

$$\ln\left(1+z(1+ji)\right) = \frac{1}{2}(1+ji)\ln(1+2z)$$

Пример11.

$\sin \upsilon = \sum_0^\infty \frac{\upsilon^{2n+1}}{(2n+1)!}(-1)^n$, ряд сходится во всем пространстве Y. Исследуем сходимость ряда в подпространстве делителей нуля. Заменим $\upsilon = z(1+ji)$ в левой и правой частях равенства

$$\sin(z+zji) = \sin z \cos jiz + \cos z \sin jiz = \sin z \cos z + \cos z \sin jiz,$$

так как функция $\cos z$ есть четная функция и $\cos jiz = \cos z$. Первая комплексная часть равна

$\operatorname{Re} el \sin(z+jiz) = \sin z \cos z$. Произведем замену

$\sin z = \frac{e^{iz}-e^{-iz}}{2i}, \cos z = \frac{e^{iz}+e^{-iz}}{2}$, получим

$$\operatorname{Re} el \sin(z+zji) = \frac{e^{iz}-e^{-iz}}{2i}\frac{e^{iz}+e^{-iz}}{2} = \frac{e^{2iz}-e^{-2iz}}{4i}$$

Разлогая в ряд экспоненциальные функции получим

$$\operatorname{Re} el \sin(z+jiz) = z - \frac{4}{3!}z^3 + \frac{8}{5!}z^5 - \frac{16}{7!}z^7 + \cdots = \sum_0^\infty (-1)^n \frac{2^{2n} z^{2n+1}}{(2n+1)!},$$

радиус сходимости этого ряда равен

$R = \lim_{n\to\infty} \frac{2^{2n}(2n+2)!}{2^{2n+1}(2n+1)!} = n+1 = \infty$. Область сходимости по изолированному направлению равна бесконечности.

Пример12. Ряд $\frac{1}{1+\upsilon} = 1 - \upsilon + \upsilon^2 - \upsilon^3 + \cdots\cdots + (-1)^n \upsilon^n = \sum_0^\infty (-1)^n \upsilon^n$ имеет радиус сходимости сферы $R=1$. По изолированному направлению ряд запишется в виде

$\frac{1}{1+\upsilon(1\pm ji)} = 1 + (1\pm ji)\sum_1^\infty (-1)^n \upsilon^n 2^{n-1}$, радиус сходимости этого ряда равен $R_d = \frac{1}{2}$.

РЯД ЛОРАНА.

Ряд вида $\sum_{n=-\infty}^{n=+\infty} C_n(\upsilon - a)^n$, a- фиксированная точка пространства, включая точки изолированного направления, C_n- коэффициенты – пространственные комплексные числа в том числе и из пространства делителей нуля,

Называется рядом Лорана.

Ряд Лорана есть обобщение ряда Тейлора на отрицательные степени разложения функции в ряд. Ряд Тейлора входит в ряд Лорана как составная часть, к разложению функции по положительным степеням $\sum_{n=0}^{n=+\infty} C_n(\upsilon - a)^n$, добавляется разложение по отрицательным степеням

$\sum_{-1}^{-\infty} C_n(\upsilon - a)^n$.Если ряды сходятся, то сходится и ряд Лорана. Область сходимости ряда по положительным степеням разложения функции в ряд есть сфера радиуса сходимости $\|(\upsilon - a)\| \leq R$. В области этой сферы лежит и область сходимости ряда по изолированному направлению делителей нуля. Если R=0, то ряд сходится только в точке *a*, если $R \to \infty$, то ряд сходится во всем пространстве Y.

Ряд по отрицательным степеням разложения функции сходится в сфере сходимости $\|(\upsilon - a)\| > r$. Если *r*<*R*, то ряд сходится в области заключенной между двумя концентрическими сферами $r < \|(\upsilon - a)\| \leq R$. На эту область накладывается область сходимости рядов по изолированному направлению. Сферы в пространстве это прежде всего поверхности S_r, S_R , натянутые без точек самопересечения на пространственные кривые γ_r, γ_R, эквивалентные кривым типа C_3. В области G, заключенной между двумя этими сферами, необходимо рассматривать область сходимости ряда по изолированному направлению, для точек $\upsilon_d = \upsilon(1 \pm ji)$.

Для точек, лежащих вне этих областей будет расходиться один из рядов, а следовательно будет расходиться и общая сумма. Критические точки в пространстве Y в конечном счете определяются из общего условия разложения функции на линейные или квадратные многочлены. Согласно этим условиям в пространстве имеются два вида критических точек, таких что подстановка одного из вида критических точек в другой переводит произведение линейных множителей в произведение делителей нуля. В связи с этим два вида критических точек в полном пространстве Y, однозначно определяют область сходимости ряда Лорана и нет необходимости дополнительного исследования областей делителей нуля. Стремление к критической точки по изолированному направлению по определенному закону, приводит к критической точки другого вида. Пространственная точка включает в себя все варианты разложения функции на линейные и квадратные множители. Поэтому в пространстве справедлива теорема Абеля и Вейерштрасса.

Если имеется область $r \leq r_1 \leq \|(\upsilon - a)\| \leq R_1 \prec R$, учитывающая все виды критических точек, то в ней ряд сходится равномерно и сумма его $f(\upsilon)$ регулярна в области сходимости. Справедливо и обратное утверждение. Таким образом, подошли к утверждению теоремы.

Функция $f(\upsilon)$, регулярная в области G : $r < \|(\upsilon - a)\| < R$, представляется в этой области сходящимся рядом Лорана

$$f(\upsilon) = \sum_{n=-\infty}^{n=+\infty} C_n(\upsilon - a)^n, \qquad (1.60.)$$

где $C_n = \frac{1}{2\pi^2 ji} \oiint_{\|(\xi - a)\| < R_0} \frac{f(\xi)}{(\xi - a)^{n+2}} d\sigma$,

где $r < R_0 < R, n = 0, \pm 1, \pm 2, \ldots$ $d\sigma$ -элемент пространственной поверхности

Для определения коэффициентов ряда умножим правую и левую часть ряда на

$(\upsilon - a)^{-n-2}$ получим соотношение $\dfrac{f(\upsilon)}{(\upsilon - a)^{n+2}} = \sum_{-\infty}^{+\infty} C_k (\upsilon - a)^{k-n-2}$,

которое проинтегрируем по поверхности S_{R_0}. Для любого целого n выполняется соотношение

$\oiint_S (\upsilon - a)^n d\sigma_s = \{0, n \neq -2; 2\pi^2 ji, n = -2$. Откуда получаем выражение для коэффициентов ряда Лорана в виде.

Пример13.

$f(\upsilon) = \dfrac{1}{\upsilon^2 - 2\upsilon - 3}$, знаменатель имеет четыре критические точки : $\upsilon_1 = 3, \upsilon_2 = -1$

$\upsilon_3 = 1 + 2ji, \upsilon_3 = 1 - 2ji$, поэтому функция может быть разложена по двум равноценным вариантам:

$$f(\upsilon) = \frac{1}{\upsilon^2 - 2\upsilon - 3} = \frac{1}{(\upsilon - 3)(\upsilon + 1)} = \frac{1}{4(\upsilon - 3)} - \frac{1}{4(\upsilon + 1)}$$

$$f(\upsilon) = \frac{1}{\upsilon^2 - 2\upsilon - 3} = \frac{1}{(\upsilon - 1 - 2ji)(\upsilon - 1 + 2ji)} =$$

$$= \frac{1}{4ji(\upsilon - 1 - 2ji)} - \frac{1}{4ji(\upsilon - 1 + 2ji)}$$

Каждую из полученных дробей обозначим по порядку $g_1(\upsilon), g_2(\upsilon), g_3(\upsilon), g_4(\upsilon)$, разложим в ряд Тейлора.

$$g_1(\upsilon) = \frac{1}{4(\upsilon - 3)} = -\frac{1}{12}\left(\frac{1}{1 - \frac{\upsilon}{3}}\right) =$$

$= -\dfrac{1}{12}\left(1 + \dfrac{\upsilon^1}{3} + \dfrac{\upsilon^2}{3^2} + \dfrac{\upsilon^3}{3^3} + \dfrac{\upsilon^4}{3^4} + \cdots + \dfrac{\upsilon^n}{3^n}\right)$, ряд сходится в границах сферы $R \leq 3$.

$g_2(\upsilon) = -\dfrac{1}{4(\upsilon + 1)} = -\dfrac{1}{4}\left(1 - \upsilon + \upsilon^2 - \upsilon^3 + \upsilon^4 - \cdots +\right)$, ряд сходится в границах сферы $R \leq 1$.Суммируя коэффициенты при одинаковых степенях получим ряд для исходной функции $f(\upsilon) = g_1(\upsilon) + g_2(\upsilon) = -\dfrac{1}{3} + \dfrac{2}{3}\dfrac{1}{3}\upsilon - \dfrac{7}{3}\dfrac{1}{3^2}\upsilon^2 + \dfrac{20}{3 \cdot 3^3}\upsilon^3 - \cdots$

Ряд сходится в границах сферы $R \leq 1$.

$$g_3(\upsilon)=\frac{1}{4ji(\upsilon-1)}=-\frac{1}{4ji(1+2ji-\upsilon)}=-\frac{1}{4ji}\frac{1}{(1+2ji)}\frac{1}{(1-\dfrac{\upsilon}{1+2ji})}=$$

$$=-\frac{1}{4ji}\frac{1}{1+2ji}\left\{1+\frac{\upsilon}{1+2ji}+\frac{\upsilon^2}{(1+2ji)^2}+\frac{\upsilon^3}{(1+2ji)^3}+\cdots\right.$$

ряд сходится для точек сферы $R\le\|(1+2ji)\|=\sqrt{3}$.

$$g_4(\upsilon)=-\frac{1}{4ji}\frac{1}{(\upsilon-1+2ji)}=-\frac{1}{4ji}\frac{1}{(-1+2ji+\upsilon)}=$$

$$=-\frac{1}{4ji}\frac{1}{(-1+2ji)}\left\{\frac{1}{1+\dfrac{\upsilon}{-1+2ji}}\right)=$$

$$=-\frac{1}{4ji}\frac{1}{(-1+2ji)}\left(1-\frac{\upsilon}{-1+2ji}+\frac{\upsilon^2}{(-1+2ji)^2}-\frac{\upsilon^3}{(-1+2ji)^3}+\cdots\right.$$

ряд сходится для точек сферы $R\le\|(-1+2ji)\|=\sqrt{3}$.

Суммируем коэффициенты при одинаковых степенях υ

$$C_0=-\left(\frac{1}{4ji}\frac{1}{(1+2ji)}+\frac{1}{4ji}\frac{1}{(-1+2ji)}\right)=-\frac{-1+2ji+1+2ji}{4ji(4-1)}=-\frac{1}{3}$$

$$C_1=-\frac{1}{4ji}\frac{1}{1+2ji}\frac{1}{1+2ji}+\frac{1}{4ji}\frac{1}{-1+2ji}\frac{1}{-1+2ji}=$$

$$=\frac{-(1+2ji)^2+(-1+2ji)^2}{4ji3\cdot 3}=$$

$$=\frac{-1+4ji-4+1+4ji+4}{4ji3^2}=\frac{2}{3}\frac{1}{3}$$

и так далее

Суммируя ряды $g_3(\upsilon),g_4(\upsilon)$ получаем тейлоровское разложение функции $f(\upsilon)$ по второму варианту разложения функции в пространстве на дроби. В силу совпадения коэффициентов при одинаковых степенях υ разложение совпадает с разложением по первому варианту. Разложение в пространстве функции в ряд Тейлора является единственным разложением.

Произведем разложение исходной функции по отрицательным степеням.

$$g_1(\upsilon)=\frac{1}{4(\upsilon-3)}=\frac{1}{4}\frac{1}{\upsilon}\frac{1}{(1-\dfrac{3}{\upsilon})}=\frac{1}{4\upsilon}\left(1+\frac{3}{\upsilon}+\frac{3^2}{\upsilon^2}+\frac{3^3}{\upsilon^3}+\cdots\right)$$

ряд сходится для всех $R\ge 3$.

$$g_2(\upsilon) = -\frac{1}{4}\frac{1}{1+\upsilon} = -\frac{1}{4\upsilon}\left(\frac{1}{1+\frac{1}{\upsilon}}\right) = -\frac{1}{4\upsilon}\left(1-\frac{1}{\upsilon}+\frac{1}{\upsilon^2}-\frac{1}{\upsilon^3}+\cdots\right)$$

ряд сходится для всех $R \geq 1$.

Складывая коэффициенты при одинаковых степенях υ, получим

$$C_0 = \frac{1}{4} - \frac{1}{4} = 0$$

$$C_1 = \frac{3}{4} + \frac{1}{4} = 1$$

$$C_2 = \frac{3^2}{4} - \frac{1}{4} = \frac{8}{4} = 2$$

$$C_3 = \frac{3^3}{4} + \frac{1}{4} = 7$$

Таким образом , функция разложена в ряд по отрицательным степеням $f(\upsilon) = \frac{1}{\upsilon^2} + \frac{2}{\upsilon^3} + \frac{7}{\upsilon^4} + \cdots$ ряд сходится для всех $\|\upsilon\| \geq 3$.Далее произведем разложение функции по второму варианту

$$g_3(\upsilon) = \frac{1}{4ji(\upsilon-1-2ji)} = \frac{1}{4ji\upsilon}\frac{1}{\left(1-\frac{1+2ji}{\upsilon}\right)} =$$

$$= \frac{1}{4ji}\left(1+\frac{1+2ji}{\upsilon}+\frac{(1+2ji)^2}{\upsilon^2}+\frac{(1+2ji)^3}{\upsilon^3}+\cdots\right)$$

$$g_4(\upsilon) = -\frac{1}{4ji\upsilon}\frac{1}{1+\frac{-1+2ji}{\upsilon}} =$$

$$= -\frac{1}{4ji\upsilon}\left(1-\frac{-1+2ji}{\upsilon}+\frac{(-1+2ji)^2}{\upsilon^2}-\frac{(-1+2ji)^3}{\upsilon^3}+\cdots\right)$$

ряды сходятся для всех точек сферы $\|\upsilon\| \geq \sqrt{3}$. Суммируя коэффициенты при одинаковых степенях υ,

$$C_0 = \frac{1}{4ji} - \frac{1}{4ji} = 0$$

$$C_1 = \frac{1}{4ji}(1+2ji-1+2ji) = 1$$

$$C_2 = \frac{1}{4ji}((1+2ji)^2-(-1+2ji)^2) = \frac{1}{4ji}(1+4ji+4-1+4ji-4) = 2$$

Таблица коэффициентов совпадает с предыдущей. Разложение функции по отрицательным степеням в пространстве также является единственным. В этом варианте корни определенные из условия существования делителей нуля не входят в область сходимости функции при разложении , поэтому разложение должно ограничиваться первым вариантом разложения.

Рассмотрим разложение исходной функции по положительным и отрицательным степеням.

$$f(\upsilon) = -\frac{1}{12}\left(1+\frac{\upsilon}{3}+\frac{\upsilon^2}{3^2}+\frac{\upsilon^3}{3^3}+\cdots\right)-\frac{1}{4\upsilon}\left(1-\frac{1}{\upsilon}+\frac{1}{\upsilon^2}-\frac{1}{\upsilon^3}+\cdots\right)$$

Полученный ряд Лорана сходится в сферическом кольце $1<\|\upsilon\|<3$. Рассмотрим разложение по второму варианту.

$$f(\upsilon) = -\frac{1}{4ji}\frac{1}{1+2ji}\left\{1+\frac{\upsilon}{1+2ji}+\frac{\upsilon^2}{(1+2ji)^2}+\frac{\upsilon^3}{(1+2ji)^3}+\cdots\right.$$

$$-\frac{1}{4ji\upsilon}\left(1-\frac{-1+2ji}{\upsilon}+\frac{(-1+2ji)^2}{\upsilon^2}-\frac{(-1+2ji)^3}{\upsilon^3}+\cdots\right)$$

Ряд сходится на сфере радиуса $\|\upsilon\| = \sqrt{3}$. Сферическое кольцо в котором сходится ряд Лорана для этого разложения сжалось до поверхности сферы. В этом случае корни многочлена $\upsilon=-1, \upsilon=3$ перестают быть изолированными точками для функции.

Проведем обобщение результатов примера. Знаменатель функции $f(\upsilon)$ представляет квадратный трехчлен, имеющий четыре корня, которые для функции являются критическими

Точками. Для определения областей регулярности функции целесообразно дробь разложить на простейшие дроби .

$$f(\upsilon)=\frac{1}{\upsilon^2-2\upsilon-3}=$$

$$=\frac{1}{8(\upsilon-3)}-\frac{1}{8(\upsilon+1)}+\frac{1}{8ji(\upsilon-1-2ji)}-\frac{1}{8ji(\upsilon-1+2ji)}.$$

Введем обозначения, обозначив последовательно каждую из дробей по порядку

$g_1(\upsilon), g_2(\upsilon), g_3(\upsilon), g_4(\upsilon)$.

Разложение по положительным степеням дробей $g_1(\upsilon), g_2(\upsilon)$в ряд Тейлора возможно для областей с радиусом сходимости соответственно $r\le 3, r\le 1$. Ряд Тейлора для суммы функций

$g_1(\upsilon)-g_2(\upsilon)$ имеет радиус сходимости $r\le 1$.

Сумма функций $g_3(\upsilon)-g_4(\upsilon)$ дает тот же ряд Тейлора с радиусом сходимости $r\le\sqrt{3}$, а так как $\sqrt{3}>1$, то ряд Тейлора функции $f(\upsilon)$сходится в области сферы радиуса $r\le 1$.

Разложение суммы функций $g_1(\upsilon)-g_2(\upsilon)$по отрицательным степеням υ дает ряд с радиусом сходимости $r\ge 3$.

Разложение суммы функций $g_3(\upsilon)-g_4(\upsilon)$по отрицательным степеням υ дает радиус сходимости $r\ge\sqrt{3}$.

Если раскладывать функцию по положительным и отрицательным степеням υ, используя различные варианты разложения дробей, то область сходимости ряда будет изменяться.

Например, разложение функции по схеме $f(\upsilon) = g^{+}{}_1(\upsilon) - g_2^{-}(\upsilon) + g_3^{+}(\upsilon) - g_4^{-}(\upsilon)$, где знак $\pm$ определяет разложение по положительным или отрицательным степеням, дает ряд, имеющий область сходимости поверхность сферы $r = \sqrt{3}$.

Для ряда $f(\upsilon) = g_1^{+}(\upsilon) - g_2^{-}(\upsilon) + g_3^{+}(\upsilon) - g_4^{+}(\upsilon)$область сходимости определяется соотношением $1 \le \|\upsilon\| \le \sqrt{3}$.

Однако нельзя использовать разложение из одного эквивалентного варианта с разложением из другого эквивалентного разложения.

Разложение дроби на простейшие ,в знаменателе которой стоит квадратный многочлен, существенным образом зависит от области определения дроби как функции в пространстве и способа разложения этой дроби в ряды. Возможны варианты, при которых разложение по одному варианту не допускает разложение по другому. Если область определения ограничена только верхним или только нижним полупространством , то разложение на условии существования делителей нуля недопустимо , так как исключаются условия для определения критических точек.

Способ и варианты разложения тесно связаны с областями сходимости ряда и критическими точками функции.

Иными словами, если критические точки эквивалентных разложений в пространстве не входят в область сходимости ряда то это разложение не действительно.

Пример14. Рассмотрим различные варианты разложения функции $f(\upsilon) = \dfrac{1}{(\upsilon - 1)(\upsilon + 2)}$ в областях пространства Y. Функция регулярна в области $G_1 : \|\upsilon\| < 1, G_2 : 1 < \|\upsilon\| < 2, G_3 :> 2$.

Найдем разложение функции в ряд Лорана в этих областях. Знаменатель дроби, которая представляет функцию имеет четыре корня в пространстве, которые и диктуют распределение в пространстве областей регулярности функции .Этими корнями являются:

$\upsilon_1 = +1, \upsilon_2 = -2, \upsilon_3 = -\dfrac{1}{2} + \dfrac{3}{2} ji, \upsilon_4 = -\dfrac{1}{2} - \dfrac{3}{2} ji.$ Представим функцию в виде суммы простых дробей:

$$f(\upsilon) = \frac{1}{2}\left[\frac{1}{3}\frac{1}{1-\upsilon} + \frac{1}{3}\frac{1}{\upsilon+2}\right] - \frac{1}{2}\left[\frac{1}{3ji\left(\upsilon + \frac{1}{2} - \frac{3}{2}ji\right)} - \frac{1}{3ji\left(\upsilon + \frac{1}{2} + \frac{3}{2}ji\right)}\right]$$

Обозначим дроби по порядку через $g_1(\upsilon), g_2(\upsilon) g_3(\upsilon) g_4(\upsilon)$. Если $\|\upsilon\| < 1$, то

$$g_1^+(\upsilon) = \frac{1}{1-\upsilon} = \sum_{n=0}^{\infty}\upsilon^n,\; g_2^+(\upsilon) = \frac{1}{\upsilon+2} = \frac{1}{2\left(1+\dfrac{\upsilon}{2}\right)} = \sum_{n=0}^{\infty}\frac{(-1)^n\upsilon^n}{2^{n+1}}$$

Знак $\pm$в символе функции отвечает за разложение дроби по положительным или отрицательным степеням. Сумма функций $g_1^+(\upsilon)+g_2^+(\upsilon) = \sum_{n=0}^{\infty}\frac{1}{6}\left[1+\frac{(-1)^n}{2^{n-1}}\right]\upsilon^n$ сходится для

$\|\upsilon\|<1$. В области $\|\upsilon\|<\sqrt{2}$ разность функций

$g_3^+(\upsilon)-g_4^+(\upsilon)=$

$$\frac{1}{3ji\left(\frac{1}{2}-\frac{3}{2}ji\right)}\sum_{n=0}^{\infty}\frac{\upsilon^n}{\left(\frac{1}{2}-\frac{3}{2}ji\right)^n} - \frac{1}{3ji\left(\frac{1}{2}+\frac{3}{2}ji\right)}\sum_{n=0}^{\infty}\frac{\upsilon^n}{\left(\frac{1}{2}+\frac{3}{2}ji\right)^n}$$

Ряд имеет больше радиус сходимости, чем ряд предыдущей суммы: $\|\upsilon\|<\sqrt{2}>1$. Функция разлагается в ряд по положительным степеням в пространстве и имеет радиус сходимости $\|\upsilon\|<1$. В связи с этим необходимо выбирать как способ разложения ,так и область сходимости этого разложения.

В силу равенства $(1-\upsilon)(\upsilon+2) = -\left(\upsilon+\frac{1}{2}-\frac{3}{2}ji\right)\left(\upsilon+\frac{1}{2}+\frac{3}{2}ji\right)$, ряды от сумм функций равны

$g_1^+(\upsilon)+g_2^+(\upsilon)=g_3^+(\upsilon)+g_4^+(\upsilon)$. Для доказательства достаточно вычислить коэффициенты C_n при равных степенях n переменной υ.

При $n=0$ имеем: $C_0\left(g_1^+ + g_2^+\right) = \frac{1}{2}$. $C_0\left(g_3^+ - g_4^+\right) = -\frac{1}{2}$. Знак минус переходит в плюс, вследствии минуса перед квадратной скобкой в исходном разложении функции на дроби.

Рассмотрим область $G: 1 \le \|\upsilon\| \le 2$. Функцию $g_1(\upsilon)$разложим по отрицательным степеням υ.

$g_1^-(\upsilon) = \frac{1}{1-\upsilon} = -\frac{1}{\upsilon\left(1-\dfrac{1}{\upsilon}\right)} = -\sum_{n=1}^{\infty}\frac{1}{\upsilon^n}$. В этом случае сумма функций

$g_1^-(\upsilon)+g_2^+ = -\frac{1}{3}\sum_{n=1}^{\infty}\frac{1}{\upsilon^n}+\frac{1}{3}\sum_{n=0}^{\infty}\frac{(-1)^n\upsilon^n}{2^{n+1}}$ представляет ряд с отрицательными и положительными степенями переменной υ Следующую сумму функций также представим в виде ряда с положительными и отрицательными степенями υ.

$$g_3^-(\upsilon)+g_4^+(\upsilon) = \frac{1}{3ji}\sum_{n=0}^{\infty}\frac{(1-3ji)^n}{2^n\upsilon^n} - \frac{1}{3ji}\sum_{n=0}^{\infty}\frac{2^{n+1}\upsilon^n}{(1+3ji)n+1}.$$

Ряд сходится на сфере $\|\upsilon\| = \sqrt{2}$.

Таким образом, если функция $f(\upsilon)$в области $G: 1 \leq \|\upsilon\| \leq 2$разложить в ряд Лорана по схеме входящих в нее дробей

$f(\upsilon) = g_1^-(\upsilon) + g_2^+(\upsilon) + g_3^-(\upsilon) + g_4^+(\upsilon)$, то полученный ряд Лорана будет иметь область сходимости в виде сферы $\|\upsilon\| = \sqrt{2}$. В этом случае допускается разложение только по второму эквивалентному варианту.

Если функцию разложить только по отрицательным степеням υ по схеме

$$f(\upsilon) = \sum_{k=1}^{k=4} g_k^-(\upsilon) = \frac{1}{2}\sum_{n=1}^{\infty}\frac{(-1)^{n-1}\left(2^{n-1}-1\right)}{3\upsilon^n} +$$

$$+\frac{1}{2}\left[\frac{1}{3ji}\sum_{n=1}^{\infty}\frac{(1-3ji)^{n-1}}{2^{n-1}\upsilon^n} - \frac{1}{3ji}\sum_{n=1}^{\infty}\frac{(1+3ji)^{n-1}}{2^n\upsilon^n}\right],$$

то ряд будет сходиться для $\|\upsilon\| > 2$. Коэффициенты C_n при одинаковых степенях υ первой суммы ряда совпадают с коэффициентами ряда стоящего в квадратных скобках. Например, при $n = 0$ имеем:

$$C_0\left(g_1^- + g_2^-\right) = 0, C_0\left(g_3^- + g_4^-\right) = \frac{1}{3ji} - \frac{1}{3ji} = 0.$$

Примеры показывают, что наличие изолированной оси в пространстве Y влияет на область сходимости рядов Лорана.

В соответствии с алгебраическими операциями над степенными рядами заключаем. Если даны функции $f_1(\upsilon), f_2(\upsilon)$, регулярные в окрестности точки $\upsilon = a$, представленные рядами

$f_1(\upsilon) = \sum_{n=0}^{-\infty} C_n(\upsilon - a)^n, f_2(\upsilon) = \sum_{n=0}^{-\infty} d_n(\upsilon - a)^n$, где первый ряд сходится в сфере $\|\upsilon - a\| \geq r_1$, а ряд второй в сфере $\|\upsilon - a\| \geq r_2$, причем $r_2 \geq r_1$, тогда имеют место разложения:

$$f(\upsilon) = f_1(\upsilon) \pm f_2(\upsilon) = \sum_{n=0}^{-\infty}(C_n + d_n)(\upsilon - a)^n,$$

$f(\upsilon) = f_1(\upsilon)\cdot f_2(\upsilon) = \sum_{n=0}^{-\infty}\left[\sum_{k=0}^{-\infty}(C_n d_{n-k})(\upsilon - a)^n\right]$. Ряды сходятся в сфере $\|\upsilon - a\| \geq r_2$.

2.7. ИЗОЛИРОВАННЫЕ ОСОБЫЕ ТОЧКИ В ПРОСТРАНСТВЕ.

В пространстве Y точка υ_0 называется изолированной особой точкой функции $f(\upsilon)$, если существует окрестность $0 \prec \sqrt{0} \prec \|(\upsilon - \upsilon_0)\| \prec \delta$ этой точки, в которой $f(\upsilon)$ аналитична, кроме самой точки $\upsilon = \upsilon_0$. Окрестность из круга в плоскости Z превращается в δ сферу. Если существует конечный предел функции $f(\upsilon)$ в точке υ_0, то точка называется устранимой.

Вопрос об определении и классификации изолированных особых точек функции в пространстве оставляет без изменения теоремы, так как речь идет только о способе отыскания этих особых точек. Точка υ_0 называется полюсом функции $f(\upsilon)$, если $\lim_{\upsilon\to\upsilon_0} f(\upsilon)=\infty$. Для изолированного направления $\upsilon(1\pm ji)$ существует бесконечный делитель. Если

$\lim_{\upsilon(1\pm ji)\to\upsilon_0(1\pm ji)} f(\upsilon)=\infty=\sqrt{\infty}e^{jarktgi}\sqrt{\infty}e^{-jarktgi}$. Для того, чтобы точка υ_0 была полюсом функции $f(\upsilon)$ необходимо и достаточно, чтобы эта точка была нулем для функции $\varphi(\upsilon)=\dfrac{1}{f(\upsilon)}$. Точка нуль в пространстве определяется еще одним условием $0=\upsilon(1+ji)(1-ji)$, поэтому для изолированного направления функция $\varphi(\upsilon)$ должна представлять произведение делителей нуля. Бесконечность в пространстве представляется также как произведение двух бесконечных делителей $\infty=\sqrt{\infty}e^{jarktgi}\sqrt{\infty}e^{-jarktgi}$.

Точка υ_0 называется полюсом порядка $n, n\geq 1$ функции $f(\upsilon)$, если эта точка является нулем порядка n для функции $\varphi(\upsilon)=\dfrac{1}{f(\upsilon)}$. При n=1 полюс называется простым.

Если функция имеет порядок нуля равный n, то она представима в виде $f(\upsilon)=\dfrac{\varphi(\upsilon)}{(\upsilon-\upsilon_0)^n}$, где функция $\varphi(\upsilon)$ аналитична в точке υ_0 и $\varphi(\upsilon_0)\neq 0$.

Дробная функция или мероморфная не имеют других особенностей, кроме полюсов. Примером мероморфных функций остаются все целые функции и дробно-рациональные, тригонометрические функции и др. Алгебраическая комбинация мероморфных функций сумма, разность, произведение и частное двух мероморфных функций снова являются функцией мероморфной.

Мероморфная функция имеет конечное число полюсов. Разложение мероморфной функции в ряд имеет следующий вид

$$f(\upsilon)=\frac{C_{-k}}{(\upsilon-\upsilon_0)^k}+\cdots+\frac{C_{-1}}{(\upsilon-\upsilon_0)}+\sum_{n=0}^{\infty}C_n(\upsilon-\upsilon_0)^n .$$

Наибольший из показателей степеней у разностей $\upsilon-\upsilon_0$, стоящих в знаменателе членов главной части ряда Лорана совпадает с порядком полюса функции.

Если функция имеет бесконечное число членов главной части Лорановского разложения в окрестности точки, то эта точка считается устранимой особой точкой.

Существенно особой точкой считается точка, в которой функция не имеет предела ни конечного ни бесконечного.

Неравенство Коши.

Неравенство Коши остается в силе и в пространстве Y. Обозначим через M максимум функции

$f(\upsilon)$ в области G пространства. Через R обозначим расстояние точки υ до границы области. Тогда поверхность σ сферической области будет равна $2\pi^2 R^2$. Подставим в формулу $\left\| f^n(\upsilon) \right\| = \frac{n!}{2\pi^2} \left\| \oiint_\sigma \frac{f(\xi)d\sigma}{(\xi-\upsilon)^{n+2}} \right\| \le \frac{n! M 2\pi^2 R^2}{2\pi^2 R^{n+2}}$. Откуда получаем $\left\| f^n(\upsilon) \right\| \le \frac{Mn!}{R^n}, n = 0,1,2,\cdots$ υ_0-конкретная точка в области G. Следствием этого неравенства являются две теоремы.

Теорема. Если функция $f(\upsilon)$ аналитична во всем пространстве Y и ограничена, то она постоянна.

Доказательство: Для первой производной согласно формуле имеем $\left\| f^/(\upsilon) \right\| \le \frac{M}{R}$.

По условию теоремы M –ограничено, а при увеличении R модуль может быть сколь угодно мал $\left\| f^/(\upsilon) \right\| \cong 0$. Откуда следует, что во всем пространстве Y $f(\upsilon) \cong 0$. Выразим это соотношение через двойной интеграл $f^/(\upsilon) = \frac{2!}{2\pi^2 ji} \oiint_\sigma \frac{f(\xi)d\sigma}{(\xi-\upsilon)^3}$

При рассмотрении двух точек : υ_1, υ_0 равных соответственно $\upsilon_1 = \upsilon + \hbar, \upsilon_0 = \upsilon$, где $\hbar$-малое, подынтегральная функция может быть представлена как разность двух дробей

$\frac{f(\xi)}{(\xi-\upsilon)^3} = \left(\frac{f(\xi)}{(\xi-\upsilon-\hbar)^2} - \frac{f(\xi)}{(\xi-\upsilon)^2} \right)\frac{1}{\hbar}$, так что интеграл выражается через разность двух интегралов

$$f^/(\upsilon) = \frac{2!}{2\pi^2 ji} \oiint_\sigma \frac{f(\xi)d\sigma}{(\xi-\upsilon)^3} = \frac{1}{\hbar}\left(\frac{2!}{2\pi^2 ji} \oiint_\sigma \frac{f(\xi)d\sigma}{(\xi-\upsilon-\hbar)^2} - \frac{2!}{2\pi^2 ji} \oiint_\sigma \frac{f(\xi)d\sigma}{(\xi-\upsilon)^2} \right) =$$

$$= \frac{f(\upsilon+\hbar) - f(\upsilon)}{\hbar}.$$

Полученное выражение отвечает формуле производной при стремлении $\hbar \to 0$, которая равна нулю, поэтому $f(\upsilon) = const$. Что и требовалось доказать.

2.8. ВЫЧЕТЫ В ПРОСТРАНСТВЕ. ВЫЧИСЛЕНИЕ ИНТЕГРАЛОВ С ПОМОЩЬЮ ВЫЧЕТОВ.

В пространстве имеет место две формулы вычетов:криволинейный и поверхностный. Введем определение вычетов.

Пространственным криволинейным вычетом функции $f(\upsilon)$ в точке a называется коэффициент C_{-1} ряда Лорана для функции в окрестности точки a, то есть число, которое обозначается символом $res_{\upsilon \to a} f(\upsilon)$.

$$C_{-1} = res_{\upsilon=a} f(\upsilon) = \frac{1}{4\pi i + 2\pi j} \oint_{\gamma_r \cong C_3} f(\xi) d\xi \quad (1.61.)$$

Формула следует из формулы для определения коэффициентов ряда Лорана. Под кривой γ_r понимаем кривую типа C_3, которая натянута на сферу радиуса r с проколотым изолированным направлением радиуса δ, так что $\|(\upsilon - a)\| = r > \delta$. Формула приводит к вычислению интегралов

$$\oint_{\gamma_r} f(\xi) d\xi = (4\pi i + 2\pi j) res_{\xi \to a} f(\xi) \quad (1.62.)$$

Очевидно, что если точка a точка регулярности функции, либо устранимая особая точка, то вычет равен нулю. Если в разложении функции в ряд Лорана отсутствует с первой отрицательной степенью $n = -1$, то вычет равен 0.

Поверхностным вычетом функции $f(\upsilon)$ в точке a обозначим и назовем число

$$ress_{\upsilon=a} f(\upsilon) = \frac{1}{2\pi^2 ji} \oiint_{\sigma} f(\xi) d\sigma, \quad (1.63.)$$

где σ- поверхность, натянутая на кривую $\gamma_r \equiv C_3$ без точек самопересечения, радиус которой равен $\|\upsilon - a\| = r$. Из формул для коэффициентов ряда

Лорана получим $ress_{\upsilon=a} f(\upsilon) = C_{-2}$. Следовательно двойной интеграл равен

$$\oiint_{\sigma} \frac{f(\xi) d\sigma}{(\xi - a)^2} = 2\pi^2 jiress_{\xi=a} f(\xi) \quad (1.64.)$$

Вычисление вычета в полюсе простого или кратного определяется видом ряда Лорана для функции. Если имеем $f(\upsilon) = C_{-2}(\upsilon - a)^{-2} + C_{-1}(\upsilon - a)^{-1} + \sum_{n=0}^{n=\infty} C_n (\upsilon - a)^n$, откуда находим

$C_{-1} = \lim_{\upsilon \to a}((\upsilon - a) f(\upsilon))$, так что $res_{\upsilon=a} f(\upsilon) = \lim_{\upsilon \to a}((\upsilon - a) f(\upsilon))$, а также $C_{-2} = \lim_{\upsilon \to a}((\upsilon - a)^2 f(\upsilon))$, так что $ress_{\upsilon=a} f(\upsilon) = \lim_{\upsilon \to a}((\upsilon - a)^2 f(\upsilon))$.

Если ряд Лорана имеет вид

$f(\upsilon) = \frac{C_{-n}}{(\upsilon - a)^n} + \cdots + \frac{C_{-1}}{(\upsilon - a)} + C_0 + C_1(\upsilon - a) + \cdots$ то функция в окрестности точки a имеет полюс кратности n. Умножая это разложение на $(\upsilon - a)^n$, дифференцируя n-1 раз и затем переходя к пределу при $\upsilon \to a$ получим выражение

$$resf(a) = \frac{1}{(n-1)!} \lim_{\upsilon \to a} \frac{d^{n-1}}{d\upsilon^{n-1}} \left[(\upsilon - a)^n f(\upsilon)\right] \quad (1.65.)$$

.

По той же схеме получим

$$ressf(a) = \frac{1}{(n-2)!}\lim_{\upsilon\to a}\frac{d^{n-2}}{d\upsilon^{n-2}}\left[(\upsilon-a)^n f(\upsilon)\right] \qquad (1.66.)$$

Пример15. Определить вычет функции $e^{\frac{1}{\upsilon}}$в точке $\upsilon = 0$. Функция разлагается в ряд Лорана в окрестности точки $\upsilon = 0$в виде $e^{\frac{1}{\upsilon}} = 1 + \frac{1}{\upsilon} + \frac{1}{2\upsilon^2} + \cdots$, где $C_{-1} = 1, C_{-2} = \frac{1}{2}$

Следовательно $res_{\upsilon=0}e^{\frac{1}{\upsilon}} = 1, ress_{\upsilon=0}e^{\frac{1}{\upsilon}} = \frac{1}{2}$. Откуда имеем

$$\oint\limits_{\|\upsilon\|=1} e^{\frac{1}{\upsilon}}d\upsilon = (4\pi i + 2\pi j)res_{\upsilon=0}e^{\frac{1}{\upsilon}} = 4\pi i + 2\pi j,$$

$$\oiint\limits_{\sigma} e^{\frac{1}{\upsilon}}d\sigma = 2\pi^2 jiress_{\upsilon=0}e^{\frac{1}{\upsilon}} = \pi^2 ji.$$

Пример. Пусть $f(\upsilon) = \frac{\sin\upsilon}{\upsilon^5}$. Разложение функции $\sin\upsilon$ в ряд Тейлора дает представление функции $f(\upsilon)$ в виде $f(\upsilon) = \frac{1}{\upsilon^5}(\upsilon - \frac{\upsilon^3}{3!} + \frac{\upsilon^5}{5!} + \cdots$

Откуда $C_{-1} = 0, res_{\upsilon=0}\frac{\sin\upsilon}{\upsilon^5} = 0, C_{-2} = -\frac{1}{3!}, ress_{\upsilon=0}\frac{\sin\upsilon}{\upsilon^5}$. Двойной интеграл

$$\oiint\limits_{\sigma}\frac{\sin\upsilon}{\upsilon^5}d\sigma = -\frac{2\pi^2 ji}{6} = -\frac{1}{3}\pi^2 ji$$

Пример16. Пусть $f(\upsilon) = \frac{\upsilon}{(\upsilon-1)(\upsilon+3)}$. Функция имеет полюс первого порядка в точке$\upsilon = 1$ и полюс первого порядка в точке $\upsilon = -3$.Поэтому по формуле имеем$res_{\upsilon=1}\left[\frac{\upsilon}{\upsilon+3}\right] = \frac{1}{4} = C_{-1}$. $res_{\upsilon=-3}\left[\frac{\upsilon}{\upsilon-1}\right] = \frac{3}{4}$. Данная функция в пространстве имеет еще две особые точки, которые соответствуют корням алгебраического уравнения стоящего в знаменателе. Последовательно получим $(\upsilon-1)(\upsilon+3) = 0 \Rightarrow \upsilon^2 + 2\upsilon - 3 = 0$.Откуда $\upsilon_3 = -1 + 2ji, \upsilon_4 = -1 - 2ji$. Следовательно функция представима в следующем виде $f(\upsilon) = \frac{\upsilon}{(\upsilon-(-1+2ji))(\upsilon-(-1-2ji))}$Особые изолированные пространственные точки позволят вычислить еще два вычета$res_{\upsilon=-1+2ji}f(\upsilon) = \left[\frac{\upsilon}{\upsilon-(-1-2ji)}\right] = \frac{-1+2ji}{-1+2ji+1+2ji} = -\frac{1}{4}ji + \frac{1}{2}$

$$res_{\upsilon=-1-2ji}f(\upsilon) = \left[\frac{\upsilon}{\upsilon-(-1+2ji)}\right] = \frac{-1-2ji}{-1-2ji+1-2ji} = \frac{1}{4}ji + \frac{1}{2}.$$

Пример17. Рассмотрим функцию $f(\upsilon)=\dfrac{\upsilon}{(\upsilon-1)^2(\upsilon+3)^2}$. Функция имеет особые точки $\upsilon_1=1$ полюс второго порядка, $\upsilon_2=-3$, полюс второго порядка. Используя формулу (1.65) для расчета вычетов кратных полюсов будем последовательно иметь.

$$res_{\upsilon=1}f(\upsilon)=\left[\frac{\upsilon}{(\upsilon+3)^2}\right]^{/}=$$

$$\left[(\upsilon+3)^{-2}-2\upsilon(\upsilon+3)^{-3}\right]_{\upsilon=1}=\frac{1}{16}-\frac{2}{64}=\frac{1}{32}$$

$$res_{\upsilon=-3}f(\upsilon)=\left[\frac{\upsilon}{(\upsilon-1)^2}\right]^{/}_{\upsilon=-3}=$$

$$=\left[(\upsilon-1)^{-2}-2\upsilon(\upsilon-1)^{-3}\right]_{\upsilon=-3}=\frac{1}{16}-\frac{6}{64}=-\frac{1}{32}$$

Функция имеет также два пространственных полюса второго порядка (см. пример)

$$\upsilon_3=-1+2ji,\upsilon_4=-1-2ji$$

$$res_{\upsilon=-1+2ji}f(\upsilon)=\left[\frac{\upsilon}{(\upsilon+1+2ji)^2}\right]^{/}_{\upsilon=-1+2ji}=$$

$$=\left[(\upsilon+1+2ji)^{-2}-2\upsilon(\upsilon+1+2ji)^{-3}\right]_{\upsilon=-1+2ji}=$$

$$=\left[(-1+2ji+1+2ji)^{-2}-2(-1+2ji)(-1+2ji+1+2ji)^{-3}\right]=$$

$$=\frac{1}{16}-\frac{2(-1+2ji)}{64ji}=\frac{4ji+2-4ji}{64ji}=\frac{1}{32}ji$$

$$res_{\upsilon=-1-2ji}f(\upsilon)=\left[\upsilon(\upsilon+1-2ji)^{-2}\right]^{/}_{\upsilon=-1-2ji}=$$

$$=\left[(\upsilon+1-2ji)^{-2}-2\upsilon(\upsilon+1-2ji)^{-3}\right]_{\upsilon=-1-2ji}=$$

$$\left[(-1-2ji+1-2ji)^{-2}-2(-1-2ji)(-1-2ji+1-2ji)^{-3}\right]=$$

$$=\frac{1}{16}-\frac{2+4ji}{64ji}=\frac{4ji-2-4ji}{64ji}=-\frac{1}{32}ji.$$

По формуле (1.63) вычислим пространственные вычеты

$$ress_{\upsilon=-1+2ji}f(\upsilon)=\left[\frac{\upsilon}{(\upsilon+1+2ji)^2}\right]_{\upsilon=-1+2ji}=$$

$$=\frac{-1+2ji}{(-1+2ji-1+2ji)^2}=\frac{-1+2ji}{16}$$

$$ress_{\upsilon=-1-2ji}f(\upsilon)=\left[\frac{\upsilon}{(\upsilon+1-2ji)^2}\right]_{\upsilon=-1-2ji}=$$

$$=\frac{-1-2ji}{(-1-2ji+1-2ji)^2}=\frac{-1-2ji}{16}$$

$$ress_{\upsilon=1}f(\upsilon)=\left[\frac{\upsilon}{(\upsilon+3)^2}\right]_{\upsilon=1}=\frac{1}{16}$$

$$ress_{\upsilon=-3}f(\upsilon)=\left[\frac{\upsilon}{(\upsilon-1)^2}\right]_{\upsilon=-3}=\frac{-3}{16}$$

Пример18. Пусть дана функция $f(\upsilon)=\dfrac{e^{\upsilon}}{(\upsilon-1)^2(\upsilon+3)^2}$. Используя результаты предыдущего примера, вычислим пространственные вычеты.

$$ress_{\upsilon=1}=\left[\frac{e^{\upsilon}}{(\upsilon+3)^2}\right]_{\upsilon=1}=\frac{e}{16}$$

$$ress_{\upsilon=-3}=\left[\frac{e^{\upsilon}}{(\upsilon-1)^2}\right]_{\upsilon=-3}=\frac{e^{-3}}{16}$$

$$ress_{\upsilon=-1+2ji}=\left[\frac{e^{\upsilon}}{(\upsilon+1+2ji)^2}\right]_{\upsilon=-1+2ji}=\frac{e^{-1+2ji}}{16}$$

$$ress_{\upsilon=-1-2ji}=\left[\frac{e^{\upsilon}}{(\upsilon+1-2ji)^2}\right]_{\upsilon=-1-2ji}=\frac{e^{-1-2ji}}{16}$$

Пример19 . Пусть дана функция $f(\upsilon)=\dfrac{e^{\upsilon}}{(\upsilon-1)^2(\upsilon+3)}$. Определить пространственные вычеты. Представим функцию в следующем виде $f(\upsilon)=\dfrac{e^{\upsilon}(\upsilon+3)}{(\upsilon-1)^2(\upsilon+3)^2}$. Используя результаты предыдущего примера будем иметь

$$ress_{\upsilon=1}=\frac{e}{4}$$

В пространстве Y функция представима также в виде $f(\upsilon)=\dfrac{e^{\upsilon}(\upsilon+1+2ji)}{(\upsilon+1-2ji)^2(\upsilon+1+2ji)^2}$.

Откуда будем иметь $ress_{\upsilon=-1+2ji}f(\upsilon)=\left[\dfrac{e^{-1+2ji}}{4ji}\right]$

$ress_{\upsilon=-1-2ji}f(\upsilon)=\dfrac{e^{-1-2ji}(-1-2ji+1+2ji)}{(-1-2ji+1-2ji)^2}=0$. Эти выкладки показывают, что пространственный корень $\upsilon=-1-2ji$ является особой точкой первого порядка.

Вычет в бесконечно удаленной точке.

В соответствии с комплексной пространственной алгебре элемент υ изображается в сферических координатах в виде $\upsilon = \mathrm{Re}^{i\varphi + j\psi}$, так что бесконечная точка характеризуется бесконечным радиусом модулем $\|\upsilon\| = R = \infty$. Точка ноль определяется в пространстве как это неоднократно утверждалось в виде $\|\upsilon\| = 0$ и произведением $\upsilon = \mathrm{Re}^{i\varphi + j\psi}(1 + ji)(1 - ji)$, где параметры R, φ, ψ действительные, а $\sqrt{\infty} \neq R \succ \sqrt{0}$.

Если положить $\upsilon = \frac{1}{\xi}$ и рассматривать функции $f(\upsilon) = f(\frac{1}{\xi}) = \mu(\xi)$, тогда функция $\mu(\xi)$ будет аналитической в некоторой окрестности точки ноль, которая будет особой точкой того же типа, что и точка $\upsilon = \infty$ для функции $f(\upsilon)$.; $\lim_{\upsilon \to \infty} f(\upsilon) = \lim_{\xi \to 0} \mu(\xi)$. Так что бесконечная точка есть $\upsilon = \lim_{\xi \to 0} \frac{1}{\xi} = \infty$ или на изолированной оси

$$\upsilon = \frac{1}{\mathrm{Re}^{i\varphi + j\psi}} \frac{1}{\sqrt{0} e^{jarktgi}} \frac{1}{\sqrt{0} e^{-jarktgi}} = \frac{1}{0} \equiv \infty$$

Теорема. Пусть функция $f(\upsilon)$ непрерывна на границе области G поверхности σ, натянутой без точек самопересечения на пространственную кривую типа C_3 и аналитична внутри этой области всюду, кроме конечного числа особых точек $\alpha_1, \alpha_2, \ldots, \alpha_n$, тогда имеем в пространстве Y следующие соотношения

$$\oint_{C_3} f(\upsilon) d\upsilon = (4\pi i + 2\pi j) \sum_{k=1}^{n} resf(\alpha_k)$$

$$\oiint_{\sigma} f(\upsilon) d\sigma = 2\pi^2 ji \sum_{k=1}^{n} ressf(\alpha_k)$$

Если точка $\alpha_{k,}$ лежит внутри области G и если точка $\upsilon = \infty$ также принадлежит этой области, то

$$\sum_{k=1}^{n} resf(\alpha_k) + resf(\upsilon)_{\upsilon=\infty} = 0, \ \sum_{k=1}^{n} ressf(\alpha_k) = -ressf(\upsilon)_{\upsilon=\infty}$$

Пространственная кривая C_3 рис 20 отличается от пространственной кривой C_4 количеством оборотов по аргументу F. В первом случае имеем 2-ва полных оборота, во втором один. В связи с этим интегральная пространственная формула Коши должна записываться в виде

$$f(\upsilon) = \frac{1}{2\pi ik + 2\pi j} \oint_{C_k} \frac{f(\xi) d\xi}{\xi - \upsilon}$$, где к= ± 1,±2,±3,.... -целое число , которое

определяет сколько раз и в каком направлении проходит аргумент F изолированную ось в ее проекции на плоскость Z на кривой C_k. Другими словами, сколько полных оборотов по аргументу F делает кривая C_k при одном полном обороте аргумента ψ.В этом случае пространственный вычет записывается в виде $C_{-1} = res\big|_{\upsilon=a} f(\upsilon) = \dfrac{1}{2\pi ik + 2\pi j} \oint\limits_{\gamma_k = C_k} f(\xi)d\xi$

Интегральная формула преобразуется к виду $\oint\limits_{C_k} f(\xi)d\xi = \left[2\pi i res\big|_{\upsilon=a} f(\upsilon)\right]k + 2\pi j res\big|_{\upsilon=a(1\pm ji)} f(\upsilon)$, где $k = \pm1, \pm2, \ldots\ldots$ -целое число показывает количество вычетов изолированной оси в ее проекции на плоскость Z.

Разложим интеграл на сумму двух проекций: на плоскость Z и плоскость $j\sigma$.

$$\oint\limits_{C_k} f(\xi)d\xi = \oint\limits_{c_z} \operatorname{Re} elf(\xi)_{\xi=z} dz + \oint\limits_{C_{j\sigma}} Jmmf(\xi)_{\xi=j\sigma} jd\sigma = \left[2\pi i \sum_1^n res\big|_{\upsilon=\upsilon_n} f(\upsilon)\right]k + .$$

$$+ 2\pi j \sum_1^n res\big|_{\upsilon=\upsilon_k} f(\upsilon).$$

$$\oint\limits_{C_z} \operatorname{Re} elf(\xi)_{\xi=z} dz = \oint\limits_{C_z} f(z)dz = k2\pi i \sum_1^n res\big|_{z=z_n} f(z)$$

$$\oint\limits_{C_{j\sigma}} Jmmf(\xi)_{\xi=j\sigma} jd\sigma = \oint\limits_{C_{j\sigma}} f(j\sigma)jd\sigma = 2\pi j \sum_1^n res\big|_{j\sigma=j\sigma_k} f(j\sigma)$$

Разложение подынтегральной функции в ряд Лорана по изолированным точкам, лежащим в плоском пространстве Z и по точкам, лежащим в плоскости $j\sigma$ совпадают. Коэффициенты C_{-1} при минус первой степени переменной ряда равны. Поэтому $resf(z) = resf(j\sigma)$.В рассмотренном выше примере имеем

$$\oint\limits_{C_k} \frac{e^{\upsilon}d\upsilon}{\upsilon^2 - 2\upsilon - 3} = \oint\limits_{C_z} \frac{e^z dz}{z^2 - 2z - 3} + \oint\limits_{C_{j\sigma}} \frac{e^{j\sigma} jd\sigma}{(j\sigma)^2 - 2(j\sigma) - 3}.$$

Первый с право интеграл равен $\oint\limits_{C_z} \dfrac{e^z dz}{z^2 - 2z - 3} = \dfrac{\pi}{2} i\left(e^3 - e^{-1}\right)k$. В примере $k = 2$.

Второй интеграл преобразуем к виду

$$\oint\limits_{C_{j\sigma}} \frac{e^{j\sigma} jd\sigma}{(j\sigma)^2 - 2(j\sigma) - 3} = \oint\limits_{C_\xi} \frac{e^{\xi} d\xi}{\xi^2 - 2\xi - 3}$$

В комплексной плоскости $\xi = j\sigma$ к интегралу применима формула Коши

$$\oint\limits_{C_\xi} \frac{e^{\xi} d\xi}{\xi^2 - 2\xi - 3} = \frac{\pi}{2} j\left(e^3 - e^{-1}\right)$$

Знаменатель подынтегрального выражения имеет в плоскости изолированной оси два корня $(j\sigma)_3 = 1 + 2ji, (j\sigma)_4 = 1 - 2ji$. Сумма вычетов по этим полюсам равна сумме вычетов по полюсам-корням знаменателя $\xi = (j\sigma)_1 = 3, \xi = (j\sigma)_2 = -1$. Так, что второй интеграл есть вычет по изолированному направлению.

Если внутри области G имеется контур Γ или поверхность σ содержащими внутри себя особые точки $\alpha_k, \upsilon = \infty$, то справедливы следующие интегральные соотношения

$$\oint_{C_3} f(\upsilon)d\upsilon = (4\pi i + 2\pi j)\left(\sum_{k=1}^{n} resf(\alpha_k) + resf(\infty)\right)$$

$$\oiint_{\sigma} f(\upsilon)d\sigma = 2\pi^2 ji\left(\sum_{k=1}^{n} ressf(\alpha_k) + ressf(\infty)\right)$$

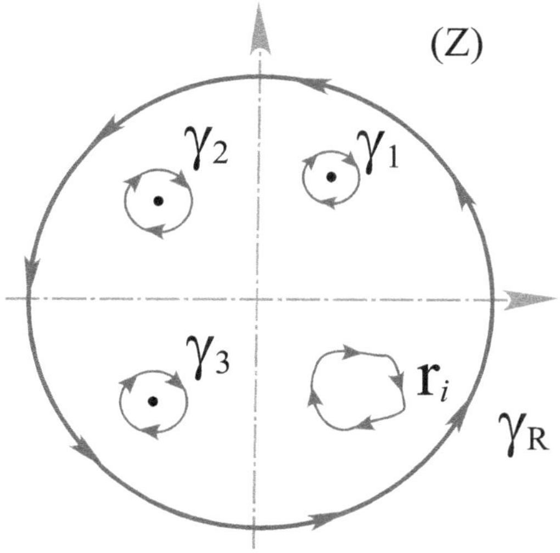

Рис. 25. Связность области в комплексной плоскости.

Вычетом функции в бесконечной точке будет число

$$resf(\infty) = \frac{1}{4\pi i + 2\pi j}\oint_{C_3^-} f(\upsilon)d\upsilon$$, а также

$$ressf(\infty) = \frac{1}{2\pi^2 ji}\oiint_{\sigma} f(\upsilon)d\sigma$$, где поверхность σ натянута на кривую C^-_3 достаточно большой сферы $\|\upsilon\| = R$, которая проходится в обратном направлении. Поэтому вычеты равны

$resf(\infty) = -C_{-1}, ressf(\infty) = -C_{-2}$, где C_{-1}, C_{-2} есть коэффициенты перед $\upsilon^{-1}, \upsilon^{-2}$ соответственно в лорановском разложении функции в окрестности бесконечно удаленной точке.

В комплексной плоскости Z теорема о вычетах соответствовала условиям, где область G находится между границей Γ_R, где $R \to \infty$ и Γ, состоящей из конечного числа ограниченных кусочно-гладких кривых γ_r, где $r \to 0$.

В комплексном пространстве Y рассматривается сфера с поверхностью, натянутой на бесконечно большой радиус $R \to \infty$. Особые точки окружены сферами бесконечно малого радиуса $r \to \sqrt{0}$. Так как через особую точку проходит изолированное направление, то на границе области фиксируются проколы поверхности бесконечно малого радиуса.

Пример20. Вычислить интеграл $\iint\limits_{\sigma}\frac{e^{\upsilon}d\sigma}{(\upsilon-1)^2(\upsilon+3)^2}$, где поверхность σ натянута на сферу $\|\upsilon\|=4$. Решение. В области сферы $R\leq 4$ подынтегральная функция имеет четыре особые пространственные точки, в которых она не регулярна. Эти точки определяются решением квадратного уравнения стоящего в знаменателе функции: $\upsilon_1=1, \upsilon_2=-3, \upsilon_3=-1+2ji, \upsilon_4=-1-2ji$. Можно рассмотреть три способа вычисления интеграла. Первый способ. Разложим подынтегральную дробь на простейшие дроби.

$$\frac{1}{(\upsilon-1)^2(\upsilon+3)^2}=\frac{1}{16}\left[\frac{1}{\upsilon-1}-\frac{1}{\upsilon+3}\right]^2=$$

$$=\frac{1}{16}\left[\frac{1}{(\upsilon-1)^2}-\frac{2}{(\upsilon-1)(\upsilon+3)}+\frac{1}{(\upsilon+3)^2}\right].$$

В этом разложении рассматриваем первую и третью дробь в квадратных скобках, для которых точки

$\upsilon=1, \upsilon=-3$ являются полюсами второго порядка. Произведем разложение дроби также для пространственных точек

$$\frac{1}{(\upsilon-1)^2(\upsilon+3)^2}=\frac{1}{(\upsilon+1-2ji)^2(\upsilon+1+2ji)^2}=$$

$$\frac{1}{16}\left[\frac{1}{(\upsilon+1-2ji)^2}+\frac{1}{(\upsilon+1+2ji)^2}\right].$$

В этом разложении взяты дроби , для которых пространственные точки являются полюсами второго порядка. Подставляя в интеграл полученное двойное разложение будем иметь $\iint\limits_{\sigma}\frac{e^{\upsilon}d\sigma}{(\upsilon-1)^2(\upsilon+3)^2}=\frac{1}{32}\iint\limits_{\sigma}\frac{e^{\upsilon}d\sigma}{(\upsilon-1)^2}+\frac{1}{32}\iint\limits_{\sigma}\frac{e^{\upsilon}d\sigma}{(\upsilon+3)^2}+$

$$+\frac{1}{32}\iint\limits_{\sigma}\frac{e^{\upsilon}d\sigma}{(\upsilon+1-2ji)^2}+\frac{1}{32}\iint\limits_{\sigma}\frac{e^{\upsilon}d\sigma}{(\upsilon+1+2ji)^2}$$

К каждому из интегралов применима формула Коши. $\iint\limits_{\sigma}=2\pi^2 ji\frac{1}{32}\left[e+e^{-3}+e^{-1}\left(e^{2ji}+e^{-2ji}\right)\right]=$

$$=\frac{\pi^2}{16}ji\left[e+e^{-3}+e^{-1}2\cos 2i\right]=$$

$$=\frac{\pi^2}{16}ji\left[e+e^{-3}+e^{-1}2\frac{e^{-2}+e^{+2}}{2}\right]=\frac{\pi^2}{8}\left(e+e^{-3}\right)ji.$$

Рассмотрим второй способ вычисления интеграла. В области определения интеграла построим сферы $\gamma_1,\gamma_2,\gamma_3,\gamma_4$ с центрами $\upsilon_1=1, \upsilon_2=-3, \upsilon_3=-1+2ji, \upsilon_4=-1-2ji$ достаточно малых радиусов, так чтобы поверхности $\sigma_1, \sigma_2, \sigma_3, \sigma_4$ этих сфер не пересекались .В пяти-связной области, ограниченной поверхностью $\|\upsilon\| = 4$, и поверхностями σ_k подынтегральная функция всюду аналитична. По теореме Коши для многосвязных областей $\iint\limits_{\sigma} f(\upsilon)d\sigma = \sum\limits_{k=1}^{n} \iint\limits_{\sigma_k} f(\upsilon)d\sigma$.Вычисление интеграла сводится к вычислению четырех интегралов, каждый из которых имеет одну особую точку.

$$\iint\limits_{\sigma} \frac{e^{\upsilon}d\sigma}{(\upsilon-1)^2(\upsilon+3)^2} = \frac{1}{2}\oiint\limits_{\sigma_1} \frac{\frac{e^{\upsilon}}{(\upsilon+3)^2}}{(\upsilon-1)^2}d\sigma +$$

$$+\frac{1}{2}\oiint\limits_{\sigma_2} \frac{\frac{e^{\upsilon}}{(\upsilon-1)^2}}{(\upsilon+3)^2}d\sigma + \frac{1}{2}\oiint\limits_{\sigma_3} \frac{\frac{e^{\upsilon}}{(\upsilon+1+2ji)^2}}{(\upsilon+1-2ji)^2}d\sigma + \frac{1}{2}\oiint\limits_{\sigma_4} \frac{\frac{e^{\upsilon}}{(\upsilon+1-2ji)^2}}{(\upsilon+1+2ji)^2}d\sigma =$$

$$2\pi^2 ji\left(\frac{1}{2}\frac{e}{16} + \frac{1}{2}\frac{e^{-3}}{16} + \frac{1}{2}\frac{e^{-1+2ji}}{16} + \frac{1}{2}\frac{e^{-1-2ji}}{16}\right) = \frac{\pi^2}{8}\left(e + e^{-3}\right)ji.$$

Третий способ вычисления интеграла основан на теореме о вычетах, которая вытекает из формулы для многосвязных областей

$\oiint\limits_{\sigma} f(\upsilon)d\sigma = 2\pi^2 ji \sum\limits_{k=1}^{n} ressf(\alpha_k)$, где α_k – есть полюса второго порядка для функции $f(\upsilon)$.

Поэтому вычисляемый интеграл вновь равен $\iint = \frac{\pi^2}{8}\left(e + e^{-3}\right)ji.$

Если область определения интеграла содержит все пространственные точки, которые являются полюсами второго порядка подынтегральной функции, то значение интеграла можно вычислить по формуле $\oiint\limits_{\sigma} \frac{f(\upsilon)d\sigma}{(\upsilon-\alpha)^2(\upsilon-\beta)^2} = 2\pi^2 ji[ressg_1(\alpha) + ressg_2(\beta)]$, где поверхность σ натянута на радиус сферы $\|\upsilon\| = r > \|\alpha\|, \|\upsilon\| = r > \beta$, где α, β могут быть пространственно комплексные,

$$g_1(\upsilon) = \frac{f(\upsilon)}{(\upsilon-\beta)^2}, g_2(\upsilon) = \frac{f(\upsilon)}{(\upsilon-\alpha)^2}.$$

$$\oiint\limits_{\sigma_{r=4}} \frac{e^{\upsilon}d\sigma}{(\upsilon-1)^2(\upsilon+3)^2} = 2\pi^2 ji[ressg_1(1) + ressg_2(-3)] = \frac{\pi^2}{8}\left(e + e^{-3}\right)ji.$$

Если поверхность натянута на сферу $\alpha \le r \le \beta$, то интеграл вычисляется от суммы трех вычетов

$$\oiint_{\sigma(\alpha\le r\le\beta)} \frac{f(\upsilon)d\sigma}{(\upsilon-\alpha)^2(\upsilon-\beta)^2} =$$

$$= 2\pi^2 ji\frac{1}{2}\left[ressg_2(\alpha)+ressg_3\left(\frac{(\alpha+\beta)+ji(\alpha-\beta)}{2}\right)\right]+$$

$$+2\pi^2 ji\frac{1}{2}\left[ressg_4\left(\frac{(\alpha+\beta)-ji(\alpha-\beta)}{2}\right)\right]., \text{ где}$$

$\frac{1}{2}[(\alpha+\beta)\pm ji(\alpha-\beta)]$ являются полюсами второго порядка и корнями знаменателя υ_3,υ_4 подынтегральной функции. Модуль $\|\upsilon_3\|=\|\upsilon_4\|=\sqrt{\alpha\beta}$ при $\beta>\alpha$, заключен в интервале $\beta>\sqrt{\alpha\beta}>\alpha$.

$$g_3(\upsilon)=\frac{f(\upsilon)}{(\upsilon-\upsilon_4)^2}\ g_4(\upsilon)=\frac{f(\upsilon)}{(\upsilon-\upsilon_3)^2}$$

Если в рассматриваемом выше примере для вычисления интеграла взять область σ, натянутую на сферу радиуса $1<(r=2)<3$, то

$$\oiint_\sigma \frac{e^\upsilon d\sigma}{(\upsilon-1)^2(\upsilon+3)^2} = \pi^2 ji[ressg_1(1)+ressg_3(1+2ji)+ressg_4(1-2ji)]=$$

$$=\frac{\pi^2}{16}ji\left(e+e^{-1+2ji}+e^{-1-2ji}\right)=\left(\frac{\pi^2}{8}e+\frac{\pi^2}{16}e^{-3}\right)ji.$$

Если область определения интеграла представляет сферическое кольцо $\frac{3}{2}<r<4$, то интеграл будет равен $\oiint_\sigma \frac{e^\upsilon d\sigma}{(\upsilon-1)^2(\upsilon+3)^2}=\left(\frac{\pi^2}{8}e^{-3}+\frac{\pi^2}{16}e\right)ji$.

Рассмотрим вариант, когда подынтегральная функция имеет два полюса : полюс второго порядка и полюс первого порядка .Например $\oiint_\sigma g(\upsilon)d\sigma=\oiint_\sigma \frac{f(\upsilon)}{(\upsilon-\alpha)^2(\upsilon-\beta)}d\sigma$.Если поверхность σ натянута на радиус сферы $\|\upsilon\|=r>\alpha, r>\beta$, то интеграл можно вычислить с помощью вычетов

$$\oiint_\sigma g(\upsilon)d\sigma=\oiint_\sigma \frac{f(\upsilon)}{(\upsilon-\alpha)^2(\upsilon-\beta)}d\sigma=2\pi^2 jiressg(\alpha)=2\pi^2 ji\frac{f(\alpha)}{(\alpha-\beta)}.$$

Однако в пространстве Y этот результат не очевиден и требует доказательств. Сведем вычисления к выше разобранной схеме.

$$\oiint_\sigma g(\upsilon)d\sigma=\oiint_\sigma \frac{f(\upsilon)(\upsilon-\beta)}{(\upsilon-\alpha)^2(\upsilon-\beta)^2}=2\pi^2 ji[ressg_1(\alpha)+ressg_2(\beta)]=$$

$$=2\pi^2 ji\frac{f(\alpha)(\alpha-\beta)}{(\alpha-\beta)}+2\pi^2 ji\frac{f(\beta)(\beta-\beta)}{(\beta-\alpha)^2}=2\pi^2 ji\frac{f(\alpha)}{(\alpha-\beta)}.$$

Если область определения интеграла представляет сферическое кольцо $\beta<r>\alpha$,то

$$\oiint_{\sigma} g(\upsilon)d\sigma = \oiint_{\sigma} \frac{f(\upsilon)(\upsilon-\beta)}{(\upsilon-\alpha)^2(\upsilon-\beta)^2}d\sigma =$$
$$= 2\pi^2 jiressg(\beta) = 2\pi^2 ji\frac{f(\beta)(\beta-\beta)}{(\beta-\alpha)^2} = 0.$$

Результат очевиден, так как β есть полюс первого порядка.

Пример21 Вычислить интеграл $\iint = \oiint_{\sigma} \frac{e^{\upsilon}d\sigma}{(\upsilon-1)^2(\upsilon+3)}$, где поверхность σ есть сферическая поверхность радиуса $\|\upsilon\| = r = 2$. $\iint = 2\pi^2 ji\frac{e}{4} = \pi^2\frac{e}{2}ji.$

Интегралы вида $\oiint_{\sigma} \mu(\cos\varphi\cos\psi, \cos\varphi\sin\psi, \sin\varphi\cos\psi, \sin\varphi\sin\psi)d\varphi d\psi$, где поверхность σ натянута на сферу радиуса $\|\upsilon\| = 1$, так что переменные φ, ψ изменяются соответственно в пределах $0 \le \varphi \le 2\pi, -\frac{\pi}{2} \le \psi \le \frac{\pi}{2}$. Для сокращения записей введем обозначения $\alpha = \cos\varphi\cos\psi, \beta = \sin\varphi\sin\psi, \zeta = \sin\varphi\cos\psi, \eta = \cos\varphi\sin\psi$. Так, что интеграл перейдет в интеграл $\oiint_{\sigma} \mu(\alpha,\beta,\zeta,\eta)d\varphi d\psi$.

На поверхности сферы имеем $\upsilon = e^{i\varphi + j\psi}, \upsilon = e^{-i\varphi - j\psi}$ и введенные переменные могут быть записаны через одну переменную υ в комплексном виде $i\zeta + j\eta = \frac{1}{2}\left(\upsilon - \frac{1}{\upsilon}\right)$, $\alpha + ji\beta = \frac{1}{2}\left(\upsilon + \frac{1}{\upsilon}\right)$. Элемент площади $d\sigma$ выразится как произведение $d\upsilon_{\varphi}d\upsilon_{\psi}$

$d\sigma = d\upsilon_{\varphi}d\upsilon_{\psi} = ije^{2i\varphi + 2j\psi}d\varphi d\psi$, откуда получаем $d\varphi d\psi = jid\sigma e^{-2i\varphi - 2j\psi}$ и в силу $\|\upsilon\| = 1$ будем иметь $d\varphi d\psi = ji\frac{d\sigma}{\upsilon^2}$. Исходный интеграл сводится к вычислению двойного интеграла по поверхности $JJ = \oiint_{\sigma, \|\upsilon\|=1} \mu_1(\upsilon)d\sigma$, где $\mu_1 = \frac{1}{\upsilon^2}\mu\left(\frac{1}{2}(\upsilon - \frac{1}{\upsilon}), \frac{1}{2}(\upsilon + \frac{1}{2})\right)$-есть рациональная функция от υ. Тогда по теореме о вычетах

$JJ = 2\pi^2 ji\sum_{k}^{n} ress_{\upsilon=\upsilon_k}\mu_1(\upsilon)$, где $\upsilon_1, \upsilon_2, \ldots, \upsilon_k$ - все полюсы рациональной функции $\mu_1(\upsilon)$, лежащие в сфере $\|\upsilon\| = 1$.

Пример22 . Вычислить интеграл

$$JJ = \oiint_{\|\upsilon\|=1} \frac{d\varphi d\psi}{[a + 2(\cos\varphi\cos\psi + ji\sin\varphi\sin\psi)]^2}$$

Преобразуем знаменатель.

$$2(\cos\varphi\cos\psi + ji\sin\varphi\sin\psi) = e^{i\varphi+j\psi} + e^{-i\varphi-j\psi} = \frac{1}{\upsilon}+\upsilon$$

$d\varphi d\psi = ji\dfrac{d\sigma}{\upsilon^2}$. Подставляя полученные выражения в исходный интеграл, будем иметь

$$JJ = \oiint_\sigma \frac{jid\sigma}{\upsilon^2\left[a+(\upsilon+\frac{1}{\upsilon})\right]^2} =$$

$$= \oiint_\sigma \frac{jid\sigma\upsilon^2}{(a\upsilon+\upsilon^2+1)^2\upsilon^2} = \oiint_\sigma \frac{jid\sigma}{(a\upsilon+\upsilon^2+1)^2}$$

Знаменатель имеет корни $\upsilon_1 = \dfrac{-a+\sqrt{a^2-4}}{2}, \upsilon_2 = \dfrac{-a-\sqrt{a^2-4}}{2}$. Первый корень при $a>2$ является особой точкой подынтегральной функции – полюсом второго порядка.

Знаменатель имеет два пространственных корня $\upsilon_{3,4} = \dfrac{-a+ji\sqrt{a^2-4}}{2}$. Пространственные корни при $a>2$ имеют модуль $\|\upsilon_{3,4}\|>1$ и не являются особыми точками подъинтегральной функцией. Если принять $a>2, a=2+\varepsilon$, то $\upsilon_1 = \dfrac{-(2+\varepsilon)+\sqrt{4+2\varepsilon+\varepsilon^2-4}}{2} =$

$$= \frac{-2-\varepsilon+\sqrt{\varepsilon^2+2\varepsilon}}{2} = \frac{-2-\varepsilon+\varepsilon+\delta}{2} = \frac{-2+\delta}{2} < 1,$$

где $1>\delta>0$.

При тех же условиях

$$\|\upsilon_{3,4}\| = \frac{1}{2}\sqrt{(2+\varepsilon)^2-2\varepsilon-\varepsilon^2} = \frac{1}{2}\sqrt{4+4\varepsilon+\varepsilon^2-2\varepsilon-\varepsilon^2} = \frac{1}{2}\sqrt{4+2\varepsilon} > 1$$

.

Поэтому согласно теореме о вычетах имеем $ressf(\upsilon)_{\upsilon=\upsilon_1} = \left[\dfrac{1}{(\upsilon-\upsilon_2)^2}\right]_{\upsilon=\upsilon_1} = \dfrac{1}{a^2-4}$. Окончательно интеграл равен

$$JJ = 2\pi^2 ji\frac{1}{a^2-4}$$

Подынтегральную функцию преобразуем на сумму первых комплексных функций. Для этого обозначим $\cos\varphi\cos\psi = \alpha, \sin\varphi\sin\psi = \beta$ и подставим в подынтегральную функцию

$$f(\upsilon) = \frac{1}{\left[(a+2\alpha)+2ji\beta\right]^2} = \frac{\left[(a+2\alpha)-2ji\beta\right]^2}{\left[(a+2\alpha)^2-4\beta^2\right]^2}.$$ Следовательно

первая комплексная часть равна $\mathrm{Re}\,elf(\upsilon) = \frac{(a+2\alpha)^2+4\beta^2}{\left[(a+2\alpha)^2-4\beta^2\right]^2}$, вторая комплексная часть равна

$Jmf(\upsilon) = \frac{-4ji\beta(a+2\alpha)}{\left[(a+2\alpha)^2-4\beta^2\right]^2}$, В результате имеем расчет двух двойных интегралов

$$JJ_1 = \oiint_{\|\upsilon\|=1} \frac{(a+2\cos\varphi\cos\psi)^2+4\sin^2\varphi\sin^2\psi}{\left[(a+2\cos\varphi\cos\psi)^2-4\sin^2\varphi\sin^2\psi\right]^2} d\varphi d\psi = 0$$

$$JJ_2 = \oiint_{\|\upsilon\|=1} \frac{4\sin\varphi\sin\psi(a+2\cos\varphi\cos\psi)}{\left[(a+2\cos\varphi\cos\psi)^2-4\sin^2\varphi\sin^2\psi\right]^2} d\varphi d\psi = -\frac{\pi^2}{a^2-4}$$

ЛИТЕРАТУРА

1. В.И. Елисеев, А. С. Фохт. Математическая модель энергии связи атома. - Киев, 1983, - 60с. (Препринт/АН УССР, Ин-т математики, 83,25).
2. В.И. Елисеев, А. С. Фохт. Математическая теория энергии связи атома. - Киев, 1983, 60с. (Препринт/АН УССР, Ин-т математики: 83.24).
3. В.И. Елисеев, А. С. Фохт. Методы теории функций пространственного комплексного переменного: - Киев, 1984, 57с. (Препринт/АН УССР, Ин-т математики: 84.61).
4. В.И. Елисеев, А.С.Фохт. Математический расчет модели сложного структурного образования. - Киев, 1984, 61с. (Препринт/АН УССР. Ин-т математики: 84.62).
5. Понтрягин Л.С. Обобщение чисел, - М.: Наука, 1986.-120с (Б-ка "Квант". Вып. 54).
6. Б. Л. ван дер Варден. Алгебра - М.: Наука, 1979, 624с.
7. М. А. Лаврентьев и Б. В. Шабат. Методы теорий функций комплексного переменного. - М.: Наука,1965, 716с.
8. Л. А. Логунов. Лекции по теории относительности и гравитации. Современный анализ проблемы. - М.: Наука, 1987, 272с.
9. Л. Д. Ландау и Е. М. Лифшиц. Краткий курс теоретической физики. Книга 1. Механика. Электродинамика, - М.: Наука,. 1969, 272с.
10. К.Н. Мухин. Экспериментальная ядерная физика Том 1. Физика атомного ядра. - М.: Энергоатомиздат, 1983, в16с.
11. Г. Фрауэнфельдер, Э. Хенли. Субатомная физика. - М.: Мир, 1979, 736с.
12. Ю. М. Широков, Н. П. Юдин. Ядерная физика. - М.: Наука, 1980, 728с.
13. М. А. Блохин, И.Г. Швейцер. Рентгеноспектральный справочник. - М.: Наука, 1982, 376с.

14. В.И. Елисеев. Введение в Методы теории функций пространственного комплексного переменного. Издательство НИАТ, МОСКВА , 1990 год. 189 стр.
15. Л.Д. Ландау, Е.М. Лифшиц. ТЕОРИЯ ПОЛЯ. Теоретическая физика. Том 2.Москва. Из-во НАУКА. 1983 год. 510 стр.
16. В.Б. Берестецкий. Е.М. Лифшиц, Л. П. Питаевский. Квантовая электродинамика. Теоретическая физика. Том 4. Москва Из-во НАУКА.1989 год. 725 стр.
17. Э. Фихман. Квантовая физика. Берклеевский курс Физики. Том 4. Москва. Изд-во НАУКА. 1977 год. 415 стр.
18. Я.Б. Зельдович, И. Д. Новиков. Теория тяготения и эволюция звезд. Москва. Изд-во НАУКА. 1971 год. 485 стр.
19. Энергия разрыва химических связей. Потенциалы ионизации и сродство к электрону. Академия наук СССР .Москва. Изд-во НАУКА .1974 год. 351 стр.
20. Таблицы физических величин. Справочник под редакцией академика И.К. Кикоина. Москва. АТОМИЗДАТ .1976год. 1005 стр.
21. П. А. М. Дирак." К созданию квантовой теории поля." М." Наука". Главная редакция физико-математической литературы. 1990 г.

ГЛАВА 3. ПРЕОБРАЗОВАНИЯ ОСНОВНЫХ СООТНОШЕНИЙ ТЕОРИИ ОТНОСИТЕЛЬНОСТИ С ПОМОЩЬЮ АЛГЕБРЫ КОМПЛЕКСНОГО ПРОСТРАНСТВА

3.1. НОВАЯ ЧИСЛОВАЯ СИСТЕМА – НОВЫЙ РАСЧЕТНЫЙ АППАРАТ В ТЕОРЕТИЧЕСКОЙ ФИЗИКЕ.

До настоящего времени существуют только две числовые системы: действительные числа и комплексные в смысле Коши [5] . Попытку расширения поля комплексных чисел в смысле Коши диктует современная физика. Теоретическая физика установила такие понятия например, как световой конус, которые требуют в числовом поле адекватных понятий. Знаменитые преобразования Лоренца написаны в покоординатном виде. Интервал Минковского введен, следуя гипотезе Римана о квадратичной зависимости координат между собой.

На современном математическом языке структура задается корнем квадратным из суммы квадратов расстояний между соседними точками по координатам.

В плоскости имеем $dS = \sqrt{dx^2 + dy^2}$

В декартовых координатах $dS = \sqrt{dx^2 + dy^2 + dz^2}$, где в обоих случаях dx, dy, dz дифференциалы координат. По существу это реализация теоремы Пифагора в трехмерное пространство, если опираться на постулаты и аксиомы Евклида.

Это гипотеза, так как выражение не выводится в системе.

Согласно основной ГИПОТЕЗЕ РИМАНА квадрат интервала между двумя бесконечно близкими точками $P(x), P(x+dx)$ величина dS^2 есть квадратичная форма разностей координат [8]

$dS^2 = g_{\mu\nu} dx^\mu dx^\nu$, где $g_{\mu\nu} = g_{\mu\nu}(P)$ есть симметрический тензор $g_{\mu\nu} = g_{\nu\mu}$, называемый метрическим тензором. Тензор $g_{\mu\nu}$ представляет собой числовую величину, которая удовлетворяет аксиомам скалярного произведения. Инвариантная квадратичная дифференциальная форма определяет пространство V_n Римана. В каждой точке пространства Римана задано поле тензора $g_{ik} = g_{ik}(x^1, x^2, ..., x^n)$. Таким образом, пространство Римана не является числовым пространством. Набор значений координат не дает числовую точку в пространстве . ГИПОТЕЗА РИМАНА соответствует только пространству двух измерений –числовому комплексному пространству в смысле О.КОШИ.

Расширение поля комплексных чисел О.КОШИ показывает, что ГИПОТЕЗА РИМАНА есть частный случай новой числовой системы. Начиная с пространства трех измерений, гипотеза не соблюдается.

Гипотезы, постулаты являются категориями, справедливость которых не оспаривается до тех пор, пока не возникает противоречие с теми положениями, которые легли в основу их формулировок. В данном случае появление новой системы чисел опровергает гипотезу Римана.

Из этого следует вывод, что ОТО А. Эйнштейна и РТГ А. Логунова не являются удовлетворительными, так как описывают не реальное физическое пространство -время.

Теории ОТО А. Эйнштейна и РТГ А. Логунова исследуют структуру пространства –времени оставаясь в рамках гипотезы Римана и пространства Минковского. Однако аппарат тензорного исчисления и гипотеза Римана не описывает структуры пространства. В каждой точке риманова пространства V_N интервал dS^2 представляет собой алгебраическую квадратичную форму относительно дифференциалов dx^i.Точка описывается при этом массивом координат x^i. Функции в этом пространстве являются функциями многих переменных. Структуру характеризует прежде всего вложенность массивов один в другой, а это отсутствует в пространстве Римана и Минковского. Интервал является единственным параметром, который определяет связь массивов, и поэтому не описывает структуры.

До настоящего времени точка в пространстве (как основной модельный объект в теоретической физике) определяется массивом значений координат

$\upsilon = \upsilon(x_1, x_2, ..., x_n)$.

Коэффициенты $g_{\mu\nu}(x)$ в матричной форме, определяющие интервал между двумя близкими событиями в Общей Теории Относительности (СТО), являются функционалом от энергии –импульса тензора материи $T_{\mu\nu}(x)$; [18]

Эта функциональная связь определяется с помощью знаменитого уравнения Эйнштейна

$$R_{\mu\nu} - \frac{1}{2} g_{\mu\nu} R = 8\pi G T_{\mu\nu}(x),$$

где $R_{\mu\nu}$-тензор кривизны второго ранга, а R-скалярная величина,

G-гравитационная постоянная.

Для решения должны вводиться дополнительные условия, но это не предмет дискуссии на этом этапе рассмотрения допустимых систем исчисления.

Д.И. Блохинцев [22] отмечал, что СТО допускает столь же общее преобразование координат, что и геометрия Римана, Огромный произвол, содержащийся в этом преобразовании, может сводиться к нулю особенностями, содержащимися в самой задаче.

“Качественный шаг в объединении пространства и времени в одно единое целое и введение соответствующей геометрии, по существу, и есть главное содержание специальной теории относительности. “ А.А. Логунов.

В СТО А. Эйнштейна за структуру пространства отвечает интервал в соответствии с гипотезой Римана, а в РТГ А. Логунова интервал определен в пространстве Минковского. Оба выражения не соответствуют реальному физическому пространству.

Исследуем соответствие интервала Минковского числовому полю.

В псевдоевклидовом пространстве Минковского интервал записывается через квадратичную форму в виде

$$dS^2 = c^2 dt^2 - dx^2 - dy^2 - dz^2$$

В комплексном пространстве интервал Минковского соответствует модулю комплекса

$d\upsilon = cdt + ji\sqrt{dx^2 + dy^2 + dz^2}$, таким образом, координата времени занимает особое положение относительно интервала трехмерного массива (dx, dy, dz). Трехмерный массив относительно времени выступает как одна координата, Иными словами рассматривается плоскость $d\upsilon = cdt + jidX$. Отсюда следует вывод, что Интервал Минковского не соответствует пространству четырех измерений, а уравнения Шредингера описывают явления не соответствующие реальному физическому пространству, а являются лишь грубым приближением.

Трехмерный массив также не определяет пространство. К настоящему времени сложилось устойчивое представление, что если задан массив (x,y,z), и интервал как корень квадратный из суммы квадратов переменных этого массива, то задано пространство. Это представление не является результатом внутреннего развития математики и является грубым приближением к реальному физическому пространству. Изучать в этом пространстве явления микромира нельзя. Но с этим в настоящее время согласна и квантовая механика. Провал с теорией сильных взаимодействий. Провал с попыткой создания единой теории поля.

Комплексное пространство содержит подпространство делителей нуля, которое выделяет в нем пространство большей по величине размерности. В цилиндрических координатах подпространство делителей нуля соответствует световому конусу. В сферических координатах комплексных световой конус сворачивается в изолированную ось радиуса $\sqrt{0} \neq 0$ в силу наличия изолированного аргумента $arktgi$.

Далее.

Трехмерный комплекс имеет модуль равный интервалу массива только в частном случае

$$d\upsilon_3 = dx + idy + jdze^{i\varphi} = \sqrt{dx^2 + dy^2}e^{i\varphi} + jdze^{i\varphi}$$

$$= e^{i\varphi}(d\rho + jdz) = \sqrt{dx^2 + dy^2 + dz^2}e^{i\varphi + j\psi}$$

Таким образом, комплекс $dx + idy$ рассматривается относительно третей координаты dz как одна координата. Из этих выкладок также следует, что пространство-время Минковского не содержит трехмерное Евклидово пространство. Оно заменено функцией трех переменных относительно временной координате.

Четырехмерный комплекс, модуль которого будет равен интервалу Минковского введенного для массива координат, будет иметь вид

$$d\upsilon = cdte^{i\varphi + j\psi} + kj\left(\sqrt{dx^2 + dy^2}e^{i\varphi} + jdze^{i\varphi}\right) =$$

$$= \sqrt{c^2dt^2 - dx^2 - dy^2 - dz^2}e^{i\varphi + j\psi + k\gamma}$$

$$d\upsilon = \|d\upsilon\|e^{i\varphi + j\psi + k\gamma}$$

где $\|d\upsilon\|, \varphi, \psi$ выражаются в действительных числах, γ -комплексный аргумент.

В четырехмерном комплексном пространстве модуль в общем виде определяется по формуле

$\upsilon = z + j\sigma$

$$\|\upsilon\| = \sqrt[4]{\rho^4 + 2\rho^2 r^2 \cos 2(\varphi - \psi) + r^4}$$

где ρ, φ -модуль и аргумент комплекса $z = x + iy = \rho e^{i\varphi}$

r, ψ -модуль и аргумент комплекса $\sigma = \xi + i\eta = re^{i\psi}$

Таким образом, в пространстве четырех измерений изменяется понятие точки и линии и поэтому говорить обо интервале как расстояние между ближайшими точками бессмысленно, так как необходимо указывать кроме модуля аргумент, который закручивает точку около цилиндрической оси. Точки z, σ представляют объекты на комплексных цилиндрических линиях, которые в пространстве дают одну структурную точку υ.

Такое представление точки вводит искривление пространства ,так как исходная точка и конечная точка линии имеет разные угловые параметры.

Векторные и тензорные координаты дают интервал Римана в ОТО А. Эйнштейна и интервал Минковского в РТГ А. Логунова, который не соответствует реальному физическому пространству.

Рассмотрен частный случай комплексного пространства с целью на его примере показать, что используя в теоретической физике систему отсчета массива координат теряется структура пространства в точке.

Одновременно становится очевидным, что уравнения А. Эйнштейна в СТО и уравнения А. Логунова в РТГ не соответствуют реальному физическому пространству.

К настоящему времени экспериментальные исследования в микромире (реакции распада и образования частиц, открытие новых частиц и т.д.) показывают много мерность пространства и его структурирование. Тензорный аппарат СТО и РТГ не вводит в уравнения структуру пространства. Однако, если рассмотреть решение Шварцшильда, то можно сделать вывод о наличие в интервале изолированного направления, как гравитационного пространства более высокой размерности, чем то, в котором находится тяжелая масса. Это подпространство ограничено радиусом

$r_g = \dfrac{2GM}{c^2}$, получившего название радиуса Шварцшильда.

Исследованием явления сжатия тяжелой массы из пространства $r > r_g$ в пространство $r < r_g$ и ограничено исследование структуры пространства – времени как в СТО А. Эйнштейна так и в РТГ А. Логунова. [18]

Выше приведенные выкладки показывают, что интервал Минковского следует рассматривать как модуль комплексного числа, описывающий структуру пространства.

Проведенные выкладки демонстрируют, как пространство меньшей размерности вкладывается в пространство большей по величине размерности. Поэтому процесс сжатия тяжелой массы это структурный процесс с непрерывным образованием изолированных направлений разного уровня, через которые проходят строго определенные величины энергии обменной массы между этими уровнями. Процесс сжатия это процесс многовариантный по структуре образования количества изолированных ε- туннелей (туннели собираются в блоки, блоки в другие блоки) на каждом уровне. Процесс взрыва с делением тяжелого тела неизбежен как один из вариантов. Эта детализация процесса не заложена в теориях гравитации, поэтому рассматривать какая черная дыра образуется в результате сжатия по этим теориям оценить нельзя. Кроме того надо учесть при сжатии ближайшие объекты (в том числе и уже обнаруженные черные дыры), и учесть какое количество энергии идет от них для сжатия.

Черные дыры – это космические объекты, образование которых контролируется энергией окружающего тяжелую массу космического пространства и его структурой, а не энергией этой тяжелой массы. Структура черных дыр характеризуется своим интервалом изменения энергии, проходящей через изолированные туннели. Это условие как граничное должно вводиться при решении уравнений.

Квантовая матричная теория Гейзенберга, а также волновая теория Шредингера рассматривают точку в пространстве как массив координат. Условия, которые накладываются на структуру массива в виде гипотезы Римана приводит к потере расчета детальной последовательности явлений, ввиду того что в пространстве не рассматривается структура.

Теория S -матриц, разработанная В. Гейзенбергом, для взаимодействия частиц имеет дело лишь с результатом процессов столкновения, а не с последовательностью явлений, происходящих в течении самого процесса. Аналогично обстоит дело и в СТО А. Эйнштейна и ТРГ А. Логунова. В этих теориях математический аппарат не вводит в уравнения объекты-числа, которые несут ответственность за полевую материю.

3.2. ПРЕОБРАЗОВАНИЯ ЛОРЕНЦА

Преобразования Лоренца явились математическим фундаментом для развития основных принципов теории относительности.

На основе преобразований Лоренца, Минковский сделал качественный шаг в объединении пространства и времени в одно целое и ввел соответствующую геометрию. Преобразования Лоренца написаны в покоординатном виде в соответствии с алгеброй декартового векторного пространства ,где точка задается набором значений координат и при изучении структуры пространства фактически изучают изменение происходящие по координатам.

Фундаментальный принцип современной физики пространство и время едино, а геометрия его определяется интервалом. Бесконечно малый интервал между событиями является инвариантом в этом четырехмерном мире.

Выражение для интервала не выводится из каких либо общих принципов, а является переносом гипотезы Б. Римана. Б. Риман ,развивая идею Н. И. Лобачевского и К. Ф. Гаусса ,ввел особый класс геометрий, получивших название римановых, которые только в бесконечно малой области совпадают с евклидовыми.

Интервал нельзя вывести в системе (x,y,z,t), он вводится .В следствии этого структура области не поддается исследованию, хотя бы по той причине, что кроме интервала расстояние между двумя точками характеризуется и направлением в пространстве .

Переход к комплексному пространству вносит существенные корректировки как в формулы преобразований , так и в физические следствия на основе этих формул. Рассмотрим эти принципиальные моменты.

Скорость света в теории относительности является предельной скоростью распространения взаимодействий, а также возможно достижимой скоростью движения материи -

$$c = 2.988 \cdot 10^{10} см/с$$

Из соображения "наглядности" в теории относительности пользуются воображаемым четырехмерным пространством, на осях которого откладываются три пространственные координаты x, y, и временная ct. Расстояние между двумя точками в таком пространстве

$$\rho_{1,2} = \left[c^2(t_2 - t_1)^2 - (x_2 - x_1)^2 - (y_2 - y_1)^2 - (\xi_2 - \xi_1)^2\right]^{1/2}$$

является интервалом между событиями 1 и 2.

Принцип относительности гласит: "интервал между двумя событиями во всех инерциальных системах отсчета одинаков". Воображаемое преобразование одной системы координат к другой математически выражается как вращение четырех мерной системы. Этот физический смысл пространства установлен в геометрии Минковского [8].

Связь между старыми и новыми координатами в этой геометрии дается следующей матрицей, записанной в наиболее общем виде: [9,15]

$$x = x' ch\psi + ct' sh\psi$$

$$ct = y = x' sh\psi + ct' ch\psi$$

Где ψ - угол поворота.

При этом преобразовании соблюдается соответствие интервалов .

$$c^2t^2 - x^2 = c^2t'^2 - x'^2$$

Покажем, что преобразования Минковского вытекают из связи чисел во введенном комплексном пространстве Рассмотрим пока плоский случай, хотя это определение для пространства чисто условное. Умножим равенство с координатой x на вектор ij и сложим со вторым равенством

$$ct + jix = x' ch\psi + jix' ch\psi + ct' ch\psi + jict' sh\psi =$$

$$x'(sh\psi + jich\psi) + ct'(ch\psi + jish\psi) = (x' + jict')(sh\psi + jich\psi)$$

Произведем преобразования по правилам пространственной комплексной алгебры:

$$ct + jix = \sqrt{c^2t^2 - x^2}\, e^{jarctgi\frac{x}{ct}};$$

$$x' + jict' = ji\sqrt{c^2t'^2 - x'^2}\, e^{jarctgi\frac{x'}{ct'}};$$

$$sh\psi + jich\psi = jie^{arctgi(th\psi)}.$$

В результате получим

$$\sqrt{c^2t^2 - x^2}\, e^{jarctgi\frac{x}{ct}} =$$

$$\sqrt{c^2t'^2 - x'^2}\, e^{jarctgi\frac{x'}{ct'} + jarctgi(th\psi)}$$

Угол ψ определяется через движение, центра инерции одной из систем K', x' = 0 относительно другой K.

Тогда

$$x = ct' sh\psi, \; ct = ct' ch\psi .$$

Откуда $\frac{x}{ct} = th\psi = \frac{U}{c}$,

и равенство приобретает вид

$$\sqrt{c^2t^2 - x^2}\, e^{jarctgi\frac{x}{ct}} = \sqrt{c^2t'^2 - x'^2}\, e^{jarctgi\frac{x'}{ct'}} e^{jarctgi\frac{\upsilon}{c}} \tag{3.1.}$$

В комплексном пространстве числа равны, если равны их модули и аргументы. Равенство модулей дает равенство интервалов в теории относительности

$$\sqrt{c^2t^2 - x^2} = \sqrt{c^2t'^2 - x'^2}\,.$$

Равенство аргументов дает выражение, которое преобразуйся к фундаментальному соотношению скоростей в теории относительности

$$jarctgi\frac{x}{ct} = jarctgi\frac{x'}{ct'} + jarctgi\frac{\upsilon}{c},$$

но $\frac{x}{ct} = \frac{U}{c}$ в системе K,

а $\frac{x'}{ct'} = \frac{\upsilon'}{c}$ в системе K',

Сумма arctg может быть записана в виде

$$arctgi\frac{x'}{ct'} + arctgi\frac{\vartheta}{c} = arctg\frac{i\frac{\upsilon'}{c} + i\frac{\vartheta}{c}}{1 + \frac{\upsilon'\vartheta}{c^2}}$$

Приравнивая аргументы, получаем

известную формулу, которая носит название как сложение скоростей. Однако выводы принципиально отличаются от выводов ТО. Интервал теории относительности остается инвариантом только в том случае, когда аргументы (направления систем) систем равны.

Формула может быть выведена непосредственно из преобразований Лоренца, если к ним применить комплексную алгебру чисел.

$$U = \frac{\vartheta' + \vartheta}{1 + \frac{\vartheta'\vartheta}{c^2}} \tag{3.2.}$$

Проведем дальнейшие исследования на базе аппарата пространственной комплексной алгебры. Координаты x, y, ξ, t в теории относительности преобразуются по формулам:

$$x = \frac{x' + Vt'}{\sqrt{1 - \left(\frac{V}{C}\right)^2}},\ y = y',\ \xi = \xi',.$$

$$t = \frac{t' + \frac{V}{c^2}x'}{\sqrt{1-\left(\frac{V}{C}\right)^2}}.$$

Можно записать $ct + jix = \frac{t^{/}C + \frac{V}{C}x^{/}}{\sqrt{1-\left(\frac{V}{C}\right)^2}} + ji\frac{x^{/} + Vt^{/}}{\sqrt{1-\left(\frac{V}{C}\right)^2}}$

Выделим модуль и аргумент в правой и левой части равенства

$$\sqrt{(ct)^2 - x^2}\, e^{jarktgi\frac{x}{ct}} = \sqrt{\left(ct^{/}\right)^2 - x^{/2}}\, e^{jarktgi\frac{x^{/}+Vt^{/}}{t^{/}C+\frac{Vx^{/}}{C}}}$$

Преобразования Лоренца записаны в сферических координатах.

Равенство модулей дает равенство интервалов.

Согласно равенству комплексных чисел необходимо равенство аргументов

$$arktgi\frac{x}{ct} = arktgi\frac{x^{/} + Vt^{/}}{t^{/}C + \frac{Vx^{/}}{C}}$$

Учитывая закон сложения скоростей ,полученный выше на основе выводов Л. Ландау ,введем скорости.

$U = \frac{x}{t}, \upsilon = \frac{x^{/}}{t^{/}}$ и получим $arktgi\frac{U}{C} = arktgi\frac{\upsilon + V}{C\left(1 + \frac{\upsilon V}{C^2}\right)}$

Откуда имеем закон сложения скоростей

$$U = \frac{\upsilon + V}{1 + \frac{\upsilon V}{C^2}}$$

В системе $K^{/}$ имеем сложение двух скоростей : скорости V –движение начала координат вдоль оси X и скорости υ -движения, характеризующие вращение xt

Если $\upsilon = C$,то $U = C$

Если $V = c$,то $U = C$

Системы K и $K^{/}$ находятся в изолированном туннеле.

Однако остается открытым вопрос, чему равно $C + V$ или $\vartheta + C$, так как в обоих случаях идет сокращение на эту сумму.

Теория относительности утверждает, что движение со скоростью света невозможно и пространство делится световым конусом (рис. 3.1) на две области и только там, где $\upsilon < c$ действуют принципы этой теории.

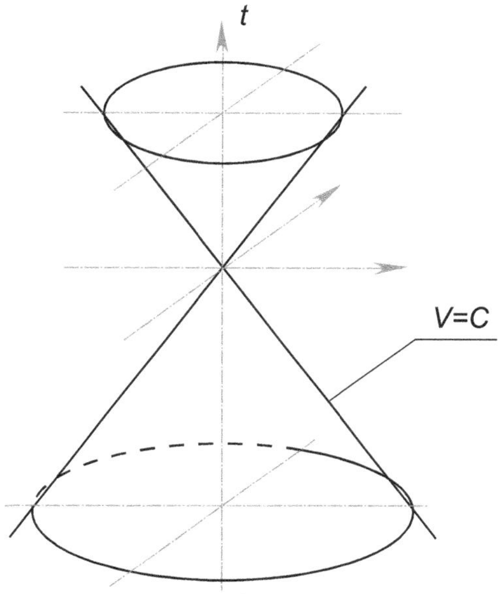

Рис. 3.1. Световой конус теории относительности, образованный множеством лучей, исходящих из нулевой точки начала координат. Световой конус делит физическое пространство на области, изолированные друг от друга

Если $V' = c$, то имеем из (3.2.) $\upsilon = c$. Если, $V' = c$, то

$$\sqrt{1-\left(\frac{\upsilon}{c}\right)^2} = \sqrt{0} \neq 0$$

и координаты x, t в преобразованиях Лоренца превращаются в бесконечность. Поэтому движение со скоростью, равной скорости света, невозможно, утверждает теория относительности.

В комплексном пространстве $\upsilon = c$ возможно и необходимо для объяснения ε -туннеля и конуса-фильтра дискретных точек. Световой конус теории относительности - это конус-фильтр делителей нуля, который собирается в ε -туннель по временной координате (рис. 3.2).

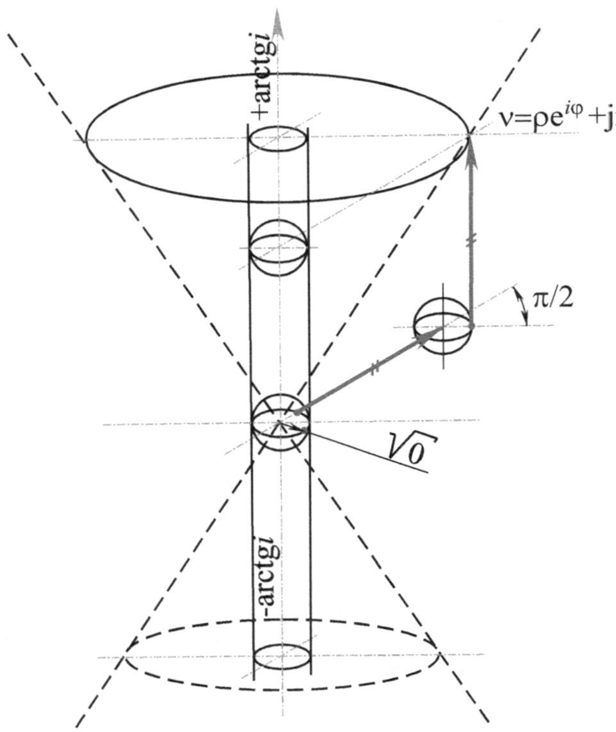

Рис. 3.2. Конус-фильтр делителей нуля эквивалентен световому конусу теории относительности. В сферических координатах конус-фильтр сворачивается в изолированную координатную ось

В этом случае (когда $\upsilon = c$ равенство (3.1.) перейдет в равенство делителей нуля

$$\sqrt{0}e^{jarctgi} = \sqrt{0}e^{jarctgi}.$$

Соотношение показывает: на световом конусе интервалы обеих систем К, К' равны корню из нуля. Направление изолировано.

Выход из туннеля может произойти, когда υ станет меньше $\upsilon < c$, а также когда $\upsilon > c$, либо необходим дополнительный поворот составляющих скоростей на угол ϕ, меньший π/2. Условие $\upsilon > c$ запрещено теорией относительности ввиду появления мнимых координат, комплексный пространственный анализ снимает это ограничение.

Если центр инерции системы k движется с бесконечно большой скоростью $\upsilon \to 0$, то преобразование координат происходит по формулам.

$$x \to -ict\,, t \to -ix'$$

Этот результат соответствует физическому смыслу времени как координате в четырехмерном пространстве. Если центр инерции системы k достигнет бесконечно большой скорости, то его координаты повернутся на угол π/2 относительно координат системы k'.

Таким образом, c - есть предельная скорость взаимодействия, но возможно не предельно достижимая скорость движения. Достигнув предельной скорости взаимодействия, системы образуют структуру более высокой размерности, в которой возможно имеется своя предельная скорость.

Соотношение (3.2.) дает вывод, что если $\upsilon = c$, то $\upsilon' = c$. Это вполне понятно, так как системы находятся одновременно на световом конусе.

3.3. ЭНЕРГИЯ В ПРОСТРАНСТВЕ

Пространственно-временные координаты, введенные теорией относительности, позволяют записать основные уравнения движения в четырехвекторной форме.

Рассмотрим, к каким последствиям приводит запись этих четырехвекторов в комплексном пространстве. Если взять вектор скорости

$$\upsilon_x = \frac{dx}{dt}, \upsilon_y = \frac{dy}{dt}, \upsilon_z = \frac{dz}{dt},$$

то, чтобы превратить эти векторы в систему четырех пространственно-временных координат, эти векторы делят на величину

$$\sqrt{1-\left(\frac{\upsilon}{c}\right)^2}$$

так, что четырех вектор скорости записывается в виде [9]

$$U_\mu = \left(\frac{c}{\sqrt{1-\left(\frac{\upsilon}{c}\right)^2}}, \frac{\upsilon}{\sqrt{1-\left(\frac{\upsilon}{c}\right)^2}} \right).$$

Видно, что один из компонентов чстырех вектора всегда больше скорости света. Это одно из противоречий, которое необходимо преодолеть математическому описанию теории относительности. В комплексном пространстве эта матрица запишется в виде

$$U_\mu = \frac{c}{\sqrt{1-\left(\frac{\upsilon}{c}\right)^2}} + ji\frac{\upsilon}{\sqrt{1-\left(\frac{\upsilon}{c}\right)^2}}$$

и преобразуется по законам комплексной алгебры

$$U_\mu = ce^{jarctgi\frac{\upsilon}{c}} \tag{3.3.}$$

Таким образом, в сферической системе координат скорость U_μ системы К выражается как вектор с модулем, равным скорости передачи возмущения в среде, и аргументом, выраженным функцией $arctgi\frac{\upsilon}{c}$, где υ - скорость в системе К. Это выражение показывает, что с какой бы скоростью υ ни двигался объект в системе К, волна от него будет распространяться со скоростью возмущения Даже если $\upsilon = c$, то имеем

$$U_\mu = ce^{jarctgi} = \frac{c}{\sqrt{0}}i + \frac{c}{\sqrt{0}}j = \sqrt{\infty}(i+j).$$

Соотношение показывает, что даже при скоростях, равных по осям координат бесконечной величине, волна взаимодействия имеет конечную скорость, равную скорости взаимодействия.

Здесь необходимо признать, что взаимодействие объектов друг с другом рассматривается как взаимодействие пространств различной по величине размерности.

А пространства разного уровня размерности могут взаимодействовать только через ε-туннели. Каждый ε имеет свою предельную скорость c_i, возможно не равную с.

Явления на бесконечности переносятся в ограниченный объем сферы радиуса С с выколотым ε -туннелем. Скорость объекта определяет угол распространения этого возмущения. Если скорость попытается превзойти скорость возмущения, то суммарный вектор повернется на угол π/2 (рис. 3.3), стремясь удержать объект на данном уровне пространства по измерению. Этот момент и вызывает структурирование пространства.

Если скорость $\upsilon = c$, то вектор скорости направлен по изолированному направлению

$$U_{\mu} = ce^{jarctgi}$$

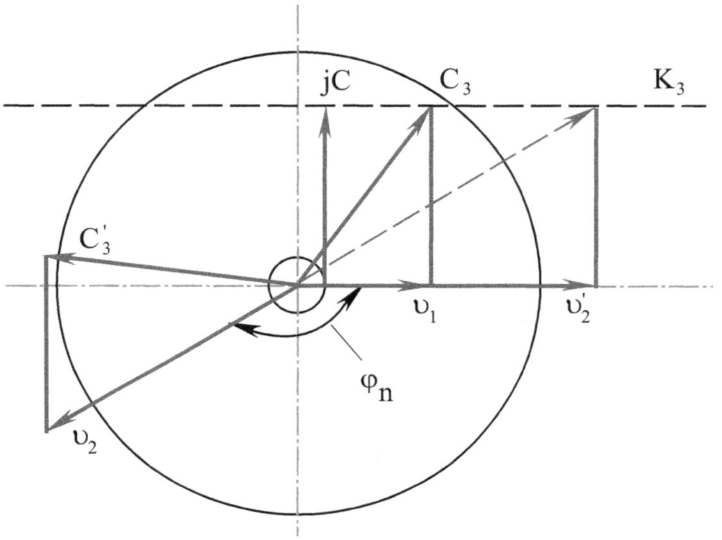

Рис.3.3Многомерность физического пространства, вызванная ограничением величины скорости взаимодействия до предельной скорости света

С вектором скорости тесно связаны уравнения для энергии импульса.

В теории относительности имеем:

$$E = mc^2 = \frac{m_0 c^2}{\sqrt{1 - \left(\frac{\upsilon}{c}\right)^2}};$$

$$p = mV = \frac{m_0 V}{\sqrt{1 - \left(\frac{\upsilon}{c}\right)^2}},$$

где m_0 - масса системы К', движущейся относительно системы К со скоростью υ; m - масса в системе К.

В комплексное пространстве (Y) четырех вектор энергии импульса запишется в виде

$$p_\mu = \frac{E}{c} \pm jip = \sqrt{\left(\frac{E}{c}\right)^2 - p^2} e^{jarctgi\frac{pc}{E}} = m_0 c e^{jarctgi\frac{\upsilon}{c}}.$$

Выражение показывает, что с какой бы скоростью υ ни двигался объект-система K' в системе K ее модуль, модуль импульса, постоянен и равен величине $m_0 c$.

Из условия равенства комплексных чисел получаем известные соотношения теоретической физики между массой m_0, энергией E и импульсом p частиц:

$$\frac{E^2}{c^2} - p^2 = m_0^2 c^2;$$

из равенства модулей

$$m_0 c = \sqrt{\left(\frac{E}{c}\right)^2 - p^2}$$

из равенства аргументов

$$\frac{pc}{E} = \frac{\upsilon}{c}, p = \frac{\upsilon E}{c^2}.$$

Импульс в комплексных координатах описывает сферу радиусом $m_0 c$.

Если энергия равна импульсу $\frac{E}{c} = p$, когда $\upsilon = c$, то

$$v = \frac{E}{C}\sqrt{0} e^{jarctgi} = m_0 c e^{jarctgi} \neq 0 \qquad (3.4.)$$

Соотношение (3.4) вводит размер ε-туннеля в комплексном пространств для частиц квантовой механики.

Диаметр ε-туннеля равен

$$\|v\| = \frac{m_0 c^2}{E} \qquad (3.5.)$$

Энергия частицы, движущейся со скоростью света, разлагается на два взаимно перпендикулярных не суммируемых вектора, имеющих свое начало в двух разных точках окрестности ε-туннеля. Туннель диаметра ε заключает в себе изолированное направление $arctgi$, характеризует частицу исходной массы покоя m_0. Все это говорит о том, что пространственно-временные координаты вскрывают наличие в природе мирового осциллятора, непрерывно посылающего в пространство волны энергии, как только скорость отдельных частей материи переходит через скорость света . Выбросить механизм такого перехода от $\upsilon < c$ до $\upsilon > c$ означает выбросить механизм движения материи.

Выразим энергию через комплексный импульс и комплексную скорость p_μ, U_μ.

$$E = p_\mu U_\mu = \left(\frac{m_0 c}{\sqrt{1-\left(\frac{\upsilon}{c}\right)^2}} + ji \frac{m_0 \upsilon}{\sqrt{1-\left(\frac{\upsilon}{c}\right)^2}} \right) \times$$

$$\times \left(\frac{c}{\sqrt{1-\left(\frac{\upsilon}{c}\right)^2}} + ji \frac{\upsilon}{\sqrt{1-\left(\frac{\upsilon}{c}\right)^2}} \right) =$$

$$= \frac{m_0 c^2 + m_0 c^2}{1-\left(\frac{\upsilon}{c}\right)^2} + 2ji \frac{m_0 c\upsilon + m_0 c^2}{1-\left(\frac{\upsilon}{c}\right)^2} = m_0 c^2 e^{jarctgi \frac{2\frac{\upsilon}{c}}{1-\left(\frac{\upsilon}{c}\right)^2}}.$$

Таким образом

$$E = m_0 c^2 e^{jarctgi \frac{2\frac{\upsilon}{c}}{1-\left(\frac{\upsilon}{c}\right)^2}}$$

Энергия согласно этим преобразованиям представляет геометрически в пространстве сферу, ядро которой есть пересечение двух изолированных ε - туннелей радиуса $\sqrt{0}$ и которое в свою очередь окружено мнимой сферой комплексного радиуса.

Эйнштейновская формула энергии

$$E = m_0 c^2$$

есть модуль энергетической сферы $\|E\|$.

Энергия частицы определяется двумя энергетическими векторами:

$$E_1 = m_0 c^2 \frac{1+\left(\frac{\upsilon}{c}\right)^2}{1-\left(\frac{\upsilon}{c}\right)^2}; E_2 = m_0 c \frac{2\frac{\upsilon}{c}}{1-\left(\frac{\upsilon}{c}\right)^2}.$$

Если $\frac{\upsilon}{c} \to 0$, то имеем формулу Эйнштейна

$$E_1 = m_0 c^2, E_2 = 0.$$

Если $\frac{\upsilon}{c} \to \infty$, то опять возвращаемся к формуле

$$E_1 = m_0 c^2, E_2 = 0$$

Таким образом, при превышении скорости света вектор энергии поворачивается в пространстве на угол π по энергии E_1 и на угол π/2 по энергии E_2. Формула Эйнштейна есть частный критический случай в природе.

Вывод.

Кроме того , эти преобразования говорят, что даже при скорости света масса объекта не увеличивается . Это одно из заблуждений теории относительности.

В комплексном числовом пространстве ,которое соответствует реальному пространству, масса не изменяется при изменении скорости. Масса частицы не может стать бесконечно большой при достижении скорости передачи информации.

3.4. САМО СОГЛАСОВАННОСТЬ ВЗАИМОДЕЙСТВУЮЩИХ ПРОСТРАНСТВ

Скорости $\upsilon_x, \upsilon_y, \upsilon_z$, системы K связаны со скоростями $\upsilon'_x, \upsilon'_y, \upsilon'_z$ системы K', которая движется относительно нее со скоростью υ вдоль оси X, по формулам:

$$\upsilon_x = \frac{\upsilon'_x V}{1+\frac{\upsilon'_x V}{c^2}};\ \upsilon_y = \frac{\upsilon'_y \sqrt{1-\left(\frac{\upsilon}{c}\right)^2}}{1+\frac{\upsilon'_x V}{c^2}};\upsilon_z = \frac{\upsilon'_z \sqrt{1-\left(\frac{\upsilon}{c}\right)^2}}{1+\frac{\upsilon'_x V}{c^2}}.$$

В комплексном виде имеем

$$U_\mu = ce^{jarcti\left(\frac{\upsilon'_x+\upsilon}{c\left(1+\frac{\upsilon'_x\upsilon}{c^2}\right)}\right)} \qquad (3.6.)$$

Из этой формулы для дальнейшего следует вывод: если в системе K' достигается скорость света c, так что происходит движение в ε-туннеле со скоростью $\upsilon'_x = c$, то в соответствии с формулой (3.3.); имеем

$$U'_\mu = ce^{jarcti}$$

и система K ' выстраивается по отношению к системе K также по изолированному направлению

$$U_\mu = ce^{jarcti}.$$

В этом состоит принцип само согласованности пространственных взаимодействий. В этом анализе заметен переход к исследованию формирования структуры пространств, к которому перейдем в следующей главе.

Таким образом, комплексное пространство включает в себя алгебру четырех векторов теории относительности. Становится очевидным, что введенный в математический аппарат теории относительности временный коэффициент

$$\frac{1}{\sqrt{1-\left(\frac{\upsilon}{c}\right)^2}}$$

фактически ввел в рассмотрение дискретные точки делителей нуля и ε-туннель в пространстве.

Комплексное преобразование скоростей, энергии, импульса по-новому трактует ограничение скорости υ. Ограничение скорости связано со структурными изменениями в пространстве.

Диаметр ε-туннелей характеризуется импульсом частицы и тем местом, которое она занимает в структуре пространства.

3.5. ОТНОСИТЕЛЬНОСТЬ ВРЕМЕНИ

Л. Д. Ландау, Е. М. Лифшиц в [15] приводят два доказательства относительности времени. Рассмотрим последовательно каждый. В течении бесконечно малого промежутка времени dt, движущиеся часы, помещенные в инерциальную систему отсчета, проходят расстояние

$$\sqrt{dx^2+dy^2+dz^2} \quad (3.7.)$$

Спрашивается, какой промежуток времени $dt^{/}$ покажут при этом движущиеся часы. Так как они покоятся в своей системе координат т.е. $dx^{/}=dy^{/}=dz^{/}=0$, то в силу инвариантности интервала, утверждают авторы, имеем равенство

$$dS^{12}=c^2t^2-dx^2-dy^2-dz^2=c^2dt^{/2} \quad (3.8.)$$

Откуда имеем

$$dt^{/}=dt\sqrt{1-\frac{dx^2+dy^2+dz^2}{c^2dt^2}} \quad (3.9.)$$

Но $\frac{dx^2+dy^2+dz^2}{dt^2}=U^2$, где U есть скорость движущихся часов,

поэтому (3.9.) записывается в виде $dt^{/}=\frac{ds}{c}=dt\sqrt{1-\frac{U^2}{c^2}}$. Интегрируя это выражение, можно получить промежуток времени, показываемый движущимися часами, если по неподвижным часам пройдет время t_2-t_1.

$$t^{/}{}_2-t^{/}{}_1=\int_{t_1}^{t_2}dt\sqrt{1-\frac{U^2}{c^2}} \quad (3.10.)$$

Рассмотрим вывод с позиций пространственной комплексной алгебры.

Инвариантность интервала предполагает постоянство скорости света С в обоих инерциальных системах отсчета. Поэтому в пространстве – времени модуль (3.7.) относительно скорости света и оси времени является пространственной осью, входя в интервал с отрицательным знаком. Постоянство скорости света превращает все координаты пространственные в одну координату относительно оси времени. Это выражено в преобразованиях

Лоренца. Поэтому, А. Логунов ввел промежуточный параметр ω, чтобы пользоваться проекциями координатных осей. В этом доказательстве вообще проекции не берутся в рассмотрение. Интервал есть модуль комплексного пространства, возведенный в квадрат.

$dS_{1,2} = dS_{12} = \|cdt + jidX\| = \sqrt{c^2dt^2 - dX^2}$, где под dX надо рассматривать любую комбинацию пространственного модуля типа (3.7.) В инерциальных системах отсчета комплексы $dS_{12}, dS_{12}^{/}$ записываются в виде

$$dS_{12} = \|dS_{12}\| e^{jarctgi\frac{dX}{cdt}}, dS_{12}^{/} = \|dS_{12}^{/}\| e^{jarctgi\frac{dX^{/}}{dt^{/}}}.$$

Равенство модулей комплексов требует равенство аргументов. Если $dX^{/} = 0$, как это принято в доказательстве, то $dX = 0$. Системы движутся по оси времени. Из равенства интервалов получаем

$dt = dt^{/}$. Сокращение времени нет. Равенство аргументов дает равенство дробей $\frac{dX}{cdt} = \frac{dX^{/}}{cdt^{/}}$, которое возможно при любых вариантах входящих параметров. Однако, если $dX^{/} = 0$, то необходимо рассматривать два варианта $dX = 0$. и $dX \neq 0$. Для первого случая требуется еще дополнительное ограничение $U = 0$. Только в этом случае будем иметь $dX^{/} = 0$. Однако в этом случае замедление времени не происходит $dT^{/} = dT$.Равенство дробей аргументов возможно при одной скорости $\frac{dX}{cdt} = \frac{dX^{/}}{cdt^{/}} = \frac{U}{c}$. В этом случае равенство интервалов дает $cdt\sqrt{1 - \frac{U^2}{c^2}} = cdt^{/}\sqrt{1 - \frac{U^2}{c^2}}$, аргумент $\psi = arctgi\frac{U}{c}$ одинаков для двух систем отсчета. Если $U = c$, то имеем $cdt\sqrt{0} = cdt^{/}\sqrt{0} \neq 0$, так как $\psi = arctgi$ для двух систем. В этом случае интервалы взяты от делителей нуля $cdt(1 + ji) = cdt^{/}(1 + ji)$. Так, что снова имеем $dt = dt^{/}$. Сокращения времени нет.

$$dX^{/} = \frac{dx - Udt}{\sqrt{1 - \frac{U^2}{c^2}}}, dt = \frac{dt - \frac{U}{c^2}dx}{\sqrt{1 - \frac{U^2}{c^2}}}.$$

В числителе координаты $dX^{/}$ стоит преобразование Галилея. В записи комплексной алгебры $dX^{/} = dx^{/} + Udt^{/}$. Если $dx^{/} = 0, dX^{/} = 0$, то $U = 0$

И дальнейшие операции в доказательстве проводятся при $U = 0$. Поэтому сокращение времени отсутствует. По условиям вывода формулы $dX_{dx^/=0} = \frac{Udt^/}{\sqrt{1-\frac{U^2}{c^2}}}, dt_{dx^/=0} = \frac{dt^/}{\sqrt{1-\frac{U^2}{c^2}}}$.

Из левых частей последних равенств составим комплекс

$$cdt + jidX = \sqrt{c^2dt^2 - dX^2}e^{jarctgi\frac{dX}{cdt}} = \\ = cdt\sqrt{1-\frac{dX^2}{c^2dt^2}}e^{jarctgi\frac{dX}{cdt}} = cdt\sqrt{1-\frac{U^2}{c^2}}e^{jarctgi\frac{U}{c}} \tag{3.11.}$$

Правая часть координатной матрицы дает

$$\frac{cdt^/}{\sqrt{1-\frac{U^2}{c^2}}} + ji\frac{Udt^/}{\sqrt{1-\frac{U^2}{c^2}}} = \\ = \sqrt{\frac{c^2dt^{/2}}{1-\frac{U^2}{c^2}} - \frac{U^2dt^{/2}}{1-\frac{U^2}{c^2}}}e^{jarctgi\frac{U}{c}} = cdt^/e^{jarctgi\frac{U}{c}} \tag{3.12.}$$

Приравняем равенства и проанализируем соотношения комплексов

$$cdt\sqrt{1-\frac{U^2}{c^2}}e^{jarctgi\frac{U}{c}} = cdt^/e^{jarctgi\frac{U}{c}} \tag{3.13.}$$

Приравнивая модули комплексов, получим равенство $cdt^/ = cdt\sqrt{1-\frac{U^2}{c^2}}$, в полном соответствии теории относительности. Однако

это соотношение выведено при $U = 0$. Поэтому остается в силе $dt^/ = dt$. Замедление времени отсутствует. Выявленное противоречие требует рассмотреть вывод преобразований Лоренца и рассмотреть при этом условия вывода замедления времени и изменения длинны. Повторяя А.А. Логунова [8], возьмем выражение интервала в галилеевой системе координат

$$ds^2 = c^2dT^2 - dX^2 - dY^2 - dZ^2 \tag{3.14.}$$

И совершим преобразования Галилея

$$x = X - UT; t = T; y = Y; z = Z \tag{3.15.}$$

Обратные преобразования имеют вид

$$X = x + Ut; T = t; Y = y; Z = z \tag{3.16.}$$

X, Y, Z, T -галилеевы координаты. Взяв дифференциалы от обеих частей равенства 3.16, и подставив, в выражение для интервала (3.14.) получим

$$ds^2 = c^2dt^2\left(1-\frac{U^2}{c^2}\right) - 2Udxdt - dx^2 - dy^2 - dz^2 \tag{3.17.}$$

В выражении (3.17.) выделим полный квадрат

$$ds^2 = c^2\left[dt\sqrt{1-\frac{U^2}{c^2}} - \frac{U}{c^2}\frac{dx}{\sqrt{1-\frac{U^2}{c^2}}}\right]^2 - \frac{dx^2}{1-\frac{U^2}{c^2}} - dy^2 \tag{3.18.}$$

Введем новое время и новые координаты

$$T^/ = t\sqrt{1-\frac{U^2}{c^2}} - \frac{U}{c^2}\frac{x}{\sqrt{1-\frac{U^2}{c^2}}} \tag{3.19.}$$

$$X^/ = \frac{x}{\sqrt{1-\frac{U^2}{c^2}}}; Y^/ = y; Z^/ = z \tag{3.20.}$$

Тогда имеем интервал

$$ds^2 = c^2 dT^{/2} - dX^{/2} - dY^{/2} - dZ^{/2} \tag{3.21.}$$

Подставляя выражения (3.15.) в (3.19.) и (3.20.), получим хорошо известные преобразования Лоренца [8]

$$T^/ = \frac{T - \frac{UX}{c^2}}{\sqrt{1-\frac{U^2}{c^2}}}; X^/ = \frac{X - UT}{\sqrt{1-\frac{U^2}{c^2}}}; Y^/ = y; Z^/ = z. \tag{3.22.}$$

В координате $X^/$ числитель дроби представляет преобразование Галилея (3.15.), которое по условию вывода соотношения по сокращению времени должно равняться нулю $x = X - UT = 0$, откуда $X = UT$. При этих условиях интервал (3.21.) переходит в выражение $ds^2 = c^2dt^2 - U^2t^2 - dy^2 - dz^2$, так как $T^/ = T\sqrt{1-\frac{U^2}{c^2}} = t\sqrt{1-\frac{U^2}{c^2}}; X^/ = 0; Y^/ = y; Z^/ = z.$ Если $T^/ = T$, то полученное выражение интервала равно (3.21.) и равно (3.14.). Это равенство возможно только при $U = 0$.

В результате имеем принципиально новый вывод.

3.6. ЭКСПЕРИМЕНТ МАЙКЕЛЬСОНА–МОРЛИ С ПОЗИЦИИ КОМПЛЕКСНОГО ПРОСТРАНСТВА.

Эксперимент Майкельсона- Морли был первой попыткой определить скорость движения Земли относительно эфира. Для эксперимента использовался прибор, называемый интерферометром. Схема эксперимента хорошо известна, также как известен отрицательный его результат. Главные части прибора: источник света A, посеребренная полупрозрачная стеклянная пластинка B, два зеркала C и E. Расстояние зеркал C и E от пластинки B равны L. Пластинка B расщепляет падающий пучок света на два, перпендикулярных друг другу.

Пучки отражаются от зеркал на пластинку В. Если прибор покоится то время прохождения пучков света по двум направлениям одинаково. Если прибор движется со скоростью U, то появится разница во времени и как следствие – интерференция. Математический расчет эксперимента заключался в подсчете времени прохождения пучков света по двум направлениям до отражающих зеркал и времени возврата на пластину В. За время t_1 принималось время прохождения луча света до зеркал. За время t_2 возврат на пластинку В. Пока свет движется до зеркал прибор проходит расстояние Ut_1, поэтому свету в одном случае придется пройти расстояние $L+Ut_1$, которое равно ct_1. Так, что имеем первое равенство $ct_1 = L + Ut_1$. Откуда $t_1 = \frac{L}{c-U}$, где C –скорость света. На обратном пути свет проходит расстояние $L-Ut_2$. Поэтому $ct_2 = L - Ut_2$ и $t_2 = \frac{L}{c+U}$.

Общее время для этого направления равно $t_1 + t_2 = \frac{2Lc}{c^2 - U^2} = \frac{2\frac{L}{c}}{1-\frac{U^2}{c^2}}$.

Далее подсчитывалось время в перпендикулярном направлении расщепления пучка света.

При движении прибора свет пройдет по гипотенузе, так что будем иметь равенство $(ct_3)^2 = (L)^2 + (Ut_3)^2$, или $L^2 = c^2t_3^2 - U^2t_3^2$,

откуда $t_3 = \frac{\frac{L}{c}}{\sqrt{1-\frac{U^2}{c^2}}}$. В силу симметрии при возврате свет проходит тоже расстояние и общее время по этому направлению равно $2t_3 = \frac{2\frac{L}{c}}{\sqrt{1-\frac{U^2}{c^2}}}$.

Однако не взирая на существенную разницу во времени интерференционная картина не возникала. Результат опыта оказался отрицательным. Это был тупик. В 1892 г. для объяснения опыта Майкельсона –Морли ирландский физик Д. Ф. Фиджеральд и нидерландский физик-теоретик Х.А. Лоренц выдвинули гипотезу о сокращении движущихся тел в направлении движения. Если длинна покоящегося тела есть L_0, то длинна движущегося тела со скоростью U становится равной $L = L_0\sqrt{1-\frac{U^2}{c^2}}$. Применив это сокращение к интерферометру Майкельсона – Морли получим

$$t_1+t_2=\frac{\left(2\frac{L}{c}\right)\sqrt{1-\frac{U^2}{c^2}}}{1-\frac{U^2}{c^2}}=2\frac{L}{c}\frac{1}{\sqrt{1-\frac{U^2}{c^2}}}.$$ В этом случае $t_1+t_2=2t_3$.

Стало очевидным, что если прибор сокращается именно так, то эффекта от опыта не следует ожидать.

Современные представления об интервале, совместно с комплексной пространственной алгеброй и геометрией позволяют по иному описать опыт Майкельсона-Морли. Свет, как неоднократно утверждалось идет со скоростью С по изолированному направлению в комплексном пространстве. Линейное сложение скорости света с объектом, как это делали исследователи сто лет назад недопустимо. Нет скорости равной $U_c \neq C \pm U$. Есть скорость $U_c=c-jiU, U_c=c+jiU$.

Модуль этих скоростей равен $\|U_c\|=c\sqrt{1-\frac{U^2}{c^2}}$ вне зависимости от знака сложения.

Поэтому время прохождения луча света в первом продольном направлении равно $t_1=\frac{\frac{L}{c}}{\sqrt{1-\frac{U^2}{c^2}}}$.

Это время равно t_2, так как модуль скорости не зависит от направления. Так, что общее время первого направления движения луча света равно $t_1+t_2=\frac{\frac{2L}{c}}{\sqrt{1-\frac{U^2}{c^2}}}$.

Для второго направления рассматривается тот же прямоугольный треугольник.

$$(ct_3)^2=L^2+(jiU)^2.$$ Или $$2t_3=\frac{\frac{2L}{c}}{\sqrt{1-\frac{U^2}{c^2}}}.$$

Корректировка в описании опыта Майкельсона –Морли не сказывается на преобразованиях Лоренца.

Возьмем преобразования Лоренца в дифференциалах $\Delta x, \Delta t, \Delta x^{/}, \Delta t^{/}$ и рассмотрим их с выработанных позиций комплексного пространства. Имеем координатную матрицу преобразований $\Delta x^{/} = \dfrac{\Delta x - U\Delta t}{\sqrt{1-\dfrac{U^2}{c^2}}}; c\Delta t^{/} = \dfrac{c\Delta t - \dfrac{U}{c}\Delta x}{\sqrt{1-\dfrac{U^2}{c^2}}}$.

В комплексном пространстве запишем равенство комплексов (3.23.)

$$c\Delta t^{/} + ji\Delta x^{/} = \frac{c\Delta t - \dfrac{U}{c}\Delta x}{\sqrt{1-\dfrac{U^2}{c^2}}} + ji\frac{\Delta x - U\Delta t}{\sqrt{1-\dfrac{U^2}{c^2}}}$$

Модули левой и правой части, возведенные в квадрат дают равенство интервалов $c^2\Delta t^{/2} - \Delta x^{/2} = c^2\Delta t^2 - \Delta x^2$, из равенства комплексных аргументов левой и правой части комплекса имеем

$$arctgi\frac{\Delta x^{/}}{c\Delta t^{/}} = arctgi\frac{\Delta x - U\Delta t}{c\Delta t - \dfrac{U}{c}\Delta x}.$$

Рассмотрим варианты проекций на координатные оси. Если $\Delta x - U\Delta t = 0$, то $\Delta x^{/} = 0$

Это выполнимо при двух условиях $\Delta x = 0, U = 0$.

Этот вариант приводит к $c\Delta t^{/} = c\Delta t$.

Имеется вариант $c\Delta t\left(\dfrac{\Delta x}{c\Delta t} - \dfrac{U}{c}\right) = 0$, и при $\dfrac{U}{c} \neq \pm 1$, но $\Delta x = U\Delta t$.

получаем $c\Delta t^{/} = \dfrac{c\Delta t\left(1-\dfrac{U^2}{c^2}\right)}{\sqrt{1-\dfrac{U^2}{c^2}}} = c\Delta t\sqrt{1-\dfrac{U^2}{c^2}}$.

В полном соответствии с выводами теории относительности.

Если знаменатель аргументов равен нулю, то рассматривается проекция на ось jix. При этом возможны следующие варианты:

$$c\Delta t - \frac{U}{c}\Delta x = c\Delta t\left(1 - \frac{U}{c}\frac{\Delta x}{c\Delta t}\right) = c\Delta t\left(1 - \frac{U^2}{c^2}\right),$$

если $\Delta x = U\Delta t$. Если $\Delta t = 0$, то $c\Delta t^{/} = 0, \Delta x^{/} = 0$.

Если $\Delta t \neq 0, \dfrac{U}{c} = \pm 1$, то $c\Delta t^{/} = 0, \Delta x^{/} = 0$.

Остается единственный вариант $\dfrac{\Delta x}{c\Delta t} \neq \dfrac{U}{c}, \Delta x \neq 0, \Delta t \neq 0, \dfrac{U}{c} \neq \pm 1$

при этих условиях $\Delta t^{/} = 0$ при $c\Delta t = \frac{U}{c}\Delta x$. Тогда имеем

$$ji\Delta x^{/} = ji\frac{\Delta x - U\Delta t}{\sqrt{1-\frac{U^2}{c^2}}} = ji\Delta x\frac{1-\frac{U^2}{c^2}}{\sqrt{1-\frac{U^2}{c^2}}} = ji\Delta x\sqrt{1-\frac{U^2}{c^2}}$$

и получаем соотношение теории относительности $\Delta x^{/} = \Delta x\sqrt{1-\frac{U^2}{c^2}}$.

В комплексном представлении преобразований Лоренца выделим подпространство делителей нуля. На основании пространственной комплексной алгебры это достигается условиями: для левой части равенства $c\Delta t^{/} = \Delta x^{/}$ и комплекс записывается в виде

$$ct^{/}(1+ji) = \Delta x(1+ji) = c\Delta t^{/}\sqrt{0}e^{jarctgi} = \Delta x\sqrt{0}e^{jarctgi} \quad (3.24.)$$

Для правой части комплекса имеем условие $c\Delta t - \frac{U}{c}\Delta x = \Delta x - U\Delta t$ и комплекс записывается в двух равноправных выражениях

$$\frac{c\Delta t - \frac{U}{c}\Delta x}{\sqrt{1-\frac{U^2}{c^2}}}(1+ji) = \frac{\Delta x - U\Delta t}{\sqrt{1-\frac{U^2}{c^2}}}(1+ji) =$$

$$= \frac{c\Delta t - \frac{U}{c}\Delta x}{\sqrt{1-\frac{U^2}{c^2}}}\sqrt{0}e^{jarctgi} = \frac{\Delta x - U\Delta t}{\sqrt{1-\frac{U^2}{c^2}}}\sqrt{0}e^{jarctgi} \quad (3.25.)$$

Сравнение левой и правой части подпространств делителей нуля дают выражения преобразований Лоренца. Таким образом преобразования Лоренца остаются справедливыми и для подпространства делителей нуля. Подпространство было выделено для любых соотношений $\frac{U}{c}$. Чтобы раскрыть это соотношение, рассмотрим модуль комплекса правой части (3.23.) Если $\Delta x = c\Delta t$, то $\|S_{12}\| = \sqrt{c^2\Delta t^2 - \Delta x^2} = c\Delta t\sqrt{0}$, аргумент комплекса равен

$$arctgi\frac{\Delta x - U\Delta t}{c\Delta t - \frac{U}{c}\Delta x}\Big|_{\Delta x = c\Delta t} = arctgi\frac{c\Delta t\left(1-\frac{U}{c}\right)}{c\Delta t\left(1-\frac{U}{c}\right)} = arctgi.$$

Таким образом доказано равенство в подпространстве делителей нуля $c\Delta t^{/}\sqrt{0}e^{jarctgi} = c\Delta t\sqrt{0}e^{jarctgi}$, откуда имеем

$c\Delta t^{/} = c\Delta t$. Аналогично получим $\Delta x^{/} = \Delta x$. В подпространстве делителей нуля временная координата равна пространственной. Координаты имеют начало из разных точек окрестности нуля. Взаимно перпендикулярны и не имеют суммарного модуля при координатной записи преобразований Лоренца. Суммарная пространственно временная точка в этом случае является мнимой. Из соотношения $\Delta x = c\Delta t$ имеем $\frac{\Delta x}{c\Delta t} = \frac{U}{c} = 1$. Таким образом, доказано что подпространство делителей нуля адекватно изолированному направлению движения систем относительно друг друга со световой скоростью.

Общие выводы. Эксперимент Майкельсона –Морли доказал, что пространство –время является комплексным. Комплексность пространства понимается не в смысле введения мнимых единиц в координатные матрицы, а в том смысле, что временная и пространственная координаты имеют разные точки в начале координат. Координатная запись преобразований Лоренца, исключила из физических исследований это может быть самое важное условие для изучения структуры пространства. Псевдоевклидова геометрия четырехмерного пространства предполагает в начале координат физическую окрестность нуля, из разных точек которой берут начало координатные оси. Координатные оси нельзя рассматривать как линии. Координатные оси представляют цилиндрические трубочки ε- радиуса в сечении. Одна из таких осей образует общее изолированное направление для обоих систем отсчета. Изолированное направление обусловлено наличием в природе предельной скоростью движения одной системы относительно другой. Световой сигнал распространяется по мнимым точкам в пространстве и его интервал нельзя приравнять нулю, как это трактует теория относительности, вследствие наличия изолированного направления, выражаемого функцией арктангенс от i- мнимой единицы, так как четырехмерный пространственно временной комплекс при $U = c$ имеет вид

$$dS_{12} = c\Delta t(1 + ji) = c\Delta t\sqrt{0}e^{jarctgi}, dS_{12} = \Delta x(1 + ji) = \Delta x\sqrt{0}e^{jarctgi}$$

Откуда имеем

$$c\Delta t\sqrt{0} = \Delta x\sqrt{0} \neq 0.$$

Окрестность нуля, выражаемая величиной $\sqrt{0}$ есть чисто физическая величина, которая может быть определена из энергетических зависимостей систем отсчета.

Комплексное пространство содержит подпространство мнимых точек с модулем равным корню из нуля и сингулярным направлением аргумента. Таким образом, уточняется псевдо евклидовая геометрия и пространство Минковского.

Интервал в этом пространстве нельзя рассматривать в отрыве от аргументов.

Все это находится в физическом соответствии с преобразованиями Лоренца. Точки светового конуса в цилиндрических координатах есть мнимые точки, которые образованы двумя не суммируемыми и взаимно перпендикулярными значениями координат. Однако до настоящего времени ввиду отсутствия математического аппарата, а вернее сказать ввиду ошибочного аппарата математики, применяемого в ОТО ,СТО,РТГ, этот момент остается не обнаружен. Используя интервал как основной инструмент для исследования структуры пространства без учета аргументов получены ошибочные физические выводы. В реальном пространстве нельзя выделить изолированное подпространство, так чтобы оно не содержало точек и областей более высокой размерности. Такими точками и областями и выступает пространство мнимых точек (делителей нуля).

Подпространство мнимых точек (светового конуса) отождествляется с фундаментальным свойством реального пространства быть заряженным. Одновременно с этим оно выступает как полевое пространство взаимодействия.

Таким образом, преобразования Лоренца приобретают новый физический смысл. Пространство структурировано.

Опыт Майкельсона является прямым доказательством комплексности реального пространства. До настоящего времени исследователи и теоретики допускают грубую ошибку в попытке объяснить или опровергнуть опыт Майкельсона и последующие опыты , складывая или вычитая движение объекта скоростью V и скоростью света C.

В реальном пространстве равенство $U = C \pm V$ не выполнимо и не соответствует действительности. Эта грубая теоретическая ошибка не может лежать в основе объяснения результатов эксперимента. Скорость света характеризует движение полевой обменной массы по изолированному направлению и находится в пространстве другого измерения ,чем скорость прибора или среды.

С учетом комплексности пространства и особого положения скорости передачи взаимодействия C , необходимо рассматривать комплекс

$$U = C \pm jiV = C\sqrt{1-\left(\frac{V}{C}\right)^2}\, e^{\pm jarktgi\frac{V}{C}}$$

Таким образом , для физического объяснения опыта необходимо учитывать поворот объекта в пространстве , который зависит от скорости V.

Однако проведем более детальные выкладки с применением комплексной алгебры.

Движение света вдоль прибора выражается зависимостью

$$Ct_1 = \|L\|e^{i\alpha} + jiVt_1$$

Откуда имеем $t_1 = \dfrac{\|L\|e^{i\alpha}}{C\sqrt{1-\left(\frac{V}{C}\right)^2}}\, e^{-jarktgi\frac{V}{C}}$

Время в противоположном направлении соответственно равно

$$t_2 = \frac{\|L\|e^{i\alpha}}{C\sqrt{1-\left(\frac{V}{C}\right)^2}}\, e^{jarktgi\frac{V}{C}}$$

Суммируем $t_1 + t_2 = \dfrac{\|L\|e^{i\alpha}}{C\sqrt{1-\left(\frac{V}{C}\right)^2}}\left(e^{jarktgi\frac{V}{C}} + e^{-jarktgi\frac{V}{C}}\right)$

Или $t_1 + t_2 = \dfrac{\|L\|e^{i\alpha}}{C\sqrt{1-\left(\frac{V}{C}\right)^2}}\, 2\cos\left(arktgi\frac{V}{C}\right)$

Время движения света в поперечном направлении определяется из соотношения

$$(Ct)^2 = \left[\|L\|e^{i\alpha}\right]^2 + [jiVt]^2$$

Откуда

$$t = \frac{2\|L\|e^{i\alpha}}{C\sqrt{1-\left(\dfrac{V}{C}\right)^2}}$$

Таким образом, равенство во времени определено коэффициентом $\cos\left(arktgi\frac{V}{C}\right)$,который в точности равен коэффициенту по сокращению длины в продольном направлении, введенному Лоренцем.

Таким образом , доказано, что реальное пространство является комплексным. Опыт Майкельсона-Морли прямое доказательство комплексности пространства.

ЛИТЕРАТУРА

1. В.И. Елисеев, А. С. Фохт. Математическая модель энергии связи атома. - Киев, 1983, - 60с. (Препринт/АН УССР, Ин-т математики, 83,25).
2. В.И. Елисеев, А. С. Фохт. Математическая теория энергии связи атома. - Киев, 1983, 60с. (Препринт/АН УССР, Ин-т математики: 83.24).
3. В.И. Елисеев, А. С. Фохт. Методы теории функций пространственного комплексного переменного: - Киев, 1984, 57с. (Препринт/АН УССР, Ин-т математики: 84.61).
4. В.И. Елисеев, А.С.Фохт. Математический расчет модели сложного структурного образования. - Киев, 1984, 61с. (Препринт/АН УССР. Ин-т математики: 84.62).
5. Понтрягин Л.С. Обобщение чисел, - М.: Наука, 1986.-120с (Б-ка "Квант". Вып. 54).
6. Б. Л. ван дер Варден. Алгебра - М.: Наука, 1979, 624с.
7. М. А. Лаврентьев и Б. В. Шабат. Методы теорий функций комплексного переменного. - М.: Наука,1965, 716с.
8. Л. А. Логунов. Лекции по теории относительности и гравитации. Современный анализ проблемы. - М.: Наука, 1987, 272с.
9. Л. Д. Ландау и Е. М. Лифшиц. Краткий курс теоретической физики. Книга 1. Механика. Электродинамика, - М.: Наука,. 1969, 272с.
10. К.Н. Мухин. Экспериментальная ядерная физика Том 1. Физика атомного ядра. - М.: Энергоатомиздат, 1983, в16с.
11. Г. Фрауэнфельдер, Э. Хенли. Субатомная физика. - М.: Мир, 1979, 736с.
12. Ю. М. Широков, Н. П. Юдин. Ядерная физика. - М.: Наука, 1980, 728с.
13. М. А. Блохин, И.Г. Швейцер. Рентгеноспектральный справочник. - М.: Наука, 1982, 376с.

14. В.И. Елисеев. Введение в Методы теории функций пространственного комплексного переменного. Издательство НИАТ, МОСКВА , 1990 год. 189 стр.
15. Л.Д. Ландау, Е.М. Лифшиц. ТЕОРИЯ ПОЛЯ. Теоретическая физика. Том 2.Москва. Из-во НАУКА. 1983 год. 510 стр.
16. В.Б. Берестецкий. Е.М. Лифшиц, Л. П. Питаевский. Квантовая электродинамика. Теоретическая физика. Том 4. Москва Из-во НАУКА.1989 год. 725 стр.
17. Э. Фихман. Квантовая физика. Берклеевский курс Физики. Том 4. Москва. Изд-во НАУКА. 1977 год. 415 стр.
18. Я.Б. Зельдович, И. Д. Новиков. Теория тяготения и эволюция звезд. Москва. Изд-во НАУКА. 1971 год. 485 стр.
19. Энергия разрыва химических связей. Потенциалы ионизации и сродство к электрону. Академия наук СССР .Москва. Изд-во НАУКА .1974 год. 351 стр.
20. Таблицы физических величин. Справочник под редакцией академика И.К. Кикоина. Москва. АТОМИЗДАТ .1976год. 1005 стр.
21. П. А. М. Дирак.” К созданию квантовой теории поля.” М.” Наука”. Главная редакция физико-математической литературы. 1990 г.

ГЛАВА 4. РЕАЛИЗАЦИЯ ТФКПП В ТЕОРЕТИЧЕСКОЙ ФИЗИКИ.

4.1 РАСЧЕТ КВАНТОВЫХ ПЕРЕХОДОВ В АТОМЕ ВОДОРОДА МЕТОДАМИ ТФКПП

ВВЕДЕНИЕ

Уровни энергии атома это экспериментальный факт. Экспериментально уровни энергии фиксируются атомными спектрами, которые представлены спектрами термов. Термы характеризуются волновыми числами $\breve{\upsilon}$, которые представимы в виде разности двух термов $\widetilde{\upsilon} = T_1 - T_2$. Экспериментальные спектры термов переводятся в энергию спектров, так что $E_1 = (hC)T_1, E_2 = (hC)T_2$. Когда атом излучает или поглощает электромагнитное излучение, он совершает переход из одного состояния в другое

$$h\widetilde{\upsilon} = \hbar\omega = E_1 - E_2.$$

Однако, что происходит в действительности в результате такого перехода до настоящего времени не ясно.

Квантовая механика объясняет свойства этих переходов введением набора квантовых чисел и исследует возможности изменения последних.

Однако, то что квантовые переходы характеризуют структурные изменения в состоянии электрона на орбите остается неисследованным. Изменение главного квантового числа n, орбитального и азимутального квантового числа n_r, l нельзя рассматривать как изменение полевого взаимодействия электрона с протоном в системе водорода.

КВАНТОВЫЕ ПЕРЕХОДЫ в комплексном числовом пространстве.

Полная энергия электрона на орбите (кинетическая и потенциальная) должна быть равна

$$E = -\frac{e^2}{2a}, \qquad (1)$$

где a -радиус орбиты, е –единица заряда.

Единица заряда определяется в системе постоянных G, h, C. Радиус орбиты определяется из предлагаемых теорий. В связанной системе водород-протон массой

$- m_p C^2$ и электрон - $m_e C^2$ теряют энергию на эту величину Е.

В числовом комплексном поле $G = \mathrm{Re}^{i\varphi + j\psi + k\gamma}$ электрон представим в виде

$$E_e = \mathrm{Re}^{i\varphi + j(\psi - \gamma)} + ke^{-kj}\,\mathrm{Re}^{i\varphi + j\psi}\sin\gamma + ke^{-kj}\,\mathrm{Re}^{i(\varphi+\psi)}\sin\gamma + kje^{-kj+ji}\,\mathrm{Re}^{i\varphi}\sin\psi\sin\gamma \qquad (2)$$

где условно обозначено :

$$e^{-kj} = \sqrt{0} * e^{-karktgj} = 1 - kj \qquad (3)$$

$$e^{+ji} = \sqrt{0} * e^{+jarktgi} = 1 + ji$$

$$e^{-kj+ji} = 0 * e^{-karktgj + jarktgi} = 1 - kj + ji + ki$$

Лептонный заряд электрона отождествлен с сингулярным направлением аргумента $arktgi$ и изолированным туннелем сечения $\sqrt{0}$.

Электронный заряд отождествлен с сингулярным направлением аргумента

$arktgj$ и туннелем сечения $\sqrt{0}$.

Электрон имеет также электронно-лептонный заряд и туннель с двумя вложенными друг в друга изолированными направлениями.

Принципиально любая микрочастица может быть представлена соответствующей комбинацией зарядовых полей. В этом случае коэффициенты перед зарядами становятся весовыми, по которым и отличаются микрочастицы.

$$E_{\mu} = ae^{0} + se^{\pm kj} + pe^{\pm kj \pm ji} + de^{\pm ji} + fe^{\pm ki \pm ji} + qe^{\pm ki \pm kj} \quad (4)$$

Для исследования электрона будем рассматривать весовые коэффициенты состояний.

Весовые коэффициенты s, p, d, f, q определяют какую часть полевой энергии от массы частицы составляет электрическое, лептонное и электронно-лептонное поле.

Специально обозначены весовые коэффициенты символами, характеризующими состояние электрона в атоме водорода.

Принципиально электрон обладает свойствами, которые проявляются в соответствующих одинаковых условиях. Система водород это лишь частный случай проявления этих свойств.

По показателям экспоненты можно сопоставить возможные переходы электрона из одного состояния в другое, например из состояния 3d можно перейти в состояние f (по ji) , из состояния 2p имеем переход в состояние d (по ji) и в состояние s(по kj), из состояния s имеем переход в состояние p(по kj). Эти переходы соответствуют наиболее вероятностным переходам уровням энергии атома водорода.

Таким образом, уровни изменения энергии находятся в достаточно хорошем согласии с экспериментальными данными спектральных линий.

Весовые коэффициенты s, p, d, f, g характеризуют долю энергии поля в общей энергии полей. Одновременно они характеризуют состояние микрочастицы (в данном случае электрона).

Квантовые переходы сопровождаются изменением структуры полей взаимодействия электрона с изменением размерности пространства, которым принадлежат подпространства полей взаимодействия. И в конечном счете квантовый переход это переход их одного измерения пространства в другое.

Из состояния 2p с двумя сингулярными направлениями e^{-kj+ji}, (то есть с двумя туннелями взаимодействия) осуществляется переход в состояние с одним сингулярным направлением с одним туннелем e^{-kj}. Таким образом, эмпирические вероятностные переходы соответствуют этим квантовым переходам.

Эмпирические условия возможности переходов таким образом получили подтверждение. Квантовые переходы возможны только при изменении состояния поля взаимодействия. Это правило отбора, например $p \Rightarrow s, p \Rightarrow d, d \Rightarrow f$ и так далее согласно экспериментальным данным.

Комбинации термов с переходом через одно состояние, например из состояния $p \Rightarrow f$ слабо выражены.

Математический аппарат комплексного пространства позволяет расширить описание полей взаимодействия для пространства любого числа измерений.

Кроме того можно рассматривать также поля вида $e^{\pm kj \pm ki \pm ji}$ с тремя изолированными сингулярными направлениями. Необходимо напомнить, что взаимодействие микрочастиц происходит через сингулярные туннели (то есть излучение и поглощение электрона).

Таким образом ,нет ограничений на появление новых характеристик взаимодействий (в том числе и под кодировкой как торсионные).

Однако в дальнейшем ограничимся только коэффициентами состояний s, p, d .

Уровни энергии водородного атома.

При образовании системы водородного атома полевая энергия с весомыми коэффициентами состояния s, p, d преобразуется в обменную полевую энергию $m_V C^2$, которая идет по сингулярному направлению, общему для электрона и протона и общему ипсилон туннелю циклонного вихря. При этом величина этой обменной энергии определяет дефект атома электрона в системе, который и реализуется в пространстве как энергия ионизация водорода.

$$\frac{e^2}{2\lambda_0} = m_e C^2 - \sqrt{\left(m_e C^2\right)^2 - (m_V C^2)^2} \tag{5}$$

где λ_0 -величина орбиты, соответствующая обменному полевому кванту,

$m_e C^2$ – энергия электрона в не связанном состоянии.

Формула является прямым аналогом” дефекта” метрики ddS пространства с переходом от пространства с метрикой Евклида S_e к пространству с метрикой Минковского.

$$ddS = S_e - \sqrt{S_e{}^2 - (Ct)^2} \tag{6}$$

Дефект метрики проявляется в системе атома водорода как ионизационный потенциал. Координата времени соответствует обменному полевому кванту.

Полевая обменная масса со скоростью света в системе водорода идет по общему ипсилон туннелю для протона и электрона .

Система водорода одновременно находится в пространстве и подпространстве взаимодействия, так что величина λ_0 является единственным для этих категорий и определяется через величину обменного кванта по известным формулам квантовой механики

$$\lambda_0 = \frac{h}{m_V C} \tag{7}$$

В первом приближении формула 5 дает выражение

$$\frac{e^2}{2\lambda_0} = \frac{(m_V C^2)^2}{2 m_e C^2} \tag{8}$$

В координатах G, h, C элементарный заряд выражается как

$$e^2 = \alpha hC \tag{9}$$

Формулы 7, 8, 9 дают

$$m_V C^2 = \alpha m_e C^2 \tag{10}$$

Формула показывает, что постоянная тонкой структуры α определяет какое количество энергии от электрона идет в системе водород в подпространство взаимодействия.

Подставим формулу (7) в выражение (8) получим выражение для первой орбиты Бора в атоме водорода

$$\lambda_0 = \frac{h^2}{m_e e^2} \tag{11}$$

В точном соответствии с теоретической физикой Бора.

Формулу(5) можно рассмотреть с других позиций.

В левой части рассматриваем не полную энергию электрона в атоме, а потенциальную по закону Кулона. В этом случае имеем

$$\frac{e^2}{\lambda} = m_e C^2 - \sqrt{(m_e C^2)^2 - (m_V C^2)^2} \tag{12}$$

Формулу исследуем на предельный случай : $m_e C^2 = m_V C^2$

Вводим условие равенства обменного кванта массе электрона, то есть вся энергия электрона переходит в пространство обменного кванта.

Формула и соответствует этому физическому условию, так как в этом случае имеем

$\frac{e^2}{\lambda} = m_e C^2$ потенциальная энергия взаимодействия равна энергии электрона. Откуда имеем классический радиус электрона

$$\lambda = \frac{e^2}{m_e C^2} \tag{13}$$

Формула (13) определяет радиус ипсилон туннеля в электроне, через который идет поток энергии равный энергии самого электрона. Однако для системы водород требуется только часть этой энергии равная $\alpha m_e C^2$. В пределах изменения этой части и заключен весь спектр водорода.

Величина обменного кванта и постоянная тонкой структуры позволяет увязать все три формулы(7), (11), (13).

Из соотношений (8), (10) имеем

$$\lambda_0 = \frac{e^2}{\alpha^2 m_e C^2} = \frac{\alpha hC}{\alpha^2 m_e C^2} = \alpha^{-1} \frac{h}{m_e C} = \alpha^{-1} \lambda_e$$

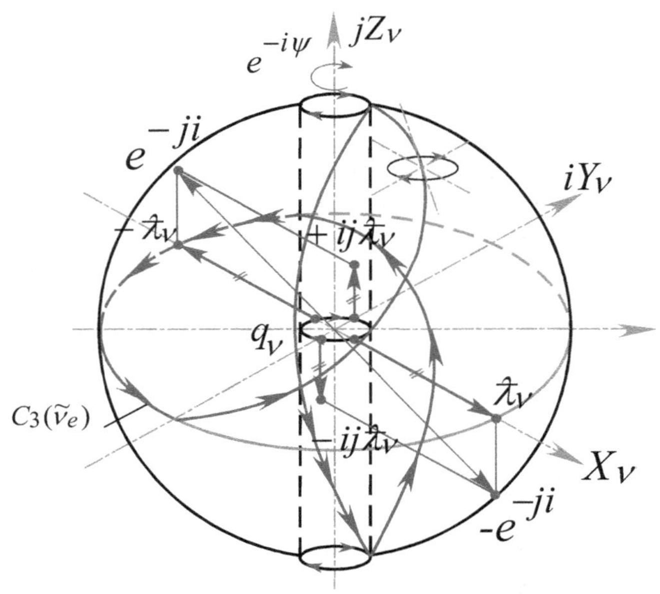

Рис 1. Электронное нейтрино.

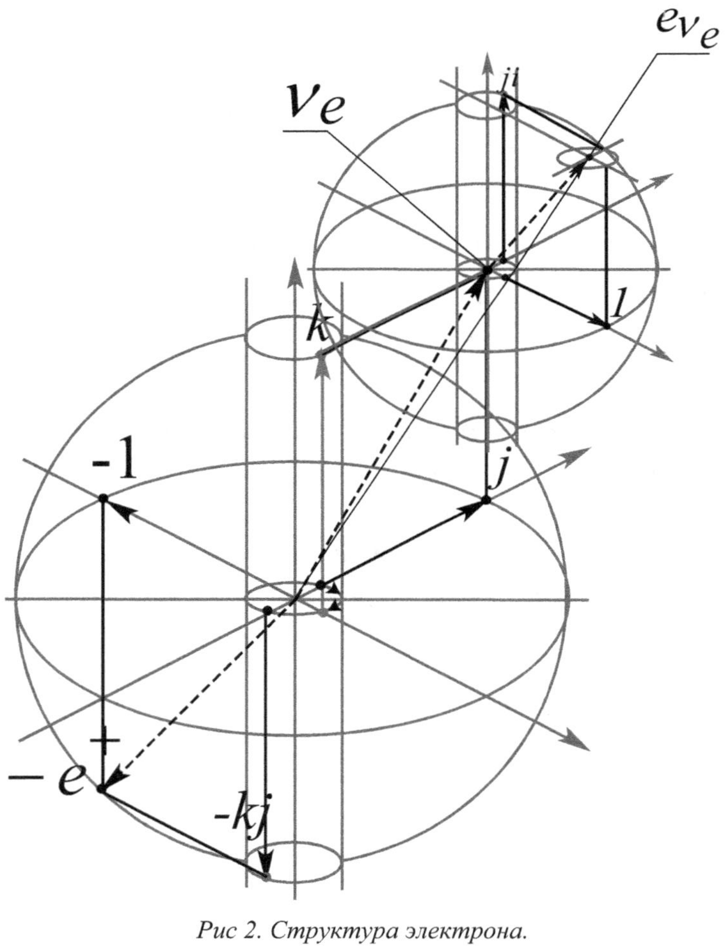

Рис 2. Структура электрона.

Электрон имеет два заряда и поэтому имеет два зарядовых подпространства. Лептонное $\nu_e = m_\nu C^2(1+ji) = m_\nu C^2\sqrt{0}e^{+jarktgi}$

Заряд определен ипсилон туннелем с изолированным направлением $arktgi$ По аналогии с формулами, определяющими размер электрона, лептон имеет радиус сферы $\lambda_{\nu} = \dfrac{\alpha L^2}{m_{\nu} C^2}$ и радиус ипсилон туннеля $\lambda_{\varepsilon} = \alpha^{-1} \lambda_{\nu}$

Величину лептонного L заряда предстоит определить.

Лептон движется по циклонной кривой C_3, которая замыкает пространство электрического заряда, и проходит по ипсилон туннелю этого пространства.

Радиус сферы электрического заряда $E_e = \alpha hC(1-kj) = \alpha hC\sqrt{0}e^{-karktgj}$

Равен λ_e-комптоновской длине волны электрона. Радиус туннеля электрона равен $\alpha\lambda_e$. Циклонная кривая электрона состоит из непрерывного лептонного вихря.

Позитрон имеет аналогичную пространственную структуру.

В протоне циклонная кривая состоит из структуры позитрона.

Современная квантовая механика базируется на Декарто векторном и тензорном математическом аппарате. Эти аппараты не являются числовыми и не описывают числовое поле. Этот грубейший недостаток непрерывно проявляется в исследованиях любых вопросов. Квантовые переходы описываются набором квантовых чисел n, n_r, l (соответственно главное квантовое число, радиальное и орбитальное), которые описывают состояние электрона как точки с чисто механическими свойствами. Квантовые переходы рассматриваются как изменение этих чисел на одну, две единицы чисто абстрактно без всякого соответствия с реальной структурой протона и электрона. Подбор тригонометрических функций, обладающих таким свойством, не вскрывает физическую сущность квантовых переходов.

Теории Бора, Щредингера не раскрывают кодировки лептонного заряда. Заряд рассматривается как что-то декаративное, что не влияет на процессы квантовых переходов. Изменение квантовых чисел не связано с изменениям структуры системы водород. Классификация Физики микрочастиц кроме электрона и позитрона насчитывает целый ряд лептонов :электронное нейтрино, антинейтрино, ……

Физическая сущность Квантовых переходов заключена в изменении структуры полевого взаимодействия с переходом взаимодействия на другой уровень размерности.

В соответствии с формулой (5) изменение энергии связи электрона связано с изменением полевого обменного кванта $m_V C^2$. В предельном случае величина обменного кванта составляет $\alpha m_e C^2$, что соответствует энергии связи $E \approx 13.53 эв$. Масса электрона $m_e C^2 = 05110034$ Мэв, $\alpha = 1/137$,

Электронное нейтрино имеет массу $m_{\nu} C^2 = 35$ эв, антинейтрино

$14 \le m_{\nu} C^2 \le 46$ эв

Запишем расчетную формулу (5) в виде

$$E = m_e C^2 - \sqrt{(m_e C^2)^2 - ((N-K) m_{\nu} C^2)^2} \qquad (14)$$

где $N = \frac{\alpha m_e C^2}{m_\nu C^2} = \frac{0.511}{137*14} \approx 266$

$k = 0,1,2,3,.......,N$

Определим при каких K получаем основные состояния электрона 1S, 2s, 3s, 4s, 5s, 6s. Сведем расчет в таблицу

N-K	K	$E_{расч}$	$E_{эксп}$	Состояние
266	0	13.56	13.56	7s
259	7	12.86	12.9	5s
256	10	12.56	12.6	4s
251	15	12.08	12.1	3s
230	36	10.14	10.15	2s
266	266	0	0	1s

Величина K показывает сколько масс нейтрино с лептонным зарядом 14эв удерживает электрон в состояниях S.

В соответствии с формулой (14) имеем

$$E_1 = m_e C^2 - \sqrt{(m_e C^2)^2 - ((N - k_1) m_\nu C^2)^2}$$

$$E_2 = m_e C^2 - \sqrt{(m_e C^2)^2 - ((N - K_2) m_\nu C^2)^2}$$

Вычитая одну энергию из другой получим в первом приближении

$$\hbar\omega = E_1 - E_2 = \frac{1}{2}\frac{(m_\nu C^2)^2}{m_e C^2}\left[2N(K_2 - K_1) - (K_2{}^2 - K_1{}^2)\right] \qquad (15)$$

Формула связывает частоту спектральных термов, массу электронного нейтрино, массу электрона, общее количество нейтрино N, которому соответствует наибольшая энергия связи электрона с протоном, количество нейтрино в составе обменного кванта, которые отвечают уровням энергии.

Спектроскопические справочники позволяют уточнить минимальную массу нейтрино для любой спектральной серии. Кроме того формула позволяет производить расчеты химических реакций (но это в дальнейшем).

Формула (15) отвечает механизму взаимодействия электрона с протоном в системе водорода. Электрон выделяет в пространство взаимодействия часть своей энергетической массы , которая состоит из определенного количества электронных нейтрино. Каждый уровень определен конкретным количеством, изменение которого приводит к переходам. Переходы являются квантовыми, так как сопровождаются сменой характера взаимодействия.

Таким образом, излучение или поглощение энергии $\hbar\omega$ вызывается изменением в структуре электрона и структуре взаимодействия. При этом внутренняя энергия изменяется в Кэв, а реакция в виде излучения проявляется в Эв. На стационарных орбитах электрон излучает столько обменных квантов, сколько пропускает через себя протон.

Исследование системы спектров атома водорода в числовом комплексном пространстве еще раз убедительно показало.

Структура материи есть система вложенных подпространств, характеризуемых своим уровнем энергии. Причем вложение идет как по вертикали с повышением уровня энергии так и по горизонтали без изменения этого уровня.

Причем переход к вертикальному вложению происходит при заполнении горизонтального уровня.

Это и есть квантовый переход и его сущность, которую не в состоянии осилить современная бесструктурная теоретическая физика.

Спектральные серии атома водорода описываются обобщенной формулой $\nu = R\left(\frac{1}{m^2} - \frac{1}{n^2}\right)$, где $n = m + 1$, а m для каждой серии равно $m = 1,2,3,4,5$.

Выше было показано, что переход к новой серии есть переход к новому взаимодействию.

Это и есть квантовый скачок. Изменение в n не есть квантовый переход.

Изменение в серии m квантового числа n не является квантовым переходом, не наблюдаемо и запрещено (как показано выше).

Однако все серии принадлежат одному уровню энергии в системе водорода. Изменение энергии в этом уровне оцениваются энергией обменного кванта между электроном и протоном в интервале Эв-Кэв.

А проявляется это изменение на другом уровне в долях электрон вольт.

Такой характер вложения энергий один в другой прослеживается на любом структурном уровне.

4.2 ОБОБЩЕНИЕ РЕЗУЛЬТАТОВ В СЖАТОМ ИЗЛОЖЕНИИ К ПРОБЛЕМАМ ЕСТЕСТВОЗНАНИЯ.

ЭФИР. КРИТЕРИЙ СТАЦИОНАРНЫХ ОРБИТ СОЛНЕЧНОЙ СИСТЕМЫ.

Пространство Ньютона, Евклида, Декарта, Минковского это пространство точек, задаваемых набором значений координат

$$(x, y, z, \ldots s) \tag{1}$$

четырехмерное пространство Минковского включает в набор координат временную координату

$$(x, y, z, ct) \tag{2}$$

где t-время.

Набор не является Числом. Каждый из параметров является числом однако в этом пространстве точек не выполняются операции по законам алгебр действительных и комплексных чисел. Одновременно с этим достаточно хорошо известно, что существуют только две числовые алгебры: алгебра действительных и комплексных чисел. Отступление от законов этих алгебр в исследованиях процессов реального мира не может считаться корректным.

В связи с тем, что эти две алгебры до настоящего времени не удавалось расширить в пространство, теоретическая физика ввело понятие интервала.

Интервал для пространства Минковского имеет вид

$$dS^2 = c^2 dT^2 - dx^2 - dy^2 - dz^2 \tag{3}$$

Геометрия, определяемая таким интервалом, называется псевдоевклидовой, а четырехмерное пространство с такой геометрией – пространством Минковского. Пространство с положительными квадратами координат есть псевдориманово пространство. Квадрат интервала (3) может быть положительным, отрицательным и равным нулю. И это, утверждает теоретическая физика, носит абсолютный характер.

Интервал является естественно числом, но сам набор координат не является числом и пространственная точка также не фиксируется числом и пространство Минковского нельзя назвать числовым полем. Фиксировать интервалом в пространстве можно только нуль мерную точку, при этом не ориентированную углами.

В выражении (3) надо отметить следующие некорректности. Во первых, попытка уйти от мнимых выражений при отрицательном квадрате наложила запрет на извлечение корня. Во вторых, пространственная часть (сумма квадратов координат) выводится только в комплексной плоскости О.Коши. Для пространства сумма трех квадратов не обоснована и вводится как гипотеза Гельмгольца-Римана для твердого тела. В дальнейшем будет показано, что эти некорректности обернулись глобальными ошибками.

Пространство Минковского обладает десяти параметрической группой движения; четырех параметрической группой трансляций и шести параметрической группой вращении. Структура математического аппарата для групп вращения повторяет структуру математического аппарата для группы трансляций.

Законы Ньютона ввели в физику понятие инерциальных и неинерциальных систем отсчета. Системы отсчета являются инерционными, в которых интервал (3) имеет одинаковый вид в классе систем, двигающихся относительно друг друга с постоянной скоростью, меньшей скорости света.

Ньютон понятие инерциальных и неинерциальных систем проводит через силовое взаимодействие при движении тел. Последующие исследователи (в том числе и А. Эйнштейн) эти понятия проводят только через характеристику движения и тем самым допускается ошибка.

При инерциальном движении взаимодействие движущегося тела с окружающими его объектами (телами) осуществляется в силовом поле, в котором действующее на тело сила не имеет суммарной величины. Но это не означает отсутствия сил, заставляющих тело двигаться по инерции.

На этом варианте и споткнулась вся теоретическая физика.

Преобразования от одной инерциальной системы к другой с сохранением интервала, называются преобразованиями Лоренца. Эти преобразования также представляют набор преобразований координат и не являются в этом смысле числовыми.

$$(x_1, y_1, z_1, Ct_1) \Rightarrow (x_2, y_2, z_2, Ct_2) \qquad (4)$$

Вывод этих преобразований предполагает наличие координаты времени и хотя бы одной из трех пространственной координате. В основе вывода лежит инвариантность интервала. В связи с этим выводы Эффектов СТО становятся не корректными, так как обоснование последних сопровождается равенством нулю пространственной или временной координате (иными словами рассматривается вариант когда интервала как такового не существует).

В пространствах Евклида, Декарто векторном, Римановом, Минковского выражение интервала вводится как гипотеза. Алгебра этих пространств не является числовой и поэтому результаты исследований процессов взаимодействий на любом уровне иерархии материи лишь некоторое приближение к известным экспериментальным данным.

Выражение (3) для интервалов не следует из каких-то общих принципов (иными словами оно не выводится).

Оно само выражает фундаментальный принцип современной физики пространство и время едино, и геометрия его определяется интервалом (3). [1]

Экспериментальная физика выявила иерархию микрочастиц на любом уровне(электронно-лептонном, барионном, мезонном, кварковом, ядерном и т.д.). Однако этот экспериментальный факт до настоящего времени не находил своего выражения в структуре применяемых для исследования пространств. Набор в виде (3) не выводит на структуру пространства и точек в нем. Точки бесструктурные как само пространство. Делаются попытки ввести структуру в точки, наделяя их дополнительными свойствами, например: ориентированная точка (это попытка введения спина частицы), введением групп вращения.

Пространство и время продолжает выступать как арена. Структура пространства и времени до конца не исследована даже для пространства Минковского и это результат нечисловой алгебры этого пространства.

П.А.М. Дирак, что за основу будущей теории для объединения физики и математики следует взять теорию функций комплексной переменной. “Эта область математики исключительно красива, и группа преобразований, с которой она связана, именно, группа преобразований комплексной плоскости, это та же группа, что и группа Лоренца, управляющая простраством-временем специальной теории относительности.” [2]

В ТФКПП методы теории функций комплексной переменной реализованы из плоскости в пространство. Это достигнуто расширением поля комплексных чисел О. Коши с сохранением законов алгебры действительных чисел.

Пространственное комплексное число представляется в виде (рассмотрим четырехмерное представление)

$$Z_4 = (x+iy) + j(\xi + i\eta) = \rho e^{i\varphi} + jre^{i\phi} = \mathrm{Re}^{iF+j\psi} \qquad (5)$$

Исследование геометрии пространства, заданного этим комплексом подробно исследовано в главах [1,2,3].

С позиций алгебры РТГ А. Логунова выражение (5) (как простейшее) содержит четыре трансляционных параметра (x, y, ξ, η) и четыре параметра группы вращения. При этом параметры группы вращения связаны как с вращением координатных линий друг относительно друга (φ, ϕ), так и вращением плоскостей(F, ψ).

Модуль комплекса (5) содержит все интервалы выше перечисленных пространств Евклида, Декарта, Римана, Минковского как частные случаи.

При этом в пространстве Минковского выделяется подпространство делителей нуля, которое оказалось играет важную роль в исследованиях.

Необходимо заметить, что структуру пространств впервые ввел Ньютон своими законами. Ньютон пространство поделил на инерционное и неинерционное. Это деление переносится на комплекс (5).

$$Z_4 = \mathrm{Re}^{iF+j\psi} = \mathrm{Re}^{iF}\cos\psi + j\,\mathrm{Re}^{iF}\sin\psi \pm i\,\mathrm{Re}^{iF}\sin\psi = \qquad (6)$$

$$= \mathrm{Re}^{i(F+\psi)} + j(\mathrm{Re}^{iF}\sin\psi)\sqrt{0}e^{jarktgi}$$

В этом выражении инерционным пространством является второй член, а первый характеризует неинерционное пространство.

Второй член характеризуется изолированным сингулярным аргументом, в следствии этого корень из нуля автоматически не равен нулю, как это принято в действительных числах. В инерционном пространстве делителей нуля имеем разложение пространства на два не суммируемых (по модулю) подпространств (в данном случае плоскостей $\mathrm{Re}^{iF}\sin\psi$).

$$\mathrm{Im}\,\mathrm{Im}\,Z_4 = (j-i)\,\mathrm{Re}^{iF}\sin\psi \qquad (7)$$

В работе [6] исследованы законы Ньютона на их реализацию в комплексном пространстве. Принципиально установлен тот факт, что инерциальное движение тел и объектов от микромира до макромира происходит по траекториям в силовом пространстве делителей нуля и только эти орбиты являются устойчивыми. В атоме водорода устойчивые орбиты электрона принадлежат пространству делителей нуля. Движение планет Солнечной системы происходит по орбитам, которые лежат в пространстве делителей нуля.

Выведем критерий устойчивой стационарной орбиты для планет солнечной системы. Воспользуемся теоремой о вариале, которая гласит:

“Средняя кинетическая энергия материальной точки, совершающей пространственно ограниченное движение под действием сил притяжения подчиняющихся закону обратных квадратов, равна половине ее средней потенциальной энергии с обратным знаком.”

В комплексном пространстве запишем

$$W=\frac{1}{2}G\frac{m_1m_2}{R}\pm ji\frac{m_2V^2}{2}=\frac{1}{2}G\frac{m_1m_2}{R}\sqrt{1-\left[2\left(\frac{V}{C}\right)^2\frac{R}{r_g}\right]^2}e^{jarktgi2\left(\frac{V}{C}\right)^2\frac{R}{r_g}} \quad (8)$$

где введен гравитационный радиус массы Солнца m_1 равный

$$r_g=2Gm_1/C^2 \quad (9)$$

Для всех планет солнечной системы(и Луны) соотношение имеет вид

$$2\left(\frac{V}{C}\right)^2\frac{R}{r_g}=1 \quad (10)$$

Формула (8) примет вид

$$W=\frac{1}{2}G\frac{m_1m_2}{R}\sqrt{0}e^{jarktgi} \quad (11)$$

Материальное тело массы m_2 под действием сил притяжения движется в инерциальном пространстве делителей нуля. Если соотношение (10) не выполняется, то движение из инерциального изолированного пространства переходит в неинерциальное.

Таким образом, уточнен 1-ый закон Ньютона. При инерциальном движении сила не равна нулю и при этом тело не излучает энергию.

Законы Ньютона ввели понятие об инерциальных и неинерциальных системах отсчета. Иными словами законы ввели структуру пространства. Законы написаны так, что они реализуются в любом пространстве.

В Числовом четырехмерном пространстве закону инерциального движения соответствует подпространство делителей нуля, которое и является инерциальной системой отсчета. Таким образом, установлено соответствие между законами Ньютона и геометрической структурой пространства.

ЭФИР

Существование эфира предполагает наличие замкнутости материального мира вглубь материи и пространства времени. Без доказательства этого факта нет доказательства существования эфира.

Замкнутость материального мира определяется существованием предельного уровня иерархии в структуре пространства и микро и макро объектов. В микромире предельный уровень иерархии есть уровень планковских масс m_g ,планковских длин l_g, времени t_g, которые определяются параметрами $C,G,\hbar$ (соответственно скорость света, гравитационная постоянная, постоянная планка).

Но самым существенным условием существования предельного уровня иерархии является само воспроизводство предельной планковской массы при гравитационном взаимодействии тех же планковских масс на предельном планковском расстоянии

$$G\frac{m_g^2}{l_g}=m_gC^2 \quad (12)$$

Из формулы (12) следует существование предельного потенциального поля

$$W = G\frac{{m_g}^2}{l_g} \pm jim_g C^2 = G\frac{{m_g}^2}{l_g}\sqrt{1-(B)^2}\,e^{\pm jarktgiB} \qquad (13)$$

где $B = \dfrac{m_g\ C^2}{G\dfrac{{m_g}^2}{l_g}} = 1$ в силу того, что $G\dfrac{m_g}{C^2} = l_g$ и формула (13)

приобретает вид

$$W = G\frac{{m_g}^2}{l_g}\sqrt{0}e^{\pm jarktgi} \qquad (14)$$

Согласно формуле (14) делаем заключение: движение предельных планковских масс со скоростью света в инерциальном подпространстве делителей нуля числового пространства и их взаимодействие на предельной планковской длине и есть сущность ЭФИРА.

Взаимодействие планковских масс на предельном расстоянии

$l_g \cong 10^{-33}$ см приводит к возникновению все тех же планковских масс

$m_g \cong 2.1*10^{-5}$ гр.

Эфир есть поле взаимодействия планковских масс. В этом поле квантом взаимодействия также является планковская масса.

Предельное потенциальное поле обладает изолированным направлением.

Иными словами пространство материального мира пронизывают ε-туннели изолированного направления, заполненных течением предельных планковских масс и тем самым создавая структуру в каждой точке пространства.

Новый уровень иерархии возникает при взаимодействии этих масс на расстояниях превышающих предельную длину $\lambda_i > l_g$.

Элементарные микрочастицы (нейтрино, электрон, протон, ….) есть результат взаимодействия планковских масс на расстояниях их длин комптоновской волны λ_i

$$G\frac{{m_g}^2}{\lambda_i} = m_i C^2 \qquad (15)$$

(Формула точная и легко проверяется)

Из формул (12) и (15) имеем

$$m_i\lambda_i = m_g l_g \qquad (16)$$

А, также следует

$$m_i = m_g\frac{l_g}{\lambda_i} \qquad (17)$$

Деформация $\chi = \dfrac{l_g}{\lambda_i}$ эфира первого уровня приводит к появлению элементарных микрочастиц.

Потенциал эфира элементарных частиц можно выразить в виде

$$W = G\frac{m_g^{\;2}}{\lambda_i} \pm jim_iC^2 = G\frac{m_g^{\;2}}{\lambda_i}\sqrt{1-B^2}\,e^{\pm jarktgiB} \tag{18}$$

где

$$B = \frac{m_iC^2}{Gm_g^{\;2}}\lambda_i = \frac{m_i\lambda_i}{m_g l_g} \tag{19}$$

Для эфира уровня элементарных микрочастиц имеем $B = 1$

$$W = G\frac{m_g^{\;2}}{\lambda_i}\sqrt{0}e^{\pm jarktgi} = m_iC^2\sqrt{0}e^{\pm jarktgi} \tag{20}$$

Элементарная микрочастица (в пределах формул квантовой механики) есть результат гравитационного взаимодействия планковских масс на расстояниях превышающих планковскую длину. Элементарные частицы это проявление эфира на новом иерархическом уровне.

Элементарную частицу можно рассматривать как результат взаимодействия планковских масс при выделении одной из них обменного кванта (эфирного)

$$G\frac{m_g^{\;2}}{\lambda_i} = m_gC^2 - \sqrt{\left(m_gC^2\right)^2 - \left(m_{vi}C^2\right)^2} \tag{21}$$

Далее имеем, в первом приближении

$$G\frac{m_g^{\;2}}{\lambda_i} = \frac{1}{2}\frac{\left(m_{vi}C^2\right)^2}{m_gC^2}, \text{ из которой следует } m_{vi}C^2 = m_gC^2\sqrt{2\frac{l_g}{\lambda_i}}$$

Введем обозначения $\chi_1 = \sqrt{\dfrac{l_g}{\lambda_i}}$ и запишем формулу (21) через массу элементарной частицы $m_iC^2 = \dfrac{1}{2}\dfrac{\left(m_{vi}C^2\right)^2}{m_gC^2}$, из которого получим выражение (17).

Итак, при образовании элементарной частицы в эфире между взаимодействующими планковскими массами образуется эфирный квант равный

$$m_{vi}C^2 = \sqrt{2}\chi_1 m_gC^2 \tag{22}$$

который обеспечивает устойчивое образование в виде элементарной частицы

$$m_iC^2 = m_gC^2\chi_1^{\;2} \tag{23}$$

Если формулу (21) записать для планковской частицы, то получим равенство обменного кванта с планковской массой

$$m_gC^2 = m_{vi}C^2 \tag{24}$$

Обменный квант для элементарной частице не равен энергии планковской массы, однако Элементарная частица находится согласно формуле (15) в своем ε-туннеле с радиусом равным ее комптоновской длине.

Планковская масса имеет радиус ипсилон туннеля равным предельному значению длины l_g. Поэтому элементарные частицы и следует отнести к эфирному уровню иерархии.

Сложная частица это новый уровень иерархии и ее структура принципиально отличается от Эфира.

Рассмотрим это на примере атома водорода.

Структура водорода (это электрон плюс протон) характеризуется хорошо известной энергией связи $EI = \frac{1}{2}\alpha^2 m_e C^2$,и которая может трактоваться также как микрочастица с

Длиной волны равной $ƛ_i = \frac{2\hbar}{\alpha^2 m_e C}$

Формула (21) есть перенос геометрических соотношений в псевдоевклидовом пространстве между координатами и интервалом на материю. В связи с этим энергию связи можно трактовать как дефект массы частицы (электрона) при захвате его протоном, вызванный квантом взаимодей ствия.

$$\frac{1}{2}\alpha^2 m_e C^2 = m_e C^2 - \sqrt{(m_e C^2)^2 - (m_{ve} C^2)^2} \qquad (25)$$

Решение для обменного кванта дает выражение

$$m_{ve} C^2 = \alpha m_e C^2 \qquad (26)$$

Которое через планковских Эфир запишется в виде

$$m_{ve} C^2 = \alpha G \frac{{m_g}^2}{ƛ_e} = G \frac{{m_g}^2}{\alpha^{-1} ƛ_e} \qquad (27)$$

но $\alpha^{-1} ƛ_e = a$ -есть величина орбиты электрона Боровского радиуса.

Обменный квант между протоном и электроном в эфире имеет комптоновскую длину волны равную величине первой Боровской орбите.

Простейшее образование как атом водорода не принадлежит Эфиру.

При этом происходит искажение не планковской длинны, а комптоновской длине волны микрочастицы. Микрочастица для энергии связи имеет искажение боровской орбиты, что в Эфире выражается как

$$ƛ_{эе} = \frac{1}{2}\alpha^{-2} ƛ_e \qquad (28)$$

Коэффициент искажения в данном случае выражается через постоянную тонкой структуры $\chi = \alpha$.

В постоянных $G, C, \hbar$ можно записать равенство $G\frac{{m_g}^2}{l_g} = \frac{e^2}{l_e}$, которое будет выполняться при условии

$$l_g = \alpha l_e \qquad (29)$$

Предельная длина волны для образования заряда в Эфире равна $\alpha^{-1} l_g$.

Предельный электрический заряд не зависит от гравитационной постоянной, что и нашло отражение в проведенных преобразованиях. Отсюда следует заключение, что основу всей материи в ее структурной иерархии определяет гравитационное взаимодействие между планковскими массами и тем расстоянием, на котором оно происходит. Заряд электрический появляется в элементарных микрочастицах только когда имеем искажение предельной планковской длины на расстоянии $\alpha^{-1} l_g$. Естественно в данном случае не рассматриваем конфигурацию пространства, которое характеризует зарядовое образование. В данном случае удалось установить, что ЭФИР как реальная субстанция характеризуется как геометрическим местом в иерархии псевдоевклидового пространства так и своим материальным содержанием. Инерциальное подпространство в псевдоевклидовом пространстве заполнено предельными планковскими массами и элементарными микрочастицами и представляет ЭФИР.

Сложные микрочастицы состоят из элементарных, и находятся в неинерциальном пространстве. Энергия связи сложных частиц обусловлена квантом взаимодействия, который находится в инерциальном подпространстве и определяет размеры этой частицы.

ЛИТЕРАТУРА

1. А.А. Логунов. “Лекции по теории относительности и гравитации”. М. “Наука”. Главная редакция физико математической литературы. 1987г.
2. П.А.М. Дирак “.К созданию квантовой теории поля”. М. “Наука”. Главная редакция физико математической литературы. 1990 г.
3. Елисеев В.И. “Новая концепция пространства”. “Академия тринитаризма”, М, Эл.№ 77-6567 публ.11953,12,04,2005.
4. Елисеев В.И. “Расчет квантовых переходов атома Водорода методами ТФКПП”. “Академия тринитаризма”, М, Эл.№ 77-6567, публ.11664,24.11.2004.
5. Елисеев В.И. “Числовое комплексное пространство адекватно полям взаимодействия материи”. “Академия тринитаризма”, М, Эл.77-6567,публ. 11611, 28.10.2004.
6. Елисеев В.И. “Замкнутость материального мира”. “Академия тринитаризма”, М, Эл.№ 77-6567, публ. 12419,13,09.2005.

4.3 ЧИСЛОВОЕ ПОЛЕ ТФКПП В СТО.

Набор значений трансляционных координат в СТО, РТГ по определению П.А.М. Дирака [1] можно назвать q-числом. Матрица из С-чисел (действительных) состоит из одной строчки (x, y, z, ct).Проводятся вычисления с q-числами с учетом физических условий исследуемого реального процесса и полученные значения С-чисел нового q'-числа (x', y', z', ct') сравнивают с экспериментальными данными. Однако этот многоуровневый процесс на каждом этапе кроме чисто математических операций требует введение физических условий и их обоснований. Назвать это Числовой математикой не представляется возможным. Это ветвь математики непрерывно усложняется и абстрагируется от реальности. Теории становятся не физическими.

В СТО q-числа преобразуется по формулам Лоренца.

П. А. М. Дирак считал, что значение преобразований может оказаться более фундаментально, чем значение уравнений. Что касается квантовой механики, то для ее улучшения П. Дирак рекомендовал теорию функций комплексной переменной ТФКП О. Коши. Далее он пишет ....”группа преобразований комплексной плоскости, это та же группа, что и группа Лоренца, управляющая пространством –временем специальной теории относительности”. [2] Расширение комплексной плоскости О. Коши в пространство (www.maths.ru, главы 1,2,3) переводит группу Лоренца в числовое поле.

Результаты этих преобразований приводят к новым выводам, которые можно сопоставить с существующими.

Преобразования Лоренца представлены в покоординатном виде. Система $K'(x', y', z', ct')$ подвижных координат движется относительно неподвижных координат K(x,y,z,ct) вдоль оси X с постоянной скоростью V. Остальные координаты попарно параллельны. Повороты по углам отсутствуют.

$$X = \frac{x' + Vt'}{\sqrt{1 - \frac{V^2}{C^2}}}; Y = y'; Z = z'; T = \frac{t' + \frac{V}{C^2}}{\sqrt{1 - \frac{V^2}{C^2}}} \qquad (1)$$

То есть имеем преобразование одного набора числовых координат в другой набор числовых координат (преобразование q -чисел).

$$(x, y, z, ct) \Rightarrow (x', y', z', ct') \qquad (2)$$

Скобки представляют математический объект, который не подчиняется законам алгебры действительных и комплексных чисел. Объект определяет точку в пространстве-времени и учитывая предыдущее утверждение не определяет его как числовое поле. Математический аппарат числового поля значительно отличен от нечислового и это влияет на окончательные выводы при прочих равных исходных положений.

Преобразования (2) в числовом поле с помощью алгебры пространственного комплексного переменного представимо в виде (см.www.maths.ru)

$$\mathrm{R}e^{i\varphi + j\psi + k\beta} = \mathrm{R}' e^{i\varphi' + j\psi' + k\beta'} \tag{3}$$

Преобразования (3) подчиняются законам действительных и комплексных чисел в смысле О.Коши.

Преобразования Лоренца (1) оставляют инвариантным интервал

$$dS^2 = C^2 t^2 - (x^2 + y^2 + z^2) = inv \tag{4}$$

Выражение (4) определяет интервал как частный случай модуля R в выражении (3). Имеем

$$dS^2 = R^2 \tag{5}$$

Пуанкаре первый открыл, что величина (4) (впоследствии названная интервалом) инвариантна относительно группы Лоренца и

…..”объединение пространства и времени в одно целое и введение соответствующей геометрии, по существу, и есть главное содержание специальной теории относительности”. [3]

Штриховая система K' считается инерциальной системой, так как она движется с постоянной скоростью V относительно системы K. При этом оси координат

z, y, z', y' остаются попарно параллельны, а ось x' идет по оси x.

При движении отсутствуют повороты по любой из оси, как пространственных так и временной.

И. Ньютон определил инерциальную систему, как движение при отсутствии действия силы. Преобразования (2) выведены без учета этого факта.

Псевдоевклидово пространство за счет координаты времени увеличило свою размерность на одну единицу по сравнению с декартовым пространством.

Однако увеличение размерности привело к потере быть числовым пространством.

Начиная с пространства трех измерений модуль (в конечном смысле интервал) не выводится, а вводится

$$dx^2 + dy^2 + dz^2 = dr^2 \tag{6}$$

Это значительно сужает область численного исследования пространства, но в данном случае преследуется цель сравнение выводов СТО в числовом поле и не числовом, поэтому воспользуемся упрощением.

Имеем интервал $dS^2 = C^2 t^2 - dr^2$. Следуя [4] приравняем интервал системы K

Интервалу в системе K' равному $dS^2 = C^2 dt'^2$ при условии $dr' = 0$, будем иметь

$$C^2 t^2 - dr^2 = C^2 dt'^2 \quad (6а)$$

Выражение интервала не инвариантно и необходимо найти условия, при которых он будет инвариантен. В нечисловом поле сделать это не представляется возможным.

Далее, согласно [4] преобразуем данное выражение при $V = \dfrac{dr}{Cdt}$ к виду

$$Cdt\sqrt{1 - \frac{V^2}{C^2}} = Cdt' \tag{7}$$

Из этого выражения следует сравнение времени между движущимися часами со скоростью V и покоящимися в системе K' $(dr' = 0; dx' = dy' = dz' = 0)$

$$dt' = dt\sqrt{1-\frac{V^2}{C^2}} \tag{8}$$

Этот вывод соответствует выводу в НЕ Числовом поле.

В ЧИСЛОВОМ поле необходимо провести сравнение как по модулю (интервалу), так и по аргументу.

В числовом поле имеем

$$Cdt + jidr = Cdt' + jidr' \tag{9}$$

Преобразуем по законам алгебр действительных и комплексных чисел выражение (9)

$$\sqrt{C^2dt^2 - dr^2}\, e^{jarktgi\frac{V}{C}} = \sqrt{C^2dt'^2 - dr'^2}\, e^{jarktgi\frac{dr'}{Cdt'}} \tag{10}$$

Сравнение аргументов дает $\frac{V}{C} = \frac{dr'}{Cdt'}$. Откуда при $dr' = 0$ имеем $V = 0$.

Из чего следует, что

$$dt' = dt \tag{11}$$

Изменения времени при переходе из одной системы координат в другую не происходит.

Вывод (8) оперирует только инвариантность интервала. На интервал накладывается определенное условие, которое противоречит реалиям.

В [4] авторы Л. Д. Ландау, Е. М. Лифшиц вопрос о времени в системах решают и с других позиций. Рассматривается преобразование (2) представленное формулами и группой Лоренца (1). Рассматривается преобразование одной из координат вне зависимости от изменения других от тех же условий. Пусть в системе K' покоятся часы. В качестве двух событий возьмем два события, происшедших в одном и том же месте x', y', z' пространства в системе K'.Время в системе между этими событиями есть

$\Delta t' = t_2' - t_1'$.Из четвертой координаты преобразования следует результат

$$dt = \frac{dt'}{\sqrt{1-\frac{V^2}{C^2}}}, \tag{12}$$

который совпадает с результатом, который следовал из инвариантности интервала.

Признать результат корректным можно только после того, как будет проверена эта инвариантность, но в этом случае необходимо оценить преобразование первого члена в преобразованиях Лоренца, который также связан с координатой x'.

Будем иметь

$$dx = \frac{Vdt'}{\sqrt{1-\frac{V^2}{C^2}}} \tag{13}$$

Инвариантность интервала при этом не соблюдается

$$C^2dt^2 - dx^2 = C^2dt'^2 \tag{14}$$

Интервал (14) совпадает с (6а).

Справедливость этого выражения и инвариантность интервала выполняется только при $V=0$, и только в этом случае все выражения 9,10,14 стыкуются между собой. Это законы числовой математики.

Таким образом, при заданных условиях выводы теории не корректны.

В теории математические условия не связаны причинно следствием условием.

Логика формул(1,2,4) и их последовательная взаимосвязь в математических выкладках должна строго соблюдаться без нарушения их смыслового значения.

Если рассматривается группа преобразований Лоренца (1), то вводимые дополнительные условия на системы должны отражаться на всех четырех координатах (так как точка в пространстве-времени определяется набором из четырех значений координат), и проверяться результат должен на инвариантности интервала.

Рассмотрим преобразование длин по оси $x \Rightarrow x'$ при фиксированном времени $\Delta t' = 0$.Введем заданное условие в группу Лоренца, будем иметь

$$dx = \frac{dx'}{\sqrt{1-\frac{V^2}{C^2}}}; dt = \frac{\frac{V}{C^2}dx'}{\sqrt{1-\frac{V^2}{C^2}}} \tag{15}$$

Параметр dx' входит в две координаты, поэтому делать вывод только по первому выражению в (15)(как это делается в [4] и СТО) некорректно.

Вычислим интервал для обоих систем

$$C^2dt^2 - dx^2 = \frac{\left(\frac{V}{C}\right)^2 dx'^2 - dx'^2}{1-\frac{V^2}{C^2}} = -dx'^2 \quad (16)$$

То есть интервал в системе K' отрицателен

$$C^2dt^2 - dx^2 = -dx'^2 \tag{17}$$

Из (17) следует $Cdt\sqrt{1-\frac{V^2}{C^2}} = idx'$

Равенство возможно при условии $V \gg C$,что противоречит условиям СТО.

Проведем исследование в Числовом поле

$$Cdt + jidx = Cdt\sqrt{1-\frac{V^2}{C^2}}e^{jarktgi\frac{V}{C}} \tag{18}$$

Интервал в системе K

Используя преобразования (15) рассчитаем интервал в системе K'

$$\frac{\frac{V}{C}dx'}{\sqrt{1-\frac{V^2}{C^2}}}+ji\frac{dx'}{\sqrt{1-\frac{V^2}{C^2}}}=jidx'e^{jarktgi\frac{V}{C}} \qquad (19)$$

Приравняем интервалы (18) и (19) получим условия инвариантности

$$Cdt\sqrt{1-\frac{V^2}{C^2}}e^{jarktgi\frac{V}{C}}=jidx'e^{jarktgi\frac{V}{C}} \qquad (20)$$

Сравнение модулей дает

$$Cdt\sqrt{1-\frac{V^2}{C^2}}=dx' \qquad (21)$$

соотношение выполняется при равенстве аргументов

$$jarktgi\frac{V}{C}=jarktgi\frac{V}{C}+j\frac{\pi}{2}+i\frac{\pi}{2} \qquad (22)$$

Таким образом, исследование относительности длины в числовом поле не дает известной формулы СТО. Согласно формулам (3) и (22) система K' совершает поворот по углам φ,ψ. Геометрически это означает, что при движении со скоростью V система K' повернется так, что ось Ct' пойдет по оси X системы К. Последнее не совместимо с исходными постулатами СТО и РТГ об инерциальности систем.

СТО исследует инерциальные системы, которое движутся относительно друг друга с постоянной скоростью и без вращения.

В [3] и [4] ошибки математического аппарата (например, равенство действительного и комплексного интервала) пытаются обосновать введением нового физического смысла СТО и РТГ и терминов.

Исследование относительности времени и сокращение длины в числовом поле дает основание утверждать, что математический аппарат СТО и РТГ не корректен. Принципиального подхода к выполнению математических преобразований математический формализм СТО, РТГ не выдерживает и выявляются грубые ошибки, которые обосновываются не существующими в реальном мире физическими процессами.

Световой конус СТО образует особое пространство в наборе координат (1) и (2). При $V=C$ две из четырех координат превращаются в бесконечность, имея в знаменателе корень из нуля. В связи с этим СТО уже не рассматривает и не сопоставляет координаты двух систем, а переходит к рассмотрению квадрата интервала. В обоих системах квадрат интервала равен нулю. Таким образом, бесконечные значения координат дают интервалы равные нулю. Ни один из исследователей не дает физическую интерпретацию этой несуразицы. Обходят молчанием, так как сразу встает вопрос о необходимости рассмотрения интервала совместно с аргументами пространственной точки. Весь аппарат СТО становится не корректным.

Числовое поле устраняет это очередное противоречие.

Имеем из (9) $Cdt \pm jidx = Cdt\sqrt{1-\frac{V^2}{C^2}}e^{jarktgi\frac{V}{C}}$ откуда при $V = C$

Получаем $Cdt \pm jidx = Cdt\sqrt{0}e^{jarktgi} = Cdt \pm jiCdt$

В пространстве корень из нуля не равен автоматически нулю, как это имеет место на прямой и плоскости, вследствие наличия изолированного аргумента.

При этих условиях образуется подпространство делителей нуля, которое в СТО адекватно световому конусу. При этом соблюдается равенство значений координат пространственных и временных взаимно перпендикулярных и не имеющих суммарного модуля. В пространстве имеем особый вид мнимых точек, которые в сферических координатах собираются в изолированную пространственную ось, в сечении имеющую радиус равный корню из нуля.

Этот факт вносит существенные коррективы в структуру пространства-времени.

Кроме того становится очевидным необходимость пересмотра аппарата перенормировки.

Необходимо переходить к исследованию четырехмерных вращательных координат, которые будут десятимерными, поскольку в четырехмерном пространстве трансляционных координат x, y, z, ct имеется шесть вращательных координат: три пространственного угла $\varphi_1, \varphi_2, \varphi_3$ и три псевдоевклидовых $\theta_1, \theta_2, \theta_3$.

Это пытается сделать М. Кармели и Шипов Г.И.

Развивая идеи А. Эйнштейна, М. Кармели, Шипов Г.И. ввели в 1988г. Всеобщий принцип относительности, который объединяет трансляционную относительность Эйнштейна с Вращательной относительностью Кармели [5]

На многообразии неголономных вращательных координат $\varphi_1, \varphi_2, \varphi_3, \theta_1, \theta_2, \theta_3$ задана вращательная метрика

$$d\tau^2 = \gamma^2 dt^2 - d\theta_1^2 - d\theta_2^2 - d\theta_3^2 = inv \quad (23)$$

где $\gamma = \gamma(\hbar)$ -предельная угловая скорость вращения (определяется через спин частицы, вращение которой описывает данная метрика).

Метрика (23) построена аналогично трансляционной метрики Минковского (4).

Принципиальным остается замена скорости света С на предельную угловую скорость вращения $\gamma = \gamma(\hbar)$.

Шипов Г.И. считает это принципиальный шаг по расширению теории относительности.

В дальнейшем построение и логика математического формализма переносится из СТО трансляционных координат. В связи с этим расширение сопровождается нарастанием ошибок, которые были проанализированы выше.

Однако, все это говорит о том, что физические условия вводимые в исследованиях СТО вступили в противоречие с математическим формализмом, который применяется для описания реальности. Оказалось, что рассматривать только трансляционные координаты недостаточно для описания структуры пространства-времени, необходимо ввести и вращательные координаты.

Нуль мерная точка трансляционного пространства становится ориентированной но также не имеющей структуры и поэтому с физической точки зрения приближение к реальности отсутствует.

Таким образом, "Всеобщий принцип относительности" Шипов Г.И. также разрабатывает в НЕ ЧИСЛОВОМ поле, что ставит под сомнение его корректность. Надо признать, что попытка объединения трансляционных координат с вращательными в НЕ Числовом поле обречена заведомо на провал.

Эта попытка объединения только подтверждает в необходимости перехода к Числовому полю ТФКПП.

ЛИТЕРАТУРА.

1. П.А. М. Дирак К созданию квантовой теории поля. Москва 'Наука" 1990г. стр. 60. 3. Физическая интерпретация квантовой механики.
2. П. А. М. Дирак К созданию квантовой теории поля. Москва "Наука" 1990г. стр. 245. 15. Отношение между математикой и физикой.
3. А. А. Логунов. Лекции по относительности и гравитации. Современный анализ проблемы. Москва." Наука". 1987 г.
4. Л. Д. Ландау Е.М. Лифшиц. Теория поля. Теоретическая физика 2. Москва. "Наука". 1983 г.
5. Шипов Г. И. Теория физического вакуума. Часть первая. Физика как теория относительности. //Академия тринитаризма, М, Эл.№ 77-6567 публ.10712,26.09.2003.

4.4 ЗАМКНУТОСТЬ МАТЕРИАЛЬНОГО МИРА.

ПЛАНКОВСКАЯ МАССА

В 1966-1969 годах Марков [1] и некоторые другие физики защищали точку зрения, согласно которой в глубокой основе теории элементарных частиц лежит все же гравитация и массы частиц в будущей теории получается как величина планковской массы $m_g = \hbar^{\frac{1}{2}} c^{\frac{1}{2}} G^{-\frac{1}{2}} = 2.4 * 10^{-5}$ грамм, умноженная на безразмерный множитель $\left(\approx 10^{-20}\right)$,который будет следовать из теории. [2].

Из постоянных: C- скорость света, $\hbar$-постоянная Планка, G-гравитационная постоянная, можно построить величины: размерности длины - L_g ,времени - t_g .

$$c = 3*10^{10} см/сек, G = 6.67*10^{-8} см^3 сек^{-1} г, \hbar = 1.05*10^{-27} см^2 сек^{-1} г$$

Имеем:

$$m_g = \hbar^{1/2} c^{1/2} G^{-1/2} = 2.4*10^{-5} г \qquad (1)$$

$$l_g = \hbar^{1/2} G^{1/2} c^{-3/2} см$$

$$t_g = \hbar^{1/2} G^{1/2} c^{-5/2} сек$$

Единица заряда выражается в виде $\varepsilon_g = \hbar^{1/2} c^{1/2}$ не зависит от G и равна

$$e = \varepsilon_g \alpha^{1/2} \qquad (2)$$

где $\alpha = 1/137$ -постоянная тонкой структуры.

В публикациях [3] и http://www.maths.ru/ представлена формула, связывающая характеристики микрочастицы: m_i - массу микрочастицы, λ_i-комптоновскую длины волны этой частицы, с планковской массой - m_g .

$$G \frac{{m_g}^2}{\lambda_i} = m_i c^2 \qquad (3)$$

Комптоновская длина волны микрочастицы равна $\lambda_i = \frac{\hbar}{m_i c}$.Если подставить выражение λ_i и выражение m_g в левую часть этой формулы, то получим точное равенство: $G \frac{\hbar C}{G} \frac{m_i C}{\hbar} = m_i C^2$.

Таким образом, масса элементарной микрочастицы (электрон, протон, нейтрон, пион …..) есть результат гравитационного взаимодействия планковских масс в пределах длины волны микрочастицы.

Формула (3) не требует разработки новых теорий и введению гипотез.

На основании формулы (3) поставим вопрос о массе частицы, которая соответствует взаимодействию двух планковских масс на предельном планковском расстоянии между ними

$G\frac{m_g{}^2}{l_g} = m_x C^2$, подставляя в которую выражения (1) получим

$m_x = m_g$

Можно поставить вопрос и по другому: на каком расстоянии L_x взаимодействие планковских масс дает планковскую массу

$G\frac{m_g{}^2}{L_x} = m_g C^2$, решение дает

$L_x = l_g$

Таким образом, в системе единиц G, h, C имеем замыкания пространства по размерности и по вещественной составляющей материи. Вернее сказать полевая часть материи соответствует ее вещественной части.

Предельный планковский размер соответствует веществу материи в более сложных структурах.

Гравитационное взаимодействие планковских масс равно кулоновскому взаимодействию единиц заряда, при условии если отношение гравитационного радиуса к электрическому равно α ,(исходя из формулы (2)).

$G\frac{m_g{}^2}{r_g} = \frac{e^2}{r_e}$ откуда, при условии $\frac{r_g}{r_e} = \alpha$ и учета формулы (2) получим $Gm_g{}^2 = \alpha e^2$.

В результате формула (3) приобретает вид

$$\frac{e^2}{\lambda_i} = m_i c^2 \qquad (4)$$

Согласно этой формуле микрочастица есть электромагнитное возбуждение не вещественного вакуума. Однако, приведенные выкладки показывают, что в основе локализации энергии в виде микрочастицы лежит локализация гравитационной энергии планковских масс (вещества). Предельный радиус электрического взаимодействия r_e ,больше гравитационного $r_e = \alpha r_g$.Электрическое взаимодействие вторично.

Одновременно вместе с этим формула $m_x = m_g$ говорит о само воспроизводстве материи на планковском уровне.

Некоторые современные теории утверждают, что любая элементарная частица-это поле, находящееся в возбужденном состоянии, теряют эту вещественную весомую материю в виде планковских масс. Микрочастица сложное материальное структурное образование на своем иерархическом уровне. Комплексное пространство выявило структуру микрочастиц и дало определение и физический смысл заряда в том числе гравитационного, электрического и так далее. Как было показано в $[4]$микрочастицы отличаются друг от друга только весовыми коэффициентами, определяющими вес каждого заряда в структуре.

Вещество состоит не только из локализации энергии в пространстве – времени но из иерархической структуры из предельных планковских масс.

Все, что является Веществом на одном уровне иерархии образовано из сингулярных ипсилон туннелей на более низком уровне иерархии.

Предельная планковская масса имеет предельный ипсилон туннель. Других суб-предельных частиц и размеров нет. Это замыкание нижнего уровня иерархии.

Структура пространства, соотношения между структурой вещественной и полевой материей, раскрытие физического смысла заряда позволяют углубить и расширить понятие фундаментальных законов Ньютона.

В РТГ Логунов А.А. рассматривает структуру пространства Минковского. Однако, как показывает время, псевдоевклидово пространство Минковского, не отвечает на все возрастающие вопросы быстро развивающегося математического естествознания [5]

Классическое пространство и время и математический аппарат, используемый для описания этого пространства в том числе и пространство Минковского, является ошибочным с принципиальной точки зрения как он определяет основной объект точку. Этот аппарат лишь некоторое приближение и упрощение.

К настоящему времени все эти вопросы сконцентрировались в ответе на равенстве гравитационной и инертной массы и инерционном движении. Современная теория старается уйти от этих вопросов.

Как утверждает [6]: " Инерция это проявление Взаимодействия на более Базовом уровне иерархии Процессов."

ЗАКОНЫ НЬЮТОНА и ТФКПП

Всякое тело находится в состоянии покоя или равномерного и прямолинейного движения, пока воздействие со стороны других тел не заставит изменить это состояние.

Всякое тело противится изменить его состояние движения. Это свойство тел называется инертностью. В качестве количественной характеристики инертности используется величина, называемая массой тела.

Первый закон Ньютона гласит, что тело остается в покое или движения с постоянной скоростью, если на него не действует никакая сила т.е.

$a = 0$ когда $F = 0$.

Второй закон имеет математическую запись

$F = ma$

Сила F равна произведению массы m на ускорение a.

Сила это обобщенный параметр взаимодействия. Закон всемирного тяготения Ньютона гласит, что каждая масса m_1 притягивается к каждой другой массе m_2 во Вселенной с силой равной

$$F = G\frac{m_1 m_2}{r^2} \quad (5)$$

где r-расстояние между массами по линии, соединяющей две материальные точки.

Законы Ньютона и следствия из них написаны для евклидового пространства. Точка в евклидовом пространстве нуль мерная и не обладает структурой. В связи с этим евклидово пространство выступает как арена Взаимодействий между телами, обладающими массами и зарядом той или иной природы. В результате законы Ньютона не содержат внутренней связи пространства с массой и зарядом тела. Нуль мерная точка по своей математической, геометрической и физической природе не имеет свойств, которые можно отождествить адекватно с этими характеристиками тел.

Если масса локализована в нуль мерной точке, то эта масса не может быть связана с взаимодействием, так как нуль мерная точка не обладает для этого структурой.

Евклидово пространство как арена не обладает ни математической ни геометрической структурой, характеризующей связь пространств разной размерности. Это последнее, как показали исследования http://www.maths.ru/, не позволяет физически осмыслить и дать определение -что такое заряд.

Со свойством структуры и взаимоотношений пространств разной размерности связано и понятие инерции.

Евклидово пространство есть частный случай комплексного Числового пространства. В связи с этим фундаментальные законы Ньютона есть “срез “тех глубинных процессов взаимодействия, которые происходят на более базовом иерархическом уровне.

Совершенно очевидно, что формула закона Всемирного тяготения не раскрывает механизма Взаимодействия между гравитирующими массами. В ньютоновской арене пространства масса сосредоточена в нуль мерной точке. В результате нет ответа на вопросы: как связано пространство точек с массой, инерцией, что такое заряд. В тоже время к настоящему времени ясно, что гравитирующие тела образуют структуру. При этом взаимодействие происходит через энергию поля в этой структуре.

Два следствия из законов Ньютона не вскрывает также механизма Взаимодействия.

$$\frac{1}{2}G\frac{m_1m_2}{r}=\frac{m_2V^2}{2} \qquad (6)$$

Теорема о вариале, для тел, у которых $m_1 >>>> m_2$

Массивное тело обладает огромной инерцией (физический смысл которой требуется выяснить). ЭТО результат связи тела с окружающим пространством и телами в нем. В связи с этим это тело принимается как неподвижное. Вследствие этого рассматривается кинетическая энергия тела меньшей массы и инерции.

Аналогично можно и рассмотреть формулу

$$G\frac{m_1m_2}{r^2}=m_2a \qquad (7)$$

Фактически формулы написаны для одномерного пространства т.е. для линии, соединяющей точки, в которых находятся тела. (радиус в данном случае не делает формулу пространственной).

Взаимодействие образует структуру из вещественных масс и полевой энергии. Чтобы более полно описать структуру и взаимодействие в ней необходимо ввести параметр, который будет количественно описывать полевую энергию взаимодействия $-m_vC^2$. Ввод этого параметра необходим, чтобы наделить пространство материальными свойствами взаимодействия.

Тогда к формулам Ньютона добавляется новая формула

$$G\frac{m_1m_2}{r}=(m_1+m_2)C^2-\sqrt{\left[(m_1+m_2)C^2\right]^2-\left(m_vC^2\right)^2} \qquad (8)$$

Для замкнутой структуры полевая энергия $m_v C^2$ (внутренняя энергия)это часть энергии тел, которую они выделяют при взаимодействии.

Формула (8) раскрывает взаимоотношение между полевой материей и веществом (массой). Гравитационное взаимодействие определяется дефектом масс, вызываемым полевой материей в структуре.

Структура из двух взаимодействующих тел массами m_1, m_2 не является изолированной. Силовое и потенциальное поле этой структуры определяется ее внутренней полевой энергией $m_v^a C^2$, которая складывается с внешней полевой энергией m_v^b, поэтому следует написать $m_v C^2 = m_v^a C^2 + m_v^b C^2$

Введение внешней полевой энергии в формулу определяется условиями и характером взаимодействия (тепловая, электромагнитная, электрическая и т.д. энергии окружающего пространства) структуры с энергией окружающего пространства. Структура перестает быть изолированной. Вместе с этим масса тел в левой части уравнения зависит от полевого взаимодействия. Таким образом понятие массы для тела носит в себе интегральный характер взаимодействия этого тела не только внутри рассматриваемой структуры, но и вне ее. Следовательно Гравитационная масса в законе Ньютона имеет структуру.

В результате формула Ньютона как “срез” взаимодействия двух тел учитывает и взаимодействие с телами окружающего пространства.

Для условия $m_1 >>>>> m_2$ становится очевидным, что в гравитационную массу тела m_2 через внешнюю полевую энергию m_v^b вводится и учет гравитационных масс тел, находящихся вне данной структуры.

Формула Ньютона остается справедливой также как и равенство гравитационной и инертной масс с той лишь разницей, что инертная масса тела m_2 составляет ее часть. Вторая часть гравитационной массы определяет массу тел внешних взаимодействий и определяет инерционный вклад этих внешних тел.

Полевая энергия образует дефект масс тел до и после образования структуры. В принципе это оформленная идея деформации вакуумной решетки в виде конкретной формулы. (Формула проверена конкретными расчетами в http://www.maths.ru/)

В результате гравитационная энергия становится равной дефекту масс.

Формула (8) выявляет отличие элементарной микрочастицы от макро частицы.

Формула (3) является точной и для нее, согласно (8) имеем

$$m_i C^2 = m_v C^2$$

Следовательно

$$G \frac{{m_g}^2}{\lambda_i} = m_v C^2 = m_i C^2 \qquad (9)$$

Микрочастица есть полевая энергия гравитационного взаимодействия планковских масс в пределах радиуса равному длине комптоновской волне этой микрочастицы.

Из формул (8) и (9) также имеем (после несложных алгебраических преобразований) $m_v C^2 = 2m_g C^2 \sqrt{\frac{r_g}{\lambda_i}}$

Если $\lambda_i = r_g$,то имеем $m_v C^2 = 2m_g C^2$. Если $\lambda_i >>>> r_g$,то $m_v C^2 <<<<< m_g C^2$

Взаимодействие двух планковских масс на расстоянии комптоновской длине волны микрочастицы равно удвоенной энергией двух планковских масс на коэффициент деформации предельной планковской длины.

Таким образом, микрочастицы образуют вакуумное или эфирное поле.

Эфир есть энергетическое поле не проявленных элементарных частиц.

В правой части соотношений (6), (7) содержится инертная масса тела.

В левой части гравитационная масса. Это принятые обозначения.

С большой точностью гравитационная масса тела равна его инертной массе –это экспериментальный факт. Однако надо иметь в виду, что в уравнениях (6), (7) интегрированы все взаимодействия внешних энергетических полей. Поэтому структура масс не учитывается и может отличаться.

До настоящего времени теоретическая физика в виде ведущих теорий ОТО А. Эйнштейна и РТГ А. Логунова расходятся в этом вопросе.

Исследуем это противоречие, имеющее принципиальное значение для всего математического естествознания.

Из формул (6), (8) будем иметь $\frac{m_{in}V^2}{2} = \frac{(m_v C^2)^2}{2(m_1 + m_2)C^2}$

Откуда величина полевой энергии выразится в виде

$$(m_v C^2)^2 = m_{in} m_1 V^2 C^2 \tag{10}$$

Или в граммах имеем

$$m_v = \sqrt{m_{in} m_1}\left(\frac{V}{C}\right) \tag{11}$$

Структура (в дальнейшем разбираем данные по Солнечной системе) обладает внутренними обратными связями и известными Внешними воздействиями.

От внешних воздействий изменяется величина полевой обменной энергии и соответственно изменяется m_{in} при прочих постоянных для расчета величин m_1, V, C.

Масса тел связана с взаимодействием, которое предполагает наличие масс других тел. В природе нет изолированных тел, также как нет изолированных структур. Однако масса требует одновременно и локализацию в пространстве (евклидова точка для этого не подходит). Рассматривая взаимодействие в структуре двух тел (как у Ньютона) необходимо учитывать и внешнее воздействие на поле этой структуры. В связи с этим формула Ньютона есть “интегральный результат –срез” этих взаимодействий.

Возвращаясь к формулам (8,10,11) надо иметь ввиду, что величина полевой энергии $m_v C^2$ двух тел учитывает полевую энергию взаимодействия тел в окружающем пространстве.

Так, что полевая энергия взаимодействия в простейшем случае представима в виде

$$m_v C^2 = m_v^a C^2 + m_v^b C^2 \tag{12}$$

где: $m_v^a C^2$ -полевая энергия взаимодействия в структуре (внутренняя);

$m_v^b C^2$ -полевая энергия окружающего пространства, накладываемая на энергию структуры.

Тогда формула (6) с учетом (12) должна записываться в виде

$$G\frac{m_1 m_2}{r} = \frac{\left(m_v^a + m_v^b\right)^2 V^2}{m_1} \tag{13}$$

Раскроем скобки и введем обозначения:

$$\frac{\left(m_v^a\right)^2}{m_1} = m_{in}^a \tag{14}$$

$$\frac{2m_v^a m_v^b}{m_1} = m^{ab}$$

$$\frac{\left(m_v^b\right)^2}{m_1} = m^b$$

где $m^a{}_{in}$ -инерционная часть массы тела m_2, соответствующая внутренней полевой энергии взаимодействия структуры тел массами m_1, m_2;

m^b-часть массы тела m_2, отвечающая за полевую энергию взаимодействия структуры (m_1, m_2) с полевой энергией поля, в котором находится структура;

m^{ab} - часть массы m_2, которая одновременно отвечает за полевую энергию взаимодействия как с внутренним полем структуры (m_1, m_2), так и внешним полем.

Формулы (14) следуют из (11).

Таким образом, Внешнее воздействие изменяет величину обменной полевой энергии m_v на m_v^b (обозначена величина с учетом внешнего воздействия) и вместе с ней изменяется структура массы тела, оставляя последнюю без изменения. Во второй формуле системы (14) содержится интерференционный член: внутренняя энергия структуры интерферирует с внешней полевой энергией.

Законы Ньютона остаются справедливыми, так как выполняется формула (12), а также формула

$$m_2 = m_{in}^a + m^{ab} + m^b \tag{15}$$

Тело находится в структурном четырехмерном пространстве –времени и поэтому его масса m_2 также структуризирована. Каждая часть массы формулы (14) определяет свое подпространство. Внешнее воздействие на структуру приводит к изменению обменного энергетического поля выражаемого в формуле (14) параметром m_v, что в конечном счете приводит к изменению инерционной массе в составе массы тела.

Таким образом, свойство Инерции Ньютона определяется полевой энергией взаимодействия при гравитационном взаимодействии и ее изменением от воздействие на эту энергию внешних энергетических полей, в которых находится структура из гравитирующих тел.

Движение по инерции в подпространстве делителей нуля обусловлено постоянной обменной энергии взаимодействия и постоянной инертной массой как части массы. Уравнение (6) необходимо переписать в виде

$$\frac{1}{2}G\frac{m_1 m_2}{r} = \left[\frac{\left(m_v^a\right)^2}{m_1} + \frac{\left(2m_v^b m_v^a\right)}{m_1} + \frac{\left(m_v^b\right)^2}{m_1}\right]\frac{V^2}{2} \qquad (16)$$

ДОКАЗАТЕЛЬСТВО первого постулата БОРА.

Согласно классической модели Бора энергия связи электрона с протоном в атоме водорода равна $E = -\frac{1}{2}\alpha^2 m_e C^2$, которая согласно формуле (8) даст равенство $\frac{1}{2}\alpha^2 m_e C^2 = m_e C^2 - \sqrt{\left(m_e C^2\right)^2 - (m_v C^2)^2}$

Формула применена без учета массы протона.

Тогда обменный полевой квант будет равен

$$m_v C^2 = \alpha m_e C^2 \qquad (17)$$

Если учесть массу протона m_p, то получим уравнение

$$\frac{1}{2}\alpha^2 m_e C^2 = \left(m_e + m_p\right)C^2 - \sqrt{\left[\left(m_e + m_p\right)C^2\right]^2 - \left(m_v C^2\right)^2}$$

Откуда имеем:

$$m_v C^2 = \sqrt{2\alpha^2 m_e C^2\left(m_e + m_p\right)C^2} = \alpha C^2\sqrt{2m_e\left(m_e + m_p\right)} \qquad (18)$$

Длина волны обменного кванта в структуре атома водорода должна соответствовать зависимости по формуле (9), то есть имеем

$$G\frac{m_g{}^2}{\lambda_i} = m_v C^2 = \alpha G\frac{m_g{}^2}{\lambda\!\!\!^{-}_e} \text{ откуда } \lambda_i = a_0 = \alpha^{-1}\lambda\!\!\!^{-}_e$$

получили зависимость для первого боровского радиуса a_0. Таким образом, в структуре водорода энергия обменного полевого взаимодействия равна энергии электрона, а первый боровский радиус есть не что иное как ε-туннель этой структуры.

Если электрон движется со скоростью V и находится на расстоянии a_0 от протона, то его полная энергия E в числовом пространстве равна

$$E = \frac{e^2}{r^2} + ji\frac{m_e V^2}{r} \qquad (19)$$

Формула дает условие динамического равновесия электрона в атоме и дает связь кинетической энергии с электрическим взаимодействием в комплексном пространстве. Преобразование выражения (19) по законам комплексной алгебры дает

$$E = \frac{e^2}{r}\sqrt{1-B^2}\,e^{jarktgiB} \qquad (20)$$

Где $B = \frac{mV^2 r}{e^2}$, $a_0 = r$.

Параметр B преобразуем по формулам (1), (2), связывающих предельные планковские величины, получим $m = \frac{\hbar C}{\lambda_e C^2}, e^2 = \alpha\hbar C$ и параметр

$$B = \frac{r}{\alpha\lambda_e}\left(\frac{V}{C}\right)^2 = \left(\frac{V}{\alpha C}\right)^2$$

В результате условие динамического уравнения приобретает вид

$$E = \frac{e^2}{r}\sqrt{1-\left(\frac{V}{\alpha C}\right)^2}\,e^{jarktgi\frac{V}{\alpha C}}$$

Если $V = \alpha C$, то условие динамического равновесия соблюдается для подпространства делителей нуля (хорошо известное выражение в классическом расчете атома водорода).

$$E = \frac{e^2}{r}\sqrt{0}e^{jarktgi} = \frac{e^2}{r} + ji\frac{e^2}{r}$$

Если вновь воспользоваться формулами (1), (2), а также учесть, что $\alpha^{-1} r = \lambda_e$, то $\frac{e^2}{r} = m_e C^2$ и условие динамического равновесия примет вид

$$E = m_e C^2\sqrt{0}e^{jarktgi} \qquad (21)$$

Формула показывает, что электрон на орбите в подпространстве делителей нуля не теряет своей энергии.

Таким образом, обоснован первый постулат Бора: существуют стационарные состояния атома, находясь в которых он не излучает энергию.

ИНЕРЦИОННОЕ ПРОСТРАНСТВО есть силовое ПОДПРОСТРАНСТВО делителей нуля.

В формуле (8) полевая энергия $m_v C^2$ находится в энергетическом подпространстве делителей нуля. Гравитационные массы m_1, m_2 находятся в комплексном римановом пространстве (в том смысле, что пространство имеет модуль риманово пространства). Полевая энергия определяет инерционную массу тела по формуле (14). Структура Взаимодействия на разных уровнях иерархии материи-пространства по разному отделяет гравитационную массу от инерционной: от абсолютного равенства до расхождения по формуле (14).

Инерционные свойства тела зависят от той энергии, которую оно выделяет в пространство Взаимодействия при образовании структуры.

Учитывая вышесказанное напишем формулы (6), (7) в виде, которое отвечает структуре пространства Взаимодействия.

Энергия тела массы m_2C^2 в поле гравитационного взаимодействия с массивным телом m_1C^2 в реальном пространстве складывается из потенциальной энергии и кинетической, при этом обе энергии принадлежат в структуре разным подпространствам. Кинетическая энергия с инерционной массой $m_{in}C^2$ принадлежит подпространству потенциального и силового поля делителей нуля, так как инерционная масса зависит от энергии поля взаимодействия распространяющегося со скоростью С.

$$E = G\frac{m_1m_2}{r} + ji\frac{m_{in}V^2}{2} \tag{22}$$

Преобразуем выражение по законам числового поля

$$E = G\frac{m_1m_2}{r}\left(1 + ji\lambda\right) = G\frac{m_1m_2}{r}\sqrt{1-\lambda^2}\,e^{jarktgi\lambda} \tag{23}$$

Если $m_{in} = m_2$, то $\lambda = \frac{V^2r}{2Gm_1}$. Из преобразований Ньютона следует, что должно быть $\lambda = 1$, так как хорошо известно, что $G\frac{m_1}{r} = \frac{V^2}{2}$.

С учетом этих условий получим

$$E = G\frac{m_1m_2}{r} + jiG\frac{m_1m_2}{r} = G\frac{m_1m_2}{r}(1 + ji) = G\frac{m_1m_2}{r}\sqrt{0}e^{jarktgi} \tag{24}$$

Формула (20) утверждает, что гравитационное взаимодействие действует по изолированному направлению структуры.

Движение тела массы m_2C^2 происходит в потенциальном поле делителей нуля.

(Делители нуля образуют подпространство в числовом поле http://www.maths.ru/)

В четырехмерном пространстве движение тела по инерции есть движение в подпространстве делителей нуля. Соотношение (6) как следствие из закона Ньютона определяет траекторию тела в подпространстве делителей нуля.

Для описания процессов взаимодействия используется Числовое комплексное пространство, которое содержит пространство Минковского, а также пространство Евклида как частный случай.

ИНЕРЦИОННАЯ МАССА ЗЕМЛИ

Рассмотрим структуру Солнечной системы с установившимися параметрами для оценки инерционной массы Земли. Воспользуемся формулами (13,14,15,16).

Введем обозначения: m_i-массы планет; V_i-средние орбитальные скорости; r_i -большие полуоси планет. Справочные данные [7] дают также:

$m_z = 5.977 * 10^{27}$ гр.- масса Земли;

$m_C = 1.989 * 10^{33}$ гр. –масса Солнца.

По формуле (11) рассчитываем обменный квант полевой энергии m_{vi} для каждой из планет.

Величина находится в пределах $6 * 10^{25} - 544 * 10^{25}$ гр.

Обменный квант (условно обозначаем полевую энергию) Взаимодействия остальных планет с Солнцем складывается с обменным квантом взаимодействия Земли с Солнцем. Этот суммарный обменный квант и удерживает Землю на орбите со скоростью V. Этот суммарный обменный квант в формуле Ньютона определяет суммарный дефект масс Солнца и Земли как гравитационное взаимодействие. Согласно формулам (13-16) собственный истинный обменный квант Земли есть величина обменного кванта за вычетом суммарного обменного кванта всех остальных планет с Солнцем. Эта величина и определяет инерционную массу земли (первая формула в системе (14)).

Разделим эту величину на объем U_i сферы радиуса большой полуоси орбит и умножим на объем сферы U_z радиуса большой полуоси орбиты Земли

$$\frac{m_{vi} U_z}{U_i} = \Delta m_{zi} \tag{25}$$

Формула дает вклад энергии обменного кванта от каждой из планет в обменный квант Земли. Сумма этой энергии $\sum_1^6 \Delta m_{zi} = 7.26 * 10^{25}$ гр. для планет расположенных за Землей

(Марс, Юпитер, Сатурн, Уран, Нептун, Плутон) изменяет обменную энергию Земли с Солнцем, которая равна по той же формуле $34.25 * 10^{25}$ гр.

В результате имеем: $m_{zv} = 26.989 * 10^{25}$ гр.

Для этой величины обменной энергии Солнце-Земля инерционная масса Земли равна $m_{inz} = 3.71 * 10^{27}$ гр.(Масса Земли по справочным данным равна $m_z = 5.989 * 10^{27}$ гр.)

Эта величина меньше массы Земли на $2.27 * 10^{27}$ гр.

Фактически это гарантированный запас, который обеспечивает стабильность скорости и размер полуоси орбиты планеты Земля.

ДВИЖЕНИЕ ПО ИНЕРЦИИ ЕСТЬ ДВИЖЕНИЕ В ПОДПРОСТРАНСТВЕ ДЕЛИТЕЛЕЙ НУЛЯ.

Обменная полевая энергия проходит по изолированному направлению ε-туннелей (радиус туннеля равен гравитационному радиусу тела) со скоростью света. Постоянство величины обменной полевой энергии в структуре взаимодействия обуславливает инерционные свойства тел.

Рассмотрим с этих позиций силовой параметр взаимодействия

$$F = G\frac{m_1 m_2}{r^2} + jiam_2 = G\frac{m_1 m_2}{r^2}\left(1 + ji\frac{ar^2}{Gm_1}\right) = G\frac{m_1 m_2}{r^2}\sqrt{1-\lambda^2}\, e^{jarktgi\lambda} \tag{26}$$

где $\lambda = \frac{ar^2}{Gm_1} = \frac{a}{g}$. Если $a = g$, то $\lambda = 1$ и имеем

$$F = G\frac{m_1 m_2}{r^2}\sqrt{0}e^{jarktgi} \quad (27)$$

Таким образом, под действием гравитационной силы тело массы $m_2 C^2$ движется в подпространстве делителей нуля по инерции, сохраняя постоянной величину полевой энергии обменного кванта.

Первый закон Ньютона утверждает, что движение по инерции происходит при

$F = 0, a = 0$. Это результат того, что Ньютон определил свои законы для евклидового пространства.

Ссогласно формуле (27) движение с ускорением свободного падения есть инерционное движение в силовом подпространстве делителей нуля.

Законы Ньютона не вскрывают механизма Взаимодействия тел, так как не рассматривают структуру, которая возникает при взаимодействии. Есть взаимодействие есть структура. Пространство взаимодействия структурировано.

Первый закон Ньютона устанавливает движение тела в потенциальном и силовом подпространстве делителей при постоянной обменной энергии взаимодействия со внешними телами. Подпространство делителей нуля вложено в псевдо евклидово пространство и составляет в нем неотъемлемую структурную составляющую.

Формулы, описывающие динамику и поступательное движение твердого тела, должны по структуре взаимосвязи параметров отвечать псевдоевклидов ому пространству. Формулы Ньютона отвечают по своей связи параметров евклидовому пространству.

Второй закон Ньютона утверждает, что тело массы m приобретает ускорение с изменением величины полевой энергии взаимодействия и перехода движения из силового подпространства делителей нуля в “основное” псевдоевклидово пространство.

Первый закон Ньютона утверждает, что для поддержания состояния покоя и равномерного прямолинейного движения тела не требуется никаких внешних сил. Это свойство и названо свойством инерции, а соответственно движение без воздействия внешних сил движением по инерции.

Проведенные исследования показали, что движение по инерции происходит под действием энергии поля в структуре, которое возникает при гравитационном взаимодействии тел. При этом движение по инерции происходит в подпространстве делителей нуля. Особое свойство подпространства вызывает иллюзию отсутствия внешней силы при движении тела.

В числовом четырехмерном пространстве подпространство делителей нуля эквивалентно инерционной системе отсчета.

Формула (10) может быть представлена в виде

$G\frac{m_1 m_2}{r^2} = \frac{1}{2r}\frac{(m_v C^2)^2}{m_2 C^2}$, из которой после несложных преобразований получим

$$m_v C = m_2 V \tag{28}$$

Импульс энергии обменной полевой массы равен количеству движения массы m_2 в структуре взаимодействия тел.

Импульс $p = m_v C$ может измениться только за счет изменения полевой массы взаимодействия. Внешнее воздействие на структуру определяется изменением

Полевой массы m_v, так как С- скорость постоянна.

Таким образом: в числовом четырехмерном пространстве взаимодействий подпространство делителей нуля (силовое, потенциальной энергии и т.д.) эквивалентно инерциальной системе отсчета.

Формула напряженности гравитационного поля

$$g_g = \frac{F_g}{m_2} \tag{29}$$

заменяется на формулу (с учетом формулы (12)) и далее..

$$g_g = \frac{1}{2r}\left(\frac{m_v^a + m_v^b}{m_1}\right)^2 C^2 \tag{30}$$

в которой напряженность гравитационного поля определена через массу обменной энергии тел при взаимодействии (согласно формуле (14),(16)).

$$g_g = \frac{C^2}{2r}\left[\left(\frac{m_v^a}{m_1}\right)^2 + \frac{2m_v^a m_v^b}{m_1{}^2} + \left(\frac{m_v^b}{m_1}\right)^2\right]$$

Формула (30) есть обобщение формулы (29) на случай четырехмерного пространства (известно, что формулы Ньютона соответствуют плоскому случаю). Если подставить в формулу (30) выражение для энергии обменного кванта $m_v C^2$ в первом приближении получим формулу (29), а также более емкую формулу

$$g_g = \frac{F_g}{m_2}\left(1 - \frac{V^2}{C^2}\right) \tag{31}$$

Таким образом, формула напряженности гравитационного поля (30) принципиально отличается от формулы Ньютона (29) и является расширением последней в четырехмерное пространство. Формула (30) отвечает переходу на более базовой уровень иерархии процессов взаимодействия. Напряженность гравитационного поля является функцией полевой энергии в структуре Взаимодействия и ее изменения в зависимости от энергии поля в окружающем эту структуру пространстве.

ЭФИР и ЗАМКНУТОСТЬ МАТЕРИАЛЬНОГО МИРА.

Планковский размер длины l_g является предельным ε_g-туннелем в структуре материального мира для сингулярного направления, по которому происходит движение предельной обменной энергии $m_g C^2$,взаимодействия двух планковских масс m_g. Это предельный иерархический базис материального мира. Одновременно эти параметры отвечают за массу на любом уровне иерархии.

Элементарные микрочастицы (лептон, электрон, протон, пион и т.д.) есть результат взаимодействия предельных планковских масс на расстоянии равном длине волны $\lambda_i = \dfrac{\hbar}{m_i C}$ этих микрочастиц. При этом планковский ε_g-туннель деформируется и через него проходит энергия обменного кванта равная энергии удвоенной планковской массе. Планковские ε_g-туннели заполняют новый $\varepsilon_i = \lambda_i$ сингулярного направления. При этом энергия массы микрочастицы $m_i C^2$ становится равной энергии гравитационного взаимодействия планковских масс на расстоянии размера ипсилон туннеля сингулярного направления.

Согласно формулам (3),(8),(9) проведем следующие выкладки

$$G\frac{{m_g}^2}{\lambda_i} = m_i C^2 = 2m_g C^2 - \sqrt{(2m_g C^2)^2 - (m_\nu C^2)^2}$$

Из этой формулы имеем $\dfrac{1}{2}\dfrac{(m_\nu C^2)^2}{2m_g C^2} = m_i C^2$

Из формулы видно, что при изменении полевой энергии, которое может произойти от взаимодействия с окружающей микрочастицу внешним полем, произойдет изменение ее массы.

Внутренняя полевая энергия микрочастицы равна $m_\nu C^2 = 2m_g C^2 \sqrt{\dfrac{l_g}{\lambda_i}}$

Для электрона (как пример) эта энергия равна $m_\nu C^2 \approx 2*10^6$ Гэв

Это чудовищная величина для экспериментальной физики микромира, которая только еще подходит к энергиям в 200 Гэв.

Через сингулярное сечение электрона проходит масса равная $m_\nu \approx 3*10^{-15}$ г.

Если столкнуть два электрона (для примера), то исходный взрыв может образовать облако в 10 м.

Более сложная структура типа атома водорода исследована в $[4]$.

Внутренняя энергия макротел и ее взаимодействии с окружающим тело энергетическим полем по структуре формул и выкладок не отличается от формул и расчетов в микромире достаточно сопоставить формулы (8),(18).

Параметры другие, но структура расчетов и формул совпадают.

В изложении старались руководствоваться понятиями и определениями $[6]$,которые считаем наиболее верными и убедительными, а также $[8]$.

ЭФИР (вакуум, темная материя и т.д.) есть базовый уровень материи из планковских масс m_g и предельных характеристик $(l_g, t_g, \varepsilon, h, C)$. На этом базовом уровне иерархии Взаимодействие планковских масс на расстояниях меньших и равных предельному $l_g \approx 10^{-33}$ см приводит к возникновению все тех же планковских масс $m_g \cong 2.1*10^{-5}$ гр. В связи с этим, ЭФИР есть поле взаимодействия планковских масс на базовом уровне иерархии материи, на котором полевая энергия взаимодействия (в дальнейшем обменный квант) есть сама планковская масса. Взаимодействие на этом уровне иерархии обуславливает и электрическую составляющую эфира, когда $r = \alpha^{-1} l_g$.

Увеличение расстояния взаимодействия (или разрыв) $r > l_g$ приводит к разрыву непрерывности (фактически квантовой непрерывности) базового уровня и выводит на новый уровень иерархии –уровень микрочастиц.

В пределах взаимодействия планковских масс на расстояниях равных комптоновской длине волны микрочастица является энергетическим полем эфира новой иерархии структуры материи. При этом энергетическое поле взаимодействия на планковском уровне заменяется более низкой энергией

$$m_v C^2 = 2 m_g C^2 \sqrt{\frac{l_g}{\lambda_i}}$$

Формула дает энергию, которая соответствует разрыву планковского эфира до величины комптоновской волны микрочастицы и замене на новый эфир.

В макромире Эфир определяется обменным квантом между макрообъектами.

Таким образом, то что описывается законами Ньютона есть следствие разрывов базового Эфира и замена его на эфир другого иерархического уровня.

Особенности или разрывы в планковской среде это источники формирования микрочастиц. Из формул (1,3) имеем $m_g l_g = m_i \lambda_i$. Разрыв в планковской среде заполняется в виде структуры сложных частиц вложенных уровней иерархий друг в друга.

ЛИТЕРАТУРА

1. М. А. Марков., ЖЭТФ51, (1966)
2. Я. Б. Зельдович, И. Д. Новиков Теория тяготения и эволюция звезд. М,1971г.
3. Елисеев В.И. Новая концепция пространства. Академия тринитаризма. М. Эл.№ 77-6567. публ. 11953. 12.04. 2005
4. Елисеев В.И. Расчет квантовых переходов в атоме водорода методами ТФКПП. М. Эл.№ 77-6567. публ. 11664. 24. 11.2004.
5. А. А. Логунов. Лекции по теории относительности и гравитации. Современный анализ проблемы. Издательство Наука 1987 г.
6. В.В. Пименов. НЕ-субстанциональный подход к определению физической сущности понятия “время”. Новый взгляд на старые уравнения. http://www.chrohos.msu.ru/
7. Таблицы физических величин. Справочник. Под редакцией академика И. К. Кикоина. М. Атомиздат, 1976.
8. Ковалев С.Н.,Гижа А.В. к 56. Феномен времени и его интерпретация. Харьков Коллегиум, 2004.428с.

4.5. НОВАЯ КОНЦЕПЦИЯ ПРОСТРАНСТВА

В современных теориях понятие нуль мерной точки выполняет основную физическую нагрузку по отождествлению математической абстракции с реальными характеристиками материи. Операционное математическое пространство из нуль мерных точек лишено той связности, которая может быть отождествлена с реальными процессами взаимодействия.

ТФКПП предлагает новую концепцию пространства, в котором реальный материальный мир не отделим от операционной математической абстракции, как это происходит уже свыше 3500 тысяч лет, начиная со времен Евклида и кончая неудачными попытками последних сотен лет в теориях Максвелла, Шредингера, Гейзенберга, Эйнштейна, Минковского, Лоренца, Логунова. Совершенно неудовлетворительно исследована с позиций структуры пространства периодическая таблица элементов Д. И. Менделеева.

Причем решающим фактором является понятие о неисчерпаемости точки.

4.5.1. ЧИСЛОВОЕ ОПЕРАЦИОННОЕ ПРОСТРАНСТВО.

Современные физические теории оперируют пространством, в котором точка задается набором значений координат

(x, y, z, ct) (1)

При этом ясно, что значения координат являются Числовыми значениями, а набор в форме (1) не соответствует Числовому значению. Одновременно с этим набор значений не определяет структуру точки, а следовательно и структуру пространства. Такой набор не может дать расчетного аппарата структурирования пространства. Этот недостаток пытаются обойти введением понятия интервала

При построении теории гравитации Эйнштейн выдвинул идею, что пространство-время не псевдоевклидово, а псевдориманово и определяется интервалом

$$dS^2 = g_{ik}dx^i dx^k \text{; I, k=0, 1, 2, 3} \qquad (2)$$

Согласно этого интервала римановым пространством называется многообразие, в котором задана инвариантная квадратичная дифференциальная форма (2).

Метрический тензор g_{ik} в римановом пространстве не постоянен и во всем пространстве нет единых декартовых координат.

С помощью введения метрических тензоров также делается попытка откорректировать операционные координаты, так чтобы операционное пространство соответствовало реальному.

Сам факт введения метрических тензоров говорит о признании неудовлетворительности определения пространства набором (1).

В РТГ Логунова метрический тензор во всем пространстве-времени имеет вид

$$g_{00} = 1, g_{11} = -1, g_{22} = -1, g_{33} = -1, g_{ik} = 0, (i \neq k) \qquad (3)$$

При этих условиях имеем

$$dS^2 = C^2 dt^2 - dx^2 - dy^2 - dz^2 \qquad (4)$$

Геометрия, определяемая таким интервалом, называется псевдоевклидовой, а четырехмерное пространство с такой геометрией-пространством Минковского.

Если $i,k=1,2,3$, а $g_{11}=g_{22}=g_{33}=1, g_{ik}=0$ при $i \neq k$, то трехмерное декартовое пространство будет евклидовым с интервалом

$$dS^2 = dx^2 + dy^2 + dz^2 \tag{5}$$

Вид интервала определяет геометрию пространства природы. Поэтому необходимо точно сопоставить вид интервала накопленным знаниям о структуре пространства времени. Колоссальный материал для этого дает физика микромира и эксперименты по получению новых микрочастиц.

Теоретическая физика наложила на интервал дополнительное условие инвариантности, но этого условия недостаточно. Кроме того, как будет показано, это условие оторвано от реальной действительности.

Преобразование от одной инерциальной системы к другой, сохраняющие вид интервала, называются преобразованиями Лоренца.

Необходимо отметить, что преобразования Лоренца написаны в покоординатном виде и также как массив набора из значений координат (1) не соответствуют Числовому пространству.

Задание точки в операционном пространстве как набора значений координат (1) не вскрывает ее структуру и как следствие становится неопределенным, какой интервал соответствует реальному пространству.

Рассмотрим последовательно интервал с позиций числового поля.

В плоскости О. Коши имеем $S_1 = x + iy = \rho e^{i\varphi}$, где модуль комплекса соответствует интервалу в смысле Римана для плоскости

$$dS_1^{\,2} = dx^2 + dy^2$$

Расширение поля комплексных чисел в пространство

$$S_2 = \rho e^{i\varphi} + jre^{i\psi} = \|S_2\| e^{iF + jG} \tag{6}$$

Для этого числового пространства интервал определяется в общем виде как

$$\|dS_2\| = \sqrt[4]{d\rho^4 + 2d\rho^2 dr^2 \cos 2(\varphi - \psi) + dr^4} \tag{7}$$

Становится очевидным, что точка в числовом пространстве задается структурой и ее модуль зависит от углов.

При условии $\varphi = \psi$ имеем

$$dS_2^{\,2} = d\rho^2 + dr^2 = dx^2 + dy^2 + d\xi^2 + d\eta^2 \tag{8}$$

Имеем интервал псевдориманово пространства. При этом фактически удовлетворяется гипотеза твердого тела, описываемого комплексом

$S_2 = |S_2| e^{i\varphi + jg}$, где все параметры действительные числа.

При соотношении углов $\varphi - \psi = \pm\dfrac{\pi}{2}$ имеем также один из вариантов интервала пространства Римана.

$$dS_2^{\,2} = dx^2 + dy^2 - d\xi^2 - d\eta^2 \tag{9}$$

Если точка в числовом пространстве определена в виде $S_3 = \rho e^{i\varphi} + j\zeta e^{i\varphi}$, то интервал этого множества будет соответствовать интервалу декартовых координат евклидового пространства

$$dS_3{}^2 = dx^2 + dy^2 + d\xi^2 \qquad (10)$$

Интервал Минковского псевдоевклидового пространства требует дальнейшего расширения числового поля, точка в котором определяется в виде

$$S = \mathrm{Re}^{i\varphi + j\psi + k\gamma} \qquad (11)$$

В этом комплексе можно выделить комплекс, модуль которого будет соответствовать интервалу Минковского

$$S_4 = cte^{i\varphi + j\psi} + kj(\sqrt{x^2 + y^2 + \xi^2}e^{i\varphi + j\psi} = \qquad (12)$$

$$= e^{i\varphi + j\psi + k\gamma}\sqrt{c^2t^2 - (x^2 + y^2 + \xi^2)}$$

где $\psi = arktg\dfrac{\xi}{\sqrt{x^2 + y^2}}; \gamma = arktgj\dfrac{\sqrt{x^2 + y^2 + \xi^2}}{ct}$

Модуль комплекса, который является частным случаем общего комплекса (11) соответствует интервалу Минковского

$$dS_4{}^2 = c^2dt^2 - dx^2 - dy^2 - d\xi^2 \qquad (13)$$

Пространственная, а следовательно и материальная, структура точки в Числовом поле неисчерпаема. Все известные интервалы от псевдоевклидового до псевдориманово пространства являются частными случаями числового поля.

Эти пространства являются подпространствами и составляют единое целое пространства числового поля.

Тот факт, что в числовом поле точка не является нуль мерным математическим объектом, обуславливает зависимость от углов тех точек, между которыми вычисляется интервал. Интервалы (8), (9) отличаются углами. Интервал (10) отличается от интервалов (8), (9) не только углами но и размерностью. Интервал (8) отличается от интервала (13) углами и принадлежностью к разной размерности пространства, достаточно сравнить комплексы (6), (11). Комплексы (6), (11) разной размерности при определенных соотношениях углов могут иметь одинаковые интервалы.

Далеко не все перечисленные варианты интервалов показывают, что реальное пространство единственно и однозначно отображается Числовым полем.

Деление пространства на псевдоевклидово (РТГ А. Логунова) и псевдориманово (Гильберта и А. Эйнштейна) ошибочная математическая абстракция, которая является следствием введения интервалов в пространство, задаваемое набором значений координат (1). Интервал в комплексном Числовом пространстве есть результат вывода, основанного на естественных числовых операциях. Рассмотрение интервала без углов приводит к математическим ошибкам и физически неверным следствиям. Если в комплексе (12) принять равенство

$$c^2t^2 = x^2 + y^2 + \xi^2,$$

то получим комплекс

$$S_4 = ct\sqrt{0}e^{i\varphi + j\psi + karktgj} \qquad (14)$$

Вследствии наличия изолированного направления $arktgj$ в числовом пространстве корень из нуля автоматически не равен нулю.

В этом состоит принципиальное отличие пространства ТФКПП от ОТО А. Эйнштейна и РТГ А. Логунова, в которых интервал светового конуса равен нулю. Это глобальная ошибка привела к кризису этих теорий.

Числовое пространство вводит объективно новое понятие сингулярности. Сингулярность по аргументу принципиально отличается от сингулярности в векторном и тензорном счислениях (не числовых счислениях).

В современных теориях рассматривается сингулярность типа $\frac{1}{x}$, где $x = 0$. Теоретическая физика ограничилась рассмотрением физической сущности заряда как полюса первого порядка. Однако полюс первого порядка относится только к плоскому пространству и распространение его на большие размерности недопустимо. В многомерном пространстве необходимо рассматривать полюса второго, третьего и т. д. порядков

Полюса второго и третьего порядка связаны с ростом размерности пространства и физически связаны с наименованием заряда. Реализация теорем Коши в пространстве определяет пространственные вычеты, которые характеризуют характер циклонных вихрей: в плоскости имеем циклическую постоянную

$\Gamma = 2\pi i$, в пространстве $\Gamma = 4\pi i + 2\pi j$ и так далее (см http://www.maths.ru/).

Сингулярность в числовом поле есть внутреннее присущее свойство структуры этого поля, связанная с наличием в реальном пространстве –времени подпространства светового конуса. Это подпространство выражается математически как полюс более высокого порядка со своей циклической постоянной. Заряд в общем виде это пространственный вычет. Теоретическая физика ограничилась вычетом как коэффициентом при минус первой степени при разложении функции в ряд Лорана. ТФКПП открыло возможность вычеты увязать с коэффициентами минус второй, третьей и т. д. степени.

Наивысшая степень связана с гравитационным зарядом, как предельным.

Математическая сингулярность аргумента характеризуя переход от одной размерности пространства к другой в физике отождествляется с квантовым скачком. Подпространство делителей нуля адекватное световому конусу в комплексном поле в вершине (начале координат) не имеет нульмерной точки(как это трактуется в декарто-векторных координатах). Это принципиальное отличие комплексного поля, в котором ось времени не пересекается с пространственными осями. Это приводит к образованию пространства моментов. В этом особая роль времени в реальном мире.

Современное представление о микрочастицах как сингулярностей(именуемыми полюсами в пространстве моментов, а не в обычном пространстве) в пространстве моментов получает прозрачную трактовку, вскрывая физическую сущность заряда.

Для положительного заряда имеем комплекс с положительным сингулярным направлением

$$S_4^{+} = ct\sqrt{0}e^{i\varphi + j\psi + karktgj} = cte^{i\varphi + j\psi} + kjcte^{i\varphi + j\psi} = cte^{i\varphi + j\psi}(1 + kj) \qquad (15)$$

Для отрицательного заряда имеем отрицательное сингулярное направление

$$S_4^- = ct\sqrt{0}e^{i\varphi + j\psi - karktgj} = cte^{i\varphi + j\psi} - kjcte^{i\varphi + j\psi} = cte^{i\varphi + j\psi}(1 - kj) \qquad (16)$$

Это общее определение заряда конкретизируется наименованиями: гравитационным, электрическим, барионным, мезонным, ….. и связано с размерностью пространств, полюсом в которых он существует.

Фундаментальное свойство заряда быть положительным или отрицательным связано со знаком изолированного направления.

Понятие материальной точки является фундаментальным для всей физики. Понятие нуль мерной бесструктурной точки ведет к понятию пустого пространства, когда взаимодействие между материальными объектами осуществляется через пустое пространство. Это следствие того, что силовое поле не может повлиять на изменение бесструктурной точки, которые заполняют пространство между взаимодействующими объектами(примером может служить отсутствие четкого понимания о распространении света).

Числовое поле дает представление о бесконечной неисчерпаемой структуре материальной точки в математическом плане и это последнее отрицает наличие пустого пространства. В силовом энергетическом поле взаимодействующих объектов пространство – время перестраивается, проявляя свою сущность.

Эфир есть не проявленная сущность пространства-времени. Понятие эфира также неисчерпаемо, как понятие материальной точки.

Распространение света связано с изменением структуры пространственных точек (подпространства делителей нуля) со скоростью света от источника и может происходить без затраты исходной энергии.

Квантовая теория требует описания скачкообразного перехода системы из одного энергетического состояния к другому. С каким свойством структуры пространства это связано не указал четко даже создатель квантовой теории П. Дирак.

Электродинамика Максвелла не определяет структуру заряда и основана на потенциалах. Заряд(точечный в этих уравнениях) квантуется и в уравнениях Максвелла его можно сократить вместе с размерностью, так что в результате будем иметь бессмысленную дифференциальную связь координат в декарто-векторном пространстве.

Аналогичные замечания можно сделать и относительно волновой теории Шредингера и матричной теории Гейзенберга. Понятие нульмерной точки в этих теориях ограничило их развитие.

4.5.2. МАССА МИКРОЧАСТИЦЫ КАК РЕЗУЛЬТАТ ВЗАИМОДЕЙСТВИЯ ФУНДАМЕНТАЛЬНЫХ ПЛАНКОВСКИХ МАСС.

Три физические константы имеют первостепенное значение: С скорость света, $\hbar$-постоянная Планка, G-гравитационная постоянная. Из набора этих постоянных можно составить предельные физические величины: $l_g = \left(\frac{\hbar G}{C^3}\right)^{\frac{1}{2}}$-размерность длины; $t_g = \left(\frac{\hbar G}{C^5}\right)^{\frac{1}{2}}$-время; $m_g = \hbar^{\frac{1}{2}} C^{\frac{1}{2}} G^{-\frac{1}{2}} = 2.410^{-5}$ гр.;

$\varepsilon_g = (\hbar C)^{\frac{1}{2}}$ -единица заряда.

Планковская масса гигантски превышает массу микрочастиц в $\approx 10^{20}$ раз. Этот факт до настоящего времени не имеет ответа. Это первая проблема.

Через физические константы определяются постоянные квантовой механики:

Комптоновская длина волны электрона

$$\lambda_e = \frac{\hbar}{m_e C}; \tag{17}$$

Первый боровский радиус

$$a_0 = \frac{\hbar^2}{m_e e^2} \tag{18}$$

Ионизационный потенциал водорода при бесконечной массе протона

$$R_\infty = \frac{1}{2}\alpha^2 m_e C^2 \tag{19}$$

Постоянная тонкой структуры

$$\alpha = \frac{e^2}{\hbar C} \tag{20}$$

Эти формулы являются следствием одной общей зависимости, лежащей в глубине микромира, однако эту общую формулу установить до настоящего времени не удалось. Это вторая проблема.

Не реально создавать теорию микромира не решив эти две проблемы.

Установим в координатном пространстве $G, C, \hbar$ энергию связи предельных планковских масс m_g. Воспользуемся логикой экпериментально установленного факта, что энергия связи нуклонов в атомном ядре выражается по формуле

$$\Delta W = \left[Zm_p + (A-Z)m_n - M(A,Z)\right]C^2$$

где m_p, m_n -соответственно масса протона и масса нейтрона.

$M(A,Z)$-масса ядра. Z, A-соответственно количество протонов и нуклонов.

С позиций комплексного пространства не связанные нуклоны находятся в римановом пространстве с интервалом в виде (10), а связанные нуклоны находятся в псевдоевклидовом пространстве с интервалом в виде (13).

Энергия связи есть дефект масс нуклонов, который возникает в структуре пространства ядра в результате выделения в пространство связанных нуклонов обменного полевого кванта (в теории ядра эту роль выполняют пи-мезоны и другие мезоны).

В комплексном пространстве это можно интерпретировать в виде дефекта интервалов в пространстве Римана и псевдоевклидовом пространстве

$$\Delta S = \sqrt{x^2 + y^2 + z^2} - \sqrt{x^2 + y^2 + z^2 - C^2 t^2}$$

В роли полевого обменного кванта выступает временная координата.

Дефект масс проявляется как энергия взаимодействия $\varphi = G\frac{m_1 m_2}{r}$

Поэтому, согласно предыдущим рассуждениям, запишем

$$G\frac{m_1 m_2}{r_g} = (m_1 + m_2)C^2 - \sqrt{\left[(m_1 + m_2)C^2\right]^2 - \left(m_v C^2\right)^2} \quad (21)$$

где $m_v C^2$-энергия полевого обменного кванта, которая двигаясь в структуре со скоростью света вызывает появление дефекта масс при взаимодействии.

Заряд электрический неотделим от структуры материи, поэтому имеем вторую формулу

$$\frac{e^2}{r_e} = (m_1 + m_2)C^2 - \sqrt{\left[(m_1 + m_2)C^2\right]^2 - \left(m_e C^2\right)^2} \quad (22)$$

Формулы (21) и (22) дают величины для гравитационного и электромагнитного обменного кванта

$$m_v C^2 = \sqrt{2G\frac{m_1 m_2}{r_g}(m_1 + m_2)C^2 - \left(G\frac{m_1 m_2}{r_g}\right)^2} \quad (23)$$

$$m_e C^2 = \sqrt{2\frac{e^2}{r_e}(m_1 + m_2)C^2 - \left(\frac{e^2}{r_e}\right)^2} \quad (24)$$

Нельзя разобщать такие феномены как гравитация и электричество. Поэтому целесообразно рассмотреть предельный случай, когда и при каких условиях имеем равенство полей $m_v C^2 = m_e C^2$. Формулы дают условия

$$\frac{e^2}{r_e} = G\frac{m_1 m_2}{r_g} \quad (25)$$

Это предельное соотношение справедливо при $m_1 = m_2 = m_g$, $\frac{r_g}{r_e} = \alpha$.

Таким образом, имеем предельную формулу

$$e^2 \alpha = G m_g{}^2 \quad (26)$$

Из этой формулы простыми преобразованиями можно получить (17), (18), (19).

Формула объединяет все известные формулы квантовой механики и является ее первоосновой.

Из формулы получаем зависимость для определения масс частиц

$$G\frac{m_g{}^2}{\lambda_i^{komp}} = m_i C^2 \quad (27)$$

Для получения этой формулы достаточно в (26) подставить выражение для единицы заряда и массы Планка, а также известное соотношение квантовой механики

$$\lambda_i^{komp} = \frac{\hbar}{m_i C}$$

Таким образом, удалось решить и вторую проблему квантовой механики связав массы известных частиц с предельной массой Планка. Не надо вводить никаких коэффициентов, как это предлагали некоторые физики.

Однако формула имеет не только количественную оценку. Формула дает объективное представление о предельном уровне формирования микрочастиц.

4.5.3. СВЯЗНОСТЬ ПРОСТРАНСТВА И ПРИНЦИПЫ КЛАССИФИКАЦИИ МИКРОЧАСТИЦ.

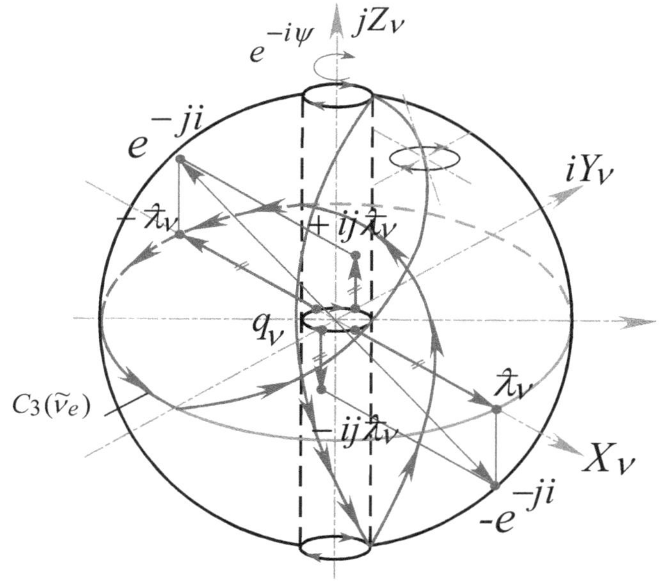

Рис. 1. Электронное нейтрино.

Формула (27) совместно со структурой комплексного пространства дает возможность моделирования микрочастицы в первом структурном приближении без выделения в ней подпространств разной зарядовой сущности согласно формуле (11). Модель частицы положительного заряда представлена на рис 1. Две предельные планковские массы $m_g C^2$ в объеме радиуса предельной длины $l_g = \left(\frac{\hbar G}{C^5}\right)^{\frac{1}{2}}$ расположены на поверхности сферы радиуса $r_e = \alpha^{-1} r_g$ (в данном случае радиус зарядовой сферы равен комптоновской длине волны микрочастицы $r_e = \lambda_e^{komp}$). В комплексном числовом пространстве предельные массы располагаются на взаимно перпендикулярных осях, имеющих разные точки в окрестности ипсилон –туннеля микрочастицы и повернутые относительно друг друга на 90 град. В результате две планковские массы создают пространство моментов, образуя подпространство светового кунуса, свернутого в ипсилон туннель. Через этот туннель проходит энергия обменного кванта, рассчитываемая по формулам (23), (24).

$$m_\nu C^2 = \sqrt{2G\frac{m_g^{\;2}}{\lambda_e^{komp}} 2m_g C^2 - \left(G\frac{m_g^{\;2}}{\lambda_e^{komp}}\right)^2} \qquad (28)$$

Величина этого полевого обменного кванта значительно превышает массу и энергию самой микрочастицы. Пространство заполнено полевой энергией,

Которая двигается по циклонной траектории типа C_3, неотъемлемой частью которой является ипсилон туннель, через который происходит взаимодействие частицы. Структура комплексного пространства и величина этой энергии допускает в пределах этого циклонного вихря формирование новых подпространств в виде тех же вихрей рис 2. со своими зарядовыми эпсилон туннелями. Вскрытие причины определенного порядка расположения этих зарядовых ε-туннелей есть путь исследования структуры и расчета микрочастиц и их классификации. Компактизация пространства происходит с выполнением требований, накладываемых теоремами Коши, реализованными в расширенном комплексном пространстве. Основным условием для вывода интегральных теорем служит условие аналитичности функций в пространстве связной области. Это условие выделяет данную область с циклонной кривой C_3 и ε-туннелем как особое подпространство в пространстве большего числа измерений. На рис 2 показана модель пространства вложенных друг в друга циклонных вихрей. Не уходя от наглядности рис 2, можно предложить некоторые варианты упаковки пространства вихрями. Идет заполнение пространства C_3 (условно обозначаем вихрь его кривой) вихрями $C_3^{/}$ и только после этого идет упаковка пространства $C_3^{/}$ вихрями $C_3^{//}$. Возможен вариант не плотных энергетических упаковок. Вся номенклатура известных микрочастиц лежит в этой концепции пространства.

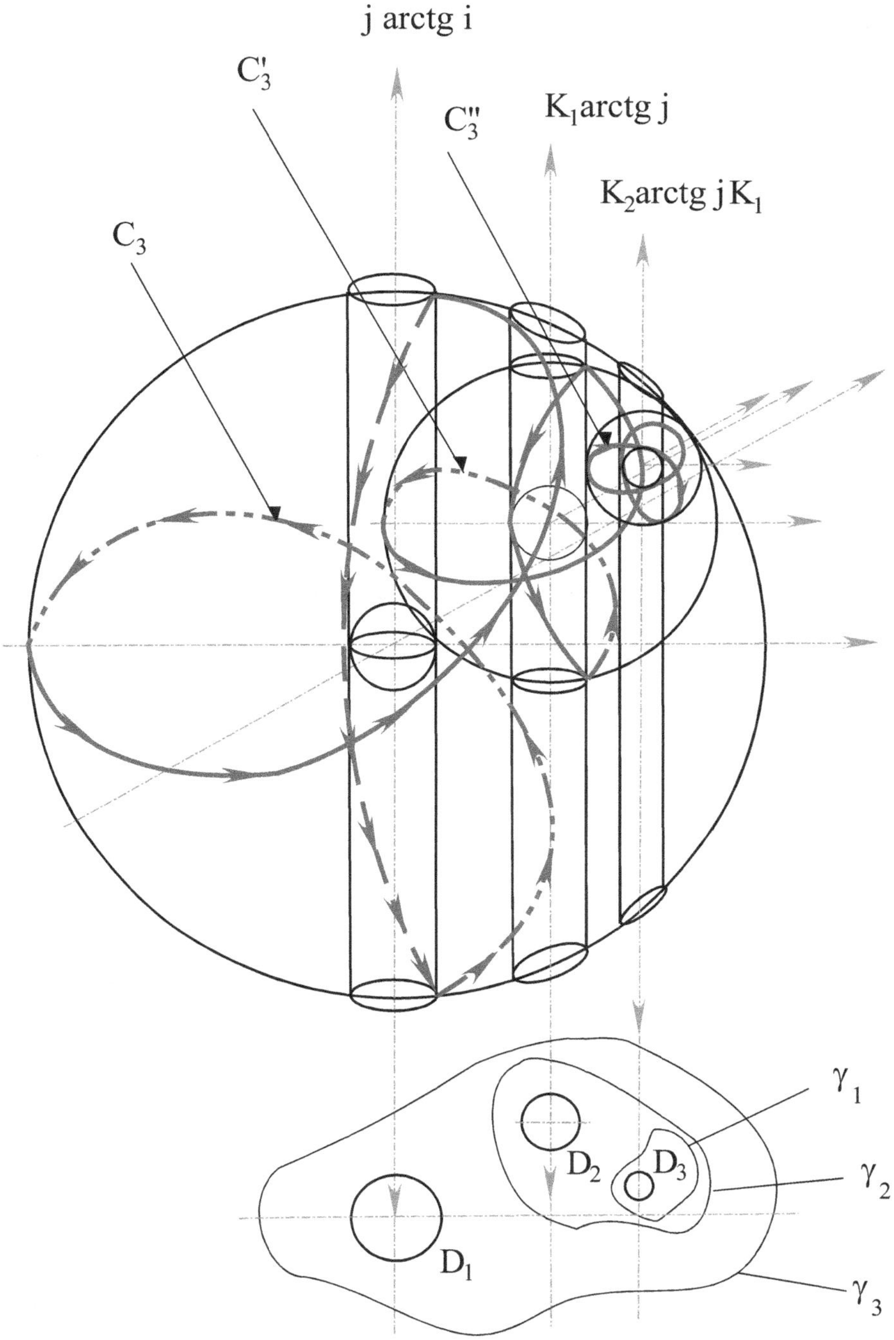

Рис. 2. Связность комплексного пространства.

Циклонные вихри на разных уровнях пространства имеют структуру типа рис1, поэтому полевая обменная масс согласно формуле (28) состоит также из микрообъектов типа предельной планковской массы соответствующей этой размерности. Модель типа рис 1 повторяется на любых уровнях измерения вложенных друг в друга пространств.

В связи с этим на первое место для исследования структуры пространства выходит не энергия частицы, а энергия полевого обменного кванта. Согласно формулы (28) и формулы (27) запишем

$$m_v C^2 = \sqrt{4 m_i C^2 m_g C^2 - (m_i C^2)^2} \qquad (29)$$

Согласно этой формуле если в полевом пространстве возникает энергия равная $m_\nu C^2$, то возникает частица массой $m_i C^2$.

Этот подход принципиально отличается от того, который принят в полевых теориях. Поле взаимодействия не пусто, а является основным фактором формирования микрочастиц. Первична энергия поля, а микрочастица является его производным.

ЛЕПТОНЫ

Лептонный заряд связан с сингулярным аргументом $arktgi$, который возникает в пространстве

$$S = \mathrm{Re}^{i\varphi + j\psi + k\gamma} \tag{30}$$

при условии, что пространство находясь в поле взаимодействия с энергией обменного кванта, которая равна или превышает энергию образования этого изолированного направления. Конкретно появляется структура низшего энергетического уровня.

По формуле (29) для электронного нейтрино (ν_e)массой 35 эв имеем$m_\nu C^2 \cong 4*10^{10}$Мэв. Для антинейтрино $(\bar{\nu}_e)$массой <46эв имеем $m_\nu C^2 = 4.5*10^{10}$ Мэв. Для мюонного нейтрино (ν_μ) массой <0. 52Мэв имеем

$m_\nu C^2 = 4.8*10^{12}$ Мэв.

Таким образом, этот порядок энергии необходим для образования лептонов в пространстве (30)

$$S = \mathrm{Re}^{i\varphi + j\psi + k\gamma} = \mathrm{Re}^{i\varphi + k\gamma}\cos\psi + j\,\mathrm{Re}^{i\varphi + k\gamma}\sin\psi + i\,\mathrm{Re}^{i\varphi + k\gamma}\sin\psi - i\,\mathrm{Re}^{i\varphi + k\gamma}\sin\psi =$$

$$= \mathrm{Re}^{i(\varphi \pm \psi) + k\gamma} \mp jR\sqrt{0}e^{i\varphi + k\gamma}e^{\pm jarktgi}\sin\psi$$

В дальнейшем алгебру выделения в пространстве зарядов будем опускать.

Итак имеем комплекс

$$S = \mathrm{Re}^{i(\varphi \pm \psi) + k\gamma} \mp jR\sqrt{0}e^{i\varphi + k\gamma}e^{\pm jarktgi}\sin\psi \tag{31}$$

которое отождествим с характеристиками лептонов без электрического заряда. Рис1

Поворот объема пространства радиуса R на угол $\pm\psi$ дополнительно к углу φ, а также образование в этом пространстве подпространство с сингулярным аргументом $\pm arktgi$ отвечает структуре нейтрино.

Деление по классификации на нейтрино и антинейтрино определяется знаком сингулярного аргумента $\pm arktgi$. Спиральность нейтрино зависит от знака дополнительного поворота $\pm\psi$. Для дальнейшего необходимо отметить, что образование заряда происходит с потерей в ядре (первом члене разложения) одного из направлений (в данном случае J), то есть с потерей размерности пространства. Физически это означает, что подпространство с направлением J разлагается на два подпространства образуя заряд. Энергия из большей размерности пространства переходит в энергию двух подпространств.

На векторном языке поля это “исток”. Для отрицательного заряда употребляется термин “сток”. Однако определение и разделение зарядов на “сток” и “исток” является ошибочным и связанным с плоским описанием пространства.

В пространстве положительные и отрицательные заряды являются "истоками" энергии пространства из одной размерности большей по величине в другую меньшую по величине.

Для образования такой структуры в вакууме (эфире) требуется полевая энергия порядка $4*10^{10}$ Мэв.

Понятие вакуума (эфира) также неисчерпаемо как любое физическое предельное понятие.

Электрон, позитрон, тау-лептон имеют кроме лептонного заряда электрический. Для образования этих микрочастиц в эфире требуется появление полевой энергии равной: для электрона $\left(e^{\pm}\right)$ массой $m_{e^{\pm}}C^2 = 0.511$ Мэв

энергия $m_V C^2 = 4.8*10^{12}$ Мэв; для мюона $\left(\mu^{\pm}\right)$ массой $m_{\mu^{\pm}}C^2 = 105.65$ Мэв соответственно $m_V C^2 = 6.9*10^{13}$ Мэв; для тау-лептона $\left(\tau^{\pm}\right)$массой $m_{\tau^{\pm}}C^2 = 1784$ Мэв соответственно $m_V C^2 = 2.8*10^{14}$ Мэв.

Электрический заряд отождествляется с сингулярным аргументом

$e^{karktgj}$ и подпространством делителей нуля $\sqrt{0}e^{karktgj}$, которое в дальнейшем для сокращения записи запишем в виде: $\begin{matrix}\sqrt{0}e^{\pm karktgj} = e^{\pm kj} \\ \sqrt{0}e^{\pm jarktgi} = e^{\pm ji}\end{matrix}$,

соответственно электрический и лептонные заряды.

Микрочастицы с электрическим и лептонным зарядом представляются комплексом

$$S = \mathrm{Re}^{i(\varphi \pm \psi \pm \gamma)} \mp j\,\mathrm{Re}^{i\varphi} \sin(\pm\psi \pm \gamma) e^{\pm ji} \mp k\,\mathrm{Re}^{i\varphi \pm j\psi} \sin(\pm\gamma) e^{\pm kj} \qquad (32)$$

Лептонный заряд можно выделить и в третьем слагаемом и получить сопряжение двух зарядов $e^{\pm kj}e^{\pm ji}$.

$$\pm k\,\mathrm{Re}^{i\phi + j\psi} \sin(\pm\gamma) e^{\pm kj} = \pm k\,\mathrm{Re}^{i(\varphi+\psi)} \sin(\pm\gamma) + kj\,\mathrm{Re}^{\pm kj}\, e^{ji} \sin(\pm\gamma)\sin\psi$$

Лептонным зарядом обладают электронное нейтрино, мюонное нейтрино, тау-нейтрино и т. д. В результате электронный уровень заполняется как ν_e, ν_μ, а также возможными комбинациями $e^{\pm kj}e^{\pm ji}$, или $e^{\pm}\nu_e, e^{\pm}\nu_\mu \ldots$, а также их суммами. Алгебра выделения заряженных подпространств, аналогично как это сделано при выводе формулы (31).

Формула (31) дает одновременно возможность выделить и заряд $e^{ki} = \sqrt{0}e^{karktgi}$

который можно отождествить также с зарядом в той же размерности пространства, но другого наименования (например: например барионный заряд имеет одновременно и электрический).

Комплексное числовое пространство предоставляет много вариантов структуры микрочастиц любого уровня. Однако следует рассматривать варианты, которые подтверждены экспериментальными исследованиями в физике элементарных частиц.

Необходимо также отметить, что в комплексе (11) все параметры действительны. Поэтому все пространства без подпространств фактически пространства Римана.

Из формулы (32) получим структуру электрона (отрицательный электрический заряд и лептонный нейтрино)

$$e^{-} = \mathrm{Re}^{i(\varphi+\psi-\gamma)} + je^{ji}\,\mathrm{Re}^{i\varphi}\sin(\psi-\gamma) + ke^{-kj}\,\mathrm{Re}^{i\varphi+j\psi}\sin\gamma \tag{33}$$

Электрон имеет два заряда (полюс первого и второго порядка). Энергия пространства разлагается по двум направлениям. Первый член разложения не содержит направлений по K, J. Ядро теряет сразу две размерности.

В общем виде электрон можно выразить через весовые коэффициенты и заряды

$$e^{-} = a + be^{ji} + ce^{-kj} + de^{ki} \tag{34}$$

Позитрон e^{+} также выделяется из формулы (32). Меняются знаки у сингулярных направлениях и знаки у некоторых аргументов.

Рост масс лептонов обусловлен рекуррентной комбинацией типа

$$\nu_{\mu} = n(\nu_e + \tilde{\nu}_e) + \nu_e \qquad \text{(A)}$$

$$\nu_{\tau} = n(\nu_{\mu} + \tilde{\nu}_{\mu}) + \nu_{\mu},$$

где n –количество компенсированных сочетаний(упаковок) нейтрино и антинейтрино.

Связность комплексного пространства согласно рис 2подтверждает заполнение лептонного уровня, согласно (A). После этого следует качественный квантовый скачек с выходом на электрический заряд.

На электронно –лептонном уровне предыдущая комбинация повторяется.

$$\mu^{-} = n(e^{-} + e^{+}) + e^{-} \qquad \text{(B)}$$

$$\tau^{-} = n(\mu^{-} + \mu^{+}) + \mu^{-}$$

Комбинации упаковки (A), (B) повторяются на любом уровне классификации микрочастиц (вплоть до кваркового уровня).

Произведем обобщение проведенных обсуждений и математических преобразований.

Нейтринный лептонный уровень

$$\alpha = \alpha_1 e^{\pm ji} = \alpha_1 \pm ji\alpha_1$$

Электрический лептонный уровень

$$\beta = \beta_1 e^{\pm kj}\alpha = \beta_1\alpha \pm kj\beta_1\alpha = \gamma e^{\pm kj}e^{\pm ji}$$

Структура показывает, что подпространство меньшей размерности формирует пространство более высокой размерности, для которой надо рассматривать зарядовые сопряжения в виде $e^{\pm kj} * e^{\pm ji}$

Далее можно расширить комплексное пространство и связать новое измерение с новым зарядом

$$\lambda = \lambda_1 e^{\pm k_1 k}\beta = \lambda_1\beta \pm k_1 k\lambda_1\beta = \mu e^{\pm k_1 k}e^{\pm kj}e^{\pm ji}$$

и т. д.

Современная экспериментальная классификация микрочастиц отождествима с этим математическим аппаратом вложенных в друг друга зарядовых подпространств. Комбинации упаковок (A), (B) показывают, что идет процесс синтеза пространств с дальнейшем выходом на пространство большей по величине размерности. При этом в микрочастице ядро переходит в пространство с большей размерностью. В терминологии векторного анализа это "сток". Электрический, лептонный, …., заряд любого знака есть деление пространства и материи, то гравитационный заряд есть процесс обратный – синтез. При этом аннигиляция может и не происходить. Частица содержит скомпенсированные ипсилон туннели исходных зарядов и один не скомпенсированный, который и определяет характер заряда. Скомпенсированные заряды порождают новый заряд. Гравитационный заряд в этом случае будет связан с предельной размерностью(или той, в которой рассматривается частица) и он присутствует в микрочастице на любом уровне ее определения.

Переход от одного уровня в структуре частицы на другой уровень и есть существо квантового перехода. Качественный скачек.

МЕЗОНЫ, БАРИОНЫ и КВАРКИ

Наименьшей массой среди мезонов обладают: π^0, π^-, π^+ соответственно $m_{\pi^0} C^2 = 134,963$ Мэв, $m_{\pi^-,\pi^+} C^2 = 139,5673$ Мэв.

Современная классификация микрочастиц основана на введении кварковой систематизации. Кварковый состав микрочастиц соответствует реакциям распада.

Исходя из классификации электрон-лептонного уровня нейтральный пи – мезон можно скомбинировать в виде (учитывая его схему распада $\pi \Rightarrow 2\gamma$).

$$\pi^0 = e^+_{\tilde{\nu}_e} + e^-_{\nu_\mu} + e^-_{\nu_e} + e^+_{\tilde{\nu}_\mu} \tag{35}$$

Один электрический заряд положительный или отрицательный рассматриваем сопряженным с антинейтрино и нейтрино, другой мюонным нейтрино или антинейтрино. Схема распада на два гамма кванта это следствие структуры пи-мезона. В объеме пи-мезона нет гамма квантов, а есть структура в виде (35). Здесь проявляется разобранный выше смысл гравитации.

Равновероятностная комбинация структуры (34) позволяет ввести структуру кварков и антикварков u, u^q, d, d^q

$$u = e^+_{\tilde{\nu}_e} + e^-_{\nu_\mu} = \alpha + \beta \tag{36}$$

$$u^q = e^-_{\nu_e} + e^+_{\tilde{\nu}_\mu} = \gamma + c$$

$$d = e^-_{\nu_e} + e^-_{\nu_\mu} = \gamma + \beta$$

$$d^q = e^+_{\tilde{\nu}_e} + e^+_{\tilde{\nu}_\mu} = \alpha + c$$

Согласно кварковой классификации нейтральный пи-мезон доставляется двумя комбинациями $\pi^0 = uu^q = dd^q$

Протон состоит из двух u и одного d кварка $p = uud$, нейтрон $n = udd$,

Пион $\pi^+ = u + d^q, \pi^- = du^q$

Этих комбинаций достаточно для определения численного значения электронно-лептонного заряда кварка. Введенные обозначения и зарядовая структура протона, нейтрона, пионов дают систему уравнений

$$\alpha+\beta+\gamma+c=0$$
$$\alpha+\beta+\alpha+c=+1$$
$$2\alpha+3\beta+\gamma=+1$$
$$\alpha+3\beta+2\gamma=0$$

Первое уравнение заряд нейтрона, второе протона, пиона положительного, нейтрального пиона. Определитель системы равен нулю. Это означает, что возможно бесчисленное множество комбинаций соотношений между неизвестными, которые попарно дают один и тот же результат:

$$\alpha+c=Q(u)=2/3$$
$$\gamma+c=Q(u^q)=-2/3$$
$$\gamma+\beta=Q(d)=-1/3$$
$$\alpha+\beta=Q(d^q)=1/3$$

Получены значения электрических зарядов в полном соответствии с существующей теорией.

Если обозначить $\alpha=k\beta$, то все коэффициенты становятся зависимыми от K и таким образом в пределах одного электрического заряда кварка возможно бесконечное множество вариантов сопряжения электронно – лептонных зарядов.

При этом дробный заряд кварка остается без изменения. В современной классификации это распределение кварков по цвету: $r(red), y(yellow), v(violet)$.

Коэффициент K отвечает за кодировку “цвет”.

Барионный заряд кварка рассчитаем аналогично электрическому заряду.

$$B(\pi^0)=\alpha+\beta+\gamma+c=0$$
$$B(\pi^+)=2\alpha+\beta+c=0$$
$$B(p^+)=2\alpha+3\beta+\gamma=1$$
$$B(n^0)=\alpha+3\beta+2\gamma=1$$

Решение системы дает $B(u)=1/3, B(u^q)=-1/3, B(d)=1/3, B(d^q)=-1/3$ в точном соответствии с современной теорией.

Кроме кварков u,u^q,d,d^q имеются еще четыре кварка s,c,b,t и соответствующие им антикварки. Введены новые заряды: s-странность, c-шрам, b-bjttjmness, t-topness.

Кварковый уровень заполняется по той же схеме, как электрический и лептонный согласно компактизации по (A), (B)

$$s=(u+u^q)+d \tag{C}$$
$$c=(u+u^q)+(d+d^q)+u$$
$$b=2(u+u^q)+(d+d^q)+d$$
$$t=2(u+u^q)+2(d+d^q)+u$$

....

По электрическому заряду $u+u^q=d+d^q$, поэтому таблицу можно продолжить по формулам

$$b_n=(2n+1)(u+u^q)+d$$
$$t_n=2n(u+u^q)+u$$

Где n=0, 1, 2, 3, ….

Приходится констатировать тот факт, что кварки являются следующим уровнем материи и не претендуют на фундаментальность кирпичиков мироздания. Это в лучшем случае. В худшем случае это удачная математическая абстракция для разработки классификации то есть кодировка без исследования сущности явления.

Сущность выявлена и кварки в лучшем случае это уровень в структуре материи.

ПОЛЕВАЯ ЭНЕРГИЯ ЗАРЯДА.

Кварковая комбинация позволила классифицировать все микрочастицы и обосновать их моды распада, которые подтверждены экспериментально. В пространстве микрочастиц стабильными считаются: электронное нейтрино, мюонное нейтрино, электрон, протон, нейтрон, пи-мезоны.

Энергия связи всех этих частиц рассчитывается по формуле (29).

Согласно формуле $S=\mathrm{Re}^{i\varphi+j\psi+k\gamma}$ имеется три основных заряда: $\sqrt{0}e^{\pm karktgj},\sqrt{0}e^{\pm jarktgi},\sqrt{0}e^{karktgi}$ соответственно электрический, лептонный, бариооный или мезонный.

Условно обозначим $e^{\pm kj},e^{\pm ji},e^{\pm ki}$ для сокращения записи.

Нет оснований в настоящее время для расширения полей и комплекса S, так как на звание стабильных претендуют ограниченное их число. Достаточно этих трех зарядов и дополнительно гравитационного, чтобы полевая энергия любой частицы была выражена в виде

$$ggS=ae^{ig}+be^{\pm kj}+ce^{\pm ji}+de^{\pm ki} \qquad (37)$$

Одна частица отличается от другой весовыми коэффициентами: a, b, c, d.

Исследование структуры электронно –лептонного уровня показывает, что в полевой энергии частицы всегда присутствует кроме зарядовой части ядро, которое меняется от уровня выделения зарядов, как основной характеристики частицы. Это ядро условно обозначили за e^{ig}. С этим полевым ядром и связано понятие гравитационного заряда, так как он присутствует во всех частицах и является результатом скомпенсированных зарядов в предельной размерности пространства (пространство не ограничено по размерности, так как открываются все новые уровни упаковки и следовательно новые заряды).

Левая часть определяется по формуле (29) В правой части имеем 8 неизвестных. Чтобы определить энергию заряда необходимо определить весовые коэффициенты a,b,c,d и иметь четыре независимых уравнения.

Независимость структуры стабильных частиц друг от друга дает эти четыре уравнения. Этими частицами и оказались: протон, электрон, нейтрон, пи-мезон.

Другие комбинации приводили к вырождению системы.

Наличие ограниченного количества стабильных частиц не является случайным и сказывается на компактизации материи и новыми структурами не стабильных частиц. Это выражается в ограниченности количества независимых уравнений для расчета.

Согласно выявленной закономерности (А), (В), (С) переход на новый уровень структуры сопровождается квантовым скачком с появлением нового зарядового сопряжения. И этот переход есть переход из количества в качество, так как в основе всех зарядовых сопряжений лежит накопление в структуре низшего уровня электронно-лептонного.

Каждый из уровней это периодическая таблица микрочастиц наподобие периодической таблицы элементов Д. И. Менделеева, в которой наиболее стабильные ядра появляются строго периодически в периодом 9-10единиц электронного заряда. В связи с этим из всех возможных вариантов выбираем сумму сопряжений электрон –лептонов с шестью разными по массе лептонами (эта упаковка соответствует ядру ксенона, который завершает первый блок атомных ядер в периодической таблице элементов).

В результате получим выражения для кварков

(Д)

$$u = e^{+}_{\tilde{\nu}_e} + \sum_{1}^{5} e^{-}_{\nu_{2n+1}} = -8e^{ig} + 34e^{-kj} + 4e^{ji} + 6e^{ki}$$

$$u^q = e^{-}_{\nu_e} + \sum_{1}^{5} e^{+}_{\tilde{\nu}_{2n+1}} = 68e^{ig} - 34e^{-kj} - 4e^{ji} + 6e^{ki}$$

$$d = \sum_{0}^{5} e^{-}_{\nu_{2n+1}} = -13e^{ig} + 37e^{-kj} + 6e^{ji} + 6e^{ki}$$

$$d^q = \sum_{0}^{5} e^{+}_{\tilde{\nu}_{2n+1}} 73e^{ig} - 37e^{-kj} - 6e^{ji} + 6e^{ki}$$

(пример: $e^{+}_{\tilde{\nu}_e} = (1+kj)(1-ji) = 1 + kj - ji + ki$)

Комбинации из этих кварков дают систему глюонных (придерживаемся терминологии ядерной физики) полей для стабильных частиц:

(38)

$$ggS(p = uud) = -29e^{ig} + 105e^{kj} + 14e^{-ji} + 18e^{ki}$$

$$ggS(n = ddu) = -34e^{ig} + 108e^{kj} + 16e^{-ji} + 18e^{ki}$$

$$ggS(\pi^- = du^q) = 65e^{ig} - 3e^{kj} - 2e^{-ji} + 12e^{ki}$$

$$ggS(e^-) = -4e^{ig} + 2e^{kj} + e^{-ji} + e^{ki}$$

Состав электрона получен из реакции $n = p + e^- + \tilde{\nu}_e$

Расширить систему (38) не удается, так как появляются зависимые друг от друга уравнения.

Физическая интерпретация упаковки пространства вихрями дана в работе [1]. Однако тот мат аппарат, который применяет автор не дает возможности конкретизировать исследования. Автор ограничился общими рассуждениями. В работе нет аппарата для расчета упаковки вихрей в пространстве и поэтому работа теряет ценность. Экспериментальная физика элементарных частиц принцип упаковки использует в классификации микрочастиц [2]. К настоящему времени удалось, начиная с уровня мезонов и барионов, классификацию провести на основе упаковки кварками и антикварками, которые выдвинули на роль фундаментальных кирпичиков мироздания. Эта классификация и должна определять роль математического аппарата в описании упаковки микрочастицы и ее мод распада. Без такого согласования ни одна из теорий эфира, вакуума, гравитации не жизнеспособна и просто неверна. Это еще один тест на выживание. И это подтверждает время.

ТФКПП согласована с экспериментальной физикой элементарных частиц и их классификацией. Системы (А), (В), (С) выявили закономерность в квантовых переходах упаковки пространства от одного уровня материи к другому. Переход сопровождается ростом размерности и появлением нового заряда. Это и есть сущность (самая главная) при определении квантовой механики.

Подпространство светового конуса адекватно подпространству делителей нуля работает на квантовых переходах. Пример неоднократно приводился

$(1+ji)+kj(1+ji)=e^{kj}e^{ji}$, упаковка (В) в лептонном уровне вызывает появление электрического заряда. Лептонный заряд создает электрический и т. д.

Однако ТФКПП отрицает кварки как кирпичики мироздания. Кварки в лучшем случае могут претендовать на кварковый уровень пространства согласно (С). Система (Д) показывает, что кварки упакованы из частиц электронно-лептонного уровня. В худшем случае это математическая абстракция не связанная с реальной действительностью. Никаких новых кварков нет. Согласно системе (Д) кварки как уровень состоят из двух кварков u,d и их антикварков. Любой новый кварк состоит из двух этих кварков, согласно (С).

Решение системы уравнений (38) дает следующие величины полевой энергии зарядов

$$\begin{aligned} e^{-kj} &= 0.4667*10^{11} \\ e^{ji} &= -0.3471*10^{11} \\ e^{ki} &= 1.520807*10^{11} \\ e^{ig} &= 0.13171*10^{11} \end{aligned} \quad \text{Мэв}$$

Радиусы изолированных ипсилон туннелей для зарядов определим по формуле квантовой механики $\lambda=\frac{h}{mC}$. Для кварков радиус колеблется от $0.5*10^{-21} \Leftrightarrow 7*10^{-21}$ см. Вещество кварка сосредоточено в объеме этих радиусов. Теоретическая физика дает величину сечения слабого взаимодействия $\approx 10^{-43}$ см. Эта величина согласуется с радиусами зарядовых ипсилон туннелей, через которые и происходит взаимодействие. Более подробно http://www.maths.ru

В соответствии с формулой (37) масса микрочастицы также представима в виде $mS=\alpha e^{ig}+\beta e^{\pm kj}+\gamma e^{\pm ji}+\xi e^{ki}$. Вклад в массу частицы вносят зарядовые поля. Внутренняя энергия зарядовых полей на десятки порядков превосходят энергию вклада энергетической массы и тем самым выделяет частицу из окружающего пространства. Частица есть изолированный объект, который взаимодействует с окружающем пространством через свои изолированные направления.

Таким образом, приходим к необходимости разработки новой теории взаимодействия, основанной на числовом поле.

ЛИТЕРАТУРА

1. Смелов М. В. О физической сущности гравилевитации //"Академия тринитаризма", М, Эл№-77-6567, публ. 11914, 24. 03. 2005

2. К. Н. Мухин "Экспериментальная ядерная физика том 2. Физика элементарных частиц". Москва. Энергоатомиздат 1983

4.6. ЭНЕРГИЯ СВЯЗИ АТОМНЫХ ЯДЕР

4.6.1.ОБОСНОВАНИЕ ЦИКЛОННОЙ МОДЕЛИ АТОМНЫХ ЯДЕР В СООТВЕТСТВИИ СО СТРУКТУРОЙ ПРОСТРАНСТВА НА МАЛЯХ ЛИНЕЙНЫХ РАССТОЯНИЯХ ДЕЙСТВИЯ ЯДЕРНЫХ СИЛ.

Ядерные силы принадлежат к сильному взаимодействию одному из четырех фундаментальных взаимодействий: слабому, гравитационному, электромагнитному, сильному. К настоящему времени нет теории ядерных сил и попытка создания такой теории перешла в плоскость создания единой теории универсального взаимодействия, из которой как следствие можно получить теорию не только ядерных (как частный случай сильных) взаимодействий, но и всех четырех. Теоретическая физика пытается от общего перейти к частному в данном вопросе. Однако рассмотрение всех взаимодействий с единой точки зрения видимо невозможно без исследования каждого фундаментального взаимодействия, чтобы ввести разумное универсальное.

Предлагаемую циклонную модель оценим с позиций существующих моделей атомного ядра, а также с позиций, которые легли в основу их обоснования. Все существующие модели основаны на данных эксперимента. Модели ядер к конечном счете призваны существенно упростить сложный характер нуклонных взаимодействий. Характер нуклонных взаимодействий, как правило, является основой для разработки ядерной модели. К настоящему времени разработаны два типа моделей: модель независимых нуклонов и модели с сильным взаимодействием. В первой модели нуклоны двигаются независимо друг от друга в некотором общем для всех нуклонов потенциальном поле ядра, во втором случае нуклоны участвуют в коллективном взаимодействии.

Простейшими моделями до настоящего времени являются модель жидкой капли и модель ферми-газа, а также оболочечная модель ядра. Каждую из этих моделей рассмотрим с позиций циклонной модели. Еще раз отметим, что все модели призваны решить задачу построения теории ядерных сил, которая из-за сложного характера нуклонного взаимодействия в законченном виде еще не существует. [1],[2].

Основные свойства ядерных сил определены экспериментальной ядерной физикой.

Ядерные силы относятся к короткодействующим силам. Радиус их действия меньше $10^{-12} cm$, оценивается как среднее расстояние между нуклонами, связанными в ядре $\delta \approx \left(\frac{V}{A}\right)^{\frac{1}{3}} = \left(\frac{4\pi R^3}{3A}\right)^{\frac{1}{3}} = 2 * 10^{-13} cm$.

Ядерные силы значительно превосходят электромагнитные силы. Интенсивность ядерного взаимодействия превосходит интенсивность электромагнитного взаимодействия (при сравнении их на расстояниях $10^{-13} cm$) в $10^2 - 10^3$ раз.

Ядерная материя как уровень пространства характеризуется структурой с ядерными ε-туннелями.

Из пропорциональности энергии связи ядер количеству нуклонов в ядре следует свойство насыщения, которое является следствием прохождения через ε - туннель ядра максимальной величины энергии обменного кванта, выделяемого в пространство ядра каждым нуклоном.

Свойство насыщения дважды отражается в формировании энергетических циклонных ε – туннелей в ядрах периодической системы элементов. Это насыщение с периодичностью формирования рядов в таблице элементов, а также как ограничение изотопного состава в пределах минимального и максимального содержания нейтронов в конкретном ядре заряда Z.

Первые два свойства ядерных сил говорят о том, что они действуют в пространстве большего числа измерений, чем силы электромагнитные. В пространстве ядерных сил не работает соотношение декартовых координат, т. е. $r \neq \sqrt{X^2 + Y^2 + Z^2}$. Как показала комплексная пространственная алгебра модуль в пространстве имеет более сложное подкоренное выражение и другую более высокую степень корня. Модуль всегда действителен $[5]$.

Японский физик Юкава (1935г.) рассчитал ядерный обменный квант и определил потенциал взаимодействия нуклонов в ядре.

Как известно, скалярный потенциал A_0, созданный распределением зарядов $g\rho(x)$, удовлетворяет волновому уравнению

$$\Delta^2 A_0 - \frac{1}{c^2}\frac{\partial^2 A_0}{\partial t^2} = -\pi g\rho \ .$$

Если распределение зарядов не зависит от времени, то волновое уравнение сводится к уравнению Пуассона $\Delta^2 A_0 = -4\pi g\rho$.

Решением этого уравнения является потенциал вида $A_0 = \int d^3x' \frac{g\rho(x')}{|x - x'|}$.

Если единичный заряд помещен в начало координат, потенциал сводится к кулоновскому потенциалу

$$A_0(r) = \frac{g}{r}$$

Чтобы получить энергию взаимодействия двух зарядов, надо потенциал умножить на заряд

$$E = A_0(r) =\approx \frac{g^2}{r} .$$

Из формулы следует радиус бесконечного взаимодействия. Это тривиальная трактовка потенциала и энергии взаимодействия. В пространстве радиус, как выше было отмечено, несет в себе структуру пространства. Взаимодействие происходит по изолированному направлению, а взаимодействующие объекты взаимно ориентируются по этому направлению.

$r \to r_0 * \sqrt{0} = r_0 * \varepsilon$, где ε характеризует радиус туннеля взаимодействия. Решающую роль во взаимодействиях играет в пространстве ε. Таким образом, даже не переписывая уравнения потенциала вскрываем новые свойства взаимодействия. Радиус ε является энергетической характеристикой и зависит от массы обменного кванта взаимодействия. Вывод формул был получен из условия, что квант магнитного взаимодействия-фотон не имеет массы. В комплексном пространстве фотон интерпретируется как объект принадлежащий по своим свойствам пространству делителей нуля. Иными словами это объект имеющий одинаковую массу по пространственной и временной осям, которые исходят из разных точек начала координат. В сферических пространственных координатах вся масса этого объекта распределяется по изолированному направлению бесконечной протяженности.

Если квант взаимодействия имеет массу, отличную от нуля ($m \neq 0$), то уравнение для отыскания потенциала мезонного поля приобретает вид $\Delta^2\Phi_0 - \frac{1}{c^2}\frac{\partial^2\Phi_0}{\partial t^2} - \frac{m^2c^2}{h^2}\Phi_0 = 4\pi g_n$, где g_N трактуется как плотность мезонного заряда нуклона. Решением этого уравнения для стационарного случая $\frac{\partial\Phi_0}{\partial t} = 0$ и точечного источника, расположенного в точке $x' = 0$, является потенциалом Юкавы $\Phi(r) = -g_N \frac{e^{-kr}}{r}$, где $r = \frac{mc}{h}$. Потенциал определяет короткодействующий характер ядерных сил, радиус которых определяется массой полевого кванта. Энергия взаимодействия двух нуклонов определяется как произведение

$$E_{NN} = \Phi(r) * g_N = -g_N^2 \frac{e^{-kr}}{r}.$$

В силу комплексности пространства радиус $r \to r_0 * \sqrt{0} \to r_0\varepsilon$, где ε есть радиус туннеля взаимодействия. Радиус $r \neq 0$ и вначале координат. В обоих случаях устраняется одна из трудностей теоретической физики.

Ядра есть системы множества нуклонов и механизм ядерного взаимодействия, который заключается в передаче виртуальных мезонов от одного нуклона к другому, столкнулся с непреодолимыми трудностями. Безразмерная величина $f = \frac{g_N^2}{\hbar c}$, построенная из g_N по аналогии с постоянной тонкой структуры $\alpha = \frac{e^2}{\hbar c} = \frac{1}{137}$ оказывается порядка единицы. Поэтому диаграмная техника Фейнмана встретилась также с непреодолимыми трудностями. Величины α, f характеризуют интенсивность взаимодействия, и поэтому при $f = 1$ следует очень высокая плотность мезонного облака, окружающего нуклон, и многомезонный обмен столь же вероятен как одномезонный.

Пион-это только один из мезонов, ответственный за нуклон-нуклонное взаимодействие. Комптоновская длинна волны мезона равна $\lambda = \frac{\hbar}{mc}$. Для $m_\pi = 273m_e$ имеем $\lambda_\pi^{kompt} = 1.4 * 10^{-13} cm$. Потенциал Юкавы дает размерность $[g_N] = r^{\frac{1}{2}} * cm^{\frac{3}{2}} * c^{-1}$, которая совпадает с размерностью электрического заряда. Перечисленные трудности не привели мезонные теории к количественным результатам. В конечном счете это является результатом того, что ни уравнение

Шредингера, ни уравнения Гордона-Клейна-Фока не соответствуют пространству ядерного взаимодействия.

На примере ядерной физики наиболее отчетливо проявляется та ошибка, которая допущена в теории относительности, когда преобразования Лоренца фактически производят в Декартовых координатах. Теория вычетов комплексного пространства указывает на то, что потенциал ядерного поля, который в мезонных теориях фактически остался электромагнитным, должен иметь более высокие порядки отрицательной степени r, чтобы характеризовать пространство более высокой размерности. Рост размерности пространства сопровождается структурными изменениями последнего вплоть до начала координат. Система A нуклонов и испускаемые для квантового обмена мезоны создают пространство более высокой размерности.

Логика структуры комплексного пространства предлагает воспользоваться теорией квантового обмена, принять для расчета интегральный обменный квант $m_v = \sum_1^A m_{vi}$, где m_v есть сумма всех возможных, участвующих в обмене мезонов для конкретной системе нуклонов A. В этом случае масса ядра запишется в виде $m_я = \lfloor N * m_N + Z * m_p \rfloor + jim_v$. Модуль этого комплекса будет отвечать массе ядра $\|m_я\| = \sqrt{[N * m_N + Z * m_p]^2 - m^2{}_v}$. Эти формулы дают энергию связи атомных ядер $\Delta W = [N * m_N + Z * m_p] - \sqrt{[N * m_n + Z * m_p]^2 - m_v^2}$ (см. http://www.maths.ru/).

Интегральный обменный квант становится параметром исследования. В соответствии с геометрией комплексной алгебры обменный квант идет по изолированной оси. Изолированная ось характеризуется сечением и интенсивностью прохождения обменного кванта. Параметр m_v характеризует свойство насыщения ядерных сил. В пределах одного изолированного n_ε туннеля (фактически в пределах ряда периодической таблицы) этот параметр растет от своего строго определенного минимального значения до максимального. В пределах одного ядра заряда Z величина обменного кванта также меняется в зависимости от изменения числа нейтронов в ядре.

В дальнейшем дадим вывод формулы энергии связи атомных ядер.

Формула энергии связи атомных ядер выражается произведением энергии связи одного ε-туннеля на количество туннелей n_ε.

$\Delta W = E_n * n_\varepsilon$, где $E_n = \dfrac{67A}{4.68A^{\frac{2}{3}} - 20.2A^{\frac{1}{3}} + 28.8}$. Формула выведена из тривиальных экспериментальных данных. Масса обменного кванта соответствовала массе пиона $m_\pi = 134.963 MeB$, радиус ядра $R = 1.25A^{\frac{1}{3}}$.. Формула рассматривается как первое приближение. Более точная формула записывается в виде $E_n = \dfrac{0.5 m_v A}{3R^2 - 3R\left(0.8\dfrac{m_p}{m_v}\right) + 0.64\left(\dfrac{m_p}{m_v}\right)^2}$. По этим формулам оценим качественную и количественную характеристику энергетических туннелей. Энергия связи E_n выступает как энергетическая характеристика пространства как отражение структуры пространства. При достижении максимального значения для А нуклонов в пространстве открывается и начинает формироваться новый $\varepsilon -$ туннель.

Рис 1

Взаимодействующие частицы создают структуру более высокой размерности, $\varepsilon -$туннели которой характеризуются сокращением сечения и большей интенсивностью по обменному кванту. В связи с этим пространство одного измерения находится под давлением пространства другого измерения, которое осуществляется через изменение площади изолированных туннелей. Происходит, если воспользоваться принятой в теоретической физике терминологией, зашнуровка пространства. Но эта зашнуровка в такой трактовке более наглядна и понятна. Рис 2.

В принципе, если две частицы притягиваются друг к другу, то это вызвано стремлением создать структуру с большей интенсивностью изолированных $\varepsilon -$туннелей. В этом смысле роль обменного кванта заключается в связи пространств разной размерности.

Теория потенциала отражает самую существенную сторону ядерного взаимодейстия –его короткодействие. В потенциале Юкава это достигается экспоненциальным множителем, в показателе которого стоит масса обменного кванта. Так, что с увеличением массы обменного кванта радиус взаимодействия уменьшается. Интегральный обменный квант сокращает сечение изолированных направлений, через которые происходят взаимодействия. Этот вывод следует рассматривать как уточнение количественное и качественное свойство короткодействия. Кроме того теория потенциала нащупала в грубом приближении существование изолированных направлений в поле ядерных сил. Достаточно рассмотреть для этого утверждения потенциалы с непроникающей отталкивающей серединой, асимметричные потенциалы. Эти потенциалы с очевидностью говорят о изменении структуры пространства при переходе к размерам модуля пространства $2*10^{-12}cm$. Сокращение радиуса действия сил вызывает появление в пространстве вычетов в виде n_ε туннелей, через которые и происходит взаимодействие путем обмена мезонными квантами, Эти вычеты создают остов для формирования циклонных вихрей из обменных квантов, в пространстве которых движутся нуклоны. Насыщение этих туннелей вызывает образование новых, которые в свю очередь начинают формироваться в блоки, вызывая асимметрию пространства.

Далее необходимо отметить, что остов вычетов нельзя сжать. Это свойство определяет плотность массы ядерного вещества постоянной для различных ядер: объем ядра пропорционален числу А нуклонов в нем. Это говорит о не сжимаемости ядерного вещества и делает похожим его на жидкую каплю. Все это дало возможность построить капельную модель ядра. Капельная модель была развита в трудах Н. Бора, Дж. Уиллера и Я. И. Френкеля.

На основе капельной модели Вейцзеккер предложил полуэмпирическую формулу для энергии связи и массы ядер.

$$\Delta W = aA - \beta A^{\frac{2}{3}} - \gamma \frac{Z^2}{A^{\frac{1}{3}}} - \varsigma \frac{\left(\frac{A}{2} - Z\right)^2}{A} + \delta A^{-\frac{2}{3}} \quad [1].$$

$M = Zm_p + (A - Z)m_N - \Delta W$, где коэффициенты $a, \beta, \gamma, \varsigma$ определены экспериментально и делаются попытки их теоретического обоснования. Они равны $a = 15.75, \beta = 17.8, \gamma = 0.71, \varsigma = 94.8$. Все коэффициенты в МеВ. $\delta = \{+\delta$ для четно –четных ядер, $\delta = 0$ для нечетных ядер, $\delta = -|\delta|$ для нечетно-нечетных ядер. $|\delta| = 34$ МеВ.

Капельная модель позволила рассчитать силовой параметр и на его основе исследовать свойства стабильных ядер, их устойчивости и вычислить такие важные параметры как энергию связи протона в ядре-ε_p, нейтрона-ε_n, ε_α-а частицы.

$$\varepsilon_p = \Delta W(A, Z) - \Delta W(A - 1, Z - 1),$$
$$\varepsilon_n = \Delta W(A, Z) - \Delta W(A - 1, Z),$$
$$\varepsilon_a = \Delta W(A, Z) - \Delta W(A - 4, Z - 2) - \Delta W(A = 4, Z = 2)$$

Формулы позволили определить область нуклоностабильных ядер. Основным недостатком капельной модели следует считать ее неспособность описать возбужденные состояния ядер. Попытка согласовать частоту поверхностных колебаний жидкой капли из ядерной материи с положениями уровней ядра не привели к успеху. Асимметрия деления остается камнем предкновения всех существующих моделей. Именно эти экспериментальные факты требуют от теоретиков разработки новых моделей ядра. И вывода теоретической формулы энергии связи. До настоящего времени существует только полуэперическая формула Вайцзекера.

В основу оболочечной модели положены следующие предположения: сферическая симметрия потенциала, отсутствие взаимодействий между нуклонами, справедливость принципа Паули для нуклонов. Эти предположения и определили область эффективности модели, Это легкие сферические ядра в слабо возбужденном состоянии.

Ядра представляют систему из большого числа взаимодействующих нуклонов. В связи с этим ядерные силы необычайно сложны и для их исследования требуется введение обобщенных условий для упрощения. Такими обобщенными условиями выступают различные модели ядер. Циклонная модель в качестве обобщения вводит структуру пространства, выраженную через ε-туннели.

Для более четкого понимания такого подхода к пространству можно ознакомиться с публкациями [6].

Пространство ядерных сил сжато в размеры по модулю $10^{-13} cm$. Преобразования Лоренца в этом сжатом пространстве требуют новой системы чисел и координат с объемной точкой в начале. Уравнение Шредингера и другие уравнения не работают в том виде, в котором они применяются до настоящего времени. Квантовые числа, описывающие структуру пространства, не связаны с его размерностью. Решение уравнения Шредингера с определенным феноменологическим потенциалом дает серию собственных значений для частицы, которая находится в потенциальной яме, определенной этим потенциалом, Эти собственные значения описывают состояние частицы в потенциальной яме. Эти состояния характеризуются квантовым числом n (определяющим число узлов волновой функции) и орбитальным квантовым числом L Главное квантовое число n и орбитальное квантовое число L связаны между собой структурой пространства. Связь эта выражена принципом Паули. Комплексная алгебра открыла код формирования n–мерных пространств их взаимный переход от меньшей размерности к более высокой. В этих пространствах реализуются законы обычных действительных чисел. Квантовые числа являются параметрами этого пространства. Связь между квантовыми числами соответствует взаимозависимости пространств разного уровня размерности. Решение уравнения Шредингера как и само уравнение должно соответствовать размерности пространства, которое сформировано данной изучаемой структурой. Возведя ту или иную закономерность и зависимость в принцип теоретическая физика создает ограничение для исследователя. Комлексное пространство характеризует квантование как переход от пространства одного уровня измерения к другому. Этот момент никак не осознает теоретическая квантовая физика.

Предпосылками к разработке оболочечной модели ядра явилась специфическая роль магических чисел нуклонов(2, 8, 20, 28, 50, 82, 126). Опыт показывает, что ядра с таким количеством протонов или нейтронов особенно устойчивы. Подобно магическим числам атомная структура имеет свои числа (2, 10, 18, 28, 36, 54, 86), характеризующие определенное число электронов, атомы которых также наиболее устойчивы (в основном это нейтральные газы). Эти числа отвечают определенному числу $\varepsilon-$туннелей в атоме. Электронные оболочки формируются как следствие открытия и закрытия туннелей в атомной системе, которые в свою очередь являются следствием наличия ядерных $\varepsilon-$туннелей ядра. В связи с этим и главное квантовое число есть прямая характеристика размерности пространства.

Магическое число 20 имеют следующие изотопы $O_8^{20}, F_9^{20}, Ne_{10}^{20}, Na_{11}^{20}, Mg_{12}^{20}$. В этом ряду наиболее устойчивым является Ne_{10}^{20}. Циклонная модель определяет для него один $\varepsilon-$туннель. Имеется полное соответствие между заполненными оболочками электронов и нуклонов. Величина заряда ядра естественно может сдвигать значение коэффициента туннеля. Однако следует признать, что число нуклонов 20 соответствует одному $\varepsilon-$туннелю ядра. заполненному до предельного насыщения обменным интегральным квантом.

Магическое число 50 имеют следующие изотопы $Ca_{20}^{50}, Se_{21}^{50}, Ti_{22}^{50}, V_{23}^{50}, Cr_{24}^{50}, Mg_{25}^{50}$. В этом ряду сразу три ядра имеют стабильность. $Ti_{22}^{50}, V_{23}^{50}, Cr_{24}^{50}$. Эти ядра имеют 2 $\varepsilon-$туннеля. Налицо зарядовая независимость заполнения туннелей обменным квантом от разного количества нейтронов или протонов, но для одинакового количества нуклонов 50.

Изотопы никеля Ni_{28}^{60-62} также содержат магическое число 28, имеют три туннеля в ядре и сформированные три электронных оболочки, закрывают третий ряд периодической таблицы элементов.

Магическое число 82 имеет следующий ряд изотопов. $As_{33}^{82}, Se_{34}^{82}, Br_{35}^{82}, Kr_{36}^{82}, Rb_{37}^{82}$. В этом ряду устойчивыми являются два ядра Se_{34}^{82}, Kr_{36}^{82}. Этот ряд ядер имеет 4-ре ε -туннеля.

Криптон имеет четыре заполненные электронные оболочки.

Далее следует ряд ядер с магическим числом 126. Это $Sn_{50}^{123}, Sb_{51}^{126}, Te_{52}^{126}, Jr_{53}^{126}, Xe_{54}^{126}, Cs_{55}^{126}, Ba_{56}^{126}$. Ядра и электронные оболочки атомов имеют для этих изотопов 6 –ть ε-туннелей. Элемент Xe_{54} закрывает первую половину периодической таблицы. Элемент Ba_{56} открывает ряд редкоземельных элементов, с которых идет формирование в ядрах 7-го и 8-го ядерных стволсв. Ядра становятся несферическими.

4.6.2. СООТВЕТСТВИЕ МЕЖДУ ПЕРИОДИЧЕСКИМ ЗАКОНОМ ЭЛЕМЕНТОВ И ФОРМИРОВАНИЕМ ЦИКЛОННЫХ ВИХРЕЙ В ЯДЕРНОЙ МАТЕРИИ

Формирование структуры пространства, заложенное в аппарате комплексной пространственной алгебры и развитого на ее основе пространственного комплексного анализа, сопоставим с формированием ядер периодической таблицы элементов.

В настоящее время ясно, что периодичность расположения элементов в таблице Д.И. Менделеева вызвана не только изменением структуры электронных оболочек, но и, в первую очередь, происходящими изменениями в ядрах элементов, связанными с ростом заряда z атомного ядра.

Вопрос следует ставить более остро: конфигурация электронных оболочек атома целиком зависит от структуры атомного ядра. Теоретическая физика отошла от такой постановки и рассматривает ядро как потенциал, обладающий определенным зарядом, и не более того.

Согласно проведенным исследованиям выдвигаем гипотезу циклонной модели атомного ядра. От ядер легких элементов до ядер тяжелых элементов идет периодическое формирование энергетических циклонных вихрей в ядре, которые и определяют структуру ядер. Согласно аппарату ТФПКП (теории функции пространственного комплексного переменного) количество циклонных вихрей в пространстве фиксируется количеством ε-туннелей в n-мерном пространстве. Таким образом, утверждается, что размерность пространства определяет его структуру и наоборот и что периодическая таблица Д.И. Менделеева реализовывается в пространстве определенного количества измерений, которое будет установлено.

Следуя аппарату по выделению ε -туннелей в пространстве $[5]$, можно утверждать, что n-мерное комплексное пространство имеет количество туннелей, соответствующее числу сочетаний 2 из n-размерности пространства. Сочетания по 2 следуют из того,что любой заряд определяется сопряжениями двух направлений в пространстве.

C_N^2 и зарядом z ядра:

N=1	C=0	Z=0	нейтрон

N=2	C=1	Z=1	протон
N=3	C=3	Z=3	литий
N=4	C=6	Z=6	углерод
N=5	C=10	Z=10	неон

Ядром элемента неона Ne_{10} заканчивается второй ряд периодической системы элементов. С позиции циклонной модели заканчивается формирование первого циклонного вихря в ядерной материи. Величины 1,3,6 соответствуют формированию конфигурациям электронных оболочек основных состояний атома, которые также повторяются с незначительным отклонением при формировании циклонных вихрей многонуклонных ядер.

Схема формирования циклонных ядерных вихрей на протяжении всей периодической таблицы элементов представлена на рис. 1

Далее имеем:

N=6	C=15	Z=15	фосфор P_{15}

Электронная оболочка заполняется предельно до 14 электронов ввиду того, что ядерный циклонный вихрь способен удержать 15 зарядов:

N=7	C=21	Z=21	скандий P_{21}

Можно утверждать, что электронная оболочка сверхтяжелых элементов предельно будет заполнена до 20 - 21 электрона.

Между этими числами находится число 18, которое определяет заряд ядра аргона. В ядре аргона сформировано два циклонных вихря, удерживающих по 9 зарядов каждый.

Ядром аргона A_{18} заканчивается третий период периодической системы, циклонные вихри ядра скандия удерживают 10 и 11 зарядов каждый:

N=8	C=28	Z=28	никель Ni_{23}

Закончился первый ряд четвертого периода. Сформировался третий циклонный вихрь:

N=9	C=36	Z=36	криптон Kr_{36}

Закончился второй ряд 4-го периода. Сформировался четвертый циклонный вихрь, удерживающий 36 протонов -по 9 протонов каждый:

N=10	C=45	Z=45	родий Rh_{45}

Первый ряд 5-го периода замыкает ядро элемента палладия. Заряд ядра палладия на единицу выше. Естественно, что количество зарядов, удерживаемых в ядре циклонными вихрями, может отличаться от зарядов предельных ядер периодов системы элементов, но не более чем на единицу.

Ядрами элементов Rh_{45} закончилось формирование пятого циклонного вихря в ядерной материи:

N=1	C=55	Z=55	цезий Cz_{55}

Второй ряд 5-го периода заканчивается в системе ядром ксенона с зарядом Xe_{54}.

Поэтому считаем, что элементами ксенона и цезия сформирован в их ядрах шестой ствол и шесть циклонных вихрей:

N=12	C=66	Z=66	диспрозий Du_{66}
N=13	C=78	Z=78	платина Pt_{78}

Диспрозий принадлежит лантаноидам, которые располагаются в первом ряду шестого периода. Заканчивается период ядром платины, что и дает расчет.

Далее имеем:

N=14	C=91	Z=91	протактиний Pa_{91}
N=15	C=105	Z=105	ЕКА-ТА

Заряд Z=105 закрывает таблицу элементов (см. рис. 2). Периодичность формирования ε -туннелей в ядрах элементов колебалась на протяжении всей таблицы от 9-10 единиц заряда.

К концу таблицы все энергетические ε-туннели насыщаются энергией, так что каждый из них удерживает по 9 протонов. Вся периодическая система имеет, следовательно,

$$\sim \frac{105}{9} \sim 11.666\ldots$$

ε-туннелей.

Здесь необходимо отметить первое подтверждение выдвинутой гипотезы, что ε-туннель есть заряд пространства определенного уровня.

Известно, что если составить единицу заряда из скорости света $c = 3 \cdot 10^{n} см/c$, гравитационной постоянной $G = 6.67 \cdot 10 см^{3}/c^{2}$ и постоянной Планка

$h = 1.054 * 10^{-27}$ эрг*с, то получим $c_g = (he)^{1/2}$, которое не зависит от G и в $\sqrt{137} = 11.704698$ раз больше элементарного заряда.

Постоянная тонкой структуры

$$a = \frac{e^2}{hc} = \frac{r_e}{\lambda^e{}_{комп}} = \frac{1}{137},$$

где е- заряд электрона; r_e —классический радиус электрона; $\lambda^e_{комп}$ - комптоновская длина волны электрона.

Таблицу можно продолжить и получить следующий ряд:

N=16	C=120	Z=120
N= 17	C=136	Z=136
N=18	C=153	Z=153
N=19	C=171	Z=171

и так далее:

Элементы с зарядами 120, 136. 153, 171 могут претендовать на устойчивые ядерные образования ядер сверхтяжелых элементов. Значения их близки к предсказываемым в теории [1] и исследованиям проведенным в Дубне в последнии годы.

Количественное совпадение величины сочетаний из N-размерности комплекса с величинами зарядов элементов, закрывающих или открывающих периоды периодической таблицы Д. И. Менделеева, подтверждают выдвинутую гипотезу циклонной модели атомного ядра.

Периодичность, с которой формируются циклонные ядерные вихри, соответствует периодичности формирования рядов таблицы в 9-10 единиц заряда. Со всей определенностью можно сказать, что новый период или новая строчка в периоде отражает структурное изменение, происшедшее в ядре.

Элементы Ne_{10}, Ar_{18}, Ni_{28}, Kr_{36}, Xe_{54} формируют первый блок циклонных вихрей. Шесть циклонных вихрей (рис. 1) ядер Xe_{54} закрывают этот блок.

Далее идет формирование второго блока и седьмого, ε-туннеля; циклонного вихря до элемента диспрозия Du_{66}. Ядра лантаноидов имеют до 8 туннелей. Два ε-туннеля второго блока при полном своем формировании становятся устойчивыми. В процессе формирования они неустойчивы и стремятся вернуться к устойчивому блоку из 6 туннелей.

Экспериментальные данные подтверждают этот вывод. Начиная с ядра Nd_{60} до ядра Du_{66} имеем *a*-распадные процессы. *a*-радиактивность лантаноидов заканчивается на ядре элемента гафния Hf_{72}. Это говорит о том, что в ядре сформировано 8 циклонных вихрей по 9 зарядов в каждом: 6 в первом блоке и 2 во втором. Лантаноиды обладают одинаковыми химическими свойствами и занимают одну клетку в системе. Изложенные исследования говорят о том, что химические свойства лантаноидов определяют 7-8-неустойчивые ε-туннели циклонных вихрей второго блока.

Оба блока образуют между собой перемычку (рис. 1). Ядро урана U_{92} имеет 11 циклонных вихрей. При распаде ядро делится на блок из шести туннелей и блок из четырех туннелей. Один из туннелей распадается и вместе с ним распадается один циклонный вихрь, образуя осколки деления. Это соответствует схеме распада по массам как 4:6 = 2:3 с образованием двух крупных осколков типа ядер ксенона и стронция Xe_{54}, Sr_{38} первый имеет шесть ε-туннелей, второй - четыре.

Вся периодическая таблица формирует два блока по шесть циклонных вихрей. В результате блоки становятся устойчивыми и независимыми друг от друга, что приводит к их спонтанному делению.

Схема из рис. 1 сопровождается кривой ионизационного потенциала последнего электрона атома. Кривая резко падает вниз при появлении нового циклонного ε-туннеля в ядре и растет вверх по мере заполнения его энергией до насыщения по мере увеличения заряда ядра. Это еще одно убедительное доказательство выдвинутой гипотезы. Так как в исследовании таблица элементов выступает как экспериментальное подтверждение выдвинутой гипотезы, основанной на циклонном вихревом характере формирования структуры пространства, как следствие ТФПКП, то следует заключение: законы периодического формирования циклонных вихрей присущи N-мерному пространству. Пространство в своем развитии непрерывно формирует циклонную структуру, которая при своем насыщении способна спонтанно делиться. В этом смысле нельзя пространство и материю стянуть в точку до образования черной дыры. Этот вывод получен и в РТГ А. А. Логуновым [4].

4.6.3. ЭНЕРГЕТИЧЕСКАЯ ОЦЕНКА ВЫДВИНУТОЙ ГИПОТЕЗЫ О ЦИКЛОННОЙ СТРУКТУРЕ ЯДЕРНОЙ МАТЕРИИ

Из вышеизложенного следует, если удастся установить энергию связи одного циклонного атомного ядра, то энергию связи ядер можно будет выразить формулой

$$E = \varepsilon \frac{Z}{P} \tag{1}$$

где Z - заряд ядра; ε- энергия связи одного циклонного вихря; P- величина периодичности формирования - ε -туннелей в ядре.

Периодичность формирования циклонных вихрей в системе элементов соответствует 9-10 единицам заряда. В пределах этой переодичности насыщаются энергией туннели циклонных вихрей ядер изотопов.

Образовавшийся циклонный вихрь в ядре в пределах своей размерности пространства обладает, свойством насыщения, энергией, после чего с ростом заряда Z и количества в нем нуклонов ядро вынуждено переходить к новой структуре с новым ε-туннелем циклонного вихря.

Первый циклонный вихрь сформирован в ядре изотопа Ne_{10}^{24}

Энергия связи этого ядра равна 191,1МэВ.(величина экспериментальная и расчетная по полуимперической формуле Вайцзекера). Эту энергию следует считать предельной энергией насыщения одного ε-Туннеля циклонного ядерного вихря: ε=191,1МэВ.

В табл. 2 сведены результаты расчета энергии связи ядер элементов и их изотопов и сопоставлены с результатами расчета по формуле (1) для всех ядер периодической системы. Расхождение между данными расчета и их экспериментальными данными не более 10МэВ на всем протяжении таблицы. Периодичность дана в пятой колонке. Она составляет обоснованную величину в пределах 9,5-10 единиц заряда.

Таким образом, энергетический расчет убедительно свидетельствует о циклонной структуре ядра и подтверждает выдвинутую гипотезу.

Следовательно, задача свелась к теоретическому определению энергии связи одного ядерного вихря.

4.6.4. ПРОСТРАНСТВО ЯДЕРНЫХ СИЛ

Сущность теории относительности состоит в следующем: физические процессы протекают в четырехмерном пространстве (ct и пространственные координаты), геометрия которого псевдоевклидова [4].

Пространственный комплексный анализ заменил матрицу теории относительности обычной числовой матрицей, что позволило выдвинуть гипотезу о циклонной структуре пространства.

Из постулата А. А. Логунова [4] непосредственно следует, что пространство ядерных взаимодействий также является псевдоевклидовым и поэтому может быть описано ТФПКП.

В современной ядерной физике считается установленным факт [1], что основную часть взаимодействия двух нуклонов можно отнести за счет процессов постоянного обмена пионами между нуклонами. Кроме того, имеются экспериментальные доказательства, что все взаимодействия двух нуклонов - результат обмена мезонами.

Пион это только один из мезонов, ответственный за нуклон-нуклонное взаимодействие, но он отвечает за самую существенную дальнодействующую часть нуклон-нуклонных взаимодействий.

Теория говорит, что существуют скалярные, псевдоскалярные и векторные мезоны с массами, меньшими 1ГэВ/c^2.Появление таких наименований есть результат применения ошибочной математики.

Фундаментальная идея Юкавы подтверждается вплоть до больших энергий нуклон-нуклонного взаимодействия: силы нуклон-нуклонного взаимодействия объясняются обменом тяжелыми андронными квантами.

В настоящее время имеется много вариантов мезонных теорий [1], однако ни одна из них не привела к количественным результатам.

Диаграммная техника Фейнемана при описании ядерного взаимодействия также не дала результата.

Безразмерная величина $f = g^2 N / hc$,. построенная по аналогии с постоянной тонкой структуры

$$a = e^2 / hc = 1/137,$$

оказалась порядка единицы gN=1, Это приводит к расхождению рядов, описывающих диаграммы взаимодействия.

Сильные ядерные взаимодействия характеризуются очень высокой плотностью мезонного облака около нуклона, вследствие этого многомезонный обмен так же возможен, как и одномезонный.

Согласно постулату теории относительности А.А. Логунова [4] считаем, что обменные кванты по отношению к нуклонам создают псевдоевклидовое пространство.

Циклонная модель атомного ядра позволяет перейти (как обобщение) к величине усредненного обменного кванта.

ТФПКП и постулат теории относительности позволяют записать энергию связи атомного ядра в виде

$$E = \left(Zm_p + Nm_N\right) - \left\|\left(Zm_p + Nm_N\right) \pm ji\left(Z + N\right)m_V\right\|, \qquad (2.)$$

где Z - количество протонов в ядре; Z-количество нейтронов; m_V - усредненная величина обменного ядерного кванта на один нуклон в ядре, m_p, m_N - масса протона и масса нейтрона соответственно.

В формуле модуль комплекса взят от связанной мессы ядра. Структура ядра описывается комплексом

$$m_{Z,N} = \left(Zm_p + Nm_N\right) \pm ji\left(Z + N\right)m_V, \qquad (3.)$$

который для обобщения взят без аргументов (поворотов) в пространстве.

При таких допущениях проведем вторую энергетическую оценку выдвинутой гипотезы.

Модуль комплекса дает связанную массу нуклонов

$$m_{Z,N} = \sqrt{\left(Zm_p + Nm_N\right)^2 - \left(Am_V\right)^2} \qquad (4.)$$

Энергия связи атомного ядра будет иметь выражение

$$E = \left(Zm_p + Nm_N\right) - \sqrt{\left(Zm_p + Nm_N\right)^2 - \left(Am_V\right)^2} \qquad (5.)$$

При расчете по этой формуле, за усредненный обменный квант была взята масса пиона $m_\pi = 134.9626$ МэВ.

Расчет показал, что результаты расхождения с экспериментальными данными колеблются в интервале от 20 до 200 МэВ, соответственно для легких и тяжелых элементов. Такое, расхождение объясняется сильным обобщением при выводе формулы, однако в пределах обоснования постулата теории относительности и ТФПКП оно достаточно высокое. Незначительное колебание величины обменного кванта от массы пиона даст совладение более высокое.

Эти две энергетические оценки создали предпосылки и обосновали их для вывода формулы энергии связи атомных ядер.

4.6.5. ВЫВОД ФОРМУЛЫ ЭНЕРГИИ СВЯЗИ АТОМНЫХ ЯДЕР

Структурную формулу связанной массы ядра преобразуем по законам комплексной алгебры [5], выделяя полевую массу и центральное ядро

$$m_{Z,N} = \left(Zm_p + Nm_N\right) \pm jiAm_V = \left(Zm_p + Nm_N\right) \pm Am_V \mp Am_V \pm Am_V ji =$$

$$= \left(Zm_p + Nm_N \pm Am_V\right) - Am_V \sqrt{0} e^{\pm jarctgi}$$

.

Таким образом, ядро имеет массу

$$m_R = Zm_p + Nm_N \pm Am_V,$$

окруженную мнимой оболочкой

$$m_{об} = Am_V\left(1 \pm ij\right).$$

В мнимой оболочке движение энергетической массы происходит по циклической кривой C_3. В ε-туннеле вихря происходит квантовый обмен между нуклонами. Согласно квантовой теории обменный квант движется со скоростью света, при этом обменные частицы имеют общий ε-туннель.

Таким образом, обменная масса мезонов квантов ядерного взаимодействия образует оболочку ядра, которая закручивается в циклонный вихрь C_3 вокруг нуклонов и сжимает их до радиуса ядра r_π

Согласно постулату теории относительности и аппарата комплексной алгебры обменные кванты взаимодействия находятся в пространство ядра в большей по величине размерности, чем сами нуклоны в ядре.

Создается в результате квантового обмена поле большой по величине размерности, чем то, в котором находились частицы до взаимодействия. Взаимодействие увеличивает размерность структуры. Появляется новый ε-туннель.

При слиянии нуклонов в ядерную систему каждый из них выделяет в пространство сложной структуры обменную массу, образуя ядерную оболочку (с ядерными энергетическими туннелями. Обменные кванты в оболочке двигаются по простейшим пространственным траекториям типа С3, охватывая тороидальную поверхность, и проходят ε-туннель со скоростью света. Пространство нуклонов, таким образом, согласно выдвинутой гипотезе находится под давлением, создаваемым оболочкой.

В силу независимости поверхностного интеграла от аналитических функций от формы замкнутой поверхности, поверхность туннеля может быть деформирована во внутреннюю поверхность сферы. В этом случае создается оболочка толщиной δ или s.

При взаимодействии, как уже отмечалось, пространства создают сложное образование, которое имеет свой туннель При этом туннели взаимодействующих пространств изменяют свои характеристики, вследствии насыщения. При интенсивном взаимодействии туннель сложной частицы имеет меньший радиус.

На рис.2 представлена модель взаимодействия двух нуклонных вихрей, которые образовали более сложное пространство со своей циклической кривой С3 и ε-туннелем радиуса r_π .

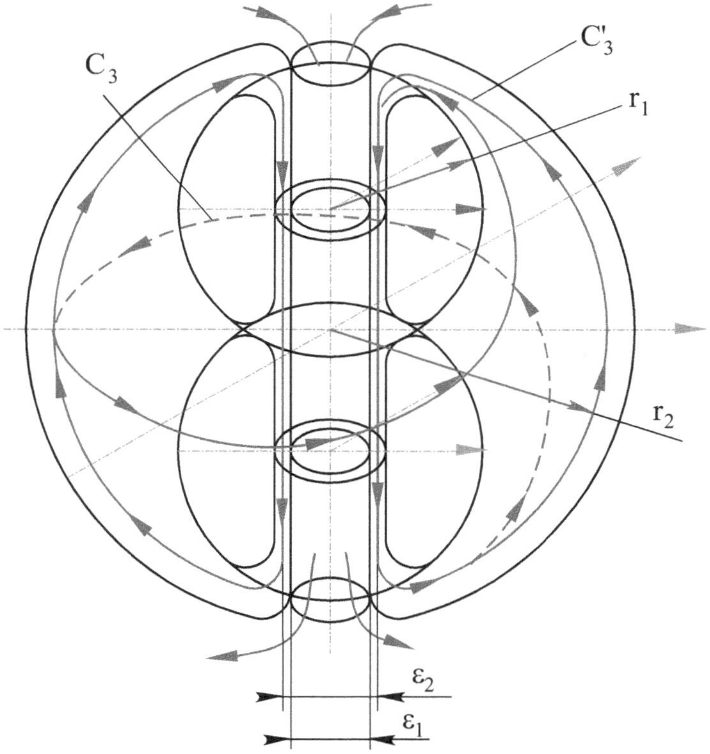

Рис.2. К выводу формулы "Энергия связи атомных ядер"

В результате слияния образуется кольцо взаимодействия площадью

$$S_k = \pi\left(\varepsilon_1^2 - \varepsilon_2^2\right).$$

Согласно комплексному анализу ε-туннель сложной частицы с радиусом ε_2 выходит в пространство большей по величине размерности, чем размерность ε-туннелей взаимодействующих пространств с туннелями ε_1, ε-туннель является проекцией в пространство, в которое он вложен, что и обусловливает связность всей системы.

Кольцо S_K находится под давлением массы обменных квантов, находящихся в оболочке сложной структуры.

Из соотношения Гейзенберга определяем максимальную толщину мнимой оболочки ядра

$$H = \frac{hC}{m_V}, \tag{6.}$$

где m_V - усредненный обменный квант взаимодействия на один нуклон в ядре (МЭВ)

Предварительный энергетический расчет (пункт 3) обосновал введение величины усредненного обменного кванта на нуклон.

Далее объем пространства по модулю, в котором находятся нуклоны, равен

$$V_{пп} = \frac{4}{3}\pi\left(R_я - H\right)^3, \tag{7.}$$

где $R_я$, - радиус ядра.

Объем ядра

$$V_я = \frac{4}{3}\pi R_я^3,$$

Объем мнимой оболочки

$$V_\delta = V_я - V_{пп} = \frac{4}{3}\pi H\left(3R_я^2 - 3R_я H + H^2\right). \tag{8.}$$

Плотность энергии в мнимой оболочке равна

$$P_\varepsilon = \frac{3}{4}\frac{1}{\pi}\cdot\frac{m_V A}{H\left(3R_я^2 - 3R_я H + H^2\right)}. \tag{9.}$$

Площадь сечения S_k циклонного ε-туннеля ядра не может превышать площади сечения нуклона. Согласно модели (рис.2) площадь S_k, равная площади проекции нуклона, является предельной, обеспечивающей взаимодействие. В противном случае пространство разомкнется.

Таким образом, максимальная площадь кольца взаимодействия стремится к величине

$$S_k = \pi \cdot r_N^2,$$

где r_N - радиус протона.

Давление обменной массы через один ε-туннель на пространство нуклонов выражается как произведение плотности энергии в оболочке ρ_ε, площади кольца S_k, высоты оболочки H.

$$E_\varepsilon = P_\varepsilon S_k H = \frac{3}{4\pi}\cdot\frac{A m_V S_k H}{\left(3R_я^2 - 3R_я H + H^2\right)H}. \tag{10.}$$

В результате получена формула энергии связи одного циклонного вихря в ядре. За радиус нуклона r_N принимаем величину радиуса протона

$r_p = (0.8 - 0.82) \cdot 10^{-13}$.

В числителе и знаменателе формулы стоит квадрат длины, поэтому в дальнейшем коэффициент 10^{-13} опускаем.

В результате имеем

$$E_\varepsilon \cong \frac{0.5 \cdot m_V A}{3R_я^2 - 3R_я H + H^2}. \qquad (11.)$$

Энергия связи ядра заряда Z будет равна $E = E_\varepsilon \frac{Z}{P}$

$$E = \frac{0.5 m_V A}{3R_я^2 - 3R_я H + H^2} \frac{Z}{P} \qquad (12.)$$

Высота мнимой оболочки H равна радиусу обменного кванта r_π: $H = r_\pi = \frac{\hbar C}{m_\pi}$

Корректируем эту величину по радиусу протона r_p. Из ядерной физики известно

$r_N \cong r_p \cong 0.8 \cdot 10^{-13} cm$

Из соотношения Гейзенберга эта величина равна $r_p = 0.218 \cdot 10^{-13} cm$, радиус пиона $r_\pi = 1.46 \cdot 10^{-13} cm$, где за массу пиона на первом этапе приняли $m_\pi = 134.9626 Мээ$

Усредненная масса протона и нейтрона равна $m_N = 939.7825 Мээ$

Поэтому принимаем $r_\pi = r_p \frac{m_N}{m_\pi} = 5.36 \cdot 10^{-13}$ см.

Радиус ядра $R_я = r_я A^{\frac{1}{3}} \cdot 10^{-13}$ см, где $r_я$ -принимается равным 1.25

Подставляя эти данные в формулу (12) получим

$$E = \frac{67A}{4.68A^{\frac{2}{3}} - 20.2A^{\frac{1}{3}} + 28.8} \frac{Z}{P} \qquad (13.)$$

Получили формулу энергии связи для атомных ядер элементов периодической системы как функцию массового числа A, заряда Z ядра и величины периодичности P. Результаты расчетов по этой формуле сведены в таблицу 1.Сходимость результатов расчета с экспериментальными данными позволяют продолжить исследования предложенной гипотезы.

Выведем формулу энергии связи атомных ядер как функцию большего количества

Параметров.

Высоту мнимой оболочки обменных квантов корректируем по радиусу нуклона

$$H = 0.8\frac{m_p}{m_V}.$$

Коррекция законна, так как и нуклоны, и усредненная масса обменного кванта находятся в единой структуре взаимодействия, а согласно экспериментальным исследованиям радиус протона остается без изменения при больших энергиях взаимодействия. Формула преобразуется к виду

$$E_\varepsilon = \frac{0.5 \cdot m_V A}{3R_я^2 - 3R_я\left(0.8\frac{m_p}{m_V}\right) + 0.64\left(\frac{m_p}{m_V}\right)^2}.$$

Формула, еще раз отметим, определяет энергию связи одного циклонного вихря. Энергия связи ядра будет иметь вид

$$\boxed{E = \frac{0.5 \cdot m_V A}{3R_я^2 - 3R_я\left(0.8\frac{m_p}{m_V}\right) + 0.64\left(\frac{m_p}{m_V}\right)^2} \cdot \frac{Z}{P}}. \qquad (14.)$$

Исследуем выведенную формулу. Определим критическую величину усредненного обменного кванта на один нуклон из условия

$$\frac{\partial E}{\partial m_V} = 0.$$

которое после несложных преобразований дает уравнение

$$R_я^2 - R_я\frac{1.6m_p}{m_V} + 0.64\left(\frac{m_p}{m_V}\right)^2 = 0,$$

которое имеет один корень

$$\frac{m_p}{m_V} = 1.25R_я.$$

Отсюда

$$m_V = 0.8\frac{m_p}{R_я}$$

и, следовательно, усредненная масса обменного кванта пропорциональна массе нуклона и обратно пропорциональна радиусу ядра.

Вторая производная $\frac{\partial^2 E}{\partial m_V^2} = 0$ тождественно равна нулю,

поэтому величина m_V является стационарной.

Радиус атомного ядра выражается формулой

$R_я = r_0 A^{1/3}$,

где $r_0 = (1.2 - 1.4)\cdot 10^{-13}$ см.

В расчете берем r=1.4 -1.2, без коэффициента 10^{-13}, как было оговорено выше. Коэффициент r_0 определен экспериментально. Радиус вихря в ядре равен

$R_B = r_0 A^{1/3}$.

Таким образом, стационарная величина обменного кванта равна

$$m_V = 0.8 m_p \frac{1}{r_0\left(\frac{A}{Z}P\right)^{1/3}} \qquad (15.)$$

Подставим ее в формулу энергии связи

$$E = \frac{0.5\cdot 0.8 m_p \frac{1}{r_0\left(\frac{A}{Z}P\right)^{1/3}} A}{3r_0^2\left(\frac{A}{Z}P\right)\frac{2}{3} - 3r_0\left(\frac{A}{Z}P\right)^{1/3} 0.8\frac{m_p\left(\frac{A}{Z}P\right)^{1/3}}{0.8m_p} + \frac{0.64}{0.64}\left(\frac{A}{Z}P\right)^{2/3} r_0^2} =$$

$$= 0.4 m_p \frac{1}{r_0^3 \frac{P}{Z}} = 0.4 m_p \frac{1}{r_0^3}\frac{Z}{P}.$$

Окончательно будем иметь

$$E = 0.4 m_p \frac{1}{r_0^3}\frac{Z}{P}$$

Не ограничивая общности рассуждений за массу протона, примем усредненную массу протона и нейрона

$$m_N = \frac{m_p + m_N}{2} = 938.7825 MэB.$$

Тогда

$$E = \frac{375.5133}{r_0^3}\left(\frac{Z}{P}\right). \qquad (16.)$$

Если принять $r_0 = 1.25$, как это рекомендует теоретическая физика, то $r_0^3 = 1.9531249$ и тогда

$$E = 192.2682 \frac{Z}{P} \qquad (17.)$$

Откуда энергия связи одного вихря в ядре равна

E_{ε}.=192.2682 МэВ

Эта величина отличается от экспериментальной на 0.36282 МэВ, то есть на величину, меньшую чем масса электрона; m_e=0,511 МэВ.

При обосновании циклонной модели атомного ядра было сделано заключение, что при распаде ядра урана происходит взрыв одного циклонного ε-туннеля. Экспериментально известна энергия, которая выделяется при одном акте деления. Эта энергия, по разным источникам, заключена в интервале от 180 - 200 МэВ. Энергия связи одного циклонного вихря соответствует этому интервалу энергий. Это есть прямое доказательство выдвинутых гипотез и проведенных исследований.

Формула энергии связи (17) совпала с формулой, которая была выведена при обосновании циклонной структуры ядер. Поэтому это служит одновременно экспериментальным подтверждением выведённой формулы.

В табл. 2 сведены результаты расчета по формуле (14.) энергии связи атомных ядер для устойчивых элементов. Из анализа таблицы следует вывод: величина периодичности формирования циклонных вихрей соответствует ранее установленной при исследовании системы элементов и составляет 9.2 - 9.9 единиц заряда, коэффициент при радиусе ядра равен рекомендуемому в физике ядра r_0=1,25. С учетом влияния величины периодичности Р на радиус атомного ядра произведен расчет энергии связи легких ядер периодической системы элементов и их изотопов и сведен в табл. 3. Усредненная величина обменного кванта устойчиво колеблется в пределах 203 МэВ $\leq m_V \leq$ 214 МэВ. Если сопоставить эту величину с массой пиона $m_\pi \pm$ 139,5669 МэВ, m_π=134.9626 МэВ, то следует вывод, что три нуклона в ядре обмениваются двумя пионами.

Расчетные формулы дают достаточно стабильные результаты по энергии связи, радиусу ядра, величине обменного кванта. Ни одна из величин не выходит за пределы экспериментально установленных в ядерной физике.

Проведем исследования энергии связи ядер легких элементов от водорода H_1^2 до неона Ne_{10}, где циклонный вихрь не вышел на энергию своего насыщения. Из формулы (14) произведем оценку радиусов ядер. Энергию связи ядер возьмем из таблицы 2 [1], определим радиус водорода H_1^2 в зависимости от периодичности системы, в которой он может находиться, при энергии связи, равной 2,2 МэВ

P	10	15	21	28	36	45	54	66	78
r_0	2.57	2.25	2.0	1.83	1.7	1.6	1.5	1.4	1.3
m_V	107.49					108.12		108.15	

Радиус ядра уменьшается с ростом величины периодичности. Величина обменного кванта остается постоянной. Произведем расчет для изотопа водорода

P	10	15	21

r_0	1.64	1.43	1.28
m_V	147.37	147.39	147.5

Имеем уменьшение радиуса ядра с увеличением величины периодичности системы. Величина обменного кванта остается постоянной.

Изменение величины усредненного обменного кванта представлено ниже

H_1^2	H_1^3	He_2^6	Li_3^8	Be_4^{11}	B_5	C_6	N_7	O_8	F_9	Ne_{10}
108	147.5	176.6	180	189	194	198	201	206	207	193

Таким образом, величина усредненного обменного кванта выходит на продельную величину при окончательном формировании одного циклонного вихря в ядерной материи и составляет из расчета на три нуклона в ядре два пиона по энергетической массе.

Согласно проведенным исследованиям циклонный вихрь представляет результат разложения в пространстве энергии на два не суммируемых вектора, взаимно перпендикулярных и приложенных в разных окрестностях своего ε - туннеля. Это разложение создает поле различной физической природы. В данном случае поле ядерных сил.

Так как величина обменного кванта совпала в пределе с величиной энергии связи одного циклонного вихря, то вихрь с энергией

$$E = mc^2 e^{jarctgi}$$

имеет модуль, равный по величине энергии обменного кванта

$$\|E\| = \|E_\varepsilon\| = m_V \approx 200 \text{ МэВ}$$

Таблица 2. Энергия связи атомных ядер.

Элемент	Заряд	Атомное число	Величина обменного кванта	Периодичность	Энергия связи
	Z	A	m, МэВ	P	E, МэВ
Ne	10	24	208.3	10	191.9
Na	11	23	209.14	11,34	186,6
Mg	12	24	210.7	11,6	198.3
		28		11,2	205,6
		26	211.24	10.62	216,7
Al	13	27	211,23	11,08	225
	14	28		11,35	236,5
		29		10,97	245
		30	212.6	1053	255
2a	30	64			
		67		9.84	585,1
		68		9,67	595,4
		70	214.8	9,42	611
Ca	31	69		9.88	601,9

		71	214.39	9,61	618,8
Ge	32	70		10,1	610.5
		72		9,76	329
		73		9.66	635,6
		74		9.51	345,7
		76	214.3	9.28	661.6
As	33	75	214,3	9.7	652.6
Se	34	74		10,15	642 9
		76		9.86	662
		77		9.75	669.5
Se	34	78		9.6	679,9
		80		9.4	696.9
		82	214.2	9.15	712.9
Br	35	79		9,78	686.3
		81	214,3	9,54	704,3
Kr	36	78		10,23	675,6
		80		9,93	695,4
		82		8,67	714,3
		83		9,57	721,7
		84		9,44	732.2
		86	214,3	9,22	749,2
Pb	37	85		9,6	739,4
		87	214,3	9,37	757,9
Sr	38	84		10,6	728.9
		86		9,74	748,9
		87		9.63	757,3
		88	214,5	9.48	768.4
Y	39	88	214,38	9,65	775.5
Zr	40	90		9,79	783,8
		91		8.7	791.1
		92		9,6	799.9
		94		9.42	814,7
		96	213,7	9,26	828,9
Nb	41	93	213.9	9,77	805.6
Mo	42	92		10.12	796.5
		94		9,9	814,2
		95		9.81	821.2
		96		9.7	830.8
		97		9.62	837.6
		98		9,63	846.1
		100		9.37	860.4
Tc	43	Устойчивого нет			
		98	213.6	9.77	844.4
Ru	44	96		10.21	826.7

		98		9.99	845.3
		99		9,9	852.5
		100		9.79	862
		101		8,72	869,1
		102		9,61	878,4
		103	213.34	9.45	893,4
Rh	45	103	213,34	9,76	884.6
Pd	46	102		10.1	875.7
		104		9.88	893,1
		105		9,8	900,3
		106		9,7	909,7
		108		9.64	925,2
		1.10	213,04	9,38	940,8
Ag	47	107		9,85	915,4
		109	213	8,68	931,8
Cd	48	106		10,2	905,6
		108		9,97	923,6
		110		9,79	940,7
		111		9.72	947,8
		112		9,63	956,8
		113		9,56	963,3
		114		9.47	972.2
		116	212,7	9,33	987.2
In	48	113		9,76	962,9
		115	212.7	9.6	979.4
Sn	80	112		10,1	953.3
		114		9,88	971.4
		115		9.8	979,1
		116		8.71	938,6
		117		9,64	995.6
		118		8.54	1000
		119		8.49	1011,5
		120		9,4	1020,6
		122		9,26	1035,8
		124	212.3	9,14	1050,1
Sb	51	121		9,53	1026,5
		123	212,3	9.4	1042,3
Te	52	120		9,81	1016,8
		122		9,65	1034.5
		124		9,49	1050,7
		125		9,44	1057,3
		126		9,36	1066,4
		128		9,23	1081.2
		130		9,11	1095,5

In	63	127	211.96	9,48	1072,7
Xe	54	124		9.91	1046
		126		9,74	1064
		128		9.6	1080,7
		129		9,53	1087.6
		130		9,45	1096,9
		13		9,39	1103,5
		132		9,32	1112.4
		134		9,19	1127.4
		136	211.7	9,08	1141,8
Cв	55	133	211,87	9.43	1118,8
Ba	56	130		9.83	1092,8
		132		9,68	1110
		134		9.54	1126,8
		135		9,48	1133.8
		136		9.4	1143
		137		9,35	1149.9
		138	211.52	9,3	1158.5
Za	57	139	211.58	6.39	1164,8
Ge	58	138		9,63	1156.3
		140		9.49	1172.9
		142	211.3	9.39	1185.5
Pr	59	141	211,44	9,6	1178.1
	60	142		9.71	1185.4
		143		9,66	1191,4
		144		9,6	1199,2
		145		9,55	1205,2
		146		9,49	1212,4
		148		9,4	1225,4
		150	210.5	9.3	1237.6
Pm	61	Устойчивого нет			
		148	210,7	9,56	1223,9
Sm	62	144		9.95	1196
		147		9,77	1217,5
		148		9,71	1225.6
		149		0,66	1231,3
		150		9,6	1239,5
		152		9,49	1253,3.
		154	210,21	9,4	1267,1
Eu	63	151		9.72	1244.3
		153	210,3	9,6	1259.3
Cd	64	152		9,82	1251.7
		160	209,9	9.38	1309,2
Tb	65	189	209.9	9.58	1302,4

Du	66	156		9.91	1278,5
		164	209.7	9,46	1338.3
Ho	67	165	209,1	9,64	1334,3
Er	68	162		9.88	1320,7
		170	209.31	9.46	1379
Tm	69	169	209,3	9,66	1371.2
Yb	70	168		9,86	1362,8
		176	208,8	9,47	419.1
Zn	71	175	208.8	9,65	1412
Hf	72	174		9,84	1403,7
		180	208,7	9.55	1446
W	74	180		9,83	1444,3
		186	208.2	9,56	1485.9
Re	75	185		9,74	1478.3
		187	208,1	9,68	1491.7
	76	184		9,92	1469,8
Os		192	207,9	9,56	1526,2
Ir	77	191		9,74	1517.8
		193	207,86	9,65	1531,7
Pt	78	190		9,91	1509,8
		198	207,59	9.53	1567.3
Au	79	197	207.59	9.72	1559,4
Hg	80	196		9,89	1551,2
		204	207.38	9.54	1608.6
Tl	81	204		9.71	1600,9
		208	207.29	9.62	1615
Pb	82	204		9.79	1607,5
		206		9,7	1622.3
		207		9,66	1629
		208	207.1	9,62	1636.4
Bi	83	209	209	9,71	1640,2

Далее устойчивых изотопов нет

Po	84	214	206,4	9,68	1666
At	85	216	206,41	9,74	1674,6
Rn	86	216	206,41	9,85	1675,9
Fr	87	220	205,8	9,84	1696,6
Ra	88	223	205,6	9,85	1713.8
Ac	89	226	205,3	9»87	1730.1
Th	90	232	204,9	9.78	1766.5
Pa	91	232	204,9	9,89	1765.4
U	92	232	204,6	9,99	1765.9
		235		9,89	1783,8
		238		9,79	1810
Np	93	238	204,6	9.9	1800.8
Pu	94	238	204,6	10	1801,3

Am	95	244	204.4	9,93	1835,
Cm	96	244	204,4	10	1835,7
Bk	97	247	204,4	10	1852,3
Cf	98	250	204	10	1869,8
Ea	99	254	203.4	10	1890,6
fm	100	254	203,4	10	1890,8

Таблица 3. Энергия связи легких ядер

Элемент	Периодичность		Радиус ядра	Обменный квант	Энергия связи
	A	P	r_0	m_V	E, МэВ
He2	3	21	1,32	176,6	7,7
	4	15	1,21		28.3
	5	15	1.22		27,3
	6	15	1,196		29,3
Li3	5	21	1,268	280	26.3
	6	15	1,33		32
	7	15	1,24		39.2
	8	15	1,22		41.3
Be4	6	21	1,39	189,1	26,9
	7	13	1,37		37.6
	8	15	1.21		56,5
	9	15	1,19		58,2
	10	15	1,16		65
	11	15	1.15		65.5
B5	8	21	1.33		37,7
	9	15	1.31		56.3
	10	15	1.25		64.7
	11	15	1,18		76.2
	12	15	1.16		79.6
	13	15	1.14		84,5
C6	10	21	1.21		60.3
	11	15	1,26		73.4
	12	15	1.17		92,2
	13	15	1,15		97.1
	14	15	1.26		105.3
	15	15	1.21		106,5
	16	15	1,06		110,8
N7	12	15	1.33		73.8
	13	15	1,23		94,4
	14	15	1,18		104.7
	15	15	1,15		115.5
	16	15	1.14		118
	17	15	1.13		123

O8	14	15	1.266		98.7
	15	15	1,214		111.9
	16	18	1,16		127,6
	17	15	1,15		131,8
	18	15	1,13		139,8
	19	15	1,12		143,8
	20	15	1.09		151,4
F9	17	15	1.21		128.2
	18		1.18		137,4
	19		1 1.5		147.8
	20		1,13		154,4
	21		1.11		163,5
Ne10	18	18	1,36		98,7
	19		1,31		111,9
	20		1,25		127,6
	21		1.23		131.8
	22		1,21		139,8
	23		1,20		143,8
	24		1,18		151,4

4.6.6. РАСЧЕТ ЭНЕРГИИ СВЯЗИ АТОМНЫХ ЯДЕР ПЕРИОДИЧЕСКОЙ ТАБЛИЦЫ ЭЛЕМЕНТОВ И ИХ ИЗОТОПОВ, ИСХОДЯ ИЗ СТРУКТУРЫ ГЛЮОННЫХ ПОЛЕЙ ПРОТОНА И НЕЙТРОНА.

Вывод формулы энергии связи атомных ядер ранее был проведен на основе модели ядер с циклонными мезонными вихрями. Возникновение циклонных вихрей соответствует увеличению связности пространства ядерной материи. Связность пространства соответствует периодичности заложенной в таблице элементов Д.И. Менделеева. Количество изолированных вихрей в атомном ядре определяется соотношением $Z/(9-10)=P$, где Z-заряд атомного ядра, 9-10 - соответствуют периодичности возникновения рядов в таблице элементов.

Масса протона, нейтрона, размеры атомного ядра соответствовали экспериментальным данным. Структура протона, нейтрона не рассматривалась.

Основным условием для вывода формулы послужило замыкание ε-туннелей циклонных вихрей энергией обменного кванта или иначе полевой энергией взаимодействия протонов и нейтронов через эти циклонные туннели. Формула дала высокую сходимость результатов расчета с экспериментальными данными. Исследования устойчивости ядер и расчет мод распада и их высокая сходимость с экспериментальными данными подтвердили принятую модель ядерной материи как многосвязного пространства.

В предыдущей статье [5] произведено обоснование и расчет структуры глюонного поля микрочастиц, произведен расчет масс микрочастиц и их квантовых чисел. Результаты расчета хорошо согласуются с экспериментальными данными.

В связи с этим, открывается возможность вывода формулы энергии связи атомных ядер через известную структуру их составляющих – протона и нейтрона.

Полевая энергия протона (которую называем также обменным квантом, глюонным полем) количественно связана с энергией протона нейтрона и энергией фундаментальной массы по формуле

$$m_p c^2 = 2m_g c^2 - \sqrt{4(m_g c^2)^2 - (m_\nu^p c^2)^2}$$

$$m_n c^2 = 2m_n c^2 - \sqrt{4(m_n c^2)^2 - (m_\nu^n c^2)^2}$$

Фундаментальные масс $m_g c^2$ взаимодействия на расстоянии радиуса протона и соответственно нейтрона создают глюонные поля $m_\nu^p c^2, m_\nu^n c^2$, которые создают дефект масс, реализуемый в пространстве как протон и нейтрон.

Расчет ведется по приближенным формулам

$$m_p c^2 = \frac{1}{4}\frac{(m_\nu^p c^2)^2}{m_g c^2}$$

$$m_n c^2 = \frac{1}{4}\frac{(m_\nu^n c^2)^2}{m_g c^2}$$

Глюонные поля были разложены на сумму произведений единичных вихрей на весовые коэффициенты. Весовые коэффициенты были определены из кварковых композиций микрочастиц. Энергии единичных вихрей определены из системы уравнений. Так что, имеем соответственно

$$m_\nu^p c^2 = g\Psi_{m_p} = -29 + 105e^{kj} + 14e^{ji} + 18e^{ki}$$

$$m_\nu^n c^2 = g\Psi_{m_n} = -34 + 108e^{kj} + 16e^{ji} + 18e^{ki}$$

При образовании атомного ядра как ядерной материи глюонные поля протона и нейтрона усредняются. Поэтому ядерный глюонный кзант равен

$$m_\nu^\Sigma c^2 = g\Psi_{m_\Sigma} = -31.5 + 106.5e^{kj} + 15e^{ji} + 18e^{ki}$$

Суммарная масса Z протонов и N нейтронов равна

$$\Sigma mc^2 = Zm_p c^2 + Nm_n c^2$$

В связанном состоянии в ядерной материи нуклон имеет массу

$$m_N c^2 = \frac{1}{4}\frac{(m_\nu^\Sigma c^2)^2}{m_g c^2}$$

Таким образом, масса ядра состоящая из Z протонов и N нейтронов то есть из A нуклонов будет равна

$$Mc^2 = \frac{1}{4}A\frac{(m_\nu^\Sigma c^2)^2}{m_g c^2}$$

где $A = Z + N$

Энергия связи атомных ядер выразится следующей формулой

$$E = (Zm_p c^2 + Nm_n c^2) - \frac{1}{4} A \frac{(m_\nu^\Sigma c^2)^2}{m_g c^2} \qquad (18.)$$

Весовые коэффициенты определены по среднему значению весовых коэффициентов глюонного поля протона и нейтрона Необходимо подчеркнуть, что единичные глюонные поля протона и нейтрона и их усредненная величина должны подчиняться соотношению

$$m_\nu^\Sigma c^2 \geq \frac{1}{2}(m_\nu^p c^2 + m_\nu^n c^2)$$

Формула энергии связи атомных ядер включает в себя известные величины. В формуле отсутствует параметр периодичности формирования ядерных ε-туннелей Результаты формулы (18) (смотри http://www.maths.ru/) можно сопоставить с принципами,

заложенными при выводе формулы в соответствии с моделью рис 2. Во первых, можно обосновать не возможность существования системы двух связанных протонов. При взаимодействии двух протонов не возникает изменение ε-туннеля самого протона и поэтому нет сечения, которое отделяет одну структуру от другой. Если в формулу (18) подставить условия A=Z, и оставить только массу протона $m_p C^2$, то будем иметь $m_\nu^p C^2 = m_\nu^n C^2$,что в результате обнулит энергию связи $E = 0$.Система протон –нейтрон уже обеспечивает эту разницу и связанное состояние существует $E \neq 0$.С помощью феменологического подбора потенциалов нуклон-нуклонного взаимодействия этот факт объяснить не удалось [1].

Здесь уместно сделать замечание: о каком великом объединении теорий может идти речь, если ни одна из них не способна объяснить этот элементарный экспериментальный факт.

Уравнение Шредингера для обоснования теории дейтона оказалось не пригодным для объяснения этого самого первого элементарного факта в ядерной физике.

Далее согласно модели рис1 нуклоны удерживаются в пространстве ядра в результате образования ε-туннелей ядра, которые образуются в нем с периодичностью 9-10 единиц заряда. Определим размер туннеля одного атомного ядра. Количество нуклонов, удерживаемых одним туннелем ядра равно 24, это ядро изотопа Ne_{10}^{24}. Радиус туннеля определим из соотношения

$$G\frac{m_g{}^2}{\lambda_\varepsilon} = A^2 m_N C^2$$

Расчет дает порядок величины $\lambda_\varepsilon \approx 0.34*10^{-16}$ см. Радиусы протона и нейтрона согласно экспериментальным данным равны примерно $0.8*10^{-13}$ см.

Имеем разницу в три порядка и поэтому допущение о структурном взаимодействии пространств через сечение равному сечению нуклона в модели рис2 вполне оправдано для расчетов.

Эти два замечания закрыли узкие места в обосновании модели рис2.

В таблице представлен расчет энергий связей для ядер элементов периодической таблицы элементов и их изотопов. Расчет корректировался по изменению первого весового коэффициента в пределах $-31.5^{-0.75}_{+0.35}$. Колебания значений этого коэффициента нигде не вышли за пределы значений весового коэффициента протона и нейтрона.

-29>(-31.13….-32.25)>-34. То есть колебание шло около среднего значения. При этом обменный квант колебался в пределах $67.48^{+0..07}_{-0.07} * 10^{11}$ Мэв. Это значение меньше обменного кванта протона и нейтрона и меньше их среднего значения

$$\frac{1}{2}(m_\nu^p c^2 + m_\nu^n c^2) = \frac{67.527 * 10^{11} + 67.713 * 10^{11}}{2} = 67.67 * 10^{11} >$$

$$> 67.48^{\pm 0.07} * 10^{11}$$

Максимальное расхождение результатов расчета по формуле с экспериментальными данными составляет меньше 0,2 процентов. В численном выражении это не превосходит 1 Мэв для легких ядер и 2-3 Мэв для тяжелых ядер.

Необходимо в заключении отметить следующее. Весовые коэффициенты протона и нейтрона рассчитывались исходя и кварковых комбинаций. Весовые коэффициенты кварков рассчитывались их моделей микрочастиц, отражающих связность пространства микромира.

ЛИТЕРАТУРА

1. К.Н.Мухин. Экспериментальная ядерная физика.том1.Физика атомного ядра.Москва.Энергоатомиздат.1983
2. К.Н.Мухин. Экспериментальная ядерная физика.том2.Физика элементарных частиц.Москва.Энергоатомиздат.1983.
3. Э.Вихман. Берклеевский курс физики. Том 4.Квантовая физика.
4. А.А.Логунов. Лекции по теории относительности и гравитации. Современный анализ проблемы. Издательство Наука 1987.
5. В.И.Елисеев. Новая концепция пространства. Академия тринитаризма. М, Эл №7767,публ.1194,24.03.2005.
6. Новая концепция пространства-времени на планковских масштабах расстояний. http://www.philosophy.ru/iphras/library/laiba.html ≠ 73

ГЛАВА 5. ЭЛЕКТРОМАГНИТНОЕ И ЧИСЛОВОЕ ПОЛЕ ТФКПП

ОБОСНОВАНИЕ необходимости перехода в описании полей электромагнетизма методами теории функций комплексного пространственного переменного.

5.1 ЗАКОН КУЛОНА

Закон Кулона утверждает, что сила электростатического взаимодействия двух точечных электрических зарядов, находящихся в вакууме, прямо пропорциональна произведению этих зарядов, обратно пропорциональна квадрату расстояния между зарядами и направления вдоль соединяющей их прямой:

$$F_{12} = k\frac{q_1 q_2}{r^2}\frac{\bar{r}_{12}}{r} \quad (1)$$

где F_{12} -сила, действующая на заряд q_1 со стороны заряда q_2; r -радиус – вектор, соединяющий заряд q_2 с зарядом q_1; $r = |\bar{r}_{12}|$ -модуль расстояния;

$$k = \frac{1}{(4\pi\varepsilon_0)} \quad (2)$$

где ε_0 -экспериментальная электрическая постоянная.

При замене выражения $\left(\frac{\bar{r}_{12}}{r}\right)$ на единичный вектор e_r закон Кулона записывают также в виде:

$$F = k\frac{q_1 q_2}{r^2}e_r \quad (3)$$

Напряженность поля неподвижного заряда на расстоянии r от него в векторном пространстве выражается в виде

$$\bar{E} = \frac{1}{4\pi\varepsilon_0}\frac{q}{r^2}\bar{e}_r \quad (1.3)$$

Закон Кулона написан математически для пространства, числовые объекты в котором не подчиняются законам алгебры действительных и комплексных чисел. Кроме того нет оснований утверждать в настоящее время, что это пространство адекватно реальному пространству.

В знаменателе стоит модуль радиуса –вектора в квадрате

$r = ix + jy + kz$ (4)

где единичные орты i, j, k не являются числами и поэтому сам комплекс не является числом.

Поэтому ввели (не вывели),а ввели модуль

$$|\bar{r}| = \sqrt{X^2 + Y^2 + Z^2} \quad (5)$$

Это метрика Евклидова пространства.

Современные ведущие физические теории усовершенствуют описание пространства, вводя различные метрики, которые считают адекватными реальной метрике.

Минковский из преобразований Лоренца получил метрику и назвал ее интервалом (не стал вычислять корень квадратный) в виде

$$|dS| = \sqrt{C^2 t^2 - x^2 - y^2 - z^2} \tag{6}$$

где C скорость света.

Однако нет оснований при рассмотрении структуры пространства считать, что метрика есть корень квадратный.

В то же время очевидно, что использовать выражение (5) есть ошибка, так как взаимодействие происходит со скоростью света, которую следует учитывать. Одновременно с этим можно рассматривать и выражение

$$|dS| = \sqrt{\zeta^2 - x^2 - y^2 - z^2} \tag{7}$$

Возвращаясь к закону Кулона можно утверждать, что для его записи используется пространство, которое нельзя назвать числовым и адекватным реальному. Радиус –вектор не является числовым и поэтому не характеризует расстояние между двумя точками.

Делить на радиус-вектор нельзя, так как деление в не Числовом векторном пространстве неопределенно. Одновременно с этим квадрат от радиуса ограничен скалярной величиной. Единичный радиус вектор в формуле также вводится, что называется вручную. Все эти замечания в дальнейшем приводят к ошибкам, на которые будем обращать внимание.

РЕАЛЬНОЕ ПРОСТРАНСТВО является ЧИСЛОВЫМ.

Расширение поля комплексных чисел КОШИ в пространство вскрывает структуру реального пространства.

Если дан комплекс $z = x + iy = \rho e^{i\varphi}$, то перейти к пространственному комплексу можно прибавив к нему комплекс $\sigma = \xi + i\eta = re^{i\phi}$ через мнимую единицу J.

Получим четырехмерный комплекс

$$S = z + j\sigma = \mathrm{Re}^{iF + j\psi} \tag{8}$$

где $R = \sqrt[4]{\rho^4 + 2\rho^2 r^2 \cos 2(\varphi - \phi) + r^4}$ (9)

$$F = arktg \frac{\rho^2 \sin 2\varphi + r^2 \sin 2\phi}{\rho^2 \cos 2\varphi + r^2 \cos 2\phi} \tag{10}$$

$$\psi = arktg \frac{r}{\rho} e^{i(\phi - \varphi)} \tag{11}$$

Вдальнейшем

$$S = \mathrm{Re}^{i\varphi + j\psi} \tag{12}$$

Выражения (9-11) получены двукратным применением формулы Коши по выделению модуля и аргумента: первый раз из комплекса с мнимой единицей J, во второй раз из комплекса с мнимой единицей I. $[5-6-7]$

Таким образом, главный параметр R зависит не только от значений числовых векторов ρ, r, но также и их аргументов и представлен как корень четвертой степени из их комбинаций. То есть существенно отличается от принятого, и содержит его как частный случай.

Комплекс $S = x + iy + j\xi + ji\eta$ является числовым комплексом. Единицы

I,J являются числами и связаны между собой операциями алгебры действительных чисел: $I = \sqrt{-1}; J = \sqrt{-1}; \sqrt{+1} = \pm IJ = \pm JI$.

Пространство является структурным: это пространство содержит подпространство делителей нуля, которое выделяется условиями:

$\rho = r; \phi - \varphi = \pm\pi / 2$ (13)

Подпространство делителей нуля адекватно пространству светового конуса, который в сферических координатах сворачивается в γ-туннель по временной координате.

В связи с этим область, ограниченная сферической поверхностью, содержит γ -туннель радиуса $\sqrt{0}$, который в четырехмерном пространстве тождественно не равен нулю, в следствии наличия изолированного направления $\pm arktgi$.

Делители нуля выражаются в виде

$$S_d = \rho(1 \pm ij)e^{i\phi} = \rho e^{i\phi}\sqrt{0}e^{\pm jarktgi} \quad (14)$$

На рис 3 (раздел 1.15) представлена кривая C_3, на которую натянута без точек самопересечения сферическая поверхность с γ-туннелем. Кривая имеет две части: первая идет по внешней сферической поверхности радиуса R с интервалами углов

$$0 \le \varphi \le 2\pi; -\pi / 2 \le \psi \le \pi / 2 \quad (15)$$

вторая по γ туннелю, где аргументы изменяются в пределах $2\pi \le \varphi \le 4\pi; \pi / 2 \le \psi \le -\pi / 2$..

(γ-туннель представим в виде (14), где аргументы кривой изменяются в пределах: $0 \le \varphi \le 2\pi; arktgi \ge \psi \ge -arktgi$) (16)

Область в гамма туннеле принадлежит пространству более высокому по размерности.

С точки зрения комплексного пространства основные законы электромагнетизма являются отражением структуры реальной материи.

Согласно электромагнитной теории Максвелла все пространство представляет электромагнитное поле, в котором распространяются электромагнитные волны. Поле существует всегда. Электромагнитное поле есть числовое поле пространственного комплексного переменного. Структура этого поля представляет невозмущенное поле вакуума. Каждая точка этого поля имеет подпространство делителей нуля, по которому распространяется поток электрического взаимодействия со скоростью света, вызывающий возмущение во всем пространстве с меньшей скоростью, которая обуславливается характеристиками пространства (электрической и магнитной проницаемостью).

Так любой заряд и его поле принадлежат пространствам разной размерности. При этом пространство включает и подпространство делителей нуля, условия выделения которого адекватно условию выделения светового конуса в пространстве Минковского. Скорость света это скорость распространения электрических и магнитных потоков индукции.

Элементарный заряд есть узловая точка двух пространств разного уровня размерности. При этом если узловая точка перекачивает пространство высшей размерности в пространство более низкой, то это точка “истока”, характеризует положительный заряд и наоборот отрицательный. Узловая точка характеризуется своим энергетическим γ-туннелем, соответствующий своему уровню в структуре материи.

Выделение (или появление заряда) в пространстве вызывает изменение структуры окружающего пространства.

С точки зрения математического аппарата заряд рассматривается как вычет в материи.

Напомним, что вычет функции $f(z)$ в изолированной особой точке a,в которой находится заряд q ,называется число

$$resf(a) = \frac{1}{2\pi i} \oint_C f(z)dz \tag{1.4}$$

Формула справедлива для комплексной плоскости $z = x + iy = \rho e^{i\varphi}$

Вычет функции $f(z)$ в особой точке a равен коэффициенту при минус первой степени в разложении ее в ряд Лорана в окрестности в точке a

$$resf(z) = \frac{1}{2\pi i} \oint_C f(z)dz = C_{-1} \tag{1.5}$$

Теорема (Коши,1825г.) Пусть функция $f(z)$непрерывна на границе области D и аналитична внутри области всюду, кроме конечного числа особых точек $a_1, a_2, \ldots\ldots\ldots, a_n$, тогда

$$\oint_C f(z)dz = 2\pi i \sum_{k=1}^{n} resf(a_k) \tag{1.5}$$

С физической точки зрения это теорема адекватна принципу суперпозиции полей.

Так как в теории электричества структура заряда не рассматривается, то с точки зрения математического аппарата процессы исследуются от силовых функций, зависящих от координат и времени. Силовые функции описывают присоединенные потоки электрического заряда.

Влияние заряда на структуру пространства адекватно появлению в пространстве ипсилон туннеля. Условия (14) адекватны физическим условиям возникновения заряда в пространстве.

Поля могут иметь различные конфигурации, но основной вклад вносят первые два члена разложения в ряд Лорана функций определенных в области, охватываемой замкнутой кривой С.

Функции для описания поля разлагаются в ряд Лорана в кольце их аналитичности.

$$f(s) = \ldots.. + \frac{c_{-n}}{(s-a)^n} + \ldots\ldots + \frac{c_{-2}}{(s-a)^2} + \frac{c_{-1}}{s-a} + c_0 + c_1(s-a) + \ldots\ldots$$

При расширении комплексной плоскости в пространство теоремы Коши также реализуются, но к криволинейному интегралу добавляется интеграл по поверхности.

Пространственный вычет по контуру равен коэффициенту при минус первой степени в разложении функции в ряд Лорана в комплексном пространстве и выражается в виде:

$$C_{-1} = res_{s=a} f(s) = k \oint_C f(s)ds \tag{1.6}$$

Коэффициент перед интегралом зависит от вида кривой в пространстве, так для кривой C_1 он имеет вид $\frac{1}{2\pi i}$, для кривой C_3 равен $\frac{1}{4\pi i + 2\pi j}$.

В четырехмерном пространстве имеем поверхностный вычет функции в особой точке

$$C_{-2} = ress_{s=a} f(s) = \frac{1}{4\pi^2 ji} \oiint_s f(s) ds \tag{1.7}$$

где ds-элемент поверхности. C_{-2}-коэффициент при минус второй степени

разложения функции в ряд в четырехмерном пространстве.

ВЫРОЖДЕНИЕ интегралов Стокса, Гаусса, Остроградского.

В векторном исчислении этот мощный аппарат ТФК заменен теоремами Стокса, Гаусса, Остроградского. Эти теоремы сформулированы не в числовом пространстве и не отвечают реальным взаимосвязям протеканию процессов.

Теоремы выражают интеграл, распространенный на некоторый геометрический объект, через интеграл взятый по границе этой области. Формула Грина относится к случаю двумерного пространства, Стокса к двумерному, но "кривому " пространству. Формула Остроградского к случаю трехмерного пространства. Основная формула интегрального исчисления

$$\int_a^b f'(x)dx = f(b) - f(a)$$

есть некоторый аналог этих формул, но для одномерного пространства.

Формула Грина.

Пусть функции $P(x,y); Q(x,y)$ непрерывно дифференцируемы в односвязной области $D \subset R^2$,а простой дискретно –гладкий контур $\Gamma \subset D$ ограничивает область $G \subset D$. Тогда справедлива формула Грина

$$\int_\Gamma Pdx + Qdy = \oiint_{\partial G} \left(\frac{\partial Q(x,y)}{\partial x} - \frac{\partial P(x,y)}{\partial y} \right) dxdy$$

где ∂G -есть положительно ориентированная граница области.

Если выполняются условия $\frac{\partial Q}{\partial x} = \frac{\partial P}{\partial y}$ для любой замкнутой кривой Γ, то интеграл равен нулю. Если область, охватываемая контуром содержит точку, в которой функции терпят разрыв, то интеграл не равен нулю, и переход к двойному интегралу произвести нельзя в силу выполнения этих условий. Условия необходимы только для того, чтобы криволинейный интеграл не зависел от пути интегрирования.

Пример № 1

$$P(x,y) = -\frac{\varpi}{2\pi} \frac{y}{x^2 + y^2}; Q(x,y) = \frac{\varpi}{2\pi} \frac{x}{x^2 + y^2}$$

Не трудно убедиться, что условия выполняются и фактически двойной интеграл вырождается в ноль. При этом нет никакой разницы есть изолированная точка или нет. Поэтому вычисления проводятся в рамках криволинейного интеграла;

Рассмотрим окружность, заданную уравнениями $x = R\cos t, y = R\sin t; 0 \le t \le 2\pi$, тогда

$$\oint_{C_R} Pdx + Qdy = \frac{\varpi}{2\pi} \oint_{C_R} \frac{ydx - xdy}{x^2 + y^2} = \frac{\varpi}{2\pi} \int_0^{2\pi} dt = \varpi$$

Функции имели полюс в начале координат. Условия независимости криволинейного интеграла соблюдались, поэтому двойной интеграл вырождался. В данном случае условия независимости определяют полный дифференциал под интегралом, что позволяет его вычислить.

Таким образом, если точка сингулярности лежит внутри контура, то интеграл имеет вполне определенное значение, но переход к двойному интегралу осуществить нельзя.

Из этого следует вывод, что формула Грина (Стокса, Остроградского) не учитывает изменение пространства, которое вносит существование в нем изолированных точек.

Формула Гаусса-Остроградского связывает интеграл по замкнутой поверхности $\langle s \rangle$ с объемом V, замыкаемым этой поверхностью.

$$\oiiint_V \left(\frac{\partial P}{\partial x} + \frac{\partial Q}{\partial y} + \frac{\partial R}{\partial z} \right) dxdydz = \oiint_s Pdydz + Qdzdx + Rdxdy$$

Относительно сингулярных точек и независимости поверхностного интеграла от формы поверхности, замыкающей объем, ситуация аналогична формуле Грина. Если $\frac{\partial P}{\partial x} + \frac{\partial Q}{\partial y} + \frac{\partial R}{\partial z} = 0$, то интеграл по объему вырождается и вычисления проводятся по двойному интегралу.

Пример № 2

Интеграл Гаусса. $P = \frac{x - \xi}{r^3}; Q = \frac{y - \zeta}{r^3}; R = \frac{z - \eta}{r^3}$, где

$$r = \sqrt{(x - \xi)^2 + (y - \zeta)^2 + (z - \eta)^2}$$

Условия независимости выполняются во всем пространстве, исключая точку $A(\xi, \zeta, \eta)$, в которой функции P,Q,R терпят разрыв. Если поверхность s не охватывает эту точку, то интеграл равен нулю (причем поверхностный интеграл). Если поверхность замыкается над изолированной точкой, то интеграл сохраняет одно и тоже значение для любой поверхности.

Если взять сферу, радиуса R, вокруг точки A, то будем иметь

$$G = \oiint_s \frac{\cos(r, n)}{r^2} ds = \oiint_s \frac{ds}{R^2} = \frac{s}{R^2} = 4\pi$$

Гаусс рассматривал ситуацию, когда

$$\cos(r, n) = \cos(x, r)\cos\lambda + \cos(y, r)\cos\mu + \cos(z, r)\cos\nu =$$

$$= \frac{x - \xi}{r}\cos\lambda + \frac{y - \zeta}{r}\cos\mu + \frac{z - \eta}{r}\cos\nu$$

Произведение этого выражения на выражение под интегралом дает поверхностный интеграл (произведение косинусов на площадь dSS дает проекционные площадки поверхностного интеграла).

Вновь на лицо случай когда используется только левая часть равенства формулы Остроградского.

В векторном декартовом пространстве не выполняется непрерывный переход от криволинейного интеграла к поверхностному и объемному. Нельзя указать кривую, на которую можно натянуть поверхность без точек самопересечения, так чтобы при стягивании поверхности она замыкала объем.

Это результат того, что векторные декартовые системы не являются Числовыми и заполнены нуль мерными точками. Набор значений координат (x, y, z) определяют нуль мерную точку в пространстве. В этом пространстве не выполняются законы операций действительных и комплексных чисел.

ОСОБЕННОСТИ комплексного пространства.

Комплексное пространство $[S]$ имеет в начале координат особенность для любых функций, определенных в нем. Особенность вызвана наличием изолированного направления $\pm arktgi$. Если рассматривается подпространство выделяемое условием (13), то имеем

$$S = \rho e^{i\varphi} \pm jire^{i\varphi} = \rho e^{i\varphi}(1 \pm ji) = \rho e^{i\varphi}\sqrt{0}e^{\pm arktgi}$$

В пространстве нет нуль мерных точек: корень из нуля не равен нулю как это на числовой оси и плоскости ввиду наличия изолированного аргумента. Третья и четвертая ось объединены в γ-туннель с сечением равным корню из нуля, который на каждом уровне иерархии материи имеет свою размерность. Через этот туннель и осуществляется взаимодействие в пространстве.

Туннель образуется двумя Числовыми векторами, взаимно перпендикулярными равными по величине. Начала Числовых векторов в окрестности нуля имеют поворот относительно друг друга на 90 град. Числовые вектора в этом случае не имеют суммарного радиуса. Они образуют пространство мнимых точек, которое в сферических координатах собирается в γ-туннель.

Если поворота нет, то $S = \mathrm{Re}^{i\varphi + j\psi} = e^{i\varphi}(\rho \pm jr)$

Плоскость $\rho \pm jr$ вращается вокруг третьей оси. Надо подчеркнуть, что этот комплекс имеет евклидов модуль $R = \sqrt{x^2 + y^2 + \xi^2 + \eta^2}$,который обращается в ноль при равенстве нулю всех значений координат. Аргументы φ, ψ действительные числа $(\psi = arktg\frac{r}{\rho})$. Элемент площади в таком пространстве равен $ds = \frac{\partial S}{\partial \varphi}\frac{\partial S}{\partial \psi}$. При постоянном радиусе R интегрирование по параметрам в пределах $0 \le \varphi \le 2\pi; -\pi/2 \le \psi \le \pi/2$ дает площадь поверхности сферы, которая замыкает объем пространства. При устремлении радиуса $R \Rightarrow 0$ объем превратится в ноль и начало координат не будет содержать подпространство. Экспериментальные исследования электромагнитных полей нельзя описывать в таком пространстве, необходимо рассматривать всю структуру числового пространства.

В этом отношении показательна ошибка допускаемая при определении дивергенции и ротора:

$$divF = \lim_{V_i \to 0}\frac{1}{V_i}\oiint_{s_i} Fda_i\ , \qquad (1.8)$$

где V_i – объем, в котором находится рассматриваемая точка (в том числе и заряд), а s_i-поверхность этого объема, по которой берется поверхностный интеграл. Необходимо отметить, что предел может существовать только для случая, когда точка окружена пространственной порой, или подпространством делителей нуля с радиусом ипсилон туннеля, и в ней находится “источник” или “сток” потока. При этом условии декартовые координаты не подходят, так как точки нуль мерные. Если вводить источник или сток, то необходимо знать его пространственную структуру. В электродинамике принимают заряд точечным и поэтому предел фактически не существует. Система векторно декартовых координат не подходит для совмещения нуль мерной точки с наличием заряда в одной из них.

Аналогично обстоит дело и с определением ротора.

$$(rot\overline{F})\hat{n} = \lim_{a_i \to 0} \frac{1}{a_i} \oint_{C_i} \overline{F} dS \tag{1.9}$$

Предел существует только для ипсилон пор. Точки нуль мерные и стягивая контур C_i никакой минимальной площади иметь не будем.

Одновременно с этим надо заметить, что в векторном декартовом пространстве геометрически не осуществляется непрерывно цепочка перехода

$$\oint_{C_i} \Rightarrow \oiint_{s_i} \Rightarrow \oiiint_{V_i} \tag{1.10}$$

Нельзя указать замкнутую кривую C_i,на которую можно натянуть поверхность S_i, которая замыкала бы объем V_i.

Выполнение этой цепочки перехода необходимо для описания процессов электромагнетизма. Электромагнитное поле квантовано. Электромагнитные и волны состоят из электрических и магнитных потоков, которые дискретны.

Квантом электрического потока является квант количества электричества. Магнитный квант является квантом магнитного потока. Квантом электромагнитного поля (потока) является квант количества электромагнетизма.

Количество электричества кулон, поток электрического смещения, магнитный поток имеют одну и ту же размерность в системе СГСЭ: $см^{\frac{3}{2}} г^{\frac{1}{2}} сек^{-1}$. Фактически выполнение цепочки перехода (1.10) в пространстве есть необходимое условие дискретности пространства.

Электромагнитная теория Максвелла опирается на две теоремы векторного анализа: Стокса и Гаусса.

Теорема (Стокс) Пусть функции P, Q, R непрерывны со своими первыми частными производными в области D и пусть $\overline{a} = (P, Q, R)$. Тогда

$$\oint_{\gamma} adr = \oiint_{S} rot\overline{a} d\overline{S} \tag{1.11}$$

т.е. циркуляция векторного поля по контуру γ равна потоку вихря этого поля через поверхность S ,ограниченную контуром γ.

Теорема Остроградского –Гаусса. Непрерывно дифференцируемое векторное в области G векторное поле $\overline{a} = \overline{a}(x, y, z)$ называется соленоидальным в этой области, если его поток через ориентируемую границу любой допустимой области D,замыкание $\overline{D}$ которой лежит в G, равен нулю

$$\oiint_{\partial D} \overline{a} d\overline{S} = \oiiint_{D} divdxdydz = 0 \qquad (1.12)$$

Таким образом, обе теоремы требуют условия существования кривой на которую можно натянуть поверхность без точек самопересечения, так чтобы она замыкала объем.

Но согласно (1.12) при равенстве нулю правая часть просто вырождается.

В векторном декартовом пространстве это условие не выполняется, а следовательно если допустить существования выше обозначенных пределов переход от одной размерности интеграла к другой не корректен.

КЛАССИЧЕСКИЕ функции в исследовании электромагнетизма.

В комплексной плоскости $\langle z \rangle$,где $z = x + iy = \rho e^{i\varphi}$,а также в комплексном пространстве $\langle S \rangle$,где $S = \rho e^{i\varphi} + jre^{i\psi} = \mathrm{Re}^{i\phi + j\tau}$, теоремы и формулы Грина, Стокса, Остроградского заменяются теоремами о вычетах.

Пусть функция $f(z)$регулярна в проколотой окрестности точки $a(a \neq \infty)$ т.е. в кольце К: $0 \leq |z-a| \leq \rho_\varepsilon$. Тогда точка а является для функции либо изолированной точкой однозначного характера, либо точкой регулярности, а функция $f(z)$представляется в кольце К сходящимся рядом Лорана:

$$f(z) = \sum_{n=-\infty}^{n=+\infty} c_n (z-a)^n$$

Вычетом функции в точке a(обозначается $resf(z)_{z=a}$) называется коэффициент c_{-1}ряда Лорана для $f(z)$в окрестности точки a т.е.

$$res_{z=a} f(z) = c_{-1}$$

Если $z = a$изолированная особая точка функции $f(z)$, то интеграл $f(z)$ по границе достаточно малой окрестности aравен вычету в этой точке, умноженному на $2\pi i$.

Очевидно, $res_{z=a} f(z) = 0$,если aточка регулярности функции

Итак $res_{z=a} f(z) = \dfrac{1}{2\pi i} \oint_{\gamma} f(z) dz$

Для комплексной плоскости $\langle z \rangle$ справедливо

$$\oint_{|z-a|=R_0} (z-a)^k dz = \begin{cases} 0, k \neq -1 \\ 2\pi i, k = -1 \end{cases}, \text{ где k-целое.}$$

В результате основной вклад в исследование процессов электромагнетизма в плоскости от функции вносит вклад коэффициент при минус первой степени.

Пример № 3.

Функция $e^{\frac{1}{z}} = 1 + \frac{1}{z} + \frac{1}{2z^2} + ...$ откуда $c_{-1} = 1; res_{z=0} e^{\frac{1}{z}} = 1$

Особой точкой для этой функции является точка $z = 0$,которая является полюсом. Полюс охватывается окружностью $|z| = R = const$.

Откуда следует $\oint\limits_{|z|=1} e^{\frac{1}{z}} dz = 2\pi i res_{z=0} e^{\frac{1}{z}} = 2\pi i$

Расширение комплексной плоскости Коши в пространство требует рассмотрение полюса как наличие в плоскости следа от третьей координаты.

Таким образом, если функция $e^{\frac{1}{z}}$ описывает электромагнитные поля, то вклад в эти поля (плоские) вносит только член ряда Лорана при минус первой степени переменной. Все остальные члены дают при интегрировании ноль. Надо еще раз подчеркнуть, что в плоскости (x, y) функции $P(x, y), Q(x, y)$ как действительная и мнимая части $\frac{1}{z} = P + iQ = \frac{x}{x^2 + y^2} - i\frac{y}{x^2 + y^2}$ удовлетворяют условиям Коши-Римана, и двойной интеграл обращается в ноль.

Но эти условия позволяют вычислить криволинейный интеграл с особенностью.

Пример № 4

Вычислить интеграл $\oint\limits_{|z|=2} \frac{\cos z}{z^2} dz$

В круге $|z| \le 2$ функция имеет особую точку $z = 0$ полюс, поэтому разлогая косинус в ряд Лорана получим:

$\frac{\cos z}{z^2} = \frac{1}{z^3} - \frac{1}{2z} + \frac{1}{4} z + ...$, откуда $res_{z=0}\left(\frac{\cos z}{z^3}\right) = c_{-1} = -\frac{1}{2}$ и

следовательно интеграл $\oint\limits_{|z|=2} \frac{\cos z}{z^3} dz = -\pi i$.

В этом интеграле вновь повторяется выполнение условий независимости криволинейного интеграла в плоскости и следовательно вырождение двойного интеграла, но в следствии наличия изолированной точки интеграл имеет вполне определенное значение.

Теоремы Коши о вычетах реализуются и в расширенном пространстве комплексной плоскости. Ряд Лорана получается заменой переменной Z на переменную S.

Вычет по кривой, на которую можно натянуть поверхность без точек самопересечения и которая будет охватывать изолированную точку, будет выражаться $res_{\|S\|=1} f(S) = \frac{1}{2\pi i + \pi j} \oint\limits_{\Gamma} f(S) dL$

Пример № 5

Функция $e^{\frac{1}{S}} = 1 + \frac{1}{S} + \frac{1}{2S^2} + ...$ имеет вычет

$ress_{s=0} e^{\frac{1}{s}} = 1$

$$ress_{\|s\|=1} f(S) = \frac{1}{2\pi i + \pi j} \oint_{\Gamma} \frac{1}{S} dS = \frac{1}{2\pi i + \pi j} \left[\int_0^{2\pi} \frac{\mathrm{Re}^{i\varphi + j\psi}}{\mathrm{Re}^{i\varphi + j\psi}} i d\varphi + \int_{-\frac{\pi}{2}}^{+\frac{\pi}{2}} \frac{\mathrm{Re}^{i\varphi + j\psi}}{\mathrm{Re}^{i\varphi + j\psi}} j d\psi \right] = 1$$

Вычет в пространстве равен вычету в плоскости и равен коэффициенту при минус первой степени разложения в ряд Лорана в пространстве. Условия независимости криволинейного интеграла выполняются в плоскости $\langle S \rangle; S = z + j\xi$

$\frac{1}{S} = \frac{z}{z^2 + \xi^2} - j \frac{\xi}{z^2 + \xi^2}$, в координатах $\langle z, \xi \rangle$.

Расширение комплексной плоскости в пространство с соблюдением законов операций алгебры действительных и комплексных чисел приводит к структуризации пространства. В пространстве появляется подпространство делителей нуля, которое диктует появление поверхностных вычетов.

Поверхностный вычет определяется коэффициентом c_{-2} члена разложения функции в ряд Лорана. При этом область разложения кольцо в плоскости $\langle Z \rangle$ переходит в сферу с двумя поверхностями: внешней и внутренней.

$$ress_{S=a} f(S) = \frac{1}{4\pi^2 ji} \oiint_{\|S\|} f(S) dSS$$

Пример № 6

Функция $e^{\frac{1}{S}} = 1 + \frac{1}{S} + \frac{1}{2S^2} + \ldots\ldots\ldots; ress_{s=0} e^{\frac{1}{S}} = \frac{1}{2}$

Откуда следует

$$\oiint_{\|S\| \le 2} e^{\frac{1}{S}} dS = \oiint_{\|S\| \le 2} \frac{1}{S^2} dss = \oiint_{\|S\| \le 2} \frac{\mathrm{Re}^{i\varphi + j\psi} i d\varphi \mathrm{Re}^{i\varphi + j\psi} j d\psi}{R^2 e^{2i\varphi + 2j\psi}} = ji \int_0^{2\pi} d\varphi \int_{-\pi/2}^{+\pi/2} d\psi = 2\pi^2 ji$$

В комплексном пространстве имеем изолированную ось γ,которая пронизывает сферу радиуса R, так что фигура представляет вырожденный тор. Ось имеет поверхность, которая принимается за внутреннею поверхность сферы. Внешняя поверхность определяется при постоянном радиусе R изменением параметров $0 \le \varphi \le 2\pi; -\pi/2 \le \psi \le +\pi/2$

Внутренняя поверхность сферы есть поверхность выколотой оси, которую можно рассчитать при изменении параметров $4\pi \ge \varphi \ge 2\pi; \pi/2 \ge \psi \ge -\pi/2$.

Однако, понятие о замкнутой поверхности в пространстве векторном декартовом существенно отличается от понятия замкнутого пространства в комплексном Числовом пространстве. Комплексное пространство имеет изолированную ось с изолированным аргументом $\pm arktgi$ и поэтому любая поверхность имеет проколы по этой оси. В связи с этим необходимо брать поверхностный интеграл с изменением параметров $0 \le \varphi \le 2\pi; -\pi/2 \le \psi \le +\pi/2$.

В виду того, что пространство делителей нуля в цилиндрических координатах это конус мнимых точек, которые в сферических координатах сворачиваются в изолированную ось, то при изменении этих параметров радиус R можно рассматривать как постоянным.

Одновременно с этим можно рассматривать в физических приложениях пространство $\langle S \rangle$, так как подпространство делителей нуля $\langle S_\gamma \rangle$ реализуется в нем. Это будет обосновано ниже.

ВЛИЯНИЕ ЗАРЯДА НА ИЗМЕНЕНИЕ СТРУКТУРЫ ПРОСТРАНСТВА.

В четырехмерном комплексном пространстве $\langle S \rangle$ произведем выделение подпространства делителей нуля адекватное световому конусу в сферических координатах.

$$S = \mathrm{R}e^{i\varphi \pm j\psi} = \mathrm{R}e^{i\varphi}\cos\psi \pm j\,\mathrm{R}e^{i\varphi}\sin\psi \pm i\,\mathrm{R}e^{i\varphi}\sin\psi =$$
$$= \mathrm{R}e^{i(\varphi\pm\psi)} \pm j(\mathrm{R}e^{i\varphi}\sin\psi)(1 \pm ji) = \mathrm{R}e^{i(\varphi\pm\psi)} \pm j\left(\mathrm{R}e^{i\varphi}\sin\psi\right)\sqrt{0}e^{\pm jarktgi}$$

Второй член определяет пространственную изолированную ось в сечении равном корню из нуля и изолированным аргументом $\pm arktgi$. Наличие изолированного аргумента определяет, что корень из нуля не равен нулю. В плоскости корень из нуля равен нулю. В пространстве, в следствии наличия изолированного направления, корень из нуля не равен нулю. Физически в энергетических расчетах корень из нуля имеет вполне реальную величину.

Изолированная ось является цилиндрическим местом точек конуса свернутого в трубочку в сферических координатах. Конус есть подпространство точек числовых векторов, имеющих одинаковую величину $\mathrm{R}e^{i\varphi}\sin\psi$. Числовые вектора имеют начало в разных точках окрестности нуля, как начало координат.

Поворот обеспечивается наличием множителя $(1 \pm ji) = \sqrt{0}e^{\pm arktgi}$. Таким образом, в пространстве $\langle S \rangle$ выделяется подпространство $\langle S_\gamma \rangle$, которое представляет конус мнимых точек свернутых в сферических координатах в γ туннель с изолированным направлением.

Любая точка пространства имеет под пространственную точку, которая отвечает за закрутку пространства.

Выделив изолированную ось как подпространство, тем самым повернули точки самого пространства на угол ψ (первый член разложения).

Заряд связан с образованием в пространстве двух взаимно перпендикулярных числовых векторов равных по величине и имеющих начало в окрестности изолированной оси в точках повернутых относительно друг друга на 90 гр. При этом точки пространства также испытывают поворот на угол ψ. Это и есть влияние заряда на окружающее пространство. Это одно из свойств заряда. Геометрия подпространства $\langle S_\gamma \rangle$ оказывает влияние на все пространство $\langle S \rangle$.

Если рассмотреть поверхность сферы, то необходимо проследить изменение поворота точек сферы в зависимости от угла ψ.

При $\psi = 0; S = \mathrm{Re}^{i\varphi}$ имеем комплексную плоскость.

При $\psi \neq 0; S = \mathrm{Re}^{i\varphi}\sin\psi$ имеем плоскость, ограниченную кривой на уровне $R\sin\psi$. Точки этой кривой повернуты по оси на угол ψ. То есть имеем $\mathrm{Re}^{i(\varphi\pm\psi)}$.

Фундаментальные свойства заряда быть положительным и отрицательным определяется знаком перед изолированным аргументом. В свою очередь знак изменяет направление закрутки пространства.

При $\psi = \pi/2$ имеем $S = \mathrm{Re}^{i\varphi + i\pi/2} = \mathrm{Re}^{i\varphi}\, i = iR\cos\varphi - R\sin\varphi$

Поворот сопровождается сменой действительной части на мнимую и мнимая превращается в действительную с обратным знаком.

Поле в вакуумном состоянии это числовое поле комплексного пространственного переменного. Иерархическая структура поля проявляется при сообщении ему энергетических потоков. В зависимости от величины этих потоков поле вакуума открывает тот или иной уровень иерархии. Уровень иерархии проявляется в образовании ипсилон туннелей, через которые происходит связь пространств разной размерности. Туннели способны пропустить поток энергии строго в определенных пределах. Заряд в поле характеризуется своим ипсилон туннелем. Электромагнитное поле характеризуется своими зарядами и ипсилон туннелями, появление которых деформирует вакуумное пространство. Поле едино с пространством временем и в нем могут возникать полевые потоки индукции, как передача напряженности из одного уровня пространства в другой. Максвелл ввел понятие тока смещения и тем самым ввел понятие многоуровневой структуры тока. Полный ток складывается из тока проводимости и тока смещения: $j_{\sum} = j_{np} + j_{cM}$.

Набор фундаментальных констант: $G, C, \hbar$ ссоответственно гравитационная, скорость света, постоянная Планка определяет предельные величины: гравитационную массу $m_g = \left(\frac{\hbar C}{G}\right)^{\frac{1}{2}}, \varepsilon_g = (\hbar C)^{\frac{1}{2}}$ -элементарный заряд, $l_g = (\hbar G)^{\frac{1}{2}}\left(C^{-3}\right)^{\frac{1}{2}}$ -элементарная длина.

Из этих выражений получаем $m_g = \varepsilon_g G^{-\frac{1}{2}}$. Закон тяготения Ньютона в микромире выразится на уровне Планка:

$$F = G\frac{m_g{}^2}{l_g{}^2} = \frac{\varepsilon_g{}^2}{l_g{}^2}$$

Из этой формулы вытекает, что электрический заряд есть гравитационное взаимодействие планковских масс на предельном элементарном расстоянии.

Если массы Планка расположить в вершинах числовых векторов, образующих изолированную ось, то получим элементарный заряд (рис 8 раздел 1.15).

Заряд двигаясь по изолированной оси будет непрерывно закручивать пространство в плоскости $\mathrm{Re}^{i(\varphi+\psi)}$. Забегая несколько вперед увяжем это с известными фактами. Скорость движения влияет на величину скорости закручивания кривой лежащей в плоскости перпендикулярной скорости V.

Известно, что движущейся электрический поток проявляется как магнитный поток

$B = \mu_0[VD]$, где μ_0-магнитная постоянная, V-скорость,D-плотность электрического потока. Становится очевидным, почему продольная скорость движения заряда вызывает появление возмущения, которое получило название магнитного.

ТЕОРЕМЫ Гаусса и Стокса для электрического поля в числовом пространстве.

Закон Кулона в числовом пространстве выражается в виде

$$F = k\frac{q_1 q_2}{S^2} \tag{17}$$

В числовом пространстве S есть расстояние и поэтому никаких дополнительных единичных вектором не требуется (сравнить с формулами (1,3)).

Всякий электрический заряд занимая место в пространстве определенным образом изменяет его свойства и создает Электрическое поле.

Заряд это частица, имеющая элементарный поток в объеме пространства, замкнутого поверхностью, натянутой без точек самопересечения на кривую C_3. Это поток возмущения поля. Заряды образуют электрические потоки. Неподвижный заряд есть поток энергии из одного пространства измерения в другое. Однако такая структура в настоящее время не рассматривается и поэтому понятие потока вообще не связано с течением. Нет электрического заряда без потока, в то время как электрический поток может существовать без заряда. В то же время разделить эти понятия в математическом плане не представляется возможным. Расчет любого потока содержит заряд как множитель. Описание свободных электрических полей (потоков), не связанных с частицами, называемых вихревыми также содержит в формулах единицу заряда. Все потоки измеряются в кулонах.

Электрическое поле характеризуется напряженностью, выражаемой формулой

$$E = F / q_2 \Rightarrow E = k\frac{q_1}{S^2} = kq_1 f(S) \tag{18}$$

в соответствии с формулой (17).

Величина плотности электрической индукции вычисляется по формуле

$$D = \varepsilon_0 F / q$$

Площадь поверхности S,окружающей заряд в комплексном пространстве равна

$$S = 4\pi^2 r^2$$

Величина электрического потока будет равна произведению плотности электрической индукции на поверхность

$\Phi_e = DS = \varepsilon_0 4\pi^2 r^2 F / q$, где q –пробный электрический заряд, r-расстояние до пробного заряда.

Размерность плотности электрической индукции $Кл / см^2$ (количество электричества на единицу поверхности), величина потока Кл. Таким образом заряд это величина электрического потока Φ_e. Измерение электрического заряда есть измерение электрического потока, а кулон это количество электрического поток. В этом плане рис 1 демонстрирует электрический квант. При этом не играет роль содержится там заряд или нет.

Энергия электрического потока равна: $W = \dfrac{D^2}{2\varepsilon_0}$. Электрические потоки это материальные образования, обладающие массой, энергией. С позиций структуризации пространств электрические потоки обеспечивают взаимосвязь между пространствами разной размерности. Через ипсилон туннели идут дискретные потоки, которые и создают возмущения, которые классифицируются как напряжения.

Таким образом, функция $\dfrac{1}{S^2}$ представляет второй член в разложении силовой функции в ряд Лорана (без учета коэффициентов).

Формула дает напряженность электрического поля в каждой точке реального пространства. Силовая комплексная функция $f(S) = \dfrac{1}{S^2}$ описывает механизм взаимодействия с пробным зарядом q_2 и дает изменение и деформацию пространства. Силовая функция описывает возмущение пространства от присутствия заряда. Возмущение описывается отображением пространств с помощью комплексной пространственной функции. Такое отображение в векторном декартовом пространстве исследовать нельзя.

Это возмущение оценивается плотностью потока D,который дает изменение и закрутку каждой единицы поверхности, окружающей заряд на расстоянии r.

ТЕОРЕМА Гаусса: поток вектора напряженности сквозь замкнутую поверхность равен заряду внутри этой поверхности деленной на ε_0.

Элемент поверхности в комплексном пространстве равен

$$dSS = dS_\varphi dS\psi = \mathrm{Re}^{i\varphi + j\psi}\, id\varphi\, \mathrm{Re}^{i\varphi + j\psi}\, jd\psi = R^2 e^{2i\varphi + 2j\psi}\, jid\varphi d\psi$$

Вычислим интеграл

$$G = \oiint_{ss} kq_1 \frac{1}{S^2} dS_\varphi dS\psi = kq_1 ji \int_0^{2\pi} d\varphi \int_{-\pi/2}^{\pi/2} d\psi = 2\pi^2 jikq_1 \qquad (19)$$

интеграл взят по внешней стороне сферической поверхности.

Учитывая теорему о вычетах и представление заряда как изолированной особой точки в пространстве интеграл $G = \dfrac{q_1}{\varepsilon_0}$,где ε_0 экспериментальный коэффициент.

В комплексном пространстве есть и внутренняя сторона поверхности. Если находится заряд в центре сферы, то он создает γ-туннель взаимодействия, поверхность которого можно деформировать во внутреннюю поверхность сферы, но в этом случае меняются пределы: верхние становятся нижними.

Интеграл (19) в этом случае удваивается, так что окончательно будем иметь

$$G_s = \oiint_{ss} \frac{q_1}{4\pi\varepsilon_0} \frac{dS_\varphi dS\psi}{S^2} = ji\pi \frac{1}{2} \frac{q_1}{\varepsilon_0} \tag{20}$$

Теорема ГАУССА в комплексном пространстве согласуется с формулой поверхностных вычетов, поэтому коэффициент JI можно убрать. Однако этот коэффициент дает направление взаимодействия потока вектора напряженности, поэтому имеет физический смысл.

Интеграл можно вычислить и по внутренней поверхности γ-туннеля. В этом случае кроме перестановки пределов необходимо предполагать, что

$$S_\gamma = \mathrm{Re}^{i\varphi + j\psi}(1 + ji)$$

Интегрирование можно проводить при постоянном радиусе R, так как коэффициент изолированного направления оставляет без изменения пределы интегрирования по аргументам в проекции его на изолированную ось.

Интегрирование по поверхности выколотой оси выполняется с соблюдением коэффициента, учитывающего изолированное направление. Рассмотрим сферу радиуса R в подпространстве. Для нее будем иметь: $dss = R^2 e^{2i\varphi + 2j\psi}(1 + ji)^2 = R^2 e^{2i\varphi + 2j\psi} 2(1 + ji)$

Подставим в формулу (20) получим:

$$G_\gamma = \oiint_{ss} \frac{q_1}{4\pi\varepsilon_0} jid\varphi d\psi = \int_{2\pi}^{4\pi} d\varphi \int_{\pi/2}^{-\pi/2} d\psi \frac{q_1}{4\pi\varepsilon_0} ji = \frac{\pi q_1}{2\varepsilon_0} ji \tag{20a}$$

Таким образом, суммарный интеграл по внешней поверхности сферы плюс по поверхности изолированной оси равен:

$$G = G_s + G_\gamma = \frac{\pi q_1}{\varepsilon_0} ji \tag{20b}$$

ЦИРКУЛЯЦИЯ вектора напряженности.

Электростатическое поле является потенциальным полем, поэтому линейный интеграл $\int_1^2 Eds$ определяющий работу поля напряженности E по переносу заряда из точки 1 в точку 2 не зависит от конфигурации пути. Из этого определения вытекает, что интеграл по замкнутому контуру, называемый ЦИРКУЛЯЦИЕЙ вектора E равен нулю:

$$\oint_{C_s} EdL = 0 \tag{21}$$

Однако теорема в реальном пространстве требует пояснения. Рис2 (введение).

Естественно, что интеграл между двумя точками можно непосредственно вычислить:

$$\varphi_1 - \varphi_2 = \int_{S_1}^{S_2} EdS = \int_{S_1}^{S_2} \frac{q}{4\pi\varepsilon_0} \frac{dS}{S^2} = \frac{q}{4\pi\varepsilon_0}\left[\frac{1}{S_1} - \frac{1}{S_2}\right] \tag{22}$$

Если точки $S_1 = S_2$, то имеем результат (21)

Однако последнее утверждение справедливо только для кривых C_0, C_1.Циркуляция вдоль этих кривых не охватывает заряд. Кроме того на эти кривые не возможно натянуть поверхность без точек пересечения, такую что при сжатии этой поверхности будет сохранен дельта объем.

В комплексном пространстве для силовой функции выполняются условия Коши –Римана, поэтому этот результат вытекает как необходимый и свидетельствует одновременно о невозможности перехода от криволинейного интеграла к поверхностному. Можно провести расчет конкретно.

Определим дифференциал на внешней кривой сферической поверхности

$$dS = \mathrm{Re}^{i\varphi + j\psi}\, id\varphi + \mathrm{Re}^{i\varphi + j\psi}\, jd\psi$$

Вычислим интеграл

$$\int_S EdS = \frac{q}{4\pi\varepsilon_0} \int_0^{2\pi} \left[\frac{id\varphi}{\mathrm{Re}^{i\varphi + j\psi}} \right]_{-\pi/2}^{\pi/2} + \frac{q}{4\pi\varepsilon_0} \int_{-\pi/2}^{\pi/2} \left[\frac{jd\psi}{\mathrm{Re}^{i\varphi + j\psi}} \right]_0^{2\pi}$$

Вычисления дают

$$\int_{S_v} EdS = \frac{q}{4\pi\varepsilon_0} \left[\frac{4j}{R} \right] \qquad (23)$$

Это значение интеграла по кривой, лежащей на внешней поверхности.

При замене пределов верхних на нижние и значений полюсных точек получим интеграл по кривой на внутренней поверхности с отрицательным знаком

$$\int_{S_{vn}} EdS = -\frac{q}{4\pi\varepsilon_0} \left[\frac{4j}{R} \right] \qquad (24)$$

Сумма интегралов (23) и (24) даст интеграл по замкнутой кривой

$$\oint EdS = \int_{S_v} + \int_{Svn} = 0 \qquad (25)$$

Теорема Стокса для напряженности электрического поля доказана.

Если рассмотреть циркуляцию по пространственной кривой C_3,то результат интегрирования также даст нуль.

Если в центре сферы находится заряд, то он одновременно принадлежит и подпространству делителей нуля (14). При этом в цилиндрических комплексных координатах мнимые точки в пространстве $R(1 + ji) = R + jiR$ не имеют суммарного радиуса, так как равны по величине, взаимно перпендикулярны и имеют в начале координат поворот на 90 град.

В пространстве они определяют подпространство $\mathrm{Re}^{i\varphi + j\psi}(1 + ji)$.

В сферических координатах это γ-туннель, который собирает эти точки в свою поверхность. В результате в вершинах сферы точки гамма туннеля и поверхности сферы совпадают и интегрирование по параметру ψ можно проводить в пределах $\pi / 2 \geq \psi \geq -\pi / 2$ при постоянном радиусе R.

Имеем дифференциал на поверхности γ-туннеля $dS_\gamma = \mathrm{Re}^{i\varphi + j\psi}(1 + ji)(id\varphi + jd\psi)$

Подставим в выражение интеграла. После сокращений получим

$$\int_{S_\gamma} \frac{q}{4\pi\varepsilon_0} \frac{id\varphi + jd\psi}{\mathrm{Re}^{i\varphi + j\psi}(1+ji)} = \frac{q}{4\pi\varepsilon_0} \int_{2\pi}^{0} \left[\frac{id\varphi}{\mathrm{Re}^{i\varphi + j\psi}} \right]_{\pi/2}^{-\pi/2} + \frac{q}{4\pi\varepsilon_0} \int_{\pi/2}^{-\pi/2} \left[\frac{jd\psi}{\mathrm{Re}^{i\varphi + j\psi}} \right]_{2\pi}^{0}$$

Вычисления дают $\int_{S_\gamma} = -\frac{q}{4\pi\varepsilon_0} \left[\frac{4j}{R} \right]$ (25)

Сумма интегралов (23) и (25) также дает интеграл по пространственной замкнутой кривой

$$\oint EdS = \int_{S_v} + \int_{S_\gamma} = 0$$

ПОТЕНЦИАЛ.

Линейный интеграл (22) в электростатическом поле не зависит от пути, а зависит от конечных точек перемещения пробного заряда. В не числовом векторном декартовом изложении потенциал это скалярная величина. Потенциал определяется как линейный интеграл от векторного произведения напряженности поля вдоль пути перемещения положительного заряда.

$$\varphi_1 - \varphi_2 = \int_1^2 \overline{E} d\overline{l} \qquad (26)$$

где $\overline{E}, d\overline{l}$ -векторные не числовые величины.

В комплексном Числовом поле потенциал выражается в виде

$$\varphi_1 - \varphi_2 = \int Eds \qquad (27)$$

здесь $E = \frac{q}{4\pi\varepsilon_0} \frac{1}{S^2}$ и поэтому интеграл вычисляется непосредственно, так как в числовом пространстве выполняются законы интегрирования и дифференцирования классических функций анализа.

Имеем

$$\varphi = \frac{1}{4\pi\varepsilon_0} \frac{q}{S} \qquad (28)$$

Потенциал на бесконечности равен нулю, поэтому аддитивную постоянную опускаем.

Таким образом, имеем потенциал точечного заряда.

Согласно формулам (8,9,10,11,12) потенциал есть функция четырех параметров:

$$\varphi = \frac{1}{4\pi\varepsilon_0} \frac{q}{R} e^{-i\varphi - j\psi} \qquad (29)$$

Потенциал для подпространства делителей нуля выражается в виде

$$\varphi_\gamma = \frac{1}{4\pi\varepsilon_0} \frac{q}{R(1 \pm ji)} e^{-i\varphi} = \frac{1}{4\pi\varepsilon_0} \frac{q}{R_\gamma} e^{-i\varphi - j\psi} \qquad (30)$$

где $R_\gamma = R(1 \pm ji)$.

Формула учитывает переход пространственных мнимых точек на поверхность γ-туннеля. Условия (13) выделения подпространства делителей нуля дают следующие последовательные преобразования $S = \rho e^{i\varphi} + jre^{i\psi} = \rho e^{i\varphi}(1 \pm ji) = \rho e^{i\varphi}\sqrt{0}e^{\pm jarktgi}$

СВЯЗЬ между потенциалом и вектором E.

Векторная функция $\overline{E}(\overline{r})$,где $r = ix + jy + kz$ не определена для классических функций анализа. В векторном пространстве не определены операции интегрирования и дифференцирования. Если задан потенциал $\varphi(x, y, z)$,то он не определен во всем пространстве $\langle r \rangle$, так как является скаляром по любому из направлений в этом пространстве. Набор координат (x, y, z) и $(r = ix + jy + kz)$ соответствуют различным пространствам.

Функцию $\varphi(x, y, z)$ можно дифференцировать

по x при постоянных y, z; по y при постоянных x, z; по z при постоянных x, y.

Функцию $E(r)$ нельзя дифференцировать по r, так как нет определений классических функций анализа. Отсутствуют производные $\frac{\partial E(r)}{\partial r}, \frac{\partial \varphi}{\partial r}$.

Векторная функция $E(r)$полностью описывает электрическое поле в каждой его точке. Это поле можно восстановить зная потенциал $\varphi(x, y, z)$.

Однако учитывая вышесказанное такое восстановление нельзя считать корректным.

Вначале определяют производные $\frac{\partial \varphi}{\partial x}, \frac{\partial \varphi}{\partial y}, \frac{\partial \varphi}{\partial z}$ и с помощью единичных векторов склеивают вектор напряженности

$$E = -\left(\frac{\partial \varphi}{\partial x} i + \frac{\partial \varphi}{\partial y} j + \frac{\partial \varphi}{\partial z} k\right) \tag{31}$$

Такая последовательность операций в разных пространствах не дает основание закреплять за производными единичные вектора.

Заменяя $-\frac{\partial \varphi}{\partial x} = E_x; -\frac{\partial \varphi}{\partial y} = E_y; -\frac{\partial \varphi}{\partial z} = E_z$ можно записать выражение напряженности электрического поля в виде $E = (E_x i + E_y j + E_z k)$

Этот результат обусловлен вычислениями в не Числовом поле (для I,J,K законы операций алгебры действительных чисел не выполняются).

В Числовом комплексном поле $\langle S \rangle$ напряженность электрического поля E получается непосредственно из дифференцирования потенциала φ.

$$E = \frac{\partial \varphi}{\partial S} = \frac{q}{4\pi\varepsilon_0} \frac{1}{\partial S}\left(\frac{1}{S}\right) = -\frac{q}{4\pi\varepsilon_0} \frac{1}{S^2} \tag{32}$$

Подставим вместо S его выражение (12) получим

$$E = -\frac{q}{4\pi\varepsilon_0} \frac{1}{R^2} e^{-2i\varphi - 2j\psi}$$

Связь напряженности электрического поля с потенциалом дает основание утверждать, что вычет функции при минус первой степени характеризует потенциал в точке, обусловленный напряженностью электрического поля, определяемого вычетом при минус второй степени члена в разложении функции в ряд Лорана.

С точки зрения существующей методологии изложения электрических полей с помощью векторов и скаляров, за единичный пространственный вектор можно обозначить $e_r = e^{-2i\varphi-2j\psi} = \cos 2\varphi \cos 2\psi - i\sin 2\varphi \cos 2\psi - je^{-2i\varphi}\sin 2\psi$

Единичный вектор является Числовым и к нему применимы все операции законов классического математического анализа.

Выделим составляющие комплексного числа-вектора

$$E_x = -\frac{q}{4\pi\varepsilon_0}\frac{1}{R^2}\cos 2\varphi \cos 2\psi \qquad (33)$$

$$E_y = i\frac{q}{4\pi\varepsilon_0}\frac{1}{R^2}\sin 2\varphi \cos 2\psi$$

$$E_z = j\frac{q}{4\pi\varepsilon_0}\frac{1}{R^2}e^{-2i\varphi}\sin 2\psi$$

Напряженность по третьей координате дается с поворотом вокруг оси, чем существенно отличается от аналогичных выражений во всей теоретической физике. Закрутка по третьей оси находится в согласии с влиянием заряда и его движением по этой оси на изменения в пространстве.

Если комплекс

$$S = \rho e^{i\varphi} + jre^{i\varphi} = \sqrt{\rho^2 + r^2}\, e^{i\varphi + j\left(\psi = arktg\frac{r}{\rho}\right)} \qquad (34)$$

То все параметры комплекса действительные числа. $R = \sqrt{x^2 + y^2 + z^2 + \eta^2}$

То есть имеем метрику Евклида для четырехмерного пространства.

Это самое простейшее описание координатных осей в четырехмерном пространстве. Подпространство делителей нуля выделяется с использованием условий (13). $S = \rho e^{i\varphi} + jire^{i\varphi} = \sqrt{\rho^2 - r^2}\, e^{i\varphi + jarktgi\frac{r}{\rho}}$

Дополнительное условие на параметр $\rho = Ct$,переводит метрику в пространство Минковского. $S = Ct\sqrt{1 - \frac{r^2}{C^2t^2}}\, e^{i\varphi + jarktgi\frac{r}{Ct}}$. В дальнейшем будет исследоваться при нестационарных электрических полей. Пока будем использовать выражение

$$S = \rho\gamma e^{i\varphi + j\psi} \qquad (35)$$

ОБОБЩЕНИЕ. Циркуляция вектора. Формула Стокса. Вихрь.

Пусть снова дано какое-нибудь векторное поле $\vec{A}(M)$. Интеграл

$$\int_l A_x dx + A_y dy + A_z dz = \int_l A_l dl$$

взятый по некоторой кривой (l)в пределах рассматриваемой области, называется линейным интегралом от вектора $\vec{A}$ вдоль кривой (l). В случае замкнутой кривой этот интеграл называется циркуляцией вектора $\vec{A}$ вдоль кривой (l).

Выражение под интегралом задается как скалярное умножение вектора поля на вектор координаты текущей точки. Скалярное умножение не является числовым умножением, так как не подчиняется операции умножения в поле действительных и комплексных Чисел. В связи с этим интеграл не связан с реальным материальным пространством.

Далее по теореме Стокса устанавливается связь между этим криволинейным интегралом и поверхностным. При этом рассматривают некоторую поверхность (S), ограниченную замкнутой кривой (l).

$$\oint_l A_l dl = \oiint_{ss}\left[\left(\frac{\partial A_z}{\partial y}-\frac{\partial A_y}{\partial z}\right)dydz+\left(\frac{\partial A_x}{\partial z}-\frac{\partial A_z}{\partial x}\right)dxdz+\left(\frac{\partial A_y}{\partial x}-\frac{\partial A_x}{\partial y}\right)dxdy\right]$$

Вектор с проекциями на оси $\frac{\partial A_z}{\partial y}-\frac{\partial A_y}{\partial z},\frac{\partial A_x}{\partial z}-\frac{\partial A_z}{\partial x},\frac{\partial A_y}{\partial x}-\frac{\partial A_x}{\partial y}$,

называется вихрем или ротором вектора $\vec{A}$ и обозначается символом $rot\vec{A}$.

Таким образом, в нечисловом векторном пространстве формула Стокса может быть записана в виде:

$$\int_{(l)} A_l dl = \iint_{(s)} rot\vec{A}dS$$

Выражение фиксирует переход от криволинейного интеграла к поверхностному. Этот переход сделан в НЕ Числовом поле и поэтому некорректен. В пространстве нет кривой на которую можно натянуть поверхность без точек самопересечения так, чтобы она содержала объем.

В общем виде соотношение не выполняется. Дальнейший переход к объемному интегралу по формуле Остроградского не выполним по этой причине.

Впрочем, использовать формулу Стокса, необходимо чтобы какой бы не был простой контур (l), в области (T),на него можно натянуть кусочно – гладкую (самонепересекающуюся) поверхность (s).

В этом плане две концентрические поверхности образуют односвязное тело, а тор нет.

В пространстве (векторном) поверхностно односвязной областью будет область, заключенная (замкнута) одной непрерывной поверхностью. В этом случае две концентрические сферы не образуют односвязную область, а область тора будет односвязной.

Все эти рассуждения относятся для пространства без изолированных точек. Электромагнитное поле содержит заряды и токи и поэтому необходимо иметь новый подход к этим определениям. В реальном пространстве изолированные области принадлежат пространству более высокой размерности

Теоремы и формулы фиксируют влияние этих областей на пространство более низкой размерности. Заряд или ток нельзя в пространстве замкнуть каким либо контуром. Заряд как было показано имеет изолированное сингулярное направление.

Исследуем как влияет появление заряда на переход из потенциального в вихревое пространство.

В комплексном пространстве $\langle S\rangle$ где $s = z + j\nu$ осуществляется переход от криволинейного интеграла к поверхностному.

$$\oint_{\Gamma}(U(z,\nu)+jW(z,\nu))(dz+jd\nu) = \int_{\Gamma} Udz - Wd\nu + jUd\nu + jWdz$$

и далее отделяя мнимые и действительные части имеем:

$$\oint_{\Gamma} f(z,\nu)ds = \oiint_{ss}\left(\frac{\partial U}{\partial \nu}+\frac{\partial W}{\partial z}\right)dzd\nu + j\left(\frac{\partial U}{\partial z}-\frac{\partial W}{\partial \nu}\right)dzd\nu \tag{36}$$

Если условия Коши-Римана выполняются, то двойной интеграл равен нулю, а вместе с ним и криволинейный по замкнутому контуру. Этот случай соответствует отсутствию в области интегрирования, которая охватывается контуром Γ изолированных точек и осей. При наличии особенностей двойной интеграл равен нулю, однако криволинейный по контуру принимает вполне определенное значение.

Приведем классический пример в комплексной плоскости.

Пример № 7 Пусть $f(z)=\frac{1}{z}$ и D –кольцо $0<|z|<R$,где R сколь угодно большое число. Вычислим интеграл по окружности с центром в начале координат $G=\oint_{\Gamma}\frac{\mathrm{Re}^{i\varphi}\, id\varphi}{\mathrm{Re}^{i\varphi}} = \int_0^{2\pi} id\varphi = 2\pi i$

Откуда $Lnz = \int_C^z \frac{dz}{z} = \ln z + 2k\pi i$, где C состоит из окружности единичного радиуса плюс отрезок от 1 до z. Логарифмическая функция становится многозначной за счет появления циклического члена $2k\pi i$.

Условия Коши –Римана для области с изолированной точкой являются критерием полного дифференциала. Под интегралом имеем функцию двух переменных, которая и определяет его значение.

Таким образом, в многосвязной области условия Коши-Римана должны измениться с тем, чтобы двойной интеграл не вырождался.

Наличие особенностей вызывает изменение знаков в условиях Коши-Римана, и двойной интеграл может быть записан в виде

$$G=\oint_{\Gamma}\bar f(S)dl = \oiint_{ss}\left[\left(\frac{\partial U}{\partial \nu}-\frac{\partial W}{\partial z}+j\frac{\partial U}{\partial z}+j\frac{\partial W}{\partial \nu}\right)dzd\nu\right]=$$

$$= j\oiint_{ss}\left[-j\frac{\partial U}{\partial \nu}+j\frac{\partial W}{\partial z}+\frac{\partial U}{\partial z}+\frac{\partial W}{\partial \nu}\right]dzd\nu = j\oiint_{ss}2f'(S)dzd\nu$$

В итоге получили выражение, которое справедливо в числовом поле.

$$\oint_{\Gamma}\bar f(S)dl = j2\oiint_{ss}f'(S)dzd\nu \tag{37}$$

где $\bar f(s)$-комплексно сопряженная числовая функция $f(s)$.

Формула (37) это новая теорема. Формула Стокса относится к невозмущенному пространству (вакууму). Формула (37) учитывает влияние передачи возмущения из одного уровня пространства на другой.

Криволинейный интеграл по замкнутому кругу для гармонических функций (для которых имеем соблюдение условий Коши-Римана) равен нулю, если область охватываемая замкнутым контуром не содержит особенностей. В этом случае нельзя сделать переход к поверхностному интегралу.

Если область охватываемая замкнутым контуром содержит сингулярность, то криволинейный интеграл равен const, однако двойной интеграл вновь равен нулю.

Появление особенности в пространстве вызывает переход функции в комплексно сопряженную. В этом случае двойной интеграл не вырождается, что и показывает формула (37).

Это формула Стокса в числовом поле. Ранее приводилась формула

$$\oint\limits_{(l)} \vec{A}dl = \oiint\limits_{ss} rot_n \vec{A}dss \tag{37a}$$

В электрическом поле потенциал описывается формулой $\varphi = \frac{q_1}{4\pi\varepsilon_0}\frac{1}{S}$, поэтому подставляя это значение в (37) получим

$$\oint\limits_{\Gamma} \frac{q_1}{4\pi\varepsilon_0}\frac{1}{S}dl = -2j\oiint\limits_{ss}\frac{q_1}{4\pi\varepsilon_0}\frac{1}{S^2}S^2 d\varphi d\psi = i2\pi\frac{q_1}{\varepsilon_0} \tag{38}$$

Интеграл вычислялся и ранее (20b). В этом вычислении соблюдены все законы электромагнетизма и следует принять как окончательные.

Операция перевода числовой функции как числового вектора циркулирующего вдоль замкнутой кривой Γ в пространстве $\langle S \rangle$,в производную при поверхностном интеграле для расчета числового потока по поверхности (ss), натянутой на контур Γ без точек самопересечения с замыканием бесконечно малого объема и является ротором в числовом поле.

Из математического анализа известно, что производная от аналитической функции является также аналитической и позволяет ее разложить в ряд Лорана и дифференцировать по членам ряда.

Пример №8

$$f(S) = e^{\frac{1}{s}} = 1 + \frac{1}{s} + \frac{1}{2s^2} + ...,\text{то}$$

$$c_{-1} = 1; res_{s=0} e^{\frac{1}{s}} = 1$$

$$c_{-2} = \frac{1}{2}; ress_{s=0} e^{\frac{1}{s}} = \frac{1}{2}$$

$$f'(S) = \left(e^{\frac{1}{s}}\right)' = -\frac{1}{s^2}e^{\frac{1}{s}} = -\frac{1}{s^2} - \frac{1}{s^3} - ......,\ \text{то}$$

$$c_{-1} = 0; ress_{s=0}\left(e^{\frac{1}{s}}\right)' = 0; c_{-2} = -1; ress_{s=0}\left(e^{\frac{1}{s}}\right)' = -1$$

Выражение (38) полностью согласуется с математическими операциями по переходу от криволинейного интеграла как циркуляции потенциала числового векторного поля к интегралу по поверхности от напряженности числового векторного поля как производной этого числового векторного поля. Объединены теоремы Гаусса и Стокса для электростатического поля, в котором есть заряды, охватываемые циркуляционной кривой и поверхностью, натянутой на эту кривую.

Эти выкладки имеют непосредственно отношение к первому уравнению Максвелла. Изменяющееся во времени магнитное поле приводит не к появлению в пространстве электрического поля независимо от наличия проводящего контура, а к появлению циркуляции векторного электрического потенциала, который и приводит к появлению индукционного тока.

Электрическое поле порождается циркуляцией электрического потенциала, в котором находится контур.

Циркуляция по замкнутому контуру определяется вычетом функции равном коэффициенту при первой степени в разложении функции в ряд Лорана.

Равенство (37) дает переход от криволинейного интеграла к поверхностному с учетом влияния заряда на окружающее пространство, в котором находится заряд, так что поверхностный интеграл не вырождается, а вычисляется как вычет функции, как коэффициент при минус второй степени разложения ее в ряд Лорана.

Изменяющееся магнитное поле порождает циркуляцию векторного потенциала, который и порождает возникновение индукционного тока.

Уравнение Максвелла для этого случая выглядит в виде

$$\oint_{\Gamma} Edl = -\oiint_{ss} \frac{\partial B}{\partial t} dss$$

Если задано векторное Числовое поле $\vec{A} = \bar{f}(s)$, то сравнивая формулы (37) и (37а) получим простейшую формулу $rot_n \overline{A} = 2jf'(s)$.

Ротор будет выражаться в виде:

$$rot_n \bar{f}(s) = \left(\frac{\partial U}{\partial z} + \frac{\partial W}{\partial v}\right) - j\left(\frac{\partial U}{\partial v} - \frac{\partial W}{\partial z}\right)$$

Не трудно убедиться, что ротор не равен нулю.

Из этого следует, что электрическое поле (через силовую функцию) должно описываться первыми двумя членами главной части ряда Лорана.

$$E = C_{-2}\frac{1}{s^2}\frac{q_1}{4\pi\varepsilon_0} + C_{-1}\frac{1}{s}\frac{q_1}{4\pi\varepsilon_0} \quad (39)$$

Первый член ответственный за поле неподвижного заряда, второй возникает от наличия в пространстве электрического потенциала, возникающего в пространстве от изменяющегося во времени магнитного поля.

Коэффициенты $C_{-1}; C_{-2}$ определяются разложением в ряд силовой функции.

5.2 МАГНИТНОЕ ПОЛЕ В ВАКУУМЕ.

Магнитное поле равномерно движущегося заряда. Вспомним основные понятия магнитного поля и его свойства $[1-4]$.

В результате обобщения экспериментальных данных был получен элементарный закон, определяющий поле B (вектор магнитного поля) точечного заряда q ,движущегося с постоянной нерелятивистской скоростью V . В векторном пространстве закон записывается в виде

$$\overline{B} = \frac{\mu_0}{4\pi}\frac{q\left[\overline{V}\overline{r}\right]}{r^3} \tag{2.1}$$

где μ_0 -магнитная постоянная.

Конец радиуса –вектора неподвижен в данной системе отсчета, заряд движется со скоростью V. В соответствии с формулой (2.1) вектор $\overline{B}$ перпендикулярен плоскости, в которой расположены вектора V,r.Вектора образуют правовинтовую систему.

Величину $\overline{B}$ называют магнитной индукцией.

Электрическое поле точечного заряда, движущегося с нерелятивистской скоростью, описывается формулой (1.3), поэтому можно выражение (2.1) в виде

$$\overline{B} = \left[\overline{V}\,\overline{E}\right]/\,C^{\,2} \tag{2.2}$$

Где C электродинамическая постоянная $\left(C = \frac{1}{\sqrt{\varepsilon_0\mu_0}}\right)$,равная скорости света в вакууме. Переходя в числовое пространство, имеем формулу

$$B = \frac{VE}{C^2} \tag{2.3}$$

ЗАКОН Био-Савара.

Определим магнитное поле, создаваемое постоянными электрическими полями.

Если вместо заряда q взять произведение ρdv, где v,ρ соответственно объем и объемная плотность заряда, являющегося носителем тока, то $\rho\overline{V} = \langle\overline{j}\rangle$ дает плотность тока (скобочку ввели, чтобы отличать от комплексных чисел I,J). При этом формула (2.2) приобретает вид:

$$d\overline{B} = \frac{\mu_0}{4\pi}\frac{\left[\langle\overline{j}\rangle\overline{r}\right]dv}{r^3} \tag{2.4}$$

Если ток течет по тонкому проводу с площадью поперечного сечения ΔSS ,то

$$\langle\overline{j}\rangle dv = \langle j\rangle \Delta ssdl = \langle I\rangle d\overline{l}$$

Вектор в правой части есть линейная плотность тока, в левой части объемная плотность.

Произведя замену, получим вместо формулы (2.2) формулу

$$d\overline{B} = \frac{\mu_0}{4\pi}\frac{\langle\overline{I}\rangle\left[d\overline{l}\overline{r}\right]}{r^3} \tag{2.5}$$

В соответствии с принципом суперпозиции полное поле $\overline{B}$ определяется в результате интегрирования выражений (2.4) и (2.5)

$$\bar{B} = \frac{\mu_0}{4\pi} \iiint \frac{[\langle \bar{j} \rangle \bar{r}] dv}{r^3}, \quad \bar{B} = \frac{\mu_0}{4\pi} \oint \frac{\langle \bar{I} \rangle [d\bar{l}\bar{r}]}{r^3} \tag{2.6}$$

Все эти формулы показывают, что силовая функция магнитного поля определяется первым членом разложения ее в ряд Лорана $\infty \frac{1}{s}$.

Формулы показывают, что движущиеся электрические потоки проявляются как магнитные потоки $B = \mu_0 [VD]$, где μ_0 -магнитная постоянная, V-скорость. Движущийся электрический поток представляет магнитный поток.

Плотность магнитной энергии вокруг движущегося заряда равна $W = \frac{B^2}{2\mu_0}$.

ОСНОВНЫЕ ЗАКОНЫ магнитного поля в числовом пространстве.

Напомним основные физические понятия. Силой тока (или просто током) называется скалярная физическая величина $\langle I \rangle$,равная отношению заряда dq,переносимого при электрическом токе сквозь рассматриваемую поверхность $\langle s \rangle$ за малый промежуток времени, к длительности этого промежутка dt:

$$I = \frac{dq}{dt} \tag{2.7}$$

Для постоянного тока

$$I = \frac{q}{t} \tag{2.8}$$

Для постоянного тока напряженность электрического поля во всех точках проводника должна быть одинакова, чтобы не шло накопление зарядов на отдельных участках, которое приведет к изменению напряжения.

Плотностью электрического тока проводимости называется вектор $\langle \bar{J} \rangle$, совпадающий с направлением электрического тока в рассматриваемой точке и численно равный отношению силы тока dI сквозь малый элемент поверхности ортогональной направлению тока, к площади $dS_\perp$, этого элемента:

$$\langle J \rangle = \frac{dI}{dS_\perp} \tag{2.9}$$

Из (2.9) непосредственно следует:

$$\langle J \rangle = \oiint \langle J \rangle dS_\perp \tag{2.10}$$

Циркуляция вектора $\bar{B}$ по произвольному контуру С равна произведению μ_0 на алгебраическую сумму токов, охватываемых контуром С.

В векторном пространстве имеем:

$$\oint_C \bar{B} d\bar{l} = \mu_0 \langle I \rangle \tag{2.11}$$

Формула (2.11) в основном рассматривается как постулат, подтвержденный экспериментально. В общем виде доказательство формулы в векторном пространстве провести затруднительно.

Выше было подробно рассмотрено, что если заряд будет двигаться по изолированной оси (фактически создавать ток), то он будет вызывать закрутку точек пространства, лежащих в плоскости перпендикулярной этой изолированной оси. Согласно экспериментальной формулы (2.11) и разложению силовых функций, описывающих электромагнитные поля, необходимо воспользоваться первым членом разложения функции в ряд Лорана т.е. $\frac{1}{S}$.

Числовое поле существенно пространственное, поэтому запись закона Био-Савара надо записать в структурном виде, используя определения (2.10) силы тока как поверхностный интеграл, которая и циркулирует по замкнутому контуру С. Последовательно распишем формулу (2.6)

$$B = \frac{\mu_0}{4\pi} \oint_C \left(\oiint_{S_\perp} \frac{\langle J \rangle ds}{4\pi^2 S^2} \right) (id\varphi + jd\psi) \tag{2.12}$$

Интеграл имеет прозрачную интерпретацию: поток электрической напряженности создается зарядом, образованным вихрем электрического тока через замкнутую поверхность (двойной интеграл),который двигаясь по кривой в свою очередь создает поле магнитной напряженности.

Двойной интеграл в скобках есть сила тока в общем виде или поток вектора напряженности электрического тока:

$$\langle I \rangle = \oiint_s \frac{\langle J \rangle ds}{S^2} = \oiint_s \frac{\langle J \rangle R^2 e^{2i\varphi + 2j\psi} jid\varphi d\psi}{4\pi^2 R^2 e^{2i\varphi + 2j\psi}} = \tag{2.13}$$

$$= \frac{1}{4\pi^2} ji \langle J \rangle \int_0^{4\pi} d\varphi \int_{-\pi/2}^{\pi/2} d\psi = ji \langle I \rangle$$

поэтому

$$B = \frac{\mu_0}{4\pi} \oint_C \langle I \rangle (id\varphi + jd\psi) \tag{2.14}$$

Вычисления дают:

$$B = \frac{\mu_0}{4\pi} ji \langle I \rangle \oint_C (id\varphi + jd\psi) = \frac{\mu_0}{4\pi} ji \langle I \rangle \int_0^{4\pi} id\varphi + j \int_0^{\pi} d\psi = -j\mu_0 \langle I \rangle - i\frac{1}{4}\mu_0 \langle I \rangle$$

Окончательно имеем:

$$B = \oint_C BdL = -j\mu_0 \langle I \rangle - i\frac{1}{4}\mu_0 \langle I \rangle \tag{2.15}$$

Выражение дает циркуляцию магнитной напряженности от вектора электрической напряженности (потока электрической напряженности вдоль замкнутого контура).

Теорема Гаусса для поля B.

Поток вектора B ссквозь любую замкнутую поверхность равен нулю:

$$\oiint_s BdS = 0 \tag{2.16}$$

В комплексном пространстве поток рассчитывается по формуле (2.14) с соблюдением тех же физических условий ее вывода с заменой замкнутого контура на замкнутую поверхность:

$$\oiint_s \frac{\mu_0}{4\pi}\langle I\rangle \frac{ds}{S} = \frac{\mu_0}{4\pi}\langle I\rangle \oiint_s \frac{jiR^2 e^{2i\varphi+2j\psi} d\varphi d\psi}{\mathrm{Re}^{i\varphi+j\psi}} =$$

$$= ji\frac{\mu_0}{4\pi}\langle I\rangle \int_0^{4\pi} \mathrm{Re}^{i\varphi+j\psi} id\varphi \int_0^{\pi} jd\psi = 0$$

Экспериментальные Законы Гаусса, законы о циркуляции магнитного и электрических полей находятся в полном соответствии с теорией функций комплексного переменного и пространственного комплексного переменного в том плане, что силовые магнитные поля описываются первым членом разложения функции в ряд Лорана, электрические поля описываются вторым членом главной части разложения функции в ряд Лорана. Все остальные члены главной и правильной части разложения в ряд Лорана не вносят вклад в описания процессов электромагнетизма.

Заряд рассматривается как особенность, которая оказывает влияние на структуру пространства. В пространстве имеется особенность в виде изолированной оси, которая составляет его подпространство.

УРАВНЕНИЯ МАКСВЕЛЛА ДЛЯ ЭЛЕКТРОМАГНИТНОГО ПОЛЯ В ЧИСЛОВОМ ПРОСТРАНСТВЕ.

Теория Максвелла представляет собой феноменологическую теорию электромагнитного поля. В теории не рассматриваются молекулярное строение вещества и внутренний механизм процессов в среде в электромагнитном поле.

Не рассматривается структура заряда и его зависимость от среды.

Среда характеризуется тремя величинами: относительной диэлектрической проницаемостью ε_0,относительной магнитной проницаемостью μ_0 и удельной электрической проводимостью. Эти величины заданы экспериментально.

Теория опирается на две теоремы векторного анализа (1.11),(1.12),недостатки которых были рассмотрены выше. Однако терминологию и символическую запись следует сохранить, так как сокращаются записи.

Из экспериментальных данных Максвелл обобщил закон электромагнитной индукции: с переменным магнитным полем неразрывно связано вихревое индуцированное электрическое поле, которое не зависит от того находится в нем проводник или нет.

Первое уравнение Максвелла в интегральной форме:

$$\oint_C EdL = -\oiint_{ss} \frac{\partial B}{\partial t} dss \qquad (2.17)$$

(формула записана в числовом поле).

По определению первое уравнение Максвелла показывает, что

Циркуляция числового вектора E напряженности электрического поля по произвольному неподвижному замкнутому контуру, мысленно проведенному в электромагнитном поле, равна взятой с обратным знаком скорости изменения магнитного потока через поверхность ss, натянутую на этот контур (или, что то же самое, равна взятому с обратным знаком потоку числового вектора $\frac{\partial B}{\partial t}$ через выше указанную поверхность ss.

Второе уравнение Максвелла

$$\oint_C BdL = \oiint_{ss} \langle I_{пол.} \rangle dss \qquad (2.18)$$

оно показывает, что циркуляция числового вектора Н напряженности магнитного поля по произвольному неподвижному замкнутому контуру С, мысленно проведенному в электромагнитном поле, равна алгебраической сумме макро токов и тока смещения сквозь поверхность, натянутую на этот контур.

Согласно первому уравнению (2.17) циркуляция вектора электрической напряженности вдоль замкнутого контура не равна нулю, как это было в потенциальном кулоновском поле (21).

Уравнение (2.17) показывает, что изменяющееся во времени магнитное поле приводит к появлению электрического поля независимо от наличия проводящего контура. Таким образом, электрическое поле является вихревым.

В общем случае электрическое поле это единство электростатического и поля, обусловленного изменяющимся магнитным полем.

Выше было установлено, что электростатическое поле описывается функциями комплексного переменного. Основной вклад в это поле вносит второй член в главной части разложения функции в ряд Лорана. Только в этом случае циркуляция вектора электрической напряженности равна нулю, если контур интегрирования не охватывает заряд, создающей поле. Если контур включает заряд, то интеграл имеет вполне определенное значение. Создаваемое поле является потенциальным. Потенциальность функций определенных в комплексном пространстве доставляется выполнением условий Коши-Римана. Для потенциальных функций нет возможности осуществить переход от криволинейного интеграла к поверхностному. Заряд есть изолированная особая точка в пространстве и появление заряда неразрывно связано с изолированной пространственной осью. Которая в свою очередь вызывает закручивание пространства. Если заряд не движется, то закрутка пространства постоянна. Если заряд движется, то закрутка непрерывно меняется в конкретных точках пространства. Это и вызывает появление магнитного поля.

Вихревое электрическое поле описывается в отличии от электростатического первым членом разложения в ряд Лорана классических функций анализа. Но первый член главной части ряда Лорана также подчиняется условиям Коши-Римана и вновь переход к поверхностному интегралу осуществить нельзя. Однако правая часть уравнения позволяет выяснить дополнительные условия, которые необходимо наложить на потенциальную функцию, чтобы создать вихревое не потенциальное поле. Вектор магнитной напряженности согласно (2.3) можно выразить как

$$B = VE / c^2 = \frac{q}{S^2} \frac{V}{c^2}$$

Это выражение соответствует движению заряда по изолированной оси с нерелятивистской скоростью V. Движение вызывает закрутку пространства согласно формулам выделения изолированной оси. Скорость закрутки зависит от скорости изменения угла ψ. В соответствии с вышесказанном запишем уравнение Максвелла

$$\oint_{\Gamma} Edl = \oint_{\Gamma} \frac{q}{S} dl = -\oiint_{ss} \frac{q}{S^2} \frac{V}{C^2} dss$$

где закрутка пространства определяется скоростью движения заряда по изолированной оси, вызывающей также переход интеграла от потенциальной функции к вихревой. Этот результат обоснован формулами (2,3),(37),(38),(39).

Преобразуем криволинейный интеграл к поверхностному

$$\oint_{\Gamma} \frac{q}{S} dl = \oint_{\Gamma} q \left(\frac{ct}{(ct)^2 + S^2} + k \frac{s}{(ct)^2 + S^2} \right) (cdt + kds) =$$

$$= \oiint_{ss} q \left[\frac{\partial}{\partial s} \left(\frac{ct}{(ct)^2 + s^2} \right) - \frac{\partial}{\partial ct} \left(\frac{s}{(ct)^2 + s^2} \right) \right] cdtds + +k \oiint_{ss} q \left[\begin{array}{c} \frac{\partial}{\partial ct} \left(\frac{ct}{(ct)^2 + s^2} \right) - \\ - \frac{\partial}{\partial s} \left(\frac{s}{(ct)^2 + s^2} \right) \end{array} \right] cdtds =$$

$$= -2k \oiint_{ss} \frac{q}{S^2} dss$$

Циркуляция потенциала вектора электрической напряженности в вихревом поле сведен к поверхностному интегралу от производной по времени от вектора магнитной напряженности. Потенциальная функция по контуру соответствует вихревой функции при смене знака между действительной и мнимой частями. При этом вид вихревой функции пропорционален $\infty \frac{1}{S}$ после интегрирования дает вид электрической функции $\infty \frac{1}{S^2}$. Первый член разложения ряда Лорана заменяется вторым членом главной части разложения.

Полученный интеграл равен правой части уравнения Максвелла при выполнения равенства $2\chi = \frac{V}{C^2} = V\varepsilon_0\mu_0$.Откуда следует, что коэффициент искажения пространства χ равен произведению скорости движения заряда, диэлектрической проницаемости, магнитной проницаемости. Размерность введенного коэффициента равна $\frac{cek^3}{cm^3}$.

Эта зависимость обосновывает переход к материальным уравнениям, так как обоснованы соотношения, характеризующие индивидуальные свойства среды.

$$D = \varepsilon\varepsilon_0 E, B = \mu\mu_0 H$$

где ε, μ-известные постоянные, характеризующие электрические и магнитные свойства среды. Свойства среды были увязаны с изменением координатных систем.

Таким образом, Электрическое поле E может слагаться из электростатического поля и поля, обусловленного изменяющимся во времени магнитным полем $E = c_{-1}\frac{1}{4\pi\varepsilon_0}\frac{q}{S^2} + c_{-2}\frac{q}{S}\frac{1}{4\pi\varepsilon_0}$.

ЭЛЕКТРОМАГНИТНАЯ ИНДУКЦИЯ.ПЕРВОЕ УРАВНЕНИЕ МАКСВЕЛЛА.

Формулы (2.17),(2.18) записаны, опираясь на экспериментальные данные. В этих формулах нет закрепленной пространственной структуры. Вектора магнитной B и электрической напряженности E выражаются в подпространстве $(S_{ev} = x + iy + jz)$, которое можно назвать Евклидовым, а взаимодействие осуществляется в пространстве $(S_{Mi} = x + iy + jz + kjct)$,которое можно сопоставить с пространством Минковского. При этом контура циркуляции C, а также натянутые на них поверхности ss, также могут определяться в подпространствах S_{ev}, S_{Mi}.

Поэтому вначале остановимся на варианте, когда B,E в евклидовом подпространстве, а взаимодействие происходит в пространстве Минковского.

Уравнения Максвелла есть экспериментальные уравнения. В уравнениях (2.17) и (2.18) основным параметром является параметр время, который введен из чисто физических экспериментальных результатов. В связи с этим необходимо обосновать появление этого параметра математически.

В пространстве Минковского подпространство Евклида время t объединены в один комплекс. Это хорошо известно из теории Лоренца и Минковского. Поэтому рассматриваем единый комплекс

$$\lambda = kjS \pm Ct \tag{2.20}$$

В этом комплексе координата (ось)времени повернута относительно пространственной координате на 90 град.

При таком представлении системы координат первый модуль числа (2.20) содержит пространственную координату с отрицательным знаком (нет смысла отходить от пространства Минковского)

$$\lambda = \sqrt{c^2t^2 - s^2}\, e^{karktgj\frac{s}{ct}} = |\lambda| e^{k\beta}$$

где $|\lambda| = ct\sqrt{1 - \left(\frac{s}{ct}\right)^2}$; $\beta = arktgj\frac{s}{ct}$

Если в этом пространстве рассматривать поверхность сферы радиуса $R = |s|$,то при равенстве $|s| = ct$, получим $\lambda = ct\sqrt{0}e^{karktgj}$. То есть имеется ипсилон туннель радиуса корня из нуля и бесконечным изолированным направлением.

Выделенное таким образом пространство есть разложение более общего на два взаимно перпендикулярных и повернутых относительно друг друга на 90 гр.

$$\lambda = ct + kjct = ct(1 + kj)$$

В комплексных числах это подпространство делителей нуля. Все физические процессы передают в пространстве информацию взаимодействия в этом подпространстве.

Одновременно с этим необходимо рассматривать вектора E,H также в этом пространстве, объединенные в один комплекс

$$G = E + kjcB \qquad (2.21)$$

Запись отвечает плоско –поляризованной электромагнитной волне.

Кроме того числовой вектор E в пространстве (2.19) повернут относительно числового вектора B также на 90 град. Электромагнитный комплекс представим в виде $G = \sqrt{E^2 - c^2B^2}\, e^{karktgj\frac{cB}{E}}$.

Если векторы магнитной и электрической напряженности равны по модулю то получаем $G = E\sqrt{0}e^{karktgj} = E + kjcB$

Поэтому имеем:

$$G = \left(E_x + iE_y + jE_z\right) + kj\left[ji\left(B_x + iB_y + jB_z\right)\right] = \qquad (2.22)$$
$$= \left(E_x + i\ E_y + jE_z\right) + kj\left(jiB_x - jB_y - iB_z\right)$$

Вектор магнитной напряженности повернут на углы $e^{j\pi/2 + i\pi/2}$ в координатном пространстве (не зависимом от времени).

Таким образом, условия существования электромагнитной волны, известные из классической электродинамики, выполнены. Проведем вывод уравнений Максвелла и сопоставим их с существующими.

Рассмотрим циркуляцию суммарного числового вектора в пространственно-временном континууме

$$\oint_\Gamma G d\lambda = \oint_\Gamma (E + kjB)(kjds + cdt) = \oint_\Gamma Ecdt + Bds + kj\oint_\Gamma Eds + Bc\ dt = J_1 + kjJ_2$$

Преобразуем последовательно криволинейные интегралы по замкнутой кривой C к двойному интегралу с элементом площади $dSCdt$.

$$J_2 = \oint_C EdS + BCdt = \oiint_{st}\left(\frac{1}{C}\frac{\partial E}{\partial t} - \frac{\partial B}{\partial S}\right)dSCdt \qquad (2.23)$$

$$J_1 = \oint_C ECdt + BdS = \oiint_{st}\left(\frac{\partial E}{\partial S} - \frac{1}{C}\frac{\partial B}{\partial t}\right)dScdt \qquad (2.24)$$

Таким образом, получены криволинейные интегралы по замкнутым контурам C в координатах пространства времени, которые по формуле Стокса переводятся в поверхностные интегралы. Контур зависит от времени, поверхность натянутая на этот контур также зависит от времени. Условия независимости интегралов от формы кривой и поверхности остаются прежними.

$$\frac{1}{c}\frac{\partial E}{\partial t} - \frac{\partial B}{\partial s} = 0; \frac{\partial E}{\partial s} - \frac{1}{c}\frac{\partial B}{\partial t} = 0.$$

В связи с этим равенство нулю выражений относится к новому уровню структуры материи. То есть из пространства Декарта соотношения переведены в пространство Минковского. Токи электрической и магнитной напряженности в пространстве –времени представляют циркуляцию вектора напряженности как функции координат и времени. Интеграл по замкнутой кривой (пространственно-временной) типа C_3 должен быть равен нулю. Это и заложено в уравнениях Максвелла.

Раскроем выражения в координатах $x+iy+jz$; и Ct.

Подставим выражение (2.22) в (2.23)

$$J_1 = \oiint_{st} \left(\frac{1}{c}\left(\frac{\partial E_x}{\partial t} + i\frac{\partial E_y}{\partial t} + j\frac{\partial E_z}{\partial t} \right) - \right.$$
$$\left. - \frac{\partial\left(jiB_x - jB_y - iB_z\right)}{\partial\left(x+iy+jz\right)} \right)\left(dx + idy + jdz\right)cdt$$

Второй интеграл также преобразуется через выражения (2.22)

$$J_2 = \oiint_{st} \left[\left(\begin{array}{l} \dfrac{\partial\left(E_x + iE_y + jE_z\right)}{\partial\left(x+iy+jz\right)} - \\ -\dfrac{1}{C}\left(ji\dfrac{\partial B_x}{\partial t} - j\dfrac{\partial B_y}{\partial t} - i\dfrac{\partial B_z}{\partial t} \right) \end{array} \right) \right] \left(dx + idy + jdz\right)cdt$$

В первом интеграле раскрываем производную от магнитной напряженности и приравниваем комплексные части к частям производной по времени электрической напряженности, получим (левая часть уравнений); в правой колонке приведены уравнения Максвелла. Во втором производим симметричную перестановку.

Для второго интеграла J_2 имеем.

Равенство действительных частей дает:

$$\frac{\partial E_z}{\partial y} + \frac{\partial E_y}{\partial z} = -\frac{1}{c}\frac{\partial B_x}{\partial t} \tag{2.25}$$

$$\frac{\partial E_z}{\partial y} - \frac{\partial E_y}{\partial z} = -\mu\mu_0\frac{\partial H_x}{\partial t}$$

Равенство частей с мнимой единицей i

$$i\frac{\partial E_y}{\partial x} - \frac{\partial E_x}{\partial y} = -\frac{1}{c}\frac{\partial B_z}{\partial t} \tag{2.26}$$

$$\frac{\partial E_y}{\partial x} - \frac{\partial E_x}{\partial y} = -\mu\mu_0\frac{\partial H_z}{\partial t}$$

Равенство частей с мнимой единицей j

$$\frac{\partial E_z}{\partial x} - \frac{\partial E_x}{\partial z} = -\frac{1}{c}\frac{\partial B_y}{\partial t} \tag{2.27}$$

$$-\frac{\partial E_z}{\partial x} + \frac{\partial E_x}{\partial z} = -\mu\mu_0\frac{\partial H_y}{\partial t}$$

Равенство частей с мнимой единицей ji

$$\frac{\partial E_x}{\partial x}+\frac{\partial E_y}{\partial y}+\frac{\partial E_z}{\partial z}=0 \qquad (2.28)$$

$$\frac{\partial E_x}{\partial x}+\frac{\partial E_y}{\partial y}+\frac{\partial E_z}{\partial z}=0$$

Проведем аналогичные операции с первым интегралом J_1.

$$-\frac{\partial B_z}{\partial y}-\frac{\partial B_y}{\partial z}=\frac{1}{c}\frac{\partial E_x}{\partial t} \qquad (2.28)$$

$$\frac{\partial H_z}{\partial y}-\frac{\partial H_y}{\partial z}=\varepsilon\varepsilon_0\frac{\partial E_x}{\partial t}$$

$$\frac{\partial B_x}{\partial z}-\frac{\partial B_z}{\partial x}=\frac{1}{c}\frac{\partial E_y}{\partial t} \qquad (2.29)$$

$$\frac{\partial H_x}{\partial z}-\frac{\partial H_z}{\partial x}=\varepsilon\varepsilon_0\frac{\partial E_y}{\partial t}$$

$$\frac{\partial B_x}{\partial y}-\frac{\partial B_y}{\partial x}=\frac{1}{c}\frac{\partial E_z}{\partial t} \qquad (2.30)$$

$$\frac{\partial H_y}{\partial x}-\frac{\partial H_x}{\partial y}=\varepsilon\varepsilon_0\frac{\partial E_z}{\partial t}$$

$$\frac{\partial B_x}{\partial x}+\frac{\partial B_y}{\partial y}+\frac{\partial B_z}{\partial z}=0 \qquad (2.31)$$

$$\frac{\partial H_x}{\partial x}+\frac{\partial H_y}{\partial y}+\frac{\partial H_z}{\partial z}=0$$

Левая колонка, выведенных уравнений, с незначительными отступлениями отличается от правой с уравнениями Максвелла. Это естественный результат корректировки в числовом поле.

Если прибегнуть к обозначениям векторного поля (от которых нецелесообразно отказываться из за их сжатости), то уравнения записываются в виде:

$$rotE=-\frac{\partial B}{\partial t};divD=0;$$

$$rotH=\frac{\partial D}{\partial t};divB=0$$

Где $D=\varepsilon\varepsilon_0 E;B=\mu\mu_0 H$; где $\mu\mu_0;\varepsilon\varepsilon_0$ действительные величины не зависящие ни от времени ни от координат.

Уравнения (2.25)-(2.31) раскрывают эти сжатые записи. Дивергенции выражены уравнениями (2,28) и (2.31).

Роторы раскрыты в левых колонках уравнений.

Еще раз подчеркнем, что все величины Числовые и подчиняются законам алгебры действительных и комплексных чисел.

Уравнения записаны в числовом пространстве, однако с применением символики векторного анализа, совпадают с уравнениями Максвелла. Уравнения трактуются для пространства, свободного от зарядов и токов (члены содержащие плотность зарядов и токов равны нулю).

Однако такая трактовка не вскрывает зависимости изменения пространства от присутствия или отсутствия заряда. Заряд, его распределения в пространстве, сила тока это понятия, которые вносятся в пространство как в арену для материи. Внутренняя структура заряда не связана со структурой пространства. Поэтому вектора электрической напряженности $\vec{E}$,магнитной $\vec{B}$, потенциал φ доставляются в теории как произведение заряда или тока на координатную функцию.

В общем виде, например $\vec{E} = q\vec{f}(x, y, z, ct), \vec{B} = q\vec{\chi}(x, y, z, ct)$.

В результате равенство нулю операторов $divE = 0, divB = 0$ возможно в двух случаях: когда заряд равен нулю или операторы div, rot от координатных функций равны нулю, но заряд не равен нулю. (заряд не связан со структурой и его можно просто сократить).

В первом варианте, когда равен нулю заряд вырождаются четыре уравнения Максвелла. Это тривиально и поэтому следует рассмотреть второй вариант. Заряд или сила тока не равны нулю, но оператор div от силовых координатных функций равен нулю. В этом случае остается возможность выполнения уравнений $\begin{matrix} rot\vec{E} = -\dfrac{1}{c}\dfrac{\partial\vec{B}}{\partial t} \\ rot\vec{B} = \dfrac{1}{c}\dfrac{\partial\vec{E}}{\partial t} \end{matrix}$. Но в этом случае возможно и сокращение заряда в левых и правых частях уравнений. Уравнения в этом случае описывают взаимосвязь координат и времени. Это чисто математическая зависимость, по которой нельзя определить какую роль играет заряд и какое место он занимает в пространстве определения этих функций.

Элементарный заряд есть заряд электрона. Поэтому все заряды определяются количеством электронов и после сокращения на единицу заряда – электрон уравнения превращаются в описания распространения возмущения в пространстве времени. При этом совершенно неопределенной становится природа заряда. Существенным также является то, что до настоящего времени нет ясности как ввести фундаментальные свойства заряда быть положительным или отрицательным. Современная теория связывает эти свойства с алгебраическими знаками плюс или минус, что является довольно примитивной трактовкой этих фундаментальных свойств.

Это одно из самых слабых мест электродинамики. Уравнения не должны приводить к сокращениям главного параметра. Это результат ставит по сомнение способ задания электромагнитного поля.

Итак становится очевидным, что необходимо использовать вариант, при котором заряд в уравнениях не равен нулю, но силовые операторы $divE, divB$ равны нулю. С первым уравнением в этом случае нет проблем. Но второе уравнение вступает в противоречие.

$$divrotB = div\frac{1}{c}\frac{\partial E}{\partial t}$$

Левая часть равна нулю в силу определения операторов через теоремы Стокса и Остроградского. Правая часть также равна нулю в силу равенства нулю дивергенции от силовой функции, что противоречит наличию заряда.

В пределах той концепции пространства времени, которое диктуется векторным декартовым исчислением преодолеть накопленные в электродинамике противоречия не представляется возможным. Существование операторов: ротора и дивергенции предполагает наличие в пространстве изолированных направлений. Только наличие изолированных направлений в пространстве вносит смысл в определении этих операторов. Смысл понятия $divF$ можно выразить следующим образом: $divF$ является потоком наружу из объема V_i ,приходящимся на единицу объема, в пределе бесконечно малого V_i .

Таким образом, предполагается, что существует поверхность, стягивая которую всегда будем иметь замкнутый объем. В пространстве нуль мерных точек это определение не осуществимо, так как в этом случае нуль мерная точка должна быть источником или стоком в пространстве.

Равенство нулю $div\vec{E} = 0$ не означает равенство нулю заряда или его распределения в объеме. Равенство нулю означает, что оператор не включает точек, в которых он терпит разрыв. Но в этом случае уравнение $rot\vec{B} = \frac{1}{c}\frac{\partial \vec{E}}{\partial t}$ теряет свой физический смысл. Изменение во времени электрического поля приводит к возникновению электромагнитного вихря –ротора.

Ротор по определению возникает вокруг изолированной оси или провода. Только в этом случае он не равен нулю. Пример №2 (интеграл Гаусса).

Первое уравнение Максвелла $rotE = -\frac{\partial B}{\partial t}$ также не выдерживает критики. Изменение во времени магнитной напряженности B вызывает вихрь электрического поля $rotE$. Вихрь не равен нулю, поле вихревое и следовательно векторная функция включает область изолированной оси, по которой и действует вектор напряженности. Но дивергенция $divB = 0$ и это означает, что эта ось не входит в область определения вектора B.Пример №1.

Равенство нулю дивергенции указывает на существование изолированной оси, через которую идет поток из объема. В Примере №3 (смотри дальше) для всех трех случаев А),Б), С) указывалась изолированная ось. Для случая А) например, $divE = 0$, что соответствует в пространстве времени:

$$\frac{\partial E_z}{\partial z} + \frac{\partial E_y}{\partial y} = -\frac{\partial E_x}{\partial x}$$, это согласуется с выражением ротора

$$\frac{\partial E_z}{\partial y} - \frac{\partial E_y}{\partial z} = -\frac{1}{c}\frac{\partial B_x}{\partial t}$$

Изменение магнитной напряженности вызывает поток электрической напряженности по изолированной оси X. Аналогично и для случаев Б),С).

В числовом пространстве координатные линии: x,y,z заменяются цилиндрическими ипсилон туннелями, так что связность плоскости, например

$x + iy$ (как в примере А)) дополняется цилиндрической осью $jze^{i\gamma}$.

Заряд, расположенный в начале координат, нельзя замкнуть поверхностью, так как в пространстве имеется ось с изолированным направлением. Заряд находится в изолированной области от остального пространства и тем самым обуславливает появление структуры.

Внутреннее пространство изолированной оси есть подпространство в общей структуре, которое совмещается с зарядом.

Уравнения (2.27) и (2.31) совпадают с классическими выражениями дивергенции в электромагнитном поле (нет смысла отказываться от краткости записи и терминологии):

$$divE = 0; divB = 0 \tag{2.32}$$

Левая часть уравнений (2.25;2.26;2.27) соответствует выражению ротора в классической электродинамике естественно с небольшими изменениями в знаках в (2.25). Изменение знака отвечает соответствию ротора числовому полю и тому, что мнимые числа i, j, ij отвечают законам операций с комплексными числами (не путать с единичными векторами, которые не подчиняются законам алгебры действительных чисел).

Левая часть уравнений (2.28;2.29;2.30) есть ротор магнитной напряженности в числовом пространстве.

Так, что можно записать

$$rotE = \left(\frac{\partial E_z}{\partial x} - \frac{\partial E_x}{\partial z}\right) + i\left(\frac{\partial E_y}{\partial x} - \frac{\partial E_x}{\partial y}\right) - j\left(\frac{\partial E_z}{\partial y} + \frac{\partial E_y}{\partial z}\right) \tag{2.33}$$

$$rotB = \left(\frac{\partial B_x}{\partial z} - \frac{\partial B_z}{\partial x}\right) + i\left(\frac{\partial B_x}{\partial y} - \frac{\partial B_y}{\partial x}\right) - j\left(\frac{\partial B_z}{\partial y} + \frac{\partial B_y}{\partial z}\right) \tag{2.34}$$

Исследовать выражения (2.33) и (2.34) в общем виде достаточно сложно из за громоздкости выкладок. Поэтому воспользуемся выражениями в плоскостях.

Согласно предыдущим исследованиям возьмем потенциал вектора электрической напряженности в виде:

Пример№ 3.

$E = e^{Vt} \dfrac{q_1}{4\pi\varepsilon_0} \dfrac{1}{s} = \beta \dfrac{1}{s}$, где обозначили $\beta = e^{Vt} \dfrac{q_1}{4\pi\varepsilon_0}$

А) В плоскости $s = x + iy$ имеем: $E_x = \beta \dfrac{x}{x^2 + y^2}; E_y = \beta \dfrac{-y}{x^2 + y^2}$

Ротор в плоскости (x, y) будет иметь вид:

$$rotE_{yx} = \frac{\partial E_y}{\partial x} - \frac{\partial E_x}{\partial y} = \beta \frac{4yx}{\left(x^2 + y^2\right)^2}$$

Ротор имеет нормаль в виде мнимого числа I. Ротор не равен нулю, так как вывод был проведен с учетом поворотов векторов магнитной и электрической напряженности. Изолированной служит ось Z.

Дивергенция равна:

$divE_{xy} = \dfrac{\partial E_x}{\partial x} + \dfrac{\partial E_y}{\partial y} = 2\beta \dfrac{-\left(x^2 - y^2\right)}{\left(x^2 + y^2\right)^2}$, дивергенция не равна нулю и естественно имеет особенность в виде оси Z.

Выражения ротора и дивергенции в комплексных координатах $\langle x, y \rangle$ означает переход в интегралах (2.23), (2.24) от криволинейных координатах $ds = dx + idy + jdz$ к поверхностным $dss = idxdy$.

Б) Рассмотрим плоскость $\langle iy + jz \rangle$

Силовая координатная функция будет равна

$$E = \beta \frac{1}{iy + jz} = \beta \frac{iy - jz}{-y^2 + z^2}$$

Так что, имеем: $E_y = \beta \frac{y}{-y^2 + z^2}; E_z = \beta \frac{-z}{-y^2 + z^2}$

Ротор будет равен: $rotE_{zy} = \frac{\partial E_z}{\partial y} + \frac{\partial E_y}{\partial z} = \beta \frac{-2yz}{(-y^2 + z^2)^2}$

Дивергенция равна: $divE_{yz} = \frac{\partial E_y}{\partial y} + \frac{\partial E_z}{\partial z} = \beta 2 \frac{y^2 + z^2}{(-y^2 + z^2)^2}$

Ротор и дивергенция имеют особенность в виде оси X.

Ротор и дивергенция в этой плоскости имеет подпространство точек делителей нуля (конус), которое сворачивается в ипсилон туннель.

С) Плоскость $\langle x + jz \rangle$ $E_x = \beta \frac{x}{x^2 + z^2}; E_z = \beta \frac{-z}{x^2 + z^2};$

Ротор $rotE_{xz} = \frac{\partial E_x}{\partial z} - \frac{\partial E_z}{\partial x} = \beta \frac{-4xz}{\left(x^2 + z^2\right)^2}$. Дивергенция

$$divE_{xz} = \frac{\partial E_x}{\partial x} + \frac{\partial E_z}{\partial z} = \beta 2 \frac{-x^2 + z^2}{\left(x^2 + z^2\right)^2}$$

В данном случае имеем особенность в виде оси Y.

Во всех трех случаях имеем вихревое пространство, включая особенности.

Для случая А) имеем:

$$divE_{yx} + irotE_{yx} = \beta 2i \left(\frac{1}{x + iy} \right)' = -\frac{\partial B_z}{c \partial t} \tag{2.35}$$

Для случая Б) имеем:

$$idivE_{yz} + jrotE_{yz} = \beta 2j \left(\frac{1}{iy + jz} \right)' = -\frac{\partial B_x}{c \partial t} \tag{2.36}$$

Для случая С)
имеем:

$$divE_{xz} + jrotE_{xz} = \beta 2j \left(\frac{1}{x + jz} \right)' = -\frac{\partial B_y}{c \partial t} \tag{2.37}$$

Три случая А),Б),С) демонстрируют переход в поверхностном интеграле (2.24) от координат $\langle Sct \rangle$ к координатам $\langle yxct, xzct, yzct \rangle$.

Операторы дивергенция и ротор представляют единый комплекс пространственных координат по отношению к координате времени. Рассматривать эти операторы отдельно, как это имеет место в настоящее время $[1-4]$ нет оснований.

В общем виде переход достаточно громоздок и будет проделан другими методами в дальнейшем изложении. В настоящем конкретном примере разберем общие принципы такого перехода. В данном случае из выражений для всех случаев очевидно, что структура контура в пространстве является подструктурой в пространственно временной структуре. При этом физически возможном варианте является независимость пространственного контура в этой подструктуре от времени.

При движении контура со скоростью V в магнитном поле возникает циркуляция потенциала φ ,которая создает напряженность электрического поля Е. Магнитное поле, потенциал, напряженность электрического поля есть функции движения зарядов и их изменения во времени $q_1\chi(\alpha t)$. Индукционный ток это движение зарядов и их изменение во времени $q_2\delta(\gamma t)$. В связи с этим потенциал и напряженность в пространстве, где находится контур, который не меняет формы со временем, должны соответствовать выводам (38). Если (2.3) дает напряженность магнитного поля, которая создается зарядом, двигающимся с нерелятивистской скоростью, то

$$B = \varepsilon_0 \mu_0 VE$$

Откуда следует, что напряженность магнитного поля деленного на скорость V и даст ту напряженность, которая ответственна за индукционный ток.

Если в трех случаях была получена напряженность в контуре как

$E_{xy} = e^{Vt}\dfrac{2iq_1}{4\pi\varepsilon_0}\left(\dfrac{1}{S_{xy}}\right)'$, то магнитная напряженность этому случаю(2.35)

будет равна $B_z = \dfrac{e^{Vt}}{V}\dfrac{2iq_1}{4\pi\varepsilon_0}\left(\dfrac{1}{S_{xy}}\right)'$

Аналогично для формул (2.36) и (2.37) (при $V = C$)

Обобщая проведенные выкладки можно сделать вывод.

Соотношения (2.25-2.31) составляют подструктуру в пространстве времени. Числовые операторы rot, div являются координатными операторами в пространстве $\langle x + iy + jz\rangle$ не зависимыми от времени.

Дифференциальные операторы являются действительной или мнимой частью пространственной силовой функции (как это показано в примерах А),Б),С).

Отсутствие заряда не влечет равенство нулю div,rot, как это трактует классическая электродинамика. Если пространство “искривлено “ так, как это происходит в присутствии заряда, то все операторы не равны нулю.

Таким образом, электромагнитная волна, которая описывается у Максвелла четырьмя уравнениями:

$$rotE = -\frac{1}{c}\frac{\partial B}{\partial t}; divE = 0; \tag{2.38}$$

$$rotB = \frac{1}{c}\frac{\partial E}{\partial t}; divB = 0;$$

может описываться и двумя уравнениями в пространстве времени:

$$divE + rotE + \frac{1}{c}\frac{\partial B}{\partial t} = 0;$$ (2.39)

$$divB + rotB - \frac{1}{c}\frac{\partial E}{\partial t} = 0;$$

Выражение (2.39) не конкретизирует на какие части распадается равенство нулю оператора дивергенция. Возможные варианты рассмотрены в Примере №3. Эти варианты находятся в зависимости от оператора ротора и производной по времени.

Уравнения (2.38) предполагают отсутствие зарядов и токов в пространстве, одновременно с этим процесс распространения электромагнитной волны не является пространственно объемным, так как оператор divE и rotB равны нулю.

Уравнения (2.39) предполагают, что "искривление" пространства при движении электромагнитной волны не требует зарядов и токов. Силовые координатные функции E,B повернуты относительно друг друга около изолированной оси, которая периодически образуется при движении в пространстве, так что обеспечивают "искривление" пространства как это происходит при наличии источников или стоков (зарядов или токов).

Это возвращает к понятию тока смещения. Ток смещения –это распространение возмущений поля без перемещения заряженных частиц. Ток смещения распространяется со скоростью света и связан с движением потока электрической энергии и массы по изолированному направлению. По изолированному направлению или бесконечному проводу идет движение прямых токов смещения, которые индуцируют появление напряженности вне изолированного направления. Ток смещения замыкает ток проводимости, либо сам представляет замкнутую цепь, поэтому вне изолированной оси идет в обратном направлении обратный ток смещения.

Возвратимся к примерам А),Б),С). В этих примерах имеем, например в А)

$$divE_{xy} + irotE_{xy} = e^{Vt}\frac{2iq_1}{4\pi\varepsilon_0}\left(\frac{1}{S_{xy}}\right)';$$

$$B_z = \frac{e^{Vt}}{V}\frac{2iq_1}{4\pi\varepsilon_0}\left(\frac{1}{S_{xy}}\right)'$$

Уравнения записаны для мгновенных значений.

Электрическая и магнитная напряженность будут равны нулю, если $q \equiv 0$. Однако электромагнитная теория в уравнениях (2.38) утверждает, что в пространстве возникают электрические и магнитные вихри, которые возбуждают один другого. Но это означает, что со скоростью V в пространстве движется вихрь искривленного пространства, описываемый силовой функцией $\infty\left(\frac{1}{S_{xy}}\right)'$.

Таким образом, отождествлять неравенство: $divE \neq 0$ с наличием в пространстве заряда, означает рассмотрение одного из возможных вариантов.

Наиболее общим вариантом будет запись циркуляции электромагнитной волны в системе пространство время в виде:

$$\oint_C G d\lambda = \oiiint_{sct} \left(\frac{1}{c}\frac{\partial E}{\partial t} - divB - rotB\right) dscdt + \tag{2.40}$$

$$+kj \oiiint_{sct} \left(divE + rotE - \frac{1}{c}\frac{\partial B}{\partial t}\right) dscdt$$

В дифференциальной форме уравнения можно написать и следующим образом:

$$\frac{1}{c}\frac{\partial}{\partial t}\frac{\partial E}{\partial s} = \left(divB + rotB\right)_s{}' ; \ \left(divE + rotE\right)_s{}' = \frac{1}{c}\frac{\partial}{\partial t}\frac{\partial B}{\partial s}$$

Уравнения соответствуют пространству свободному от зарядов и токов.

Если исследуется пространство с движением зарядов и их изменением во времени, необходимо уравнения (2.28-2.30) переписать с учетом этого факта

$$-\frac{\partial B_z}{\partial y} - \frac{\partial B_y}{\partial z} = \frac{1}{c}\frac{\partial E_x}{\partial t} + \frac{1}{c}\frac{\partial q}{\partial t}\hat{E}_x \tag{2.41}$$

$$\frac{\partial B_x}{\partial z} - \frac{\partial B_z}{\partial x} = \frac{1}{c}\frac{\partial E_y}{\partial t} + \frac{1}{c}\frac{\partial q}{\partial t}\hat{E}_y \tag{2.42}$$

$$\frac{\partial B_x}{\partial y} - \frac{\partial B_y}{\partial x} = \frac{1}{c}\frac{\partial E_z}{\partial t} + \frac{1}{c}\frac{\partial q}{\partial t}\hat{E}_z \tag{2.43}$$

В Числовом комплексном поле выражения принимают вид:

$$-\left(\frac{\partial B_z}{\partial y} + \frac{\partial B_y}{\partial z}\right) + i\left(\frac{\partial B_x}{\partial z} - \frac{\partial B_z}{\partial x}\right) + j\left(\frac{\partial B_x}{\partial y} - \frac{\partial B_y}{\partial x}\right) = \frac{1}{c}\frac{\partial}{\partial t}\left(E_x + iE_y + jE_z\right) +$$

-

$$+\frac{1}{c}\frac{\partial q}{\partial t}\left(\hat{E}_x + i\hat{E}_y + j\hat{E}_z\right)$$

где введено обозначение $E = q\hat{E}$, произведение заряда на силовую составляющую вектора электрической напряженности, которая зависит только от координат.

В символах векторного исчисления (для удобства) запишем:

$$rotB = \frac{1}{c}\frac{\partial E}{\partial t} + \frac{1}{c}\langle j \rangle$$

В теории Максвелла член $\frac{1}{c}\frac{\partial E}{\partial t}$ называют током смещения $J_{см}$.

Остановимся на понятиях тока проводимости и тока смещения более подробно.

ТОК СМЕЩЕНИЯ и ТОК ПРОВОДИМОСТИ.

Электрический ток представляет собой направленное перемещение носителей заряда: электронов или ионов. Это определение больше относится к току проводимости. Появление в уравнениях Максвелла дополнительно члена

$\langle J_{см} \rangle = \frac{4\pi}{c}\frac{\partial E}{\partial t}$ ставит вопрос о рассмотрении тока со структурных пространственных позиций.

Следуя классической электродинамики: пусть N-концентрация частиц, F-площадь поперечного сечения проводника. За время Δt через площадку F пройдут все частицы, заключенные в объеме $u_{cp}\Delta tF$ т.е. $Nu_{cp}\Delta tS$ частиц.

Это означает появление в проводнике электрического тока.

Переносимый заряд равен: $\Delta q = eNu_{cp}F\Delta t$, где е-заряд электрона.

Количество заряда, проходящее через поперечное сечение проводника со средней скоростью u_{cp} за бесконечно малый промежуток времени Δt ,называется мгновенной силой тока $\langle J(t)\rangle$ в момент времени t.

Следовательно $\Delta q = \langle J(t)\rangle \Delta t$ и $\langle J(t)\rangle = eNu_{cp}F$.

Если $u_{cp} = const \Rightarrow \langle J(t)\rangle = const$

Если $u_{cp} \neq const \Rightarrow \langle J(t)\rangle \neq const$

Эти два варианта и реализованы при выводе уравнений Максвелла.

Определение силы тока как производной “заряда “ по времени

$\langle J(t)\rangle = \lim_{\Delta t\to 0}\dfrac{\Delta q}{\Delta t}$ имеет смысл только в том случае, когда “заряд “ есть функция вида $\Delta q = \langle J(t)\rangle \Delta t$, в который изменение вносит скорость u_{cp} .

Движение электрических зарядов вызвано циркуляцией электрического потенциала. Заряд движется в подпространстве энергетически адекватному делителям нуля (они адекватны в сою очередь световому конусу). Для этого подпространства выполняются все условия существования электромагнитной волны: числовые векторы электрической и магнитной напряженности взаимно перпендикулярны и повернуты относительно друг друга как в пространстве – времени так и в пространстве координат, равны $E = cB$.

В этом случае создается ипсилон туннель для движения электрических зарядов.

При выводе уравнений Максвелла использовались две производные:

Производная для тока проводимости $\dfrac{1}{c}\dfrac{\partial E}{\partial t} = \dfrac{1}{c}\dfrac{\partial q(t)}{\partial t}E$

Силовая функция электрической напряженности пропорциональна $\infty \dfrac{1}{S^2}$.

Площадь проводника $F = \pi R^2$, поэтому отношение $\dfrac{F}{S^2} = 4\pi$, где 4 учитывает циркуляционный член в пространстве (смотри ( )).Считаем, что движение идет вдоль оси Z, т.е. при $\varphi = 0, \psi = 0$. В результате ток проводимости равен:

$$\langle J(t)\rangle_{пров.} = \frac{eNu_{cp}4\pi}{c} = \frac{4\pi}{c}\langle J(t)\rangle$$

То, что принято называть током смещения принципиально отличается от тока проводимости.

Введение тока смещения было обусловлено появлением разрывом в цепи тока проводимости и изменением заряда во времени. Обычно рассматривается модель плоского конденсатора при его разрядке. Между обкладками конденсатора должен установиться в каждый момент времени ток равный току проводимости.

Обозначим $\chi(t) = u_{cp} NF\Delta t$, тогда мгновенный заряд на обкладках и проводах будет равен $\Delta q = e\chi(t)$. Энергия взаимодействия обкладок будет равна:

$W = \dfrac{e^2\chi^2(t)}{d}$, где d- расстояние между обкладками.

Масса N электронов m_e частиц равна $m_e\chi(t)c^2$.Для обеспечения сохранения энергии в каждый момент времени между обкладками должно возникнуть поле энергии тока проводимости, которое будет равно энергии обменного кванта

m_v между обкладками:

$$\frac{e^2\chi^2(t)}{d} = m_e\chi(t)c^2 - \sqrt{\left(m_e\chi(t)c^2\right)^2 - \left(m_v c^2\right)^2}$$

Примечание.

Формула является прямым аналогом" дефекта" метрики пространства с переходом от пространства с метрикой Евклида S_e(зависит только от координат) к пространству с метрикой Минковского.

$$ddS = S_e - \sqrt{S_e{}^2 - (ct)^2}$$

в формуле в качестве обменного кванта выступает координата времени(смотри главу 5).

Такой аналог был использован при исследовании энергии связи атомных ядер, при расчете квантовых переходов в атоме водорода.

Энергия определяется обменным потоком- квантом, который идет по изолированному направлению (ипсилон туннелю) и значительно меньше чем масса взаимодействующих зарядов. Поэтому:

$$\frac{e^2\chi^2(t)}{d} = \frac{1}{2}\frac{\left(m_v c^2\right)^2}{m_e\chi(t)c^2}$$

откуда имеем: $\left(m_v c^2\right)^2 = 2e^2 m_e c^2 \chi^3(t)\dfrac{1}{d}$

$$m_v c^2 = e\chi^{\frac{3}{2}}(t)c\sqrt{\frac{2m_e}{d}}$$

Количество электронов, создающих поток обменной энергии будет выражаться

$$N_v = \frac{e\chi^{\frac{3}{2}}(t)}{c}\sqrt{\frac{2}{dm_e}}$$

Следовательно ток смещения равен $\langle J_{см}(t)\rangle = eN_v u_{cp}F = e^2 \frac{u_{cp}F}{c}\chi^{\frac{3}{2}}(t)\sqrt{\frac{2}{dm_e}}$

Отношение тока проводимости к току смещения пропорционально отношению количества электронов в токе проводимости к количеству электронов идущих по ипсилон туннелю обменного кванта.

Взаимодействие в пространстве осуществляется через изолированные ипсилон туннели. Наличие ипсилон туннелей является необходимым условием появления и существования тока смещения. Ток смещения это проявление тока обменной массы в ипсилон туннеле.

ЭЛЕКТРОМАГНИТНЫЕ ВОЛНЫ.

Изменение магнитного поля вызывает появление электрического поля. Этот эффект назван электромагнитной индукцией. В замкнутом контуре при изменении потока, пронизывающего площадь контура, возникает электрическое поле, который и вызывает в нем электрический ток. Электрические линии охватывают магнитные силовые линии. Этот факт становится физически понятным, если электрическое поле представить в виде двух членов (как было обосновано формулой (39)):

$$E_0 = c_{-1}\frac{1}{s}\frac{q_1}{4\pi\varepsilon_0} + c_{-2}\frac{1}{s^2}\frac{q_1}{4\pi\varepsilon_0} \qquad (2.44)$$

Первый член характеризует потенциал циркуляции электрического поля по замкнутому контуру, охватывающему изменяющиеся магнитное поле.

Наличие этого члена есть НЕОБХОДИМОЕ УСЛОВИЕ существования вихревого электрического поля. Этот член обуславливает появление второго члена (электрической напряженности) и влечет появление магнитной напряженности.

Магнитное поле будет описываться также двумя членами

$$B_0 = \frac{1}{C}(c_{-1}\frac{1}{s}\frac{q_1}{4\pi\varepsilon_0} + c_{-2}\frac{1}{s^2}\frac{q_1}{4\pi\varepsilon_0}) \qquad (2.45)$$

Электрическая и магнитная напряженности E_0, B_0 выражены в пространстве

$(x + iy + jz)$, которое представляет подпространство в пространстве времени.

Производная первого члена электрической напряженности определяет при определенных соотношениях коэффициентов c_{-1}, c_{-2} второй член в магнитной напряженности B_0 и электрической напряженности E_0. И симметрично относительно производной первого члена магнитной напряженности.

Производные вторых членов дают член пропорциональный $\infty\frac{1}{s^3}$ третьему члену разложения, который не вносит вклада (согласно выше проведенным выкладкам) в процессы электромагнитных волн.

Согласно Максвеллу, векторы электрической напряженности $\vec{E}$ и индукции магнитного $\vec{B}$ полей волны, распространяющейся в пустом неограниченном пространстве, перпендикулярны друг другу, а также направлению распространения волны. Кроме того $\vec{E}, c\vec{B}$ имеют одну и ту же величину.

Важным случаем электромагнитных волн являются волны, в которых векторы $\vec{E}, \vec{B}$ изменяются во времени по гармоническому закону с частотой v.

В пространстве-времени электромагнитную волну надо рассматривать как комплекс

$$G = E\cos\Phi + kjcB\sin\Phi \tag{2.46}$$

Модуль комплекса равен $\|G\| = \sqrt{E^2\cos^2\Phi - c^2B^2\sin^2\Phi}$

Аргумент комплекса равен $\arg G = arktgj\dfrac{cB\sin\Phi}{E\cos\Phi}$

Преобразуем выражения согласно экспериментальным и теоретическим данным известным в электродинамике. Условие $\|E\| = \|cB\|$ дают:

$$\|G\| = E\sqrt{\cos^2\Phi - \sin^2\Phi} = E\sqrt{\cos 2\Phi\cos 0} \tag{2.47}$$

$$\arg G = arktgjtg\Phi$$

Далее имеем при условии:

$$\Phi = (2n-1)\frac{\pi}{4}, \text{ где } n = 1,2,3\ldots \tag{2.48}$$

Имеем:

$$G = E\sqrt{0}e^{karktgjtg(2n-1)\frac{\pi}{4}} \tag{2.49}$$

Таким образом, при изменении n изолированное направление меняет знак. С изменением знака числовые вектора также меняют свои знаки и направления в плоскости поляризации.

Формулы (2.46-2.49) описывают структуру электромагнитной волны, распространение которой идет в пространстве и подпространстве. В классическое представление электромагнитной волны вводится ипсилон туннель по оси распространения. Электромагнитная волна распространяется с соблюдением топологии комплексного пространства, представленного в виде деформированной пространственной кривой C_3. Концы числовых векторов находятся на внешней поверхности, натянутой без точек самопересечения на эту кривую.

Со знаком изолированного направление связана фундаментальная характеристика заряда: быть положительным и отрицательным.

Согласно формуле (2.48) изолированное направление периодически изменяет знак.

При положительном заряде имеем "источник", при отрицательном "сток". Следовательно электромагнитная волна взаимодействует с пространством другого измерения и ее узловые точки непрерывно перекачивают энергию из одного пространства измерений в другое: из подпространства в пространство и наоборот. Синхронно с электромагнитной волной идет движение энергии в подпространстве.

(Пространство ипсилон туннеля принадлежит пространству другого измерения). Если соблюдается соотношение (2.48), то электромагнитная волна принадлежит энергетическому подпространству делителей нуля: $G = E \pm kjE = E(1 \pm ji)$, с модулем $\|G\| = E\sqrt{0} \neq 0$. Корень из нуля физически это сечение изолированного направления (площадь заряда).

Если соотношение (2.48) не соблюдаются, то электромагнитные числовые вектора имеют в пространстве-времени" мнимый" числовой вектор.

Если соотношение (2.48) выполняется, то электромагнитная напряженность не имеет суммарного вектора в пространстве. В пространстве появляются мнимые точки, которые в сферических координатах сворачиваются в ипсилон туннель.

При этом, в этих узловых точках следует считать наличие материального заряженного объекта. Пространство более высокой размерности выступает как материальная основа в пространстве более низкой размерности.

Волна, распространяющаяся по оси Z, имеет фазу

$$\Phi = \frac{2\pi}{T}t - \frac{2\pi}{\lambda} + \varphi = \omega\left(t - \frac{z}{c}\right) + \varphi \tag{2.50}$$

где: φ-фаза источника волны, Т-период волны, $\nu = \frac{1}{T} = \frac{\omega}{2\pi}$-частота волны,

$\lambda = cT$ -длина волны, $c = 3*10^{10}\, см/сее$ -скорость света.

Фаза волны (2.50) и условие (2.48) дают выражение: $\omega\left(t - \frac{z}{c}\right) + \varphi = (2n-1)\frac{\pi}{4}$, которое дает связь между временем t, протяженностью z, частотой ω и периодичностью.

Объединяя формулы получим:

$$G = \left(\frac{2iq}{4\pi\varepsilon_0}\frac{1}{S_{xy}}c_{-1} + \frac{2iq}{4\pi\varepsilon_0}\left(\frac{1}{S_{xy}}\right)' c_{-2}\right)\cos\left(\omega\left(t - \frac{z}{c}\right) + \varphi\right) +$$

$$+ kj\left(\frac{2iq}{4\pi\varepsilon_0}\frac{1}{S_{xy}}c_{-1} + \frac{2iq}{4\pi\varepsilon_0}\left(\frac{1}{S_{xy}}\right)' c_{-2}\right)\sin\left(\omega\left(t - \frac{z}{c}\right) + \varphi\right)$$

Единое электромагнитное поле определено как комплекс в пространстве времени также единый. Силовые функции выражены через первые и вторые члены главной части разложения классических функций анализа в ряд Лорана.

Остальные члены разложения не вносят вклады в процессы распространения электромагнитных волн. Только первые два члена главной части разложения в ряд Лорана отвечают по своим свойствам законам электромагнитного поля. Электромагнитные волны –это распространение в электромагнитном поле возмущений, состоящих из электрических и магнитных потоков напряженности поля. В комплексном пространстве возмущение связано с появлением зарядовых подпространств и движением в них изолированных потоков. Поток в ипсилон туннеле вызывает возмущение в пространстве, которое фиксируется поворотом аргументов силовых функций. Не возмущенное комплексное пространство это пространство вакуума. В таком пространстве связь между границей области и объектами внутри, выражаемая теоремами векторного анализа Стокса и Гаусса, приводит к вырождению этих теорем. Правые части формул этих теорем равны в этом случае нулю. Как показали исследования, проведенные выше, применение этих теорем в электродинамике возможно только с наложением дополнительно условий, характеризующих физические свойства электромагнитного поля. Это было сделано при выводе уравнений Максвелла.

СИЛА ЛОРЕНЦА. МАТЕМАТИЧЕСКОЕ ОБОБЩЕНИЕ.

Вектор электрической, магнитной напряженности, электромагнитное поле и т.д. в конечном счете это название тех изменений, которые происходят в пространстве-времени. Эти понятия введены и в настоящее время не сопоставлены адекватно тем свойствам пространства-времени, от которых они фактически и происходят. Все это привело к тому, что процессы рассматриваются происходящими в абсолютном пространстве –времени. Пространство и время рассматривается как арена процессов.

Уравнения Максвелла это комплекс уравнений, решение которых дает объединение разрозненных свойств, описываемых каждым из этих уравнений, в одно в пространстве времени. До настоящего времени предполагается, что распространение электромагнитных волн в пространстве осуществляется посредством взаимного преобразования изменяющегося во времени магнитного поля в электрические и наоборот. Как оказалось с течением времени это основополагающая модель и идея не выдерживает критики экспериментального несоответствия с экспериментальными данными. В данной работе эта идея заменена идеей единой электромагнитной волны, распространяющейся в структурном пространстве. Такая модель отвечает всем известным экспериментальным данным и не обнаруживает противоречий.

Уравнения Максвелла получены как обобщение экспериментальных данных и выступают как описание свойств электромагнитной волны в пространстве времени как арене ее распространения.

Методика исследований в данной статье идет от структуры пространства –времени и вывода уравнений как свойств этого единого пространства, проявляемых при изменении в нем потоков энергии.

При выводе уравнений Максвелла электромагнитное поле рассматривалось в виде: $G = E + kjcB$. Абстрагируясь от обозначений векторов E,B запишем в комплексном пространстве $G = \|G\| e^{i\varphi + j\psi + k\gamma}$

Комплекс запишем в четырехмерном пространстве-времени, обозначим $\|G\| = R$,тогда $G = \mathrm{R}e^{i\varphi + j\psi + k\gamma}$.

Применим алгебру комплексных пространств и выделим зарядовое сопряжение электромагнитного поля в пространстве-времени:

$$G = \mathrm{R}e^{i\varphi + j\psi}\cos\gamma + k\,\mathrm{R}e^{i\varphi + j\psi}\sin\gamma \pm j\,\mathrm{R}e^{i\varphi + j\psi}\sin\gamma =$$

$$= \mathrm{R}e^{i\varphi + j(\psi+\gamma)} + k\,\mathrm{R}e^{i\varphi + j\psi}\sin\gamma(1 + kj) = \mathrm{R}e^{i\varphi + j(\psi+\gamma)}$$

$$+ k\sqrt{0}e^{karktgj}\,\mathrm{R}e^{i\varphi + j\psi}\sin\gamma$$

Получили разложение комплекса на две составляющие: второе слагаемое дают зарядовое сопряжение с проекцией модуля комплекса на четвертую ось (можно считать временную), первое слагаемое представляет пространственный комплекс, имеющий дополнительно поворот в комплексе $j\sigma$ на величину временного угла γ .Угол γ есть угол между осью К и радиусом R.

Рассмотрим преобразования с физической точки зрения. По временной оси К на расстоянии $R\sin\gamma$ от плоскости $\langle ji \rangle$ по туннелю $\sqrt{0}e^{karktgj}$ идет поток кванта в виде сферы радиуса $\sqrt{0}$, который принимает вполне определенное значение в энергетических расчетах. То есть имеем поток в виде кванта-частицы потока $\sqrt{0}e^{i\varphi+j\psi}$. Этот поток можно рассматривать как ток проводимости или прямой ток смещения, который замыкается обратными токами смещения, образующимися на расстоянии R от плоскости $\langle ji \rangle$. В плоскости $\langle ji \rangle$ поток вызывает на расстоянии R возмущение с дополнительной закруткой по углу $\psi+\gamma$. Этот момент был разобран выше.

Применим аналогичные операции к пространственному комплексу $\mathrm{R}e^{i\varphi+j\psi}$.

$$\mathrm{R}e^{i\varphi+j\psi} = \mathrm{R}e^{i\varphi}\cos\psi + j\,\mathrm{R}e^{i\varphi}\sin\psi \pm i\,\mathrm{R}e^{i\varphi}\sin\psi = \mathrm{R}e^{i(\varphi+\psi)} +$$

$$+ j\,\mathrm{R}e^{i\varphi}\sin\psi(1+ji) = \mathrm{R}e^{i(\varphi+\psi)} + j\sqrt{0}e^{jarktgi}\,\mathrm{R}e^{i\varphi}\sin\psi$$

Структура разложения повторилась, только уже в пространстве трехмерном координатном, не зависящем от временной координате.

Объединяя формулы получим:

$$G = \mathrm{R}e^{i\varphi+j(\psi+\gamma)} + k\sqrt{0}e^{karktgj}\left(\mathrm{R}e^{i(\varphi+\psi)} + j\sqrt{0}e^{jarktgi}\,\mathrm{R}e^{i\varphi}\sin\psi\right)\sin\gamma$$

Первый член также можно разложить, так что получим окончательно:

$$G = \mathrm{R}e^{i(\varphi+\psi+\gamma)} + j\sqrt{0}e^{jarktgi}\,\mathrm{R}e^{i\varphi}\sin(\psi+\gamma) +$$

$$+ k\sqrt{0}e^{karktgj}\left(\mathrm{R}e^{i(\varphi+\psi)} + j\sqrt{0}e^{jarktgi}\,\mathrm{R}e^{i\varphi}\sin\psi\right)\sin\gamma$$

Структура потока, идущего в ипсилон туннеле содержит дополнительно ипсилон туннель по оси j. То есть поток в ипсилон туннеле отображается как возмущение в пространстве, которое содержит также этот дополнительный член, однако его радиус откорректирован временным углом γ.

Видно, что структура, которая находится во временном ипсилон туннеле, повторяет структуру в плоскости $\langle ji \rangle$. Примем $\gamma = \pi/2$ для облегчения оценки формулы, тогда

$$G = i\,\mathrm{R}e^{i(\varphi+\psi)} + j\sqrt{0}e^{jarktgi}\,\mathrm{R}e^{i\varphi}\cos\psi + $$
$$+ k\sqrt{0}e^{karktgj}\left(\mathrm{R}e^{i(\varphi+\psi)} + j\sqrt{0}e^{jarktgi}\,\mathrm{R}e^{i\varphi}\sin\psi\right)$$

Преобразуем дальше при $\psi = \pi/4$

$$G = i\,\mathrm{R}e^{i(\varphi+\pi/4)} - j\,\mathrm{R}e^{i(\varphi+\pi/4)}\frac{\sqrt{2}}{2} + k\left(\mathrm{R}e^{i(\varphi+\pi/4)} + \sqrt{0}e^{jarktgi}\,\mathrm{R}e^{i\varphi}\right)$$

Таким образом, имеем распределение по трем взаимно перпендикулярным направлениям (I,J,K).

Формула раскрывает экспериментальную зависимость в пространстве силы от координат.

Сила Лоренца $F \infty qG \infty qE + qVB$,

где $E \infty i\,\mathrm{R}e^{i(\varphi+\pi/4)} - j\frac{\sqrt{2}}{2}\mathrm{R}e^{i(\varphi+\pi/4)}$,

$qVB \infty k\left[\mathrm{R}e^{i(\varphi+\pi/4)} + \sqrt{0}e^{jarktgi}\,\mathrm{R}e^{i\varphi}\right]$, где значок ∞ введен для обозначения пропорциональности (эквивалентности математических соотношений с физическими определениями).

Сумма $i\,\mathrm{Re}^{i(\varphi+\pi/4)}+k\,\mathrm{Re}^{i\varphi}\sqrt{0}e^{jarktgi}$ соответствует электрической составляющей электромагнитной волны, которая переносит самый минимальный заряд по структуре: заряд ФОТОНА.

Сумма $-j\dfrac{\sqrt{2}}{2}\mathrm{Re}^{i(\varphi+\pi/4)}+k\,\mathrm{Re}^{i(\varphi+\pi/4)}$ дает вектор напряженности магнитной составляющей волны.

Можно рассмотреть преобразования G и в другой последовательности.

Эта же комбинация после преобразований дает электромагнитную волну в двух взаимно перпендикулярных плоскостях $\langle(i+k),(k-j)\rangle$

$$G=\mathrm{Re}^{i(\varphi+\pi/4)}(i+k)+(k\sqrt{0}e^{jarrtgi}\,\mathrm{Re}^{i\varphi}-j\,\mathrm{Re}^{i(\varphi+\pi/4)})\frac{\sqrt{2}}{2}$$

В плоскости $\langle k-j\rangle$ находится заряженная электрическая часть электромагнитной волны. Причем заряд определяется сопряжением $\sqrt{0}e^{jarktgi}$,которое принадлежит минимальной размерности пространства и поэтому его можно сопоставить с зарядом фотона. По четвертой оси числового вектора образуется ипсилон туннель фотонного зарядового сопряжения.

В плоскости $\langle i+k\rangle$ по этой же оси идет ипсилон туннель с зарядовым сопряжением $\sqrt{0}e^{-karktgi}$,которое также можно сопоставить с зарядом фотона. Таким образом, по временной оси K образуются два ипсилон туннеля

$k\,\mathrm{Re}^{i(\varphi+\pi/4)}\sqrt{0}e^{karktgi}+k\,\mathrm{Re}^{i\varphi}\sqrt{0}e^{jarktgi}$, где первый идет по оси K, второй перпендикулярен. Периодическое пересечение этих двух туннелей и образуют частичку-фотон.

Обобщение электромагнитной волны можно детализировать и дальше, однако необходимо уточнить дополнительно некоторые свойства.

Волна распространяется вдоль изолированной оси, которая образуется как результат свертки светового конуса. Электромагнитная волна без зарядов и токов периодически имеет узловые точки связи пространств разной размерности. В этих точках аргумент изолированной оси меняет знак, так что распространение волны есть периодический процесс смены” стока” на “исток”.

При положительном аргументе происходит переход энергии из изолированной оси в пространство векторов E, cB напряженности поля. Уровень плотности энергии при этом определяется величинами: $\|E\|,\|cB\|$. При смене заряда на отрицательный идет переход энергии в изолированную ось. И цикл повторяется. Числовые вектора E,cB взаимно перпендикулярны, равны по модулю и перпендикулярны изолированной оси. Вектора повернуты относительно друг друга на 90 град. и лежат в плоскостях перпендикулярных друг другу вдоль изолированной оси. Суммарный вектор в этом случае описывает мнимые точки, закручивает пространство вокруг изолированной оси имея мнимый модуль в пространстве и образуя сечение ипсилон туннеля на расстоянии по оси, которое соответствует модулю: $\|E\|=\|cB\|$.

Энергетический расчет дает параметры объекта, геометрия которого представлена на рис 1глава 5, для демонстрации связности комплексного пространства. Замкнутая кривая C_3 адекватна траектории движения электрических потоков –вихревых электрических токов. Часть траектории, проходящей по верхней поверхности, которая натянута на кривую C_3, есть траектория обратного тока смещения $\left(-J_{см}\right)$, часть идущая по ипсилон туннелю есть траектория прямого тока смещения $\left(+J_{см}\right)$.

Сам объект трактуется как квант вихревой энергии –микрочастица, или квант электромагнитного поля. На рис 1 в разделе 5.1 представлена модель электронного нейтрино, которая согласуется и дополняется проведенными расчетами. Движение потоков энергии, представленное на рис 1, согласуется с исследованиями проведенными С.Б. Алемановым [8]. В работе неоднократно использовались формулировки, основанные на этом источнике.

ЛИТЕРАТУРА.

1. Э. Парселл. “Электричество и магнетизм.” Том 11.Берклеевский курс физики. Москва. “Наука”. 1983.
2. Ю.Г. Павленко. “Начала физики”. Издательство московского университета.1988.
3. И.Е. Иродов. “Основные законы электромагнетизма”. Учебное пособие. Издательство” Высшая школа”.Москва.1991.
4. А. А. Детлаф, Б. М. Яворский. “Курс физики”. Москва. ”Высшая школа”. 1989.
5. Ю. В. Сидоров, М. В. Федорюк, М.И. Шабунин. “Лекции по теории функций комплексного переменного”. Москва. Наука. 1989.
6. М.А. Лаврентьев и Б. В. Шабат. “Методы теории функций комплексного переменного”. Москва. “Наука”. 1965.
7. А. М. Тер-Крикорян. М.И. Шабунин. “Курс математического анализа”. Москва. “Наука”. 1988.
8. С.Б. Алеманов http://alemanov.da.ru/

www.ingramcontent.com/pod-product-compliance
Lightning Source LLC
Chambersburg PA
CBHW081432170526
45166CB00008B/2181
* 9 7 8 1 4 6 9 9 1 4 2 8 2 *